중국지리
오디세이

中國地理大發現
Zhongguodilidafaxian
Copyright ⓒ by 2004 ShandongHuabao Publishing Co,
Korean translation copyright ⓒ 2007 by ILBIT Publishing Co.
All rights reserved

No part of this book may be used or reproduced in any manner whatever without written permission except in the case of brief quotations embodied in critical articles or reviews.

이 책의 한국어판 저작권은 저작권자와의 독점 계약으로 도서출판 일빛에 있습니다.
신저작권법에 의해 한국 내에서 보호를 받는 저작물이므로 무단 전재와 무단 복제를 금합니다.

중국 지리 오디세이

훙인녕·쌍안둥 지음 | 이익희 옮김

黃河之水天上來
— 황하는 진정 하늘에서 흘러오는가 —

일빛

■ 중국 '지리 오디세이'

　지구의 연령은 대략 50억 년이다. 300만 년 전 지구상에 인류가 출현하기 시작했다. 젊은 인류가 지구의 7대륙과 4대양을 발견하기 위해 소요한 시간은 인류가 이미 가지고 있는 역사와 거의 같다.
　망망한 우주에서 지구는 매우 작아 보인다. 그러나 상대적으로 개인·가족·민족에게 지구는 매우 크게 느껴진다. 미약한 인류는 이 커다란 지구를 줄곧 탐색하고 발견하는 과정에 있는 것이다.
　자신을 탐색하고 발견하는 것, 역사를 탐색하고 발견하는 것, 자신과 역사를 탐색하고 발견하는 것은 존재하는 지리적 공간에 의지한다. 이것은 '만물의 영장'이라는 인류가 짊어진 과거와 현재, 그리고 미래의 영원한 사명이다.
　인류에게 지리적 공간은 생존과 번영의 기초이다. 인류는 지리적 공간을 떠나서 살 수 없다. 지리적 공간과 지리적 세계를 개척하고 탐색하며, 때로는 거시적으로, 때로는 미시적으로 지리적 사물을 인식하는 것, 이것은 인류가 태어나면서부터 가지고 있는 본능이다. 끊임없는 지리적 발견을 통해 성장하고 성숙했으며, 진화했다. 지리적 발견은 인류의 역사라는 긴 물결 속에 요동치는 물보라이자, 인류의 역사라는 음악에 흐르는 강렬한 선율이다. 물보라는 한번 번뜩이며 지나가고, 선율 또한 순식간에 지나간다. 그러나 지리적 발견은 우리와 우리 후손이 영원히 기억할 수 있는 기념비이다.

지리적 발견의 역사 가운데 가장 흥미로운 것은 15세기 중엽부터 17세기 말에 걸쳐 이루어진 유럽인의 '지리상의 대발견'이다. 200여 년이 넘게 지속된 '지리상의 대발견'은 중세 말부터 근대 초까지의 가장 중대한 역사적 사건이었다. 인류 사회와 세계 역사에 깊은 영향을 끼쳤다. 이때부터 남극 대륙 이외의 여러 대륙과 대양, 그리고 각 지역이 밀접하게 연결되기 시작했다. 바르톨로뮤 디아스, 바스코 다 가마, 크리스토퍼 콜럼버스, 페르디난트 마젤란 등은 널리 알려진 이 시기의 풍운아들이다.

중국의 부유함·문명·발달 등이 유럽 탐험가들의 탐험에 대한 열정과 신항로 개척에 대한 욕망을 자극하여 '지리상의 대발견'을 유발한 직접적인 원인의 하나였다. 그러나 중국인이 '지리상의 대발견'에 직접 참여하지 않았을 뿐만 아니라 이로 인해 크게 낙후되고 타격을 받게 되었다는 점은 흥미진진하고 잘 알려진 사실이다. 오늘날의 중국인의 입장에서는 매우 유감스러운 일이다. 이 주제에 대해 많은 학자들이 반성적 고찰을 했다. 예를 들어 장전(張箭)은 원거리 항해에 대한 유약하고 단견적이고도 협소한 대지관(大地觀), 전통 지도의 결여, 육지를 중시하고 바다를 경시하는 관념과 취향, 지리적 조건과 지역적 한계에 따른 정치적 제약, 우월한 경제 지리적 상황의 부정적인 작용 등이 중국으로 하여금 '지리상의 대발견' 대열에 끼지 못하게 했다고 지적했다.

역사를 읽고 거울로 삼자. 과거의 고통과 교훈을 반드시 기억해야 한다. 과거의 찬란함과 현재의 위대한 업적 역시 잊거나 무시하지 말아야 한다. 우리가 과거에 지리 발견의 영역에서 낙후한 것을 숨길 필

옥문관에 한족이 세운 봉화대

요가 없다. 그러나 우리가 일찍이 선진 대열에 있었으며, 또한 선진 대열에 진입하는 중이라는 사실은 조금도 의심의 여지가 없는 일이다. 이것은 우리의 영광이며, 이 책을 편찬하는 취지이기도 하다.

이미 밝힌 대로 '중국 지리 오디세이'에 대해 몇 가지 설명을 보탤 것이 있다.

첫째 관용적으로 '지리상의 대발견'은 15세기에서 17세기까지 유럽인이 주인공이 되고 신항로 개척을 주요 내용으로 하는 '세계 지리의 대발견'이다. 굳이 이와 비교하자면 '중국 지리 오디세이'는 황하 유역을 중심으로 하는 화하(華夏) 문명이 자신과 주변의 지리환경에 대한 탐색과 인지를 가리킨다. 즉 중국 영토를 중심으로 한 중원 문명이 자신과 변방의 지리 환경에 대한 탐색과 인지를 가리키며, 화하(華夏) 문명이 미처 알지 못했던 지리 세계에 대한 탐색과 인지를 가리킨다. 물론 이것은 이미 '발견'된 지리 세계 가운데 문명의 결핍을 의미하는 것은 결코 아니며, 새로 '발견'된 지역과 새로 '도달'한 지역의 문명 혹은 문화를 경시하거나 폄하하는 것은 아니다.

둘째 구체적으로 서술할 내용의 선택에서 우리는 개념에 제한되지 않을 것이다. 또한 과거와 현재의 중국인이 군사 행동, 종교적인 추구, 육로 개척, 항해 활동, 지리 탐험, 과학적인 고찰, 학술 연구 등으로 획득한 자연 지리 및 인문 지리와 관련된 중요한 성과를 모두 '중국 지리 오디세이' 범위 속에 포함시킬 것이다.

셋째 대략 명나라 중·후기부터 시작해서, 특히 근대로 접어들면 서양인이 개인적인 흥미, 종교전파, 식민지 약탈 등등을 목적으로 계속해서 중국 변경 지역을 여행하고 연구하고 탐험해서 지리 발견 분야에서 자못 많은 성과를 거두었다. 그러나 여러 가지 원인으로 이런 서양인의 지리 발견은 왕왕 명실상부한 단계로 들어가기 어려웠다. 그러나 그 뒤를 이은 중국인 학자와 탐험가들은 대부분 그것에 대해 총체적인 인식과 정확한 결론을 얻었다.

이러한 인식을 바탕으로 고찰해 보면, 여러 시간과 공간 속에서 이루어진 이 책은 매우 풍부한 내용을 가지고 있다. 물론 이 책은 중국 지리의 대발견 모두를 담고 있지는 않지만, 읽기 편리하도록 서로 관련 있는 내용을 「중원에서 사이(四夷)까지」, 「평지에서 고산까지」, 「높은 언덕이 골짜기가 되고, 깊은 골짜기가 언덕이 되다」, 「누가 첫번째 발견자인가?」 등 모두 네 개의 장으로 모았다. 또한 이 각각은 중국 지리 오디세이에 포함되는 빛나는 역사적 사실과 광범위한 영향력을 반영하도록 서로 잘 연결되어 있다.

필자들은 이 책을 쓰면서 처음부터 끝까지 마치 필자들 자신이 발견의 길을 걷고 있는 듯한 강렬한 체험을 했고, 발견자의 두려움 없음과 발견 과정의 어려움, 발견 후의 희열을 충분히 느낄 수 있었다. 독

사막 탐험대

자 여러분과 이러한 특별한 체험을 함께 나눌 수 있기를 진정으로 희망한다. 이러한 희망을 이루기 위해 필자들은 최대한 새롭고 생동감 있고 자연스러운 문장으로 서술하려 노력했고, 사진과 그림을 많이 넣었다. 뿐만 아니라 철학적 내용과 정감 있는 내용이 함께 교차하도록 노력했다. 또한 이러한 목적을 달성하기 위해 선배들이 이루어 놓은 조사 자료와 연구 성과를 참고하고 인용했는데, 이 자리를 빌려 충심으로 감사드린다. 필자들 모두는 독자 여러분의 비평과 건의도 간절히 기다린다.

　이 책은 여러 사람의 집단적인 지식의 결정이며 동인들이 합작하여 이룬 성과이다. 산동화보출판사 부광중(傅光中) 선생이 최초로 주제를 제기했다. 남경대학 호아상(胡阿祥) 교수가 기획하고 중심 내용을 정하고 원고를 교정했을 뿐만 아니라 대부분의 사진과 그림을 고르고 배열했다. 또한 강소행정대학의 팽안옥(彭安玉) 교수가 비교적 많은 글쓰기를 담당했으며, 남경대학의 한문녕(韓文寧)·유지강(劉志剛)·이환(李歡)·왕량(汪亮)·호정녕(胡正寧)·형동승(邢東升) 군 등이 원고 작성에 참여했다.

알렉산더 폰 훔볼트(Alexander von Humboldt)는 "현상과 생명력의 보편적인 파동 중에서…… 우리는 매번 자연 세계를 향해 한 걸음 전진하며, 자연 세계 또한 우리를 새로운 미궁(迷宮)의 입구로 이끈다"라고 이야기한 적이 있다. 인류가 지리 세계를 인식하는 여정은 영원히 그칠 수 없을 것이다. 중국 지리에 대한 탐색의 길 역시 앞으로 줄곧 계속될 것이다. 새롭게 사람의 마음을 흥분시킬 지리상의 대발견이 바로 내일 일어날 수도 있다. 이 작업에 참여한 모든 이들은 남겨진 것을 보충하고 새로운 것을 추가한 『중국 지리 오디세이』가 머지않은 장래에 나오기를 기대한다.

차례

■ 중국 '지리 오디세이' | 4

1장 중원에서 사이(四夷)까지 : 지리적 시야의 확대

서역의 실크로드 — 양한 영역과 역외 지리 지식의 확대　　　　　15
서역에서 온 부처 — 진나라·당나라 고승들의 지리 발견　　　　　48
몽고 대칸의 채찍 — 몽고 제국 시대의 서역 탐색　　　　　　　　77
파도를 헤치며 창해를 누빈 함대 — 명나라 초 정화 함대의 7차에 걸친 원양 항해　99
해상의 아름다운 진주 — 남중국해 여러 섬들의 발견과 관할　　　127

2장 평지에서 고산까지 : 지리적 인식의 심화

인문 지리의 이정표 — 심괄 『몽계필담』의 독창적 견해　　　　　143
천하만큼 넓은 자연을 음미한 두 여행가 — 서하객과 왕사성　　　157
황하는 하늘에서 흘러오는 것일까 — 황하 발원지에 대한 탐색　　191
쉼없이 지평선 너머로 흐르는 장강 — 장강 발원지 탐색　　　　　212
죽음의 바다, 희망의 바다 — 타클라마칸 사막의 탐험과 유전　　　234
샹그리아를 찾다 — 티베트 고원으로 들어서다　　　　　　　　　257
여신의 고향 — 초모룽마 봉의 발견　　　　　　　　　　　　　　282

3장 높은 언덕이 골짜기가 되고, 깊은 골짜기가 언덕이 되다 : 지리적 환경의 변천

캄브리아기의 성지 — 지구 생명 탄생의 비밀	295
생명의 진화, 그 증거를 보다 — 희귀 동물의 발자취를 찾아서	308
창해가 뽕나무 밭으로 변하다 — 황해 깊숙한 곳에 묻혀버린 이야기	332
모든 강물의 으뜸 황하의 일생 — 역사 속의 황하와 담기양의 발견	348
입신의 경지로 빚은 장강 — 유사 이전 장강의 비밀을 밝히다	367
바람일까? 물일까? — 황토고원의 생성 원인	381
여산의 진면목, 황산으로의 여정 — 제4기 빙하 유적의 발견과 탐색	394
황야의 신비한 호수 — 비밀에 싸인 롭 노르	407
사막의 선율 — '우는 모래'의 수수께끼	430

4장 누가 첫번째 발견자인가?

서복은 왜 동쪽으로 갔는가? — 서복, 일본을 발견하다	445
아메리카를 발견하다 — 법현이 태평양을 건넌 까닭	484

■ 찾아보기 | 521

┃ 일러두기

1. 번역의 원칙은 원문에 충실한 직역을 위주로 하였다. 단지 의미가 불분명한 곳은 독자가 이해하기 쉽도록 문장을 가다듬었다.

2. 가독력을 위하여 각주를 본문의 괄호 안에 보충설명으로 소화했다. 반점(:)은 원주, 쌍반점(;)은 편집자주이다.

3. 중국어는 우리 한자음으로 읽는 것을 원칙으로 삼고 맨 처음에만 괄호 안에 한자를 병기했다. 하지만 청나라 이후의 소수민족 자치구(예 : 신강위구르, 티베트, 내몽고)와 중국 밖의 지명 등은 원지음으로 읽거나 가독성을 위해 중국식 원음에 가깝게 읽기도 했다.
파미르 고원(蔥領), 투루판(吐魯番), 바이칼 호(北海), 아랄 해(鹹海), 아프가니스탄(阿富汗), 미얀마(緬甸), 수마트라(蘇門答臘), 로마제국(大秦), 네팔(泥婆羅), 살윈 강(薩爾溫江), 이라와디 강(伊洛瓦底江), 마드라스(馬德拉斯·Madras), 초모룽마(珠穆朗瑪·chomo lungma), 얄룽창포 강(雅魯藏布江), 오르도스(鄂爾多斯)등이 그 예다. 필요하면 보충설명을 곁들이고 영문을 병기하기도 했다. 단지 우리에게 익숙하지 않은 지명은 원저를 존중해 중국식 지명을 우리식대로 읽었다.

4. 역사적인 옛 지명은 우리 식대로 읽고 괄호 안에 현재의 지명을 덧붙였다. 단, 가독성을 위해 고증이 정확한 옛 지명은 각 장마다 처음에만 옛 지명을 우리 식대로 읽고 다음부터는 현재 지명으로 표기하고 한자나 영문을 병기해 이해를 도왔다.

5. 옛 나라이름(예 : 누란국, 선선국)과 옛 인명(예 : 야율초재, 구처기, 목화여)은 우리 식대로 읽고 오늘날 어떤 국가 영토 안에 있었는지를 괄호 안에 밝혔다. 단지 익숙한 나라(예 : 일 칸국)와 인명(예 : 쿠빌라이, 몽케, 훌라구)은 원지음에 가깝게 읽었다.

6. 번역과 편집 과정에서 중국과 일본 그리고 국내의 관련 자료를 두루 참조하여 번역의 정확성과 객관성을 확보하고자 하였다.

| 1장 |

중원에서 사이(四夷)까지 : 지리적 시야의 확대

서역의 실크로드
서역에서 온 부처
몽고 대칸의 채찍
파도를 헤치며 창해를 누빈 함대
해상의 아름다운 진주

서역의 실크로드
양한(兩漢) 영역과 역외 지리 지식의 확대

흰 구름 하늘에 있고 산릉 그 속에서 나오네	白雲在天 山陵自出
길 아득히 멀고 산과 강 그 사이에 있구나	道路悠遠 山川間之
그대 죽지 않고 살아 돌아올 수 있으리오?	將子無死 尙能復來

3,000여 년 전 곤륜산(崑崙山) 요지(瑤池)에서 서왕모(西王母)는 주(周)나라 목왕(穆王)을 위해 송별연을 열었다. 연회에서 서왕모는 이 시를 읊고 목왕에게 술을 권하며 차마 이별할 수 없는 마음을 애써 눌러 참고 다시 만날 것을 기약했다.

목왕 역시 서왕모의 애틋한 정에 감격하여 시를 읊었다.

나 동쪽 땅으로 돌아가 여러 나라 화목하게 다스리리	子歸東土 和治諸夏
모든 백성 편안케 한 뒤에야 내 당신 만날 수 있으리	萬民平均 吾顧見汝
장차 3년 뒤면 다시 그대와 해후할 수 있으리	比及三年 將復而野

대략 3년 뒤에 천하가 태평해지면 돌아와 서왕모와 다시 만나겠다는 내용이다. 연회가 끝나자 주나라 목왕은 마부 조보(造父)에게 명하여 팔준마를 몰게 하고, 육사(六師 : 천자의 군대)를 거느리고 동

사천성 팽산(彭山)에서 출토된 한나라 시대 석관(石棺)의 서왕모 석각화

쪽으로 돌아갔다. 팔준마는 주나라 목왕이 사랑하던 여덟 마리의 준마로 화류(華騮), 녹이(綠耳), 적기(赤驥), 백의(白義), 유륜(踰輪), 거황(渠黃), 도려(盜驪), 산자(山子) 등이다. 그러나 목왕은 결국 재회의 약속을 지키지 못했다.

이것이 선진(先秦) 시대의 고서 『목천자전(穆天子傳)』에 기술되어 있는 주나라 목왕이 천하를 돌아본 고사이다. 비록 고사 자체가 신화적인 색채를 강하게 띠고 있어 모두 믿을 수는 없지만, 당시 중원 지역에 거주하는 화하 민족이 외부 세계와 왕래했다는 것을 어느 정도 반영하고 있다. 전국(戰國) 시대 이전에는 중원과 변방의 교류가 극히 적었다. 당시 화하 민족은 주로 위하(渭河)를 포함한 황하 중·하류 지역, 강수(江水)·회수(淮水)·한수(漢水) 유역에서 활동했다. 전국 시대부터 진(秦)나라 때까지 생산력의 발전과 상업의 번성에 따라 교통이 발달하면서 사람들의 지리적 시야 또한 점차 확대되었다. 그러나 중원 지역 사람들의 지리 지식의 신속한 확대는 양한(兩漢) 시기에 이루어졌다. 이때 사람들의 시야에 제일 먼저 들어온 곳이 바로 주나라 목왕이 서순(西巡)했던 서역 지역인데, 이 길을 다시 밟은 사람이 바로 서한 초기의 장건(張騫)이다.

장건 — 힘들고 험난한 서역 13년

기원전 138년, 장건은 한나라 사신의 신분으로 당읍보(堂邑父) 등 100여 명을 이끌고 수도 장안(長安)을 떠나 서쪽으로 향했다. 그들이 가려고 하는 곳은 당시 중원 사람의 눈에는 신비감으로 가득 차 있던 아득히 멀고 먼 서역이었다. 장건이 길을 떠난 이유는 흉노족에 대한 한나라 조정의 전략적 계책 때문이었다.

당시는 한나라 무제(武帝) 건원(建元) 3년이었다. 이 무렵 한나라는 몇 대에 걸친 황제들의 '휴양생식(休養生息 : 조세를 경감해 백성의 삶을 풍족하게 함)' 정책으로 국력이 날로 강성해져 가고 있었다. 그러나 이때 북부 지역의 유목민족 흉노가 한나라와 화친을 유지하고는 있었지만 계속해서 남침을 일삼았다. 그들은 변방의 군현을 침략해서 관리들을 죽이고 가축과 식량을 약탈했다. 심지어 어떤 때는 내지까지 깊숙이 들어와 장안을 위협하기도 했다.

무제는 즉위한 뒤 과거의 화친 정책을 수정하고, 흉노를 공격할 준비에 박차를 가했다. 공교롭게도 바로 이때 무제는 포로로 잡은 흉노족으로부터 중요한 정보를 얻었다. 하서주랑(河西走廊 : 난주에서 가욕관까지 감숙성 서부) 일대에 대월지국(大月氏國)이 있다는 것이었다. 대월지국은 수차례 흉노의 침입을 받았다. 결국 대월지의 왕은 흉노의 왕 선우(單于)에게 잔인하게 살해되어 두개골은 술잔으로 사용되고 있다는 것이었다. 대월지국 사람들은 서쪽으로 쫓겨 가기는 했지만 복수심에 불탔다. 다만 역량이 미치지 못해 경거망동하지 않을 뿐이었다.

무제는 대월지국과 연합하여 흉노에 함께 맞서는 전략을 세웠다. 그는 서역으로 출정할 사람을 모집하여 대월지국을 찾아가도록 명령했다. 당시로서는 결코 간단한 임무가 아니었다. 흉노에 의해 서역과의 교통이 단절되었기 때문에 그 누구도 대월지국이 어디에 있는지 알지를 못했다. 또한 그들이 내륙의 중원으로부터 얼마나 떨어져 있는지도 알지 못했다. 마주치는 모든 것들이 막막할 뿐이었다. 서역행 임무를 감당할 수 있는 사람은 대단한 용기뿐만 아니라 외교가의 구변과 탐험가의 담력이 필요했다. 더욱 중요한 것은 결코 꺾이지 않는 강인한 신념이었다. 무제는 오랫동안 적임자를 물색했지만 적당한 사람을 찾을 수 없었다. 드디어 건원 3년 무제는 조서를 내려 서역으로 출사(出使)할 능력이 있는 사람을 공개적으로 모집했다.

첫 응모자가 바로 장건이었다. 장건의 자는 자문(子文), 성고(城固 : 섬서성) 사람이다. 그 당시 장건은 한 무제의 낭관(郎官), 즉 시종관이었다. 장건은 체격이 건장하고 성격이 쾌활하며, 개척 정신과 모험 정신이 풍부했다. 장건이 대의를 위해 주저 없이 지원한 뒤 빠르게 100여 명의 용사들이 지원했다. 그 중에는 장안에 오랫동안 거주한 흉노족 당읍보(堂邑父)도 끼어 있었다.

당시 중원 사람들은 서역에 대해 거의 알지 못했다. 단지 갖가지 추측과 설이 난무할 뿐이었다. 어떤 사람은 서역에는 긴 날개를 가진 '묘민(苗民)'이 살고 있다고 했고, 또 다른 사람은 서역에 있는 완거국(宛渠國) 사람들은 키가 10장(丈 ; 1丈은 3.33m)이나 된다고 했다. 또 어떤 사람은 서역에는 요지와 요대(瑤臺), 그리고 옥으로 된 산이 있으며, 서왕모 같은 신선이 살고 있다고 했다. 실제로 고대의 서역은 옥문관(玉門關 : 감숙성 돈황 서북쪽)과 양관(陽關 : 옥문관 남쪽 고동탄古董

돈황 벽화 「장건 출사 서역 사별 한무제도(張騫出使西域辭別漢武帝圖)」, 무릎 꿇고 고하는 사람이 장건

灘 부근) 서쪽 지역인데 지금의 신강성(新疆省) 전역과 파미르 고원(葱嶺) 서쪽부터 중앙아시아의 발하슈 호 일대, 그리고 더 먼 곳까지 포괄해 설산(雪山), 황량한 광야, 사막 등 자연 조건이 매우 열악했다.

오랑캐 피리 소리 들리는데 어찌 이별을 원망하리오.	羌笛何須怨楊柳
봄바람 옥문관을 건너지 못하리니	春風不度玉門關
그대 한 잔 술 더 하시게나.	勸君更飮一杯酒
서쪽으로 양관을 나서면 아는 이 없으리니	西出陽關無故人

이렇게 옛 사람들의 많은 시 속에서 이 광활하고 신비한 지역은 언

1장 중원에서 사이까지 19

제나 처량하고 황량하며 베일에 싸인 곳으로 묘사되곤 했다.

장건 일행이 농서군(隴西郡 : 감숙성 임조臨洮 남쪽)을 지나 하서주랑에 막 들어섰을 때 흉노의 기병과 맞닥뜨렸다. 중과부적의 상태에서 한바탕 전투를 벌인 끝에 장건 일행은 모두 사로잡혀 선우의 궁으로 압송되었다.

흉노의 통치자 선우는 장건을 회유하는 동시에 협박했다. 그는 오만한 말투로 "월지국이 우리 북쪽에 있는데 한나라가 어떻게 사신을 보낼 수 있겠는가? 내가 남월(南越)로 사신을 보내려 하면 한나라는 내 말을 듣겠는가?"라고 윽박질렀다. 얼마 뒤 선우는 장건을 회유하기 위해 그에게 흉노 여인을 시집보내 월지국으로 가려는 그의 결심을 꺾으려 했다. 아울러 사람을 시켜 장건의 활동을 철저하게 감시토록 했다. 나중에 흉노 여인이 장건의 아들을 낳자, 선우는 장건이 흉노에서 가정을 이루고 정착하려 한다고 판단해 비로소 장건에 대한 감시를 느슨하게 했다. 그러나 장건은 자신의 사명을 한시라도 잊어 본 적이 없었다. 그는 한나라에 대한 지조를 저버리지 않았을 뿐만 아니라 암암리에 자신의 부하와 연락하면서 흉노를 벗어날 기회만 기다리고 있었다.

기원전 127년 마침내 장건 일행은 흉노 기병의 감시가 소홀한 틈을 타서 재빨리 흉노 지역을 벗어나 서쪽으로 이동했다. 이때 그들은 이미 원래 계획했던 서행 루트에서 멀리 벗어나 있었다. 그들은 천산산맥 남쪽 기슭의 차사(車師 : 신강성 투루판 분지)로 방향을 잡은 후 그곳에서 언기로 진입하고, 다시 언기에서 타림 강(塔里木河 ; 신강 위구르 자치구의 타림 분지를 관통하는 강)을 거슬러 서쪽으로 가서 구자(龜玆 : 신강성 쿠처庫車 동쪽)와 소륵(疏勒 : 신강성 카슈가르喀什 부근)을 지나 파미르 고원을 넘어 대완(大宛 : 우즈베키스탄 페르가나 주와 타지키스탄 레니나바드 주를 포괄하는 지역)에 도달했다. 이 여정은 대단히 힘들어 그들은 모래 바람과 뜨거운 태양을 견뎌야 했다. 항상 흉노 기병의 순찰과 초소를 피해야만 한다는 강박에도 시달렸다. 급히 탈출했기 때문에 식량과 식수도 부족했다. 하지만 다행히도 당읍보가 활을 잘 쏘았기 때문에 간혹 새나 짐승을 사냥해서 허기를 채울 수 있었다.

대완국 왕은 진작부터 강대국인 한나라와 관계를 맺고 싶던 차에 장건이 도착하자 흔쾌히 맞아들였다. 그는 장건의 임무를 알게 되자 안내자를 붙여 그들을 강거(康居 : 대략 지금의 발하슈 호와 아랄 해 사이)로 보내 주었다. 장건은 강거에서 잠시 머물다가 바로 대월지국으로 들어갔다.

대월지국의 국왕은 장건 일행을 극진하게 대접했다. 그러나 장건이 그곳에 온 목적을 말하자 그는 완곡하게 거절했다. 알고 보니 대월지국은 시르다리야 강(錫爾河 ; 천산산맥에서 아랄 해로 흐르는 중앙아시아 최대의 강)과 아무다리야 강(阿姆河 ; 아랄 해에서 남동쪽으로 흐르는 강) 유역으로 옮겨 온 이후 토지가 비옥하고, 또 흉노에게서 멀리 떨어져 있어 백성이 안전하게 거주하며 생업에 종사하고 있었기 때문에 이미 흉노에게 복수할 마음이 조금도 없는 상태였다. 장건 일행이 온갖 고초를 겪으며 그 먼 곳까지 찾아왔건만 월지국의 동의를 얻지 못해 사신으로써의 임무는 실패로 돌아가고 말았다.

그러나 장건은 이 때문에 결코 실망하거나 의기소침하지 않았다. 그는 대월지국에서 휴식하고 있던 기간을 이용해서 주위 각국에 대해 현지 조사를 실시하고, 규수(嬀水)를 건너 대하(大夏)의 남지성(藍氏城 : 아프가니스탄)까지 갔다. 장건은 1년여에 걸친 기간 동안 서역의 상황에 대해 많이 알게 되었으며, 기원전 126년 한나라로 돌아갈 때는 서역에 대해 매우 상세한 정보를 갖게 되었다.

동쪽으로 귀환할 때 장건은 흉노에게 다시 포로가 되지 않기 위해

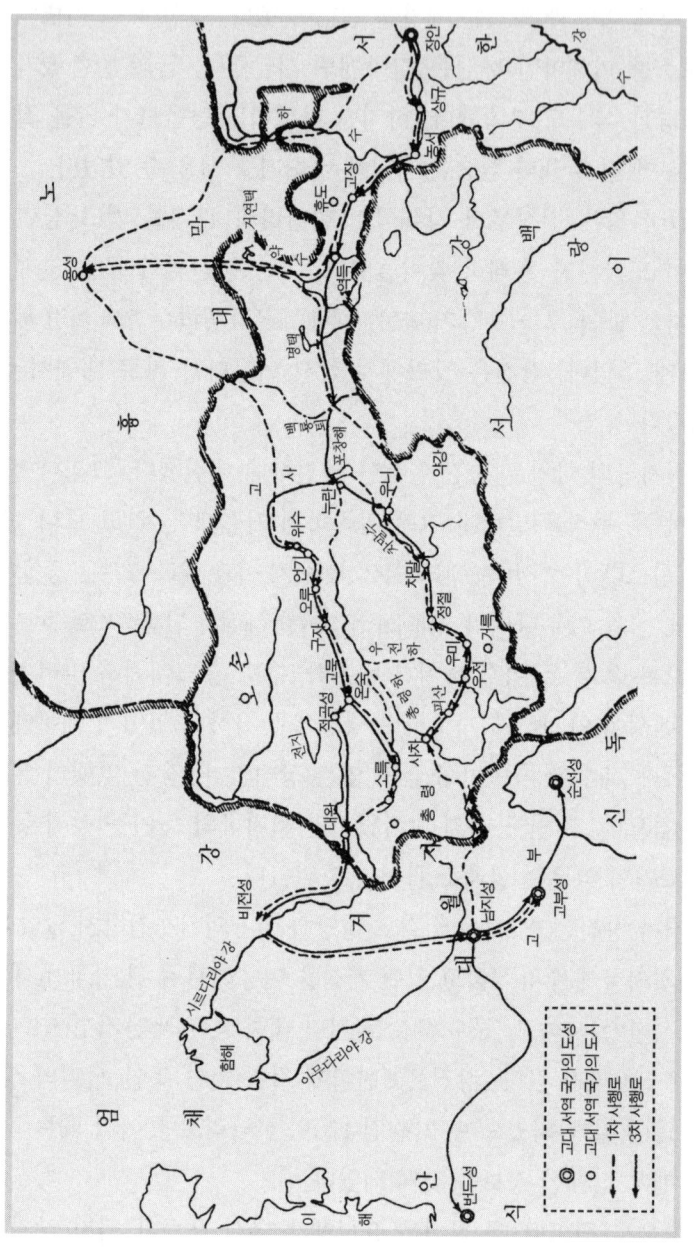

장건의 서역 사행로

원래의 루트를 버리고 타림 분지와 차이담(柴達木 ; 청해성靑海省 서북부의 내륙 분지)의 가장자리를 따라 강족(羌族) 지역을 빙 둘러 돌아갔다. 그러나 그는 흉노 세력이 그 지역에까지 미치고 있다는 사실을 모르고 있었다. 장건 일행이 사차(莎車 : 신강성 야르칸트), 우전(于闐 : 신강성 호탄和田), 선선(鄯善 : 신강성 차르클리크若羌) 등지를 거쳐 강족 거주 지역에 들어가자마자 흉노 기병을 만나고 말았다. 그들은 다시 포로가 되어 흉노 선우의 궁으로 압송되었다.

그러나 장건 일행은 지난번에 비해 매우 운이 좋았다. 포로가 된지 1년이 조금 지나 흉노의 군신 선우가 죽자 내부에서 선우 자리를 놓고 크게 분쟁이 벌어진 것이다. 장건은 혼란을 틈타 아내와 아들, 그리고 당읍보를 데리고 선우의 궁에서 도망쳐 한나라로 돌아오게 되었다. 장건의 서역 출장은 무려 13년이라는 시간이 걸렸으며, 출발할 때 100명이 넘었던 인원이 돌아올 때는 겨우 장건과 당읍보 두 사람밖에 없었다.

장건의 보고

장건은 한나라로 돌아온 후 자신이 직접 겪은 서역 각국의 상황을 무제에게 상세하게 보고했다. 장건은 각국의 지리적 위치뿐만 아니라 각국의 산천 지형, 인구와 병력, 경제와 생산품 및 풍속과 습관 등을 상세하게 설명했다. 이들 국가 중에서 장건이 직접 가 본 나라는 대완(大宛), 대월지, 대하, 강거 등이었으며, 풍문으로 들은 곳은 우미(扜采), 우전, 누란(樓蘭), 고사(姑師), 오손(烏孫), 엄채(奄蔡), 안식(安息), 조지(條支) 등이었다. 장건은 서역으로 가면서 대완국에 가장 먼저 도착했기 때문에 여러 나라의 위치를 설명할 때 기본적으로 대완국을 좌표로 삼았다. 장건의 고찰은 대략 다음과 같다.

- 대완국은 흉노의 서남쪽, 한나라의 서쪽에 있으며 '한나라와는 매우 멀리 떨어져 있다.' 대완국은 농업과 목축업이 발달해 벼·보리·포도주가 많이 날 뿐만 아니라 좋은 말이 많다. 대완국에는 70여 개의 크고 작은 도시가 있는데 인구는 수십만에 달한다. 군사적인 면을 보면 병사들은 활과 창을 무기로 사용하며 말을 타면서 화살을 쏜다.
- 우미와 우전국은 대완국의 동쪽에 있다. 우전국에는 전국을 관통하는 강이 있는데, 옥돌이 많이 생산된다. 우전에서 동쪽으로 더 들어가면 성곽으로 둘러싸인 작은 나라 2곳, 즉 누란과 고사국이 있다. 이들 나라는 모두 흉노의 우측에 있으며 염택(鹽澤 ; 신강성 나포박羅布泊 ; 몽골어로는 롭 노르)에 붙어 있다. 누란과 고사국은 서역으로 통하는 교통의 요지이다.
- 오손국은 대완국의 동북방 2,000리에 위치한 유목 국가이다. 나라의 풍속이 흉노와 같다. 군사력은 비교적 강하여 '활을 쏘는 병사가 수만 명에 달하며' 흉노에게 복속되어 있다.
- 강거국(우즈베키스탄 사마르칸트)은 대완국의 서북쪽 2,000리에 위치한 유목 국가이다. '활을 쏘는 병사가 8~9만 명이며' 남북이 각기 대월지국과 흉노에게 복속되어 있다.
- 엄채국은 강거국의 서북방 2,000리에 위치하며 풍속이 강거국과 동일한 유목 국가이다. '활을 쏘는 병사가 십여만 명에 달하며' 이해(裏海 ; 카스피해)에 인접해 있다.
- 대월지국은 대완국의 서쪽 약 2,000~3,000리에 위치하며, 바로 장건 서역행의 목적지이다. 그 영토는 남쪽으로는 대하국, 서쪽으

내몽고 자치구에서 출토된 흉노의 옛 묘지 벽화 「목양도(牧羊圖)」

로는 안식국, 북쪽으로는 강거국과 인접해 있다. 대월지국의 풍속은 흉노와 같고, 유목 국가이며 병력이 막강해서 '활을 잘 쏘는 병사가 10~20만 명이다.

• 안식국(安息國 ; 이란 계통이 카스피해 남쪽에 세운 파르티아 왕국)은 대월지국에서 서쪽으로 수천 리 떨어져 있는 대국이다. 농업과 상업이 발달해 벼·보리·포도주 등을 생산하며 상인들은 먼 길을 마다하지 않고 다른 나라로 나가 물건을 팔며 금속 화폐를 사용한다. 영토는 사방 수천 리에 이르며 수백 개의 크고 작은 성이 있다. 자신의 문자를 가지고 있는데, 마르고 딱딱한 짐승 가

죽 위에 가로로 쓰는 것이 한나라와는 다르다.
- 조지국(條支國 ; 티그리스 강 하구의 옛 나라 메센Mesene이라는 설이 있음)은 안식국의 서쪽 수천 리 지역으로 안식국의 속국이다. 그 땅은 서해에 닿아 있고, 기후는 여름에는 덥고 습기가 있다. 농업국가이며 벼를 생산한다. 조지국에는 커다란 새(타조)가 있는데 알이 항아리만큼이나 크다. 조지국 사람은 마술을 잘한다. 인구가 많고 여러 부족장들이 통치한다.
- 대하국(아프카니스탄 북부의 옛 박트리아 왕국)은 대완국에서 서남쪽 2,000리 떨어진 규수 남쪽에 있으며 대월지국에 신하로 예속되어 있다. 성채를 가지고 있으며 대완국과 풍속이 같다. 인구가 많아서 '백여 만 명'이 되지만, 그들을 통합할 수 있는 지도자가 없어 군사는 약하고 전쟁을 두려워한다. 상업이 발달했으며, 수도는 남지성으로 비교적 규모가 큰 상품의 집산지이다.

장건은 한나라 사람들에게 이전에는 듣지 못했던 서역 자료들을 제공했다. 이 때문에 사마천은 장건의 서역행을 '하늘을 뚫은' 거사라고 했다. 이는 장건이 중원에서 서역으로 가는 통로를 개척했다는 뜻이다. 비록 처음 군사를 이끌고 서역으로 나설 때 부여된 임무를 완수하지는 못했지만, 장건은 여러 나라의 국력과 병력 상황을 상세히 파악하여 한 무제와 그 이후의 한나라 통치자가 흉노를 치고 서역을 경영하는 데 아주 귀중한 자료를 제공했다. 한 무제는 장건의 공로를 인정하여 태중대부(太中大夫 : 궁중의 의론을 맡은 관직)에, 당읍보를 봉사군(奉使君)에 봉했다.

기원전 123년 장건은 군대를 통솔하는 장교의 신분으로 흉노를 공격하는 전투에 참가했다. 사막에서 작전을 펼칠 때 물길(水源)을 찾는 일은 매우 중요하다. 장건은 오랫동안 서역에서 살았기 때문에 물길을 찾는 데는 일가견이 있었다. 그는 항상 물길과 군대가 쉴 곳을 아주 정확하게 찾아내어 병사들이 작전 후에 잘 쉴 수 있도록 해 주었다. 흉노와의 전투에서 승리한 후 장건은 '박망후(博望侯)'로 봉해졌다. '박망'이란 넓은 세계를 관찰하여 모조리 통달하고 있다는 광박첨망(廣博瞻望)에서 나온 말인데 장건이 오랫동안 보고 들은 지리적 지식으로 공을 세웠다는 말이다.

서남이(西南夷) 지역을 현지 조사하다

장건이 두번째로 서역을 향해 출발했을 때는 처음과는 다른 노선을 택했다. 그는 바로 서쪽으로 향하지 않고 서남쪽으로 에둘러 가기로 했다. 장건이 이처럼 '지름길'을 버리고 '우회로'를 택한 것은 처음 서역에 갔을 때 대하국에서 겪은 일 때문이다. 장건은 대하국의 시장에서 사천성 공족(邛族)의 죽장과 촉포(蜀布)를 발견하고는 놀라웠던 적이 있다. 대하인에게 물어 그것들이 신독(身毒 : 인도)을 통해 들어왔음을 알게 되었다. 또한 신독은 대하국 동남쪽 수천 리 밖에 있는 나라라는 것도 알게 되었다. 당시에 장건은 신독이 사천에서 그다지 멀지 않을 것이라고 추측했다. 만일 사천에서 신독으로 길을 잡아 대하국에 이를 수 있다면 흉노와 강족에게 습격당하는 위험을 피할 수 있을 뿐만 아니라 서역으로 가는 길도 조금은 가까울 것 같았다. 장건은 한나라로 돌아왔을 때 이러한 생각을 무제에게 보고했다. 한 무제 또한 큰 관심을 보였다. 그리하여 원수(元狩) 원년(기원전 122년), 한 무제는 장건에게 서남부 지역의 현지 조사를 주관하도록 명했다.

장건이 현지 조사를 하며 지나야 할 서남부 지역은 당시 '서남이(西南夷)'라고 불렸다. 그곳에는 야랑(夜郎), 전(滇), 공(邛), 사(徙), 작(筰), 염방(冉駹), 백마(白馬) 등의 소수 민족이 여기저기 흩어져 살고 있었다. 그 지역은 일찍이 한나라 이전부터 중원과 관계를 가지고 있었다. 즉, 전국 시기 초나라 검중군(黔中郡)의 통치는 이미 그곳까지 미치고 있었다. 초나라 위왕(威王) 때 장교(莊蹻)는 군사를 이끌고 파촉(巴蜀)과 검중 서쪽 지역을 경략하고 전지(滇池 ; 운남성 곤명시) 일대에 이르렀다. 그런데 돌아가는 길을 진나라가 가로막자 그 지역 1,000리 땅에 정착하고 스스로 왕이라 칭하기도 했다. 또한 진시황은 상알(常頞)을 파견하여 폭 5척의 길을 뚫도록 하여 중원과 촉 지방 및 전지 일대가 한층 더 밀접하게 연결되었다.

한나라 무제는 즉위 초기 서남이 지역과의 관계를 적극적으로 발전시키고자 당몽(唐蒙)을 파견하여 야랑 등의 부락을 복속시켜 건위군(犍爲郡)을 설치했다. 사마상여(司馬相如)를 사자로 삼아 공·사 등지로 파견하여 그 땅에 도위(都尉) 1개와 10여 개의 현을 세웠다. 그러나 흉노와 전쟁을 하게 되고, 그 지역을 경영하는 비용이 만만치 않자 오래지 않아 폐기되었다. 이러한 전사(前史)가 있었기에 장건의 보고는 한 무제에게 서남이 지역 정책을 새롭게 고려하도록 자극했던 것이다.

장건은 건위를 주둔지로 삼아, 왕연우(王然于)·백시창(柏始昌)·여월인(呂越人) 등에게 다섯 방면으로 길을 탐색하도록 하였다. 제1로는 방(駹 : 사천성 천무현川茂縣, 문천현汶川縣 일대)으로, 제2로는 사(徙 : 사천성 천전현天全縣 일대)로, 제3로는 작(筰 : 사천성 한원현漢源縣 일대)으로, 제4로는 공(邛 : 사천성 서창시西昌市)으로 출병했는데, 이 노선들은 대체적으로 서쪽을 향한 것이었다. 제5로는 북(僰 : 사천성 의빈시宜賓市 부근)으로 그 방향은 남쪽이었다. 그러나 장건은 서역으로 가는 두 번째의 시도에서 실망하지 않을 수 없었다. 각 방면으로 출발했던 다섯 사자들이 얼마 지나지 않아 모두 돌아왔던 것이다. 그들은 각 방면으로 1,000리 내지 2,000리 정도를 진군한 후 현지 소수 민족에게 저지당한 것이다. 예를 들어, 남쪽으로 갔던 사자는 곤명에 도착한 뒤 그곳 부락에는 '부족장이 없고' '도둑이 들끓으며' 사람을 죽이고 물건을 빼앗는 무리가 있다는 말을 듣고 감히 계속해서 전진할 수 없었다. 이렇게 해서 장건의 두 번째 서역 출사는 한나라 영토를 제대로 벗어나 보지도 못하고 실패했다.

　장건의 계획은 실현 가능한 것이었다. 그의 추측은 방향으로 볼 때 정확했다. 그가 파견한 사자들이 이동한 노선을 보면 만일 현지 부락민의 저지만 없었다면 그들 중 일부는 지금의 티베트 지역을 지났을 것이다. 또 다른 일부는 지금의 미얀마와 방글라데시를 거쳐 인도에 도달한 뒤, 다시 당시의 대하에 도착했을 것이다. 단지 장건이 각 지역 간의 거리를 실제보다 짧게 추측했는데, 이 노선은 그가 처음 서역 출사했을 때의 노선보다 가깝지 않다. 만일 남쪽으로 향하는 노선을 기준으로 한다면 첫번째 출사보다 훨씬 멀다.

　서남이 지역으로 통하는 길의 개척은 실패했다. 그러나 이번 현지 조사를 통해 한나라는 서남이 지역의 지형 지물과 국가, 그리고 부족의 분포 현황을 더욱더 잘 알게 되었다. 예를 들어 남쪽으로 간 사자가 곤명에 도착한 뒤 계속 전진할 수는 없었지만, 곤명 서쪽 천여 km 지점에 전월(滇越)이라 불리는 국가가 있다는 것을 알게 되었다. 서역으로 가려고 한 장건의 두 번째 탐사는 '서남이' 지역과 소통하는 데 기초를 닦았다. 이후 한나라는 마침내 서남이 지역에 월휴(越嶲), 심려(瀋黎), 익주(益州) 등의 군을 설치하여 한나라 판도 안에 집어넣었는데, 이는 장건의 서남이 조사와 관련이 있다.

제3차 서역 원정

장건이 서역으로 세번째 출사했을 때의 상황은 예전과 크게 다르지 않았다. 이 무렵 한나라는 흉노와의 전쟁에서 줄곧 승리를 거둬 흉노를 서역으로 돌아가도록 압박하고 있었다. 예전에 흉노가 한나라에 가했던 위협은 이미 사라진 상황이었고, 한나라와 서역 간의 교통은 비교적 잘 이뤄지고 있었다.

그러나 흉노가 서역 지방에서 다시 흥기하는 것을 방지하고 흉노의 위협을 근본적으로 제거하는 동시에 한 제국의 위세를 국내외에 떨치기 위해 한 무제는 다시 한번 서역 국가와 연합하여 흉노에 대항하기로 결정했다. 이에 따라 무제는 장건을 다시 서역에 보내기로 마음먹었다.

장건은 한 무제에게 '오손과 연합하도록' 건의했다. 그는 무제에게 다음과 같이 설명했다. 오손은 원래 흉노의 서쪽에 살면서 흉노에게 신하로 복종했으나, 흉노의 선우가 죽은 뒤 오손의 왕 곤막(昆莫)이 무리를 이끌고 멀리 도망가서 더 이상 흉노를 섬기지 않았다. 흉노는 군사를 보내 오손을 공격했으나 승리하지 못했고, 이후 더 이상 공격하지 않았다. 그리고 오손은 이때부터 중립을 지켜왔다. 장건은 오손의 왕에게 후한 선물을 보내고 아울러 그들이 옛 땅으로 돌아갈 수 있도록 도와준 뒤 그들과 화친을 맺는다면 흉노의 '오른팔'을 자르는 격이니, 만일 이 연맹이 성사된다면 오손의 서쪽에 있는 대하국 같은 나라들도 한나라의 외신(外臣)으로 받아들일 수 있다는 전략을 건의했다.

한 무제는 장건의 건의를 받아들여 그를 중랑장으로 임명하고 다시 서역으로 출발하여 중임을 수행하라는 명을 내렸다. 원수 3년(기원전 119년), 장건은 300명을 이끌고 만 마리의 소와 양, 많은 황금, 비단, 베

신강성 오손 봉토묘(烏孫封土墓)

등을 가지고 서역으로의 장도에 올랐다. 세번째의 출정은 지리에 익숙하고 흉노 기병의 습격이 없었기 때문에 매우 순조로웠다. 장건 일행은 무사히 오손에 도착했다.

당시 오손은 왕위 쟁탈 문제로 갈등이 증폭되어 있었기 때문에 장건이 제기한 동맹 건의에 냉담한 반응을 보였다. 장건은 그러한 오손의 정세에서는 임무를 완수할 수 없다고 판단하여, 수행했던 부사(副使)들을 대완·강거·대월지·대하·안식 및 신독 등지로 파견한 후 자신은 장안으로 돌아가기로 했다. 이때 오손 왕은 예물과 함께 수십 명의 사절을 파견했는데, 그들은 장건과 함께 장안으로 왔다.

원정(元鼎) 2년(기원전 115년), 한나라로 돌아온 장건은 대행령(大行

令)에 제수되어 구경(九卿)의 반열에 올라 제반의 외교 업무를 책임지고 처리했다. 하지만 장건은 다음 해 병에 걸려 사망하고 말았다. 고향인 지금의 섬서성 성고현 장가촌에 묻혔다. 무덤 밖에 말뼈 한 무더기가 있는데 그의 평생에 걸친 탐험과 정벌에 대한 특별한 기념일 것이다. 장건 이후로 한나라가 파견하는 사자들은 스스로를 '박망후'라고 칭하며 상대방에게 믿음을 얻었다. 장건이 이역에서 쌓은 영향력을 짐작할 수 있다.

장건이 서역의 나라들로 파견한 부사들은 그가 죽은 지 1년이 더 넘어서야 귀국했으며, 그들과 함께 각국의 사절들이 도착했다. 이렇게 하여 마침내 서역의 여러 나라와 우호 관계를 수립하려는 한 무제의 소망이 실현되었다. 다만 장건이 그날을 기다리지 못했을 뿐이다.

후에 한나라와 오손국의 연맹도 실현되었다. 한나라 선제(宣帝) 때 흉노는 한나라와 오손의 연합 공격으로 심각한 타격을 입었다. 그 후 흉노는 내분으로 점차 쇠락해 갔고 서역에 대한 통제 역시 점차 와해되었다. 신작(神爵) 2년(기원전 60년), 한 선제는 서역도호부를 설치하여 서역에 대한 한나라의 통치를 공식적으로 선언했다.

두 번에 걸친 장건의 서역 원정, 흉노와의 전쟁 승리, 하서(河西) 4군 — 주천(酒泉), 장액(張掖), 무위(武威), 돈황(敦煌) — 의 설치 등을 통해 한나라는 서역으로 통하는 도로를 완전히 개통했다. 이후 중국과 서역의 사자 및 상인의 왕래가 끊임없이 이어졌으며, 중국와 서역의 교류도 전대미문의 성황을 이루었다.

장건의 서역 개척은 중국의 지리 발견사에서 매우 중요한 위치를 차지한다. 사마천은 『사기』에서 "장건착공(張騫鑿空 : 장건이 하늘을 뚫었다)"이라는 네 글자로 장건의 서역 개척 공로를 함축적으로 표현했다. 장건이 서역을 개척한 것은 정치적인 의미 외에도, 당시 중원 사람들에게 거대한 발견의 가치를 지니고 있다. 중원 사람들은 줄곧 서역을 귀신이 출몰하는 지역쯤으로 간주하고 있었다. 장건은 현지에서의 생활과 고찰을 바탕으로 중원 사람들에게 서역의 풍토와 인정을 객관적으로 설명함으로써 그들의 지리적 지식과 안목을 폭넓게 해 주었을 뿐만 아니라 서역에 대해 가지고 있는 미신적 관념과 공포 심리를 철저하게 타파하여 이후 사람들이 서역에 발을 내딛고 세계를 향해 나아가는 사상적인 기초를 확립했다.

당삼채(唐三彩), 낙타 등 위 다섯 명의 악동대(樂童隊) 중 세 명은 중앙아시아와 서아시아 사람이고, 두 명은 한족이다. 당시 실크로드에서의 활발한 문화 교류를 설명해 준다

그리고 무엇보다도 장건의 서역 원정으로 아시아 내륙의 주요 교통로가 개통되었다는 사실은 중요한 의미를 가진다. 이 교통로는 15세기 해상 운송이 발달할 때까지 동서양의 물질과 문화 교류를 촉진시킨 직접적인 경로였다. 중국의 정교한 비단·칠기·옥기·동기·자기 등이 서방으로 전해졌다. 거여목·포도·호두·석류·참깨·잠두콩·오이·대파·당근 등의 각종 농산물과 모직품·양피·말·낙타·사자·타조 등이 중국으로 유입되었다. 이 밖에도 화약·지남철·제지·인쇄 등 중국의 선진 기술이 수출되고, 음악·무도·회화·조각·서커스 등과 불교·경교·이슬람교 및 천문·역법·수학·의학 등이 수입되어 고대 동서양 문화 예술 교류에 긍정적인 영향을 끼쳤다. 이처럼 고대 중국

문화, 인도 문화, 그리스 문화, 페르시아 문화 등은 장건이 개척한 길을 통해 서로 연결되었다. 장건의 길이 인류 문화사에 짙은 흔적을 남긴 것이다.

독일의 지리학자 리히트호펜은 『중국, 그 여행의 결과와 이를 기초로 한 연구』(1877)에서 장건이 개척한 이후 부단히 발전해 온 통로에 '실크로드(Seidenstrassen, Silk Road)'라는 시적인 이름을 최초로 부여했다. 그 뒤에 독일의 역사학자 헤르만은 『중국과 시리아 간의 고대 실크로드』(1910)에서 기존에 발견된 고고학적 자료를 근거로 실크로드를 지중해 서안과 소아시아까지 연장시켰다. 아울러 '실크로드'의 기본적인 함의를 확정했다. 즉, 고대 중국이 중앙아시아를 거쳐 남아시아·서아시아 및 유럽·북아프리카로 통하는 육상 무역 왕래의 통로가 실크로드라는 것이다. 당시 세계에서 가장 뛰어난 중국의 비단을 비롯하여 여러 가지 다량의 물품이 이 길을 따라 서쪽으로 전해졌기 때문에 '실크로드'라고 명명한 것이다. 장건은 세계를 향해 발걸음을 내디딘 첫번째 중국인이라고 부를 수 있을 것이다.

여기서 '실크로드'라는 동방과 서방을 잇는 길을 통해 전해진 황금과 재물에 대한 정보가 후대의 서방 탐험가들을 자극하여 동방으로 통하는 더 빠른 통로 찾기에 나서게 했는데, 이것이 바로 세계 지리 대발견의 서막이었다.

로마를 꿈꾸다 : 반씨 부자와 『서역기』

장건의 서역 개척으로 시작되어 점차 활발해지던 중국과 서역의 교통은 왕망(王莽)의 시기(서기 8~23년)에 단절되었다. 그 단절은 50

여 년 동안 계속되다가 동한의 명제(明帝)가 두고(竇固)와 경충(耿忠)을 주천(酒泉)의 변경으로 보내 이오로(伊吾盧 : 신강성 하미哈密)를 점령하고 의화도위(宜禾都尉)를 설치한 이후에 비로소 다시 통하기 시작했다. 동한 시기 서역을 개척한 주요 인물로는 유명한 반씨 부자, 즉 반초(班超 : 32~102년)와 반용(班勇)이 있다.

반초는 자가 중승(仲升)이며, 부풍안릉(扶風安陵 : 섬서성 함양咸陽 동북) 사람으로 동한의 유명한 외교가이자 군사가이다. 반초는 학자 집안 출신으로 부친 반표(班彪), 형 반고(班固), 여동생 반소(班昭)가 모두 유명한 역사가이다. 그들은 『한서(漢書)』라는 위대한 역사서를 공동으로 저술했다. 그러나 반초는 '붓

반초의 초상

을 던지고 전쟁에 나섰으니', 그는 평생 책만 읽다가 죽는 것을 원치 않고 장건처럼 변방에서 공을 세우기를 원했다. 반초는 서역에서 30년을 지냈는데, 그의 주요 공적은 중국과 서역의 교통로를 회복한 것이다. 그는 서역의 여러 나라와 연합해서 친흉노 세력에게 타격을 가해 서역남로와 서역북로를 차례로 개통했다. 아울러 대월지국의 침략을 격퇴하여 결국 서역의 여러 나라들을 한나라의 통치 아래로 귀순시켰다. 이때 한나라는 파미르 고원 서쪽의 중앙아시아까지 세력을 미치게 되었고, 그곳의 대국인 안식과 직접 교류했다. 영원(永元) 7년

(95년), 한나라 화제(和帝)는 반초의 공로를 포상하기 위해 그를 정원후(定遠侯)로 봉했다. 그래서 세상 사람들은 그를 '반정원(班定遠)'이라고 불렀다.

반초는 로마제국(大秦)과 직접 관계를 수립하기도 했다. 영원 9년(97년) 서역도호(西域都護)로 있던 반초는 부장 감영(甘英)을 서쪽으로 파견했는데, 목적지는 당시 최대의 비단 수입국인 로마제국이었다. 그러나 감영의 원정은 조지국까지만 진행되었다. 『후한서(後漢書)』「서역전(西域傳)」에는 감영이 안식에서 서쪽으로 향한 노선을 "안식국에서 서쪽으로 3,400리를 가면 아만국(阿蠻國)에 이르고, 아만에서 서쪽으로 3,600리를 가면 사빈국(斯賓國)에 이른다. 사빈국에서 남쪽으로 강(티그리스 강과 유프라테스 강)을 건너 다시 서남쪽으로 960리를 가면 안식의 서쪽 경계선 끝이다"라고 기록하고 있다. 조지는 안식국 서쪽 경계선 끝에 있는 지역으로, 『후한서』에는 "이곳 남쪽으로부터 배를 타면 로마제국으로 통한다"라고 기록되어 있다. 그러나 감영은 안타깝게도 우연한 사건으로 바다를 건너지 못했다. 그 당시 실크로드가 있기는 했지만 로마제국과 한나라 사이에는 직접적인 무역 왕래가 없었기 때문에 로마제국의 상인이나 한나라 상인은 육로로 서로의 나라에 가지 못하고 상업적 왕래를 전적으로 중개인에게 의존하고 있었다. 그리하여 안식국 상인은 동방과 서방의 실크 무역을 독점하면서 막대한 이윤을 취하고 있었다. 때문에 한나라와 로마제국의 직접 거래를 전혀 원하지 않았다. 그러한 사정으로 감영이 안식국의 선원에게 항해에 대해 물었을 때 "바다가 넓어서 바람을 잘 만나면 3개월이면 건널 수 있으나, 만일 역풍을 만나면 2년이 걸릴 수도 있다. 그러니 항해하려면 한 사람당 3년치의 양식을 가져가야 한다. 항해 중에는 향수병에 걸려 죽는 사람이 여럿 있다"라는 답을 들을 수밖에 없었다. 그 같

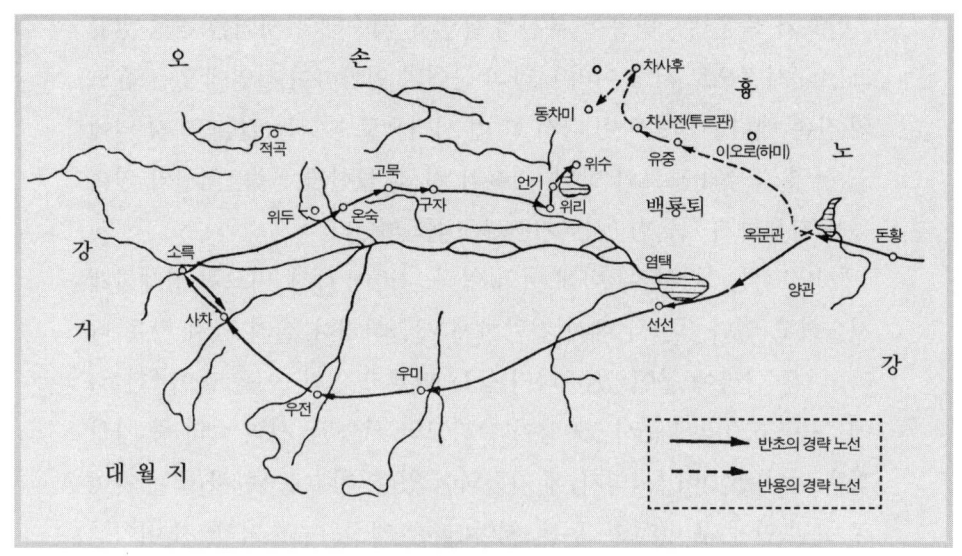

반초와 반용의 서역 경략 노선도

은 안식국 선원의 말을 믿은 감영은 결국 서쪽으로 원정을 포기했다. 감영이 로마제국에 도달하지 못한 것은 중국과 서방 교류사에서 안타까운 일이며, 중국이 유럽을 직접 이해할 수 있는 기회를 잃어버린 것이다. 그러나 감영이 페르시아 만에 우뚝 선 최초의 중국인임은 분명한 사실이다.

영원 12년(100년), 오랫동안 서역에 머물러 있던 반초는 나이가 많아지자 고향 생각이 간절하여 "감히 주천군까지 바라지는 못하오나, 살아서 옥문관을 들어가기를 바라나이다"라는 소망을 황제에게 올렸다. 영원 14년, 조정은 반초를 수도인 낙양으로 불러들여 사성교위(射聲校尉)로 임명했다. 이때 반초는 일흔 한 살의 노인이었는데, 얼마 되지 않아 세상과 긴 이별을 했다. 그러나 반초의 이름은 장건과 함께 실크로드 위에 영원히 각인되었다.

반초가 죽은 뒤, 반용이 부친의 유업을 계승해서 서역을 경영했다. 그는 군사적으로 서역 여러 나라의 군대와 연합하여 서역에 있는 흉노의 잔존 세력을 축출하여 다시 한 번 서역으로 통하는 길을 연 것 외에도 서역 각국의 도로와 방위, 기후와 지세, 물산과 풍속, 역사와 연혁 등을 자세하게 기술한 『서역기(西域記)』를 펴냈다.

『서역기』는 『한서』에 비해 서역 여러 나라에 대해 비교적 상세하게 서술하고 있다. 『한서』에서 간략하게 서술하거나 실려 있지 않은 나라, 다른 나라에 붙어 있는 나라 등도 다루고 있다. 예를 들어 『한서』에 '인구 670명에 군사 350명이다'라고만 서술된, 서역 나라 중 가장 작은 덕약(德若)이 『서역기』에 기록되어 있다. 참고로 『한서』에는 파미르 고원 안에 구미(拘彌), 우전, 서야(西夜), 자합(子合), 덕약, 사차[이상 남도국(南道國)], 소륵, 언기(焉耆)[이상 북도국(北道國)], 포류(蒲類), 이지(移支), 동차미(東且彌), 차사전부(車師前部), 차사후부(車師后部)[이상 산후국(山后國)] 등 13국이 있고, 파미르 고원 밖에는 오과산리(烏戈山離), 조지, 안식, 대진, 대월지, 고부(高附), 천축(天竺), 동리(東離), 율과(栗戈), 엄국(嚴國), 엄채 등 11국이 있다고 서술하고 있다. 또한 반용은 『한서』에 나타난 일부 오류를 바로잡았다. 서야와 자합을 하나의 나라로, 고부국을 대월지에 속한 오령후수(五翎侯數)로 잘못 기술한 『한서』의 서술을 『서역기』에서는 사실에 의거하여 구분해 놓았다.

그리고 『서역기』는 로마제국에 대해 최초로 상세하게 묘사하고 있는 책이다. 예를 들면 로마제국의 방위와 영역에 대해 서술하면서 "일명 이건(犁鞬)이라고도 하며…… 해서국(海西國)이라고도 부른다. 사방 수천 리에 400여 개의 성이 있다"라고 했으며, 그 도성은 "주위가 100여 리이며 도성 안에는 5개의 궁전이 있는데 각각 10리씩 떨어져 있다"라고 서술하고 있다. 또한 국가 기구에 대해서는 "각각의 공문서가

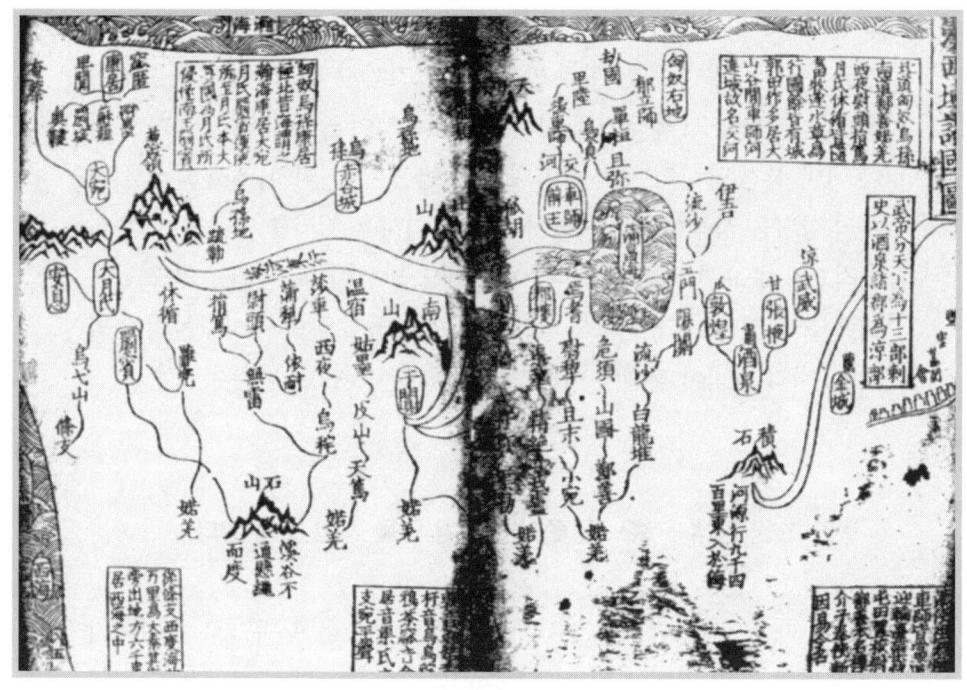

한나라와 서역의 여러 나라들

있다. 36장(將)을 설치하여 국사를 논의한다. 왕은 일정한 사람이 있는 것이 아니라 어진 사람을 세운다"라고 했으며, 물산에 대해서는 "금과 은, 야광옥과 명월주 같은 외국에서는 보기 드문 진귀한 보석이 많다"라고 서술했다.

『서역기』에 씌어 있는 이러한 서술은 이전 사람들의 책에서는 전혀 보지 못했던 것들이다. 그렇다면 이러한 정보는 어떻게 얻은 것일까? 이전에 감영이 출사했으나 로마제국에 들어가지 못했으니, 로마제국의 상황은 당연히 서역 상인, 특히 안식국 상인에 의해 전파되어진 것이 확실하다. 이는 한편으로는 중국과 서방 간의 무역 교류가 활발했음을, 다른 한편으로는 동한 시기에 지리 지식이 발전했음을 보여 주고 있다.

장건이 서역을 개척한 이래 반용에 이르기까지 약 200여 년의 세월이 흘렀다. 그동안 서역 국가들 사이에서는 분쟁이 끊이지 않고 변화가 많아 이미 장건 당시의 서역이 아니었다. 반용은 『서역기』에서 그 당시의 서역 상황을 상세하게 기록하여 서역의 역사와 지리를 연구하는 데 실제적으로 중요한 역할을 했다. 이 밖에도 반용이 로마제국, 인도 같은 서쪽 끝에 있는 나라에 대해 상세하게 서술한 것은 당시 사람들의 역외(域外) 지리 지식이 전대에 비해 진일보했다는 것을 보여준다.

몽골 고원 탐색 — 흉노를 쫓아 소무가 양을 치던 곳에 닿다

무제 때 한나라 군대는 여러 번에 걸쳐 흉노를 북쪽으로 쫓아내기 위해 몽골 고원 일대로 깊숙이 들어갔다. 이로 인해 북방 몽골 고원의 지리적 정세에 대해 어느 정도 알게 되었다.

하투(河套) 일대는 중원과 흉노의 북방 접경지다. 일찍이 진시황 때 장군 몽염(蒙恬)이 30만 명의 병력을 이끌고 흉노를 북쪽으로 몰아내고 하투 이남을 회복한 후 그 지역을 44개의 현으로 나누어 내지 인구를 이주시켜 개간하도록 했다. 그 지역을 당시에는 '신진중(新秦中)'이라고 불렀다. 진나라 말기에서 한나라 초기에 흉노가 남하하여 그 지역을 점거한 후 군사를 남으로 몰아 장안을 위협했다. 그후 원삭(元朔) 2년(기원전 127년) 무제는 위청(衛靑)을 파견하여 그 지역을 회복하고 삭방군(朔方郡)을 설치했다. 한나라의 통치가 지금의 내몽고 일대에까지 미친 것이다. 원수(元狩) 4년(기원전 119년)에는 위청과 곽거병(霍去病)이 10만 기병을 이끌고 두 길로 나누어 원정을 떠났다. 위청은 정양군(定襄郡)으로 출정했는데 흉노 선우를 추격하여 전안산(闐顔山) 조신성(趙信城 : 몽고인민공화국 항애산杭愛山 남쪽 기슭)까지 갔으며, 곽거병은 더 멀리 진격하여 저랑(抵狼)의 거서산(居胥山 : 몽고인민공화국 긍특산肯特山)에 이르렀으며 마침내 고비사막(瀚海)까지 갔다가 돌아왔다. 두 군대는 좌우로 나뉘어 선우의 왕정을 포위하고 진격하여 몽골 고원 깊숙이까지 들어갔다.

한나라 천한(天漢) 2년(기원전 99년), 이릉(李陵)이 "보병 5,000명을 이끌고 거연(居延)으로 출정하여 북쪽으로 30일을 진격한 끝에 준계산(浚稽山 : 러시아의 투라tula 강과 몽고의 오르혼 골orhon gol 강 사이)에 이르러 병영을 구축했다. 지도를 펴고 산천의 지형을 살피고 휘하 기병 진보락(陳步樂)을 돌아오게 하여 정황을 들었다." 이 문장에서는 이릉이 몽골 고원까지 깊숙이 진격했을 뿐만 아니라 도로 지도를 가지고 있었음을 설명하고 있다. 이는 비록 군사적인 목적에서 그려진 것이기는 하지만 이미 현지의 지리 상황을 중시하기 시작했다는 점을 시사하고 있다.

또한 한 무제 때 두 명의 사자가 흉노 왕국 소재지인 몽골 고원으로 깊숙이 들어갔다가 특별한 이유로 바이칼 호(北海)까지 가기도 했다. 이들은 죄수로서 그곳으로 유배된 것이었다. 그 중 한 사람인 곽길(郭吉)은 선우에게 한나라에 항복할 것을 권유하다가 선우에 의해 '바이칼 호'로 유배당했다. 다른 한 사람은 유명한 소무(蘇武)이다. 천한 원년(기원전 100년) 한 무제는 장안에 억류하고 있던 흉노 사신의 송환을 위해 소무(蘇武)를 흉노에 사신으로 파견했다. 소무가 임무를 완수하고 귀국하려 할 때 흉노에 귀순한 한나라 장수 위율(衛律)을 암살하려 한 사건이 발생했다. 흉노의 구왕(緱王)과 우상(虞常)이 한나라 부사 장승(張勝)과 결탁하여 벌인 일이었다. 그러나 일이 누설되어 구왕은 살해되고 우상은 체포되었으며, 억울하게 소무도 누명을 써 연루되었다.

소무가 자신의 결백을 주장하며 계속해서 버티자 흉노의 선우는 그를 바이칼 호의 벽지로 쫓아 보내고 숫양을 기르게 했다. 선우는 '숫양이 새끼를 낳으면 귀국을 허용하겠다'라고 말했다. 바이칼 호에서 소무는 매우 힘들게 살았다. 그러나 그는 한나라에 대한 지조를 잃지 않았다. 비록 '군사는 잃었지만' 시종 흉노에게 투항하지는 않았던 것이다.

한 소제(昭帝) 때 한나라 사신이 화친을 청하러 왔다. 소무는 몰래 한나라 사신에게 자신이 죽지 않았음을 전하면서, 선우에게 "한나라 천자가 상림원에서 사냥한 기러기에 소무의 비단 편지가 달려 있어 소무가 어디에 있는지 알고 있다"고 말하라고 부탁했다. 이렇게 되자 선우는 더 이상 숨길 방도가 없어 소무를 귀국시킬 수밖에 없었다. 그때까지 소무는 19년간이나 바이칼 호에 갇혀 있었다. 당시 곽거병이 군사를 이끌고 막북(漠北 ; 고비사막 북쪽, 현재의 외몽골)까지 깊숙이 들어왔으며, 그 지역까지 진격한 적도 있었다. 그러나 대군이 진퇴를 거듭한 곳은 단지 '고비사막'이었을 뿐이다. 그래서 소무는 바이칼 호에서 19년을 머물 수밖에 없었다. 이 사건은 지리 발견의 역사에서 중요한 의미를 가지고 있다.

한나라 원제(元帝) 때 낭중 후응(侯應)이 상서를 올려 변방에 군대를 배치하는 것을 반대하면서 흉노는 "밖에는 음산(陰山)이 있고 동서 길이는 천여 리에 이르며, 초목이 무성하고 금수가 많다"라고 언급하고, 또 "막북은 땅이 평탄하고 초목이 적으며 사막이 많다"라고 했다. 왕망 때 엄윤(嚴允)은 "오랑캐 땅은 사막이 많고 초목이 적다. 오랑캐 땅은 가을과 겨울에는 몹시 춥고, 봄과 여름에는 바람이 심하게 분다"라고 했다. 이러한 묘사들의 근원을 거슬러 올라가보면 어떤 것은 위청이나 곽거병 같은 한나라 장군의 북벌로부터 얻은 것이고, 어떤 것은 곽길이나 소무 같은 사신이 바이칼 호를 체험한 데서 얻은 것이다. 비록 그 분량이 짧기는 하지만 당시 사람들이 음산과 몽골 고원의 기후와 식물 등에 대해 상당한 이해가 있었음을 설명하고 있다. 이밖에 동한 때 이순(李恂)이 유주(幽州 ; 북경)로 가서 '황제의 은혜를 널리 펴고 북쪽의 오랑캐를 위무할' 때 길가에 보이는 '산천·밭·취락' 등을 그림으로 그려 조정에 바쳤다. 남흉노는 한나라에 귀순할 의사를 보이면서 사람을 보내 한나라 조정에 몽골 고원 일대를 그린 지도를 바쳤다. 안타까운 것은 이 지도들이 지금은 전해져 내려오고 있지 않다는 것이다.

해남도와 해상 교통 라인

양한 시기, 한나라는 서북방과 북방에서 흉노와 전쟁을 벌였을 뿐만 아니라 남방의 월인(越人)과도 빈번하게 전쟁을 했다. 역사 지리적인 견지에서 볼 때 이러한 군사 활동들은 남방 지역의 개발과 해상 대외 교통로의 개척을 촉진시켰다.

서한 시기에 해남도(海南島)는 이미 중원 왕조의 판도에 정식으로 편입되었다. 『한서』「지리지」에는 "합포군(合浦郡) 서문현(徐聞縣) 남쪽으로부터 바다로 들어가 대주(大州)를 얻으니, 사방 1천 리이다. 무제 원봉 원년에 담이군(儋耳郡), 주애군(珠崖郡)으로 삼았다"라는 기록이 있다. 여기서의 대주가 바로 지금의 해남도이다. 『한서』「지리지」는 이 섬 주민의 생활상에 대해 다음과 같이 묘사하고 있다. "백성은 모두 홑겹의 베옷을 입었다. 남자는 농사를 짓고 벼와 마(麻)를 심었으며, 여자는 누에를 치고 옷감을 짰다. 백성은 다섯 가지 가축을 기르고, 산에는 고라니와 큰 사슴이 많다. 병기로는 창·방패·칼·나무 활·대나

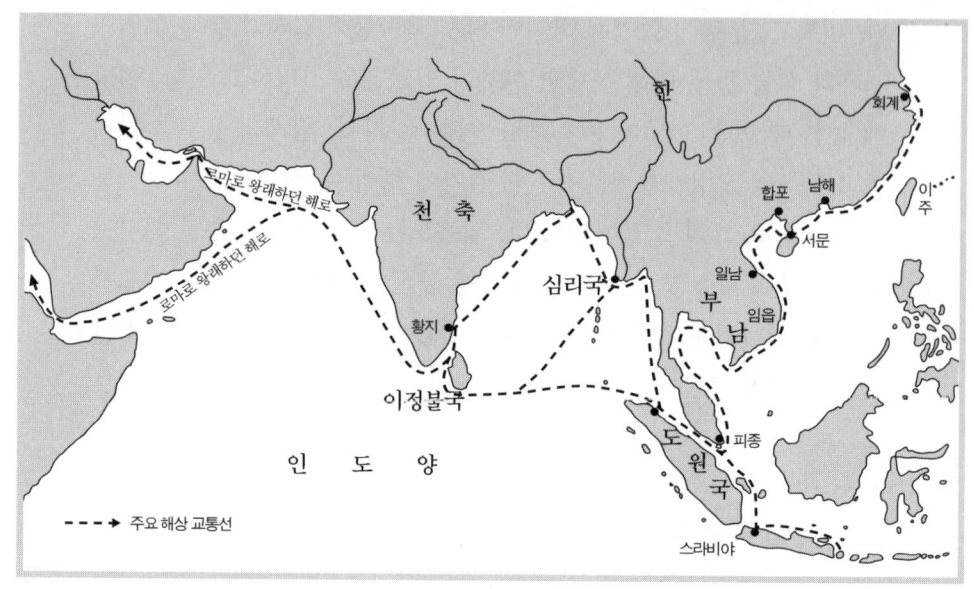

한나라 시대의 해상 교통로

무 화살 등이 있으며, 간혹 동물 뼈로 화살촉을 만들기도 했다."

한 무제는 월 지역에 9개의 군을 설치했다. 그 중에 교지(交趾)·구진(九眞)·일남(日南) 3군이 포함되는데, 교지는 지금의 하내(河內) 부근에 있고, 구진은 지금의 청화(淸化) 서북쪽에 있으며, 일남은 지금의 순화(順化) 부근에 있으니, 모두 지금의 베트남 경내에 있다. 이는 당시 사람들의 지리 인식이 이미 현재 중국의 남부 국경 지대까지 미쳤다는 것을 말해준다.

서한 시기에 남부 해상 교통은 전대에 비해 진일보했다. 『한서』 「지리지」에는 당시 해상 교통로가 기록되어 있다. 즉, 합포군의 서문현에서 출발해서 "5개월을 항해하면 도원국(都元國 : 인도네시아 수마트라 섬 동북부)이 있다. 다시 4개월을 항해하면 읍로몰국(邑盧沒國 : 미얀마 남부 살원Salween 강 입구 부근)이 있고, 다시 20여일을 항해하면 심리국

(諶離國 : 미얀마 이라와디 강 연안)있다. 걸어서 10여일을 가면 부감도로국(夫甘都盧國 : 미얀마 이라와디 강 중류 부근)이 있다. 부감도로국에서 배를 타고 2개월여 가면 황지국(黃支國 : 남인도 동쪽 해안에 있던 나라, 지금의 마두라스 서남쪽 지역)이 있다······ 황지국 남쪽에는 이정불국(已程不國 : 스리랑카)이 있다"라고 하여 항해로상에 있는 6개의 역외 국가를 기술하고 있다.

기항 지점과 항로가 지난 지역으로 볼 때 이 항해로는, 먼저 경주(瓊州 ; 광동성 뇌주雷州 반도와 해남도 사이) 해협을 지난 뒤 베트남과 말레이 반도 해안을 따라 남하하여 말라카 해협을 통과한 뒤 미얀마 해안을 빙 둘러 북상하고, 다시 인도 동해안을 따라 항해하여 오늘날의 스리랑카에 도착하게 된다. 돌아오는 항로는 원래의 항로를 따라 되돌아오는 것이 아니라 황지국을 출발해서 대해를 건너 '8개월을 항해하여 피종(皮宗 : 싱가포르 서쪽)에 도착하고, 다시 2개월을 항해하면 일남·상림(象林 : 베트남 차교茶蕎 Chágiao) 경계에 도착한다." 이것은 남해 계절풍을 이용한 항로로, 관련 기록에 의하면 해상 지리에 대한 서한 시기 사람들의 인식은 지금의 인도 남부와 스리랑카에까지 미쳤음을 알 수 있다. 한나라는 장건 이래로 수차례에 걸쳐 서남이를 통해 육로로 인도에 가는 길을 찾았으나 실패했다. 하지만 해로의 개척 덕분에 조금이나마 위안을 삼을 수 있었다. 해로의 개척은 이런 유감에 조금은 위로가 되는 듯하다.

동한 시기에 해로를 거쳐 인도로 가는 것 이외에 육지를 통한 '영창도(永昌道)'가 개척되었는데, 이 노선은 지금의 운남성에서 미얀마를 거쳐 인도로 가는 것이었다. 이 길은 영창군(永昌郡 : 운남성 보산현保山縣 동남쪽)에서 시작해서 이라와디 강을 따라 벵골 만으로 들어간 후 인도에 도착하는 경로이다.

동북 변방, 그리고 조선과 일본

양한 시기 동북 지역에 대한 지리 인식은 전대에 비해 약간의 발전이 있었다. 진나라 말기에서 한나라 초기에 이르면 "연(燕)나라 사람 위만(衛滿)이 조선으로 피신해서 그 나라의 왕이 되었으며, 100살이 넘게 살았다"는 기록이 있다. 후에 "무제가 조선을 멸망시키자 동이족이 수도와 왕래하기 시작했는데" 무제는 원래 위씨의 통치 지역인 그곳에 현토(玄菟)·낙랑(樂浪)·진번(眞番)·임둔(臨屯) 등 네 군(郡)을 설치했다. 진번과 임둔 두 군은 소제 때 폐지되었으나 현토와 낙랑은 한나라와 동북 지역 연결 고리의 중추가 되었다. 이 두 군을 통해 한나라는 부여·읍루·고구려·삼한 등지의 상황을 파악할 수 있었다.

예를 들면 『후한서』 「동이전」에는 다음과 같은 기록이 있다. 부여에 대해 "현토 북쪽 1천리 되는 지점은…… 동이족의 영역으로 가장 평탄하고 오곡이 잘 자란다. 좋은 말, 붉은 옥, 담비 가죽, 대추 등이 난다. 나무 울타리로 성을 삼았는데, 궁실·창고·감옥 등이 있다"라고 서술하고 있다. 읍루는 "부여 동북방 1천여 리 지점에 있는데, 동쪽으로는 큰 바다를 끼고 있고 남쪽으로는 북옥저와 접해 있으며, 북쪽으로는 그 끝을 모른다. 국토는 산이 많고 험하며…… 오곡, 삼베, 붉은 옥, 담비 가죽 등이 난다. 임금은 없으며 각 촌락마다 촌장이 있다. 산속에 있어 매우 추우며 항상 동굴 속에 거주한다…… 돼지를 길러 고기를 먹고 가죽으로 옷을 지어 입는다"라고 쓰여 있다. 고구려는 "요동 1천리 지점에 있으며…… 사방 2,000리가 대부분 산과 계곡으로 사람들은 이를 따라 거주한다. 밭농사를 많이 짓지 않아 식량을 자급자족하기에 충분치 않다. 따라서 그 풍속은 음식은 절약하나 궁실은 잘 짓는다"라고 서술했다.

일찍이 진시황은 방사(方士) 서복(徐福)에게 명하여 동남동녀 수천 명을 데리고 동해로 나가 선약(仙藥)을 구해 오도록 했다. 서복은 출발한 뒤 돌아오지 않았으니, 후대 사람들은 그가 일본으로 갔다고 여겼다. 이 설이 진실인지의 여부는 판단하기 어렵지만 최소한 한나라 때 일본에 대해 초보적인 지식을 갖고 있었음이 틀림없다.『후한서』「동이전」에 "왜(倭)는 한(韓) 동남쪽 큰 바다에 있는데, 산과 섬에 거주하며 모두 100여 개의 나라가 있다…… 낙랑군은 왜국과 1만 2,000리 떨어져 있으며, 서북쪽 경계의 구야한국(拘邪韓國 : 가야)과는 7,000여 리 떨어져 있다. 그 땅은 회계군(會稽郡) 동야(東冶) 동쪽에 있으며, 주애(朱崖)·담이(儋耳) 등과 가깝다…… 땅은 벼·베·뽕나무 재배에 적합하며, 실을 엮어 천을 짤 줄 알았다. 백옥과 청옥이 생산된다. 그 산은 땅이 붉고…… 나무 울타리로 담을 두른 성이 있다"라는 서술이 있다.

이상의 서술을 통해 양한 시기에는 한 무제가 '먼 곳을 공략하는' 정책을 추진하면서 장건을 서역에 파견하는 것을 필두로 해서 위청·곽거병 등을 막북으로 출정시키고, 장건을 서남이로 보내는 등 군사를 이용해서 남월과 동북을 원정하는 일련의 군사적·정치적 활동을 벌였다는 것을 알 수가 있다. 또한 이를 통해 한 왕조의 강역을 확장시키고, 중원의 주변 국가 및 역외 국가와의 교통로를 개척하여 한 왕조의 명성을 사방에 떨쳤음을 알 수 있다. 중원 지역과 주변 국가 및 역외 국가와의 교류가 빈번해지자 변경과 역외 국가에 대한 지식이 한나라 때에 이르러서 신속하게 발전했는데, 이는 당시 사람들의 지리 지식을 풍부하게 했을 뿐만 아니라 후대 사람들이 이를 기초로 삼아 지리 탐색 활동의 기초를 확립하도록 만들었다.

서역에서 온 부처

진나라·당나라 고승들의 지리 발견

중국의 지리 발견사에는 법현(法顯), 송운(宋雲), 현장(玄奘), 의정(義淨) 등 오랫동안 사람들의 마음속에 아로새겨진 인물들이 등장한다. 그들은 모두 생전에 '승려' 신분으로 불경 수집에 온 힘을 기울였는데 사후에는 중국의 불교사뿐만 아니라 지루하고 곡절 많았던 중국의 지리 발견사에 영원히 이름을 남겼다. 중국의 지리 발견사의 두드러진 특징이라면 불교가 중원 사람들의 해외 탐험을 촉진시키는 강력한 원동력이 되었다는 점이다.

불교, 기독교, 이슬람교는 세계 3대 종교다. 기원전 5, 6세기에 고대 인도 가비라위국(迦毗羅衛國 : 네팔 타라이 지방)의 왕자 고타마 싯다르타가 불교를 창시했다. 불교의 중국 유입에 관해서는 여러 설이 분분해 고찰하기 쉽지 않지만, 동한의 명제가 불경을 탐구하면서 불교가 처음 전해졌다는 것이 일반적 견해다. 현재까지 보존된 사료로 볼 때 동한 말 환제(桓帝)와 영제(靈帝)의 집권 시기(147~189년)에 불교가 중원 지역에 상당히 광범위하게 전파되었다는 사실은 인정할 만하다.

불교가 처음 중국에 전파되었을 때 불경을 전수한 이들은 서역과 인도의 승려들이었다. 위진 시대 이후 승려들이 속속 중국으로 입국해 다수의 불경을 번역하면서 불교가 중국에 전파되는 데 적극적인 촉매

섬서성 유림굴(榆林窟)의 벽화, 서행구법(西行求法)하는 승려의 모습

제 역할을 했다. 이후 중국 내에서도 삭발하고 승려가 되겠다는 이들이 대거 늘어났다. 그러나 외국인이 불경을 번역할 경우 사실과 다른 오역을 피할 수가 없을 뿐만 아니라 당시 대승 불교와 소승 불교의 구분은 물론 대승 불교와 소승 불교 내부에도 분파가 존재하는 등 불교 교파가 상당히 많아 번역가들 간에 불경의 내용과 이치에 대한 견해가 분분했다. 또한 불경의 내용이 종종 혼동을 불러일으키거나 전후 내용이 상호 모순되기까지 했다. 이로 인해 중국 승려들은 불교 교의를

1장 중원에서 사이까지 49

학습하는 데 상당히 당혹스러웠고, 경문의 내용 자체도 대단히 난삽해 이해하기 어려웠다.

그러나 종교의 힘이란 실로 대단했다. 교의에 대한 이해를 깊게 하고 승려의 내심에 깃든 갈등을 불식시키기 위해, 그리고 더 많은 교인을 끌어들이고 불도를 한층 더 발전시키기 위해 일부 중국 승려들은 자발적으로 힘들고 기나긴 '서천취경(西天取經 ; 서역의 천축에서 불경을 구함)'의 길을 택했다. 그들의 목적은 단순했다. 성지로 가서 원본 불경을 가져오자는 것이다. 이렇게 시작된 서천취경은 진·당나라 시대에 흥성했고, 위로는 삼국 시대부터 아래로 송나라 시대에 이르기까지 무려 700~800년간 지속되었다. 서천취경은 본질적으로 불교 활동이었지만 문화 교류에서의 역할과 지리 발전에서의 의미도 결코 불교 활동에 못지 않았다. 서천취경에 나선 고승들은 지리 발견이란 면에서 귀중한 기행을 남겼다. 그들은 자신이 통과했던 나라와 지역의 역사·지리·경제·문화 등 모든 상황을 기록해 두어 당시 중국의 입장에서 보자면 실질적인 지리 탐색과 발견이었다.

서역을 간 첫번째 스님 — 주사행

중국 최초로 서역행을 단행한 승려는 주사행(朱士行)이었다. 그는 영천(穎川 : 하남성河南省 우현禹縣) 출신으로, "즐거운 일도 슬픈 일도 그의 지조를 바꾸지 못했다"고 할 정도로 의지가 원대하고 확고했다. 그는 조위(曹魏) 가평(嘉平) 연간(249~254년)에 출가한 후 불경 연구에 진력했고 이해력도 상당히 뛰어났다. 주사행이 서역행을 결정한 것은 낙양에서 축법조(竺法調)가 번역한 『도행경(道行經)』을 배울 때였다. 경문의 문구는 간략했지만 그 의미는 이해하기가 참으로 어려웠다. 그래서 그는 "이 경전의 대승적 중요성은 그 이치를 번역해도 끝나지 않는다. 이 몸을 바쳐 저 멀리에서 가장 큰 근본을 구하겠다"며 서천취경을 결심했다.

위(魏) 감로(甘露) 5년(260년)에 제자와 함께 장안을 출발한 주사행은 사막을 지나 서역의 우전국(于闐國)에 도착했다. 당시 우전국은 대승 불교와 소승 불교가 동시에 흥성하고 있었던 서역의 불교 중심지 가운데 한 곳이었다. 주사행은 그곳에서 산스크리트어로 총 60만 자에 달하는 불경 원본 90장(章)을 수집한 후 제자 불여단(弗如檀) 등에게 낙양으로 가져가라고 했다. 그러나 그들이 출발 준비를 할 즈음 우전국의 왕의 제지를 받았다. 우전국의 일부 소승 불교도들이 대승 불교 경전의 전파가 그들의 이익을 위협할 것이라 우려한 나머지 '정전(正典)을 혼란' 시킬 수 있다는 명목을 내세워 불경의 반출을 금지토록 국왕을 부추겼기 때문이었다. 주사행은 모든 고통을 감수하며 겨우 손에 넣은 경전을 중국으로 보낼 수 없게 되자, 기지를 발휘해 국왕에게 경전을 소각하겠다고 제안했다. 그리하여 경전은 불 속으로 던져졌으나 곧 불씨가 꺼지면서 다행히 중국으로 반출할 수 있었다.

주사행은 중국으로 돌아가지 않고 우전국에 남아 80세를 일기로 타계했다. 불경은 중원에 도착한 뒤 진류(陳留)의 창원(倉垣 : 하남성 개봉 서북 지역) 수남사(水南寺)에 안전하게 보관되었고, 인도인 축숙란(竺叔蘭)과 서역인 무라차(無羅叉)가 『방광반야경(放光般若經)』이란 제목으로 번역했다. 주사행의 경전 수집 여정이 우전에서 끝났고 손에 넣은 경서도 제한적이어서 후대인에게 서천취경의 노선이나 경유 지역에 관한 견문을 남기지 못했다. 하지만 당시로서는 선구자적 역할을 담당했다. 사념해(史念海)는 "주사행이 파미르 고원을 넘지는 못했지만 그

1장 중원에서 사이까지 51

의지만은 절대 간과할 수 없다"고 밝힌 바 있다. 고난을 두려워하지 않고 경전을 구하고자 했던 주사행의 굳은 의지는 후손들에게 깊은 인상을 주어 서천취경의 행렬은 줄을 이었다.

황폐한 땅을 개척하다 : 고승 법현

위진 남북조에 이르러 서역에서 불경을 구하려는 승려는 그 수를 셀 수 없을 정도로 증가했다. 방호(方豪)는 『중서교통사(中西交通史)』에서 서진 출신 3명, 동진 출신 51명, 남조의 송 출신 70여 명, 원위(元魏)·북제·북주 출신 19명 등으로 간략히 분류했다. 이들 중 이름을 알 수 없거나 저술 활동이나 자신의 학설을 세우지 못한 이들도 있기 때문에 대다수가 평생의 사적이 두드러지지는 않았다 하더라도 국외에서 견문을 쌓고 불도를 넓힌 역사적 사실만큼은 의심의 여지가 없다. 주사행의 뒤를 이어 가장 명성을 쌓은 이는 법현(法顯, 342?-423?)이었다. 육로로 갔다가 뱃길로 돌아온 그는 서역을 두루 여행했고, 천축에서 공부한 뒤 불경을 가지고 돌아와 이후 불교계로부터 '불모지를 개척' 했다는 평가를 받았다. 법현 이전의 여러 고승들이 대부분 실크로드를 경유하거나 남부나 북부의 길로 간 데 반해 법현은 바닷길을 택해 귀국했고, 귀국 후에는 『불국기(佛國記)』를 저술하여 그가 지나갔던 국가와 지역의 여러 상황을 기록했다.

법현은 평양(平陽 : 산서성 임분臨汾 근처) 출신으로, 세 살의 어린 나이에 출가했지만 불도에 정진하고자 하는 마음만큼은 대단히 확고했다. 스무 살에 대계를 받은 명석하고 단정한 그는 평소 중국에 계율 경전이 완비되어 있지 않음을 한탄하면서 불서와 경문을 구해 부족한 부

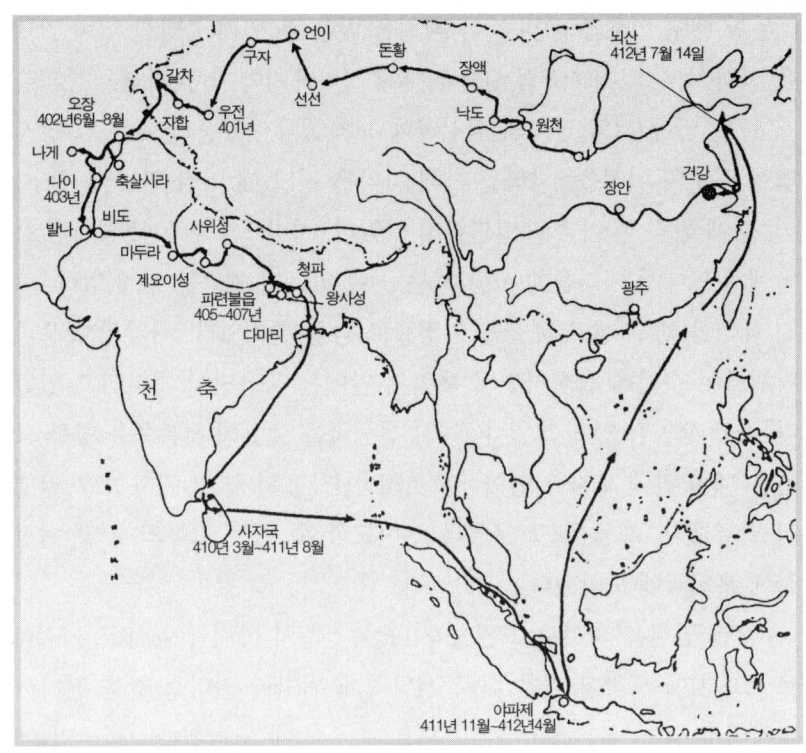

법현의 왕복 노선

분에 대한 증거로 삼겠다는 의지를 다졌다. 후진(後秦) 홍시(弘始) 원년(399년) 고령의 법현과 동학이었던 혜경(慧景), 도정(道整), 혜응(慧應), 혜외(慧嵬) 등 다섯 사람은 장안에서 서역으로의 대장정을 시작했다. 법현 일행은 먼저 농산(隴山)을 지나 금성(金城 : 감숙성 난주시 서부 지역)에 도착했고, 계속 서쪽으로 나아가 남량(南凉)에 도착한 다음 양루산(養樓山 : 청해성 서녕시 북쪽이자 대통하大通河 남쪽 일대)을 지나서 북량(北凉)의 통제 하에 있던 장액에 도착했다. 그곳에서 그들은 서역으로 향하던 또 다른 일행인 보운(寶雲), 지엄(智嚴), 혜간(慧簡), 승소(僧紹), 승경(僧景) 등 다섯 승려와 동행하여 그해 겨울 돈황에 도착했다.

돈황 태수 이호(李暠)의 자금 지원을 받은 후 먼저 출발한 법현 일행은 사하(沙河 : 돈황 서부와 선선국鄯善國 사이의 사막 지대) 지역을 통과한 지 17일 만에 서역 남도의 선선국에 도착했다. 『고승전』에는 그 당시 법현 일행의 여정을 "서역을 향해 사막을 지날 때 머리 위로 새 한 마리, 땅에 짐승 한 마리도 얼씬하지 않았다. 사방으로 아득히 펼쳐진 사막에서 도대체 어디쯤에 사람 사는 곳이 있는지 예측할 수 없었다. 그저 태양을 방위 삼고 해골을 이정표로 삼을 뿐이었다. 사막의 열풍과 악귀들이 수차례 출현하면서 우리의 앞에는 죽음만이 기다리고 있었다"라고 생동감 있게 그렸다. 다시 선선국을 출발해 서북쪽을 향한 그들은 15일 만에 도착한 언이국(焉夷國 : 신강성 언기焉耆)에서 보운 일행과 합류했다. 그들은 그 무엇과도 비교할 수 없는 고통의 30일 여정 끝에 우전국에 도착했다.

402년 법현은 파미르 고원을 지나 북천축의 타력국(陀曆國 : 카슈미르 서북부)에 도착한 다음 다시 서남쪽에 위치한 인더스 강을 건너서 오장국(烏萇國 : 파키스탄 북부 스와트 강 유역)에 도착했다. 『불국기』에는 그 지역의 험난한 산세를 "길은 무척이나 험난했고, 깎아지른 절벽은 험악하기 그지없었다. 온통 돌뿐인 산들은 가파르게 높이 솟아 있어 쳐다보고 있노라면 눈앞이 아찔해 발 디딜 곳을 찾지 못했다. 발아래로 인더스 강이 흘렀다. 과거 누군가가 정으로 돌을 쪼아 길을 뚫고 만들어 놓은 줄사다리를 조심조심 밟으며 강을 건넜다"라고 묘사해 놓았다. 법현이 도착한 이곳은 장건과 감영도 발을 디디지 못한 곳이었다. 이어 법현은 숙가다국(宿呵多國 : 파키스탄 스와트)과 건타위국(犍陀衛國 : 파키스탄 서북부 카불 일대), 축찰시라국(竺刹尸羅國 : 파키스탄 라왈핀디 서북 지역), 불루사국(弗樓沙國 : 파키스탄의 백사와 지역)을 차례로 지났다.

403년 초 법현과 혜경·도정은 남쪽의 소설산(小雪山 : 아프가니스탄 동북부의 사피드 산맥)을 넘었다. 소설산은 서역으로 가려면 반드시 거쳐야 하는 험준한 지역이었다. 법현 일행은 소설산을 넘다가 그만 폭설을 만났고 결국 체력이 다한 혜경은 동사하고 말았다. 임종을 앞둔 혜경이 입을 떼었다. "저는 다시 일어날 수 없을 것 같습니다. 이제 그만 떠나십시오. 그리고 절대 죽어서는 안 됩니다." 그의 유언에 법현은 가슴이 메어와 혜경의 시체를 품에 안고 통곡했다. "계획을 달성하지도 못했는데, 이 목숨을 또 어찌할까?" 법현과 도정은 비통함을 참으며 결국 산을 넘었다. 모두 네 나라를 경유한 다음에야 천축(인도)으로 들어설 수 있었다.

  405년 법현과 도정은 고대 인도의 갠지스 강 중류에서 가장 유명한 마갈제국(摩竭提國)의 도성인 파련불읍(巴連弗邑 : 화씨성華氏城으로, 인도 비하르 주 파트나)에 도착했다. 이 성지는 인도 역사에서 대단히 유명한 아소카 왕의 도성으로 불교가 창성했던 곳이다. 법현과 도정은 마갈제국의 불교 유적을 순례하며 법문을 익히는 한편 불경을 모사했다. 약 3년간 체류하면서 얻은 그들의 수확은 실로 대단했다. 그곳의 발달된 불교 문화를 직접 목격한 도정은 머물기로 결정한 반면, 법현은 귀국의 결심을 굳히며 경전 수집에 열중했다.

  408년 법현은 그간 수집한 경전을 가지고 떠났다. 갠지스 강을 따라 서쪽으로 가면서 그는 가시국(迦尸國)의 파라내성(波羅奈城 : 인도 배나레스)과 서북쪽의 구섬미국(拘睒彌國 : 인도 알라하바드 서남부)에 도착해 부처의 행적을 쫓았고, 남인도 달친국(達嚫國)의 상황과 대석산(大石山) 5층 불사에 관한 전설도 전해 들었다. 이듬해 겨울, 법현은 다마리(多摩梨 : 인도 동북부) 제국의 해안에서 상선을 타고 사자국(獅子國 : 스리랑카)에 도착했다. 사자국은 인도 반도 남쪽의 섬나라로, 주민은 독실한 소승 불교 신자였다. 사자국의 도성에서 부처의 치아를 전시하는 성회가 벌어지는 장면을 감상한 법현은 불경 수집을 위해 그곳에서 다시 2년을 머물렀다. 방대한 경서 수집을 끝마친 그는 귀국 준비를 서둘렀다.

411년 8월 법현은 승객 200여 명을 태운 상선을 타고 귀국길에 올랐지만 항해 도중 폭풍을 만나 바다에서 90일 간을 표류하다가 야파제(耶婆提 ; 인도네시아의 수마트라 섬이나 자바 섬으로 추정, 고대 산스크리트어로 Yava-dvipa)에 도착하여 그곳에서 5개월을 머물렀다. 이듬해 여름 법현은 다시 상선을 탔지만 항해 1개월 만에 또다시 폭풍우를 만나고 말았다. 배에 타고 있던 브라만 교도들은 승려의 탑승으로 재수가 없다며 법현을 배 밖으로 던져 버리기로 결정했다. 그러나 그의 앞에 있던 시주가 의롭게 나서서 그를 도와주는 바람에 천만다행으로 화를 면할 수 있었다. 다시 2개월여 만의 표류 끝에 상선은 마침내 412년 7월 14일 동진의 청주(靑州) 장광군(長廣郡) 뇌산(牢山 : 산동 반도 남쪽에 위치한 노산嶗山)에 도착했다. 『불국기』에서 "망망대해에 끝없이 펼쳐진 짙은 안개로 동서를 구분할 수 없었다. 오직 해와 달, 별의 움직임만을 보며 항해해야 했다. 흐린 날씨에 비가 내리고 바람마저 불어대니 방향을 알 수 없었다…… 깊은 바다였기 때문에 정박을 위해 닻을 내릴 수도 없었다. 날씨가 맑아진 후에야 방향을 감지할 수 있었다"며 그때의 여정을 상세하게 묘사했다.

육지에 닿은 법현은 육로를 따라 동진의 도성인 건강(建康 : 강소성 남경)에 가서 도장사(道場寺)에 머물던 천축 선사인 불타발타라(佛馱跋陀羅)를 만나 그가 가져온 경서를 번역하는 한편 자신의 여정에 관한 상세한 기록도 정리했다. 그 책이 바로 『불국기』다. 법현은 건강에서 4, 5년을 보내면서 번역 사업을 일단락지은 뒤 형주(荊州)의 신사(辛寺)

로 돌아가 그곳에서 여생을 마쳤다.

　법현이 서천취경에 쏟은 세월은 무려 15년이었다. 육로로 출발해 해로로 귀국한 그의 여정은 이전의 사람들과는 엄청난 차이를 보였고, 그가 겪었던 어려움도 그보다 앞서 서역행을 단행했던 승려들과는 비교할 수 없을 정도로 험난했다. 법현과 함께 불경을 구하러 갔던 10여 명의 승려들 중 몇몇은 도중에 되돌아오거나 타국에서 병사했거나 장기간 체류하며 귀국하지 않았지만, 유독 법현만은 열심히 정진한 끝에 오랜 숙원 사업을 완성해 냈다. 불경을 수집하고 이를 번역하는 등 맹렬히 정진하는 정신과 불도를 위해 자신을 잊은 태도는 어쩌면 당나라의 현장만이 그에게 필적할 만하다고 할 수 있겠다.

　법현의 서천취경을 특히 중요하게 평가하는 이유는 그가 남긴 저작 『불국기』 때문이기도 하다. 총 1만 여 글자에 달하는 여행기인 『불국기』에는 그가 지나갔던 40여 국가·도시·지역의 상황은 물론 산천·지리·교통·도로·종교·문화·특산물·기후·풍속에서부터 사회 발전과 경제 제도에 이르기까지 그곳의 주요 사항을 모두 골라내 기록하고 있기 때문에 역사학·지리학·종교학 분야에서 높은 가치를 가진다.

　여기서는 지리학적 가치를 간략하게 살펴보자. 첫째 법현이 경유했던 모든 지역의 지리와 경치를 기술했는데, 자연 지리와 인문 지리 두 분야를 포함한다. 둘째 기술한 지리적 범위가 상당히 넓다. 중국 이외에 중앙아시아, 남아시아와 동남아시아가 포함되었다. 중국은 장건 이후 서역길이 뚫리면서 중앙아시아와 남아시아, 동남아시아 등지의 상황에 관한 기록을 많이 가지고 있었지만, 완전한 기록으로 남은 자료가 없었기 때문에 『불국기』는 현존하는 최고의 가장 완전한 기행기다. 셋째 『불국기』는 4세기 중국과 인도, 파키스탄, 네팔, 스리랑카 등의 교통 자료도 기록하고 있어 중국의 현존하는 사료들 가운데 육로와 해로 교통과 관련된 최초의 상세한 기록이다. 그리고 중원을 개척한 사람들의 지리적 시야나 중서 교통 노선을 탐구하는 측면에서 법현의 서역행과 『불국기』가 위대한 공헌을 해냈다는 점이 그 무엇보다 중요하다.

올바른 길을 정확하게 열다 : 당나라 스님 현장

 남녀노소 누구나 당나라 승려의 서천취경 이야기를 알고 있는 것은 오승은(吳承恩)의 『서유기(西游記)』 덕분이다. 그러나 많은 사람들이 삼장법사가 당의 승려인 줄만 알고 있지 그가 현장(玄奘)이란 사실은 알지 못한다. 그저 삼장법사와 그의 제자들이 81가지의 어려움을 겪으면서 불경을 구한다는 신화적 이야기라고 알고 웃어넘기지만, 실제 현장이 인도로 가 불경을 가지고 돌아왔다는 사실은 모른다. 『서유기』의 삼장법사는 현장이 모델이었다.
 중국 불교사에서 현장과 법현은 종종 동시에 언급되곤 한다. 당나라의 승려 의정은 『대당서역구법고승전(大唐西域求法高僧傳)』에서 "예로부터 신주(神州 : 중국)에서 자신의 삶은 가볍게 여기고 불법에 목숨을 바친 분들을 볼 때 불모지를 개척한 분이 법현 스님이었다면, 다시 올바른 길을 연 분은 현장법사이셨다"고 지적한 바 있다. 불모지를 개척한 것이 올바른 길을 연 것보다 훨씬 힘든 일이지만, 불교와 지리 분야에서의 업적을 따져본다면 당나라의 고승 현장(602~664년)이 쓴 『대당서역기(大唐西域記)』는 전대미문의 작품이다.
 현장이 살았던 당나라 초기는 법현의 서역행과 무려 200년의 시간적 거리가 있다. 이 200여 년 동안 많은 승려들이 주사행과 법현의 족

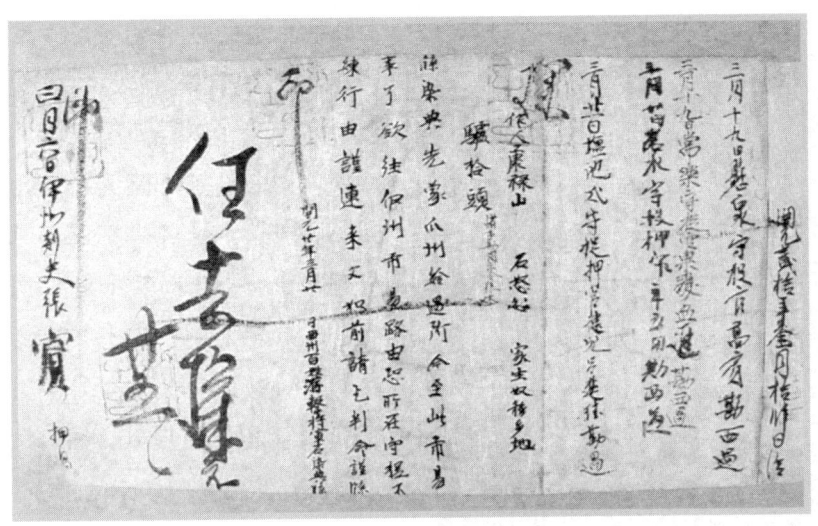
당나라 시대의 통행 증명서, 사진은 신강성 투르판 아사탑나(阿斯塔那) 묘지에서 발굴

적을 따라 끊임없이 서역행을 시도했다. 그 무리들 중에는 비교적 유명한 지맹(智猛), 송운(宋雲), 담무갈(曇無竭) 등도 포함되어 있다.

지맹은 16국 말기와 남북조 초기의 승려인데, 404년 지맹·도숭(道嵩)·담찬(曇纂) 등 15명은 서천취경의 목적으로 장안을 출발해 파미르 고원에 올랐다. 그 중 9명은 여정에 대한 두려움에 되돌아왔지만 지맹과 나머지 일행은 계속 서역행을 단행해 파륜국(波侖國 ; 카슈미르 서북부)에 도착했다. 그러나 도중에 도숭이 그만 세상을 떠나고 말아 지맹과 나머지 넷만이 눈 덮인 설산을 넘고 신두강(新頭江 : 인더스 강)을 건너 인도 땅을 밟은 다음 화씨성(華氏城)에 도착했다. 지맹의 서천취경은 무려 37년의 세월이 걸렸다. 442년 귀국 노정에서 일행 셋이 다시 불귀의 객이 되면서 지맹은 담찬과 단둘이 양주(凉州)로 돌아와 453년 세상을 떠나기 전까지 성도(成都)에 머물렀다. 지맹은 귀국 후 『유행외국전(遊行外國傳)』을 저술했지만 안타깝게도 전해지지 않는다.

불경을 등에 지고 돌아오는 현장법사

북위의 송운과 혜생(惠生)은 호태후(胡太后)의 명을 받들어 사신의 신분으로 인도 건타라국(乾陀羅國 : 파키스탄 백사와白沙瓦 지역)에 도착한 다음 예불을 드리고 경전을 수집하기 시작했다. 북위 신구(神龜) 원년이던 518년 11월, 그들은 낙양을 출발해 청해성 경내를 지나 천산을 따라 서쪽으로 이동하면서 한반타(漢盤陀)를 지나 파미르 고원을 거쳐 아프가니스탄 동북부 와한곡(瓦罕谷)의 발화국(鉢和國)을 경유해 엽달국(嚈噠國 ; 흉노계 중앙아시아 고대 국가)과 오장국(烏萇國 ; 고대 인도의 한 나라)에 도착했다. 이 두 나라는 송운이 가져온 북위의 조서를 무릎을 꿇고 예를 다해 받았지만, 520년 건타라국에 도착한 그는 아무런 예우도 받지 못했다. 522년 겨울 송운과 혜생은 대승 불교의 경전 170부를 가지고 낙양으로 돌아왔다. 그들이 직접 저술한 기행문은 모두 산실되고, 『낙양가람기(洛陽伽藍記)』속에 그에 관한 내용만 전해질 뿐이다. 송운과 혜생은 사신으로 서역으로 간 것이었지만, 당시로서는 큰 영향을 끼쳤다.

북위 승려 담무갈은 어려서 출가해 오랫동안 고행을 닦았다. 법현을 경배한 나머지 420년에 승려 25명과 함께 서역행을 선택했다. 대체로 법현이 개척한 길을 따라 천산의 남도에서 서쪽으로 향한 그들은 천신만고 끝에 천축에 도착했다. 그들은 중천축과 남천축을 유람한 뒤 상선을 타고 바다를 건너 광주(廣州)로 돌아왔지만, 중국으로 돌아온 사람은 12명에 불과했다. 위에서 언급된 고승들은 모두 천축에서 많은 경문과 경서를 가지고 돌아와 중국의 불교 발전과 중서 교통의 탐색에 공헌했지만, 그들이 얻은 성취도 현장에게는 비할 바가 못 되었다.

현장의 속세 이름은 진의(陳褘)이고, 낙주(洛州) 구씨현(緱氏縣 : 하남성 언사현偃師縣 진하촌陳河村 부근) 출신으로 유학자 집안에서 태어났다. 열 살 되던 해 집안에 닥친 불행한 일로 그는 출가한 둘째 형 진소(陳素)를 따라 낙양의 정토사로 가 불경을 송독했다. 삭발을 하고 승려가 된 후 현장은 법상(法常)과 승변(僧辯) 등 여러 고승에게 사사 받으며 학예에서 커다란 정진을 이루어냈지만 그럴수록 당혹감과 의문도 커졌다. 그런 당혹감과 의문은 중국의 불경이나 고승이 해결해 줄 수 있는 문제가 아니었다. 현장은 '서역을 여행하면서 그 답을 묻기로 결심' 했다. 때마침 현장은 인도의 불교학 권위자인 계현(戒賢)의 제자인 고승 파파밀다라(波頗密多羅)가 중국에 와 있어 그에게 가르침을 청해 적잖은 도움을 받았다. 그로 인해 계현대사와 그가 있는 나란타(那爛陀) 사원을 동경하면서 결국 서역행을 더욱 굳히는 계기가 되었다. 그러나 당나라 초기에는 변방의 방위를 더욱 공고히 하기 위해 백성의 출경을 완전히 금지하고 있었다. 현장은 여러 차례 조정에 서역행을 신청했지만 감감무소식이어서 발을 동동 구르던 차에 마침 관중(關中 : 섬서성 위하渭河 유역) 지역에 재해가 닥쳐 조정은 백성에게 성문을 열어 살 길을 찾도록 허락해 주었고, 이를 틈타 현장은 몰래 서부로 가 국경을 넘었다.

627년 현장은 장안을 떠나 진주(秦州 : 감숙성 천수시天水市 북부)와 난주를 거쳐 양주(감숙성 무위시武威市)에 도착했다. 그가 과주(瓜州 : 감숙

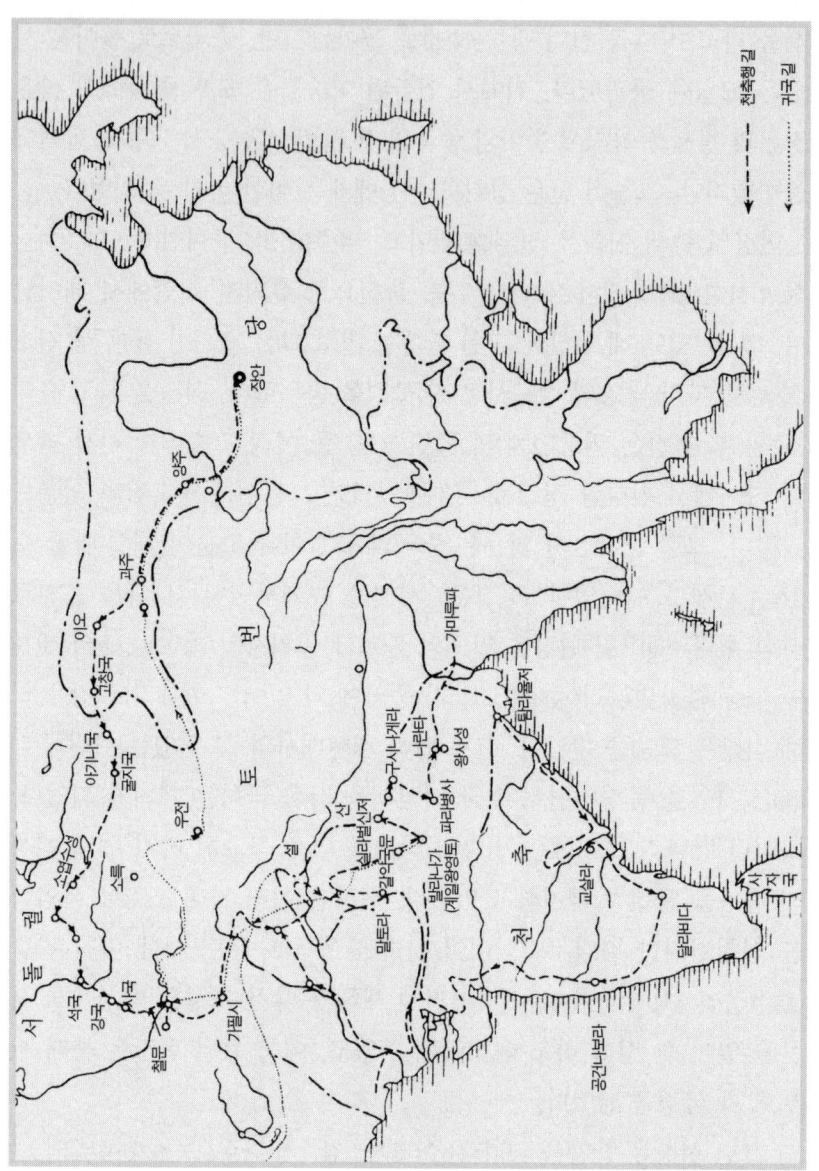

현장 서행 노선도

62 중국 지리 오디세이

성 서안현(西安縣 동남부)에 도착했을 때 "현장이란 승려가 서역으로 들어가려 하니 반드시 그를 체포하라"는 명령을 받은 장안의 추적조가 그의 뒤를 쫓고 있었다. 다행히 현장은 서역 사람 석반타(石槃陀)의 도움으로 위험에서 벗어났다.

과주(瓜州) 북부 지역이 유명한 옥문관(玉門關)인데, 이 관을 나가는 것은 대당 제국의 허락을 받아야만 했다. 현장은 봉화대로부터 비 오듯 쏟아지는 화살의 위험을 감수하는 등 여러 차례의 우여곡절 끝에 마침내 옥문관을 지나 이오국(伊吾國 : 신강성 하미哈密)의 경내에 도착했다. 이오국에서 현장은 고창국(高昌國 : 신강성 투루판)의 사신을 만나 그를 따라 고창국으로 향했다. 고창국의 왕 국문태(麴文泰)는 독실한 불교 신자였기 때문에 재능과 식견을 갖춘 현장이 무척 마음에 들었다. 그래서 현장에게 고창국에 남아 평생 공양을 하도록 설득하는 한편 그에게 국사가 되어 달라고 했다. 그러나 현장은 자신의 결심을 바꾸지 않고 고창국 왕의 청을 거절했다. 현장의 고집스러움에 감동한 국문태는 현장이 떠나기 전 그와 형제의 연을 맺고, 여정 중에 쓰고도 남을 만큼의 재물을 제공하는 동시에 고창왕의 명의로 서돌궐의 엽호가한(葉護可汗)과 반드시 경유해야 할 24개국의 군주에게 전하는 편지와 선물을 주었다.

고창왕의 도움으로 현장은 천산의 남쪽 기슭을 따라 가면서 안전하게 아기니국(阿耆尼國 : 신강성 언기), 굴지국(屈支國 : 신강성 쿠처), 발록가국(跋祿迦國 : 신강성 아커쑤Aksu), 능산(凌山 : 현재 별질리산別迭里山 입구), 대청지(大淸池 : 이시크 쿨 호수) 등지를 통과해 소엽수성(素葉水城 : 키르기스스탄의 토크마크 서남쪽)에 도착했다. 이곳에서 현장은 사냥 중이던 서돌궐의 엽호가한과 우연히 마주쳤다. 가한은 현장의 재능을 한눈에 알아본 데다 국문태의 서신과 선물까지 받자 직접 현장을 호위하며 각 속국의 사신과 서신을 통해 현장의 통과를 알렸다. 그리고 현장을 위해 통역관을 선발해 통역관으로 하여금 현장을 서돌궐 세력이 미치는 경계 지역인 가필시국(迦畢試國 ; 아프가니스탄 베그람)까지 동행하도록 하였다.

가한과 헤어진 현장은 통역관과 함께 돌궐 세력권 내의 여러 도시 국가들—자석국(赭石國, 석국石國), 삽말건국(颯秣建國, 강국康國), 미말하국(弭秣賀國, 미국米國), 겁포달나국(劫布呾那國, 조국曹國), 굴상이가국(屈霜你迦國, 하국何國), 포갈국(捕喝國, 안국安國) 등을 지나 오호수(烏湖水 : 아무다리야 강)를 건넌 다음, 화리습미가국(貨利習彌伽國)에 도착한 해 방향을 동남쪽으로 틀어 갈상나국(羯霜那國, 사국史國)을 지나 서돌궐의 변방 요새인 '철문(鐵門)'을 넘었다. 철문을 나와 남으로 도화라(覩貨邏 : 토화라吐火羅라고도 함)의 옛 지역으로 들어가 범연나(梵衍那 : 아프가니스탄 수도 카불 남서쪽)에 도착했다. 그곳에서 현장은 유명한 파미양(巴米揚) 대불에 참배한 다음 대설산(大雪山 : 힌두쿠시 산)을 넘어 가필시국에 도착하여 천축으로 입국했다.

현장은 먼저 북천축에 도착해 그곳에서 고승을 방문하고 불교 성지를 순례하며 불전을 수집했다. 수천 리에 달하는 거리를 걷고 수십 여 개국을 거친 뒤에야 현장은 갠지스 강 유역의 중천축에 들어설 수 있었다. 중천축은 당시 인도 불교의 학술 중심지인데, 현장은 그곳에서 불교의 6대 성지를 순방하고, 30여 개 국가를 유람하며 가장 오랜 시간 머물렀다. 중천축으로 들어서자마자 현장은 자신이 그간 동경해왔던 나란타 사원을 찾았다. 마게타국(摩揭陀國 : 인도 비하르 주 파트나 및 가야 지역)에 위치한 나란타 사원은 인도에서 가장 유명한 사원이자 당시에 이미 700여 년의 역사를 지니고 있었다. 사원 내 승려와 교인들만 해도 1만여 명에 달했으며, 고승들은 하나같이 불교 경전의 해석에 뛰어났다. 이미 백수(99세)를 넘긴 계현대사는 인도 불교학의 권위자로 '정법장(正法藏)'이라고도 불렸다. 현장은 나란타 사원에서 계현대사를 스승으로 모시며 요가와 유식(唯識) 등 대승 불교 이론을 깊이 배우면서 불학에 대한 소양을 키워, 곧 사원 내의 '십덕(十德 : 사원 내 최고 영예로, 현장 등 10명에게만 수여)'에 뽑히는 영광을 누렸다. 현장은 5년간 수학한 후 계현대사에게 이별을 고하고 천축 각지로 학문 탐구를 위한 길에 나섰다.

현장은 갠지스 강 유역을 따라 방글라데시를 거쳐 가마루파(迦摩縷波 : 인도 아샘 서부)에 도착했다. 그곳은 과거 승려들이 도착했던 천축의 다른 나라들과는 사뭇 달랐다. 『대당서역기』의 표현을 빌리자면 "토지는 낮고 습하며, 농사는 시기에 맞춰 파종하고, 반핵사과(般核娑果)나 나라계라과(那羅鷄羅果) 등의 나무들이 많기는 하지만 매우 귀하게 여긴다. 하천과 호수, 못이 서로 번갈아 성읍을 에워싸며 흐르고 있다. 기후는 따뜻하고 화창하며 풍속은 질박하다. 사람들의 모습은 왜소하고 용모는 거무스름하며 말은 중인도와 조금 차이가 난다. 성격은 포악하지만 학문에는 매우 열성적이다. 하늘의 신을 모시고 있으며, 불법을 믿지 않는다"고 했다.

현장은 계속해서 인도 동해안을 따라 남쪽으로 전진하여 최남단의 달라비도(達羅毗闍 : 인도 안드라 주 남부 드라비다dravida)에 도착했다. 인도 반도 남단에 위치한 이 나라는 법현·송운·혜생도 발을 디디지 못한 곳인데 대지나 기후·풍속이 북인도나 중인도와 무척 달라 "토지는 비옥하고, 농사도 풍년이다. 과일이 풍성히 열리고, 보물도 많다. 기후도 따뜻하다가 더워지고, 풍속도 강렬하다. 신의가 두텁고 박식함을 숭상하는" 특징을 보였다.

그후 현장은 북서쪽으로 발을 돌려, 인도 반도의 오지 마혜습벌라보라국(摩醢濕伐羅補羅國 : 인도 중부 창파이 강 남쪽)으로 들어갔다. "둘레는 3천여 리이고, 나라의 큰 도성의 둘레는 약 30여 리이다. 토지와 풍속은 오도연나국(鄔闍衍那國)과 같고, 다른 종교를 섬기고 불법을 믿지 않는" 나라였다. 다시 인더스 강을 따라 북상해 발벌다(鉢伐多 : 카슈미르 남방이라는 설과 파키스탄 옆 하라파라는 설이 있음)에 도착한 다음 나란타 사원으로 돌아왔다.

계현대사는 나란타 사원으로 돌아온 현장에게 승도들을 위해 『섭대승론(攝大乘論)』등의 불전을 강해토록 하는 등 엄청난 명예를 누리게 해 주었다. 현장의 학식과 품덕은 많은 국왕의 존경과 추앙을 받았는데, 그중에서도 '천축의 군주들이 모두 신하가 되는' 갈리사(羯利沙 : 일명 갈약국도국羯若鞠闍國) 제국의 국왕 계일왕(戒日王)은 현장에게 도성인 곡녀성(曲女城)에서 거행되는 논변 대회에 꼭 참석해 강연을 맡아달라고 간곡히 부탁했다. 곡녀성은 당시 인도의 유명 도시로 경제와 문화가 발달하고, 불교가 융성했던 곳이다. 『대당서역기』에는 "그 나라의 큰 도성은 서쪽으로 긍가강(殑迦江 ; 갠지스 강)에 인접한데, 그 길이는 약 20여 리, 그 너비는 4~5리다. 성의 둘레의 해자는 매우 견고하고 대각들은 서로 마주보고 있다. 꽃이 만발한 숲과 연못들은 눈부시고 선명해 거울처럼 맑다. 다른 나라의 기이한 재화들이 이 나라로 많이 모여들어 백성들은 풍요롭고 집들은 부유하다. 꽃과 열매가 모두 번성하고 농사는 때에 맞추어 파종한다. 기후는 온화하고 적당하며, 풍속은 순박하고 질박하며 정직하다. 외모는 곱고 아름다우며, 의복은 색깔이 분명하고 화려하다. 학업에 열심이고, 기예를 배워서 노닐며, 담론이 맑고 고매하다. 삿된 것과 바른 것의 두 가지 도를 믿는 자들이 반반이다. 가람은 100여 곳 있으며, 승도는 만여 명인데 대승과 소승을 겸하여 공부하고 있다. 천사(天祠)는 200여 곳으로 이교도의 수가 천여 명을 헤아린다"고 기술했다. 통찰력을 가진 묘사를 통해 갈리사 제국이 다원화된 문화를 가지고 있고 종교의 자유가 보장되는 국가임을 알 수 있다.

주도면밀한 준비를 거쳐 논변 대회는 예정대로 거행되었다. 대회에는 천축국의 18개국 국왕과 관리 및 대·소승 불전에 능한 승려 3천 명, 브라만교와 기타 종교의 교도들 2천여 명, 그리고 나란타 사원의 승도 천여 명이 참석했다. 강연자 현장은 대승 불교에 대해 명확한 주장을 펼치며 이견을 제압했다. 변론의 주제는 '제악견론(制惡見論)'으로, 청중들은 모두 현장의 치밀한 의론을 경청하며 크게 신복했다. 대회는 18일간이나 계속되었다. 대회가 끝난 후 현장은 대·소승 불교도의 한결같은 추종을 받았고, '대승천(大乘天 : 대승 불교)'과 '해탈천(解脫天 : 소승 불교)'의 최고 영예도 거머쥐었다.

현장은 대법회가 끝난 뒤 귀국을 계획하고 있었지만 계일왕의 열정적인 요청으로 인해 5년에 한번 개최되는 무차법회(無遮法會)에까지 참가했다. 무차법회란 불교에서 승려와 속인에게 베푸는 성대한 집회인데 신분의 고하나 학식의 여부, 선악에 상관없이 모두 평등하게 대하면 보시를 얻을 수 있다는 의미가 담겨 있다. 이번 대회는 계일왕 등 19개국의 왕들을 비롯한 50여만 명이 참가해 75일 동안 열렸다.

643년 현장은 계일왕(戒日王)을 비롯한 많은 사람들의 계속적인 만류를 뒤로 하고 그동안 수집한 657부의 경전과 불상, 과일 씨앗 등을 가지고 귀국길에 올랐다. 물론 그의 앞에는 여전히 험난한 여정이 기다리고 있었다. 현장은 우전국에 도착해 우전국의 승도에게 불경을 강의하고 설법을 하는 한편, 당나라 태종에게 이미 우전국에 도착했다는 내용과 함께 17년 전에 몰래 천축으로 입국한 죄를 용서해 달라는 상주를 올렸다. 태종은 사신을 파견해 "짐은 법사께서 진리를 찾기 위해 타국을 찾으셨다가 이제야 돌아오셨으니 기쁘기 그지없소. 속히 오셔서 짐과 만나 주시오"라며 그의 노고를 치하했다. 태종은 당시 제2차 고구려 정벌을 준비하던 참이었지만 현장의 귀국 소식을 듣고 즉시 정벌을 연기하고 사신을 파견해 영접하는 한편, 장안에서 성대한 환영 행사를 준비했다. 사실 뛰어난 재능과 원대한 계략을 갖춘 태종에게 서북 변경을 위협하는 서돌궐족은 늘 골칫거리였다. 그러니 서돌궐의 상황을 손바닥처럼 훤히 알고 있는 현장이 돌아온다는 사실에 태종이 기뻐한 것은 어찌 보면 자연스런 행동이었다.

정관(貞觀) 19년(645년) 정월 24일 현장은 오랫동안 떠나 있던 장안으로 돌아왔다. 2월에 낙양에서 현장을 성대히 맞이한 태종은 서역에서의 일을 하나하나 물었고, 현장은 그의 내심을 꿰뚫어보기라도 하듯 일일이 대답해 주었다. 태종은 현장에게 서역과 인도에서 그가 보고 들은 모든 것을 글로 써 주길 정중히 요청했고, 현장도 태종이 서둘러 서역 상황을 이해하려는 절박한 심정을 알고 있었기 때문에 즉각 저술 활동에 들어갔다. 현장의 구술을 듣고 제자가 기술하는 방식으로 1년 반 만에 대작 『대당서역기』가 완성되었다.

『대당서역기』는 모두 12권으로 현장이 직접 체험한 110개국과 전해 들은 28개국의 상황에 대해 기술하고 있다. 각국에 따라 기술이 자세하기도 하고 간략하기도 하지만 일반적으로 국명, 지리적 형세, 국토 면적, 도시의 크기, 시간 계산법, 국왕, 문벌, 가옥, 농업, 산물, 화폐, 식물, 옷과 장신구, 언어, 문자, 예절 의식, 군대와 형벌, 풍속, 종교 신앙 및 불교 성지, 사원의 수, 승려의 수, 대·소승 불교의 발전 상황 등이 기록되어 있다. 그야말로 방대한 내용이 아닐 수 없다. 특히 인도 여러 국가들에 관한 기록이 상세한 것은 현장이 거의 인도 전역을 유람하면서 남긴 발자취와 깊은 이해에서 비롯되었다. 현장은 역대 서

현장이 불경을 구해 귀국하는 그림

천취경의 승려 중 최고의 자리에 오를 만하다.

『대당서역기』가 세상에 빛을 본 지 1,300여 년이 흘렀지만 오히려 세월이 흐를수록 더욱 사람들의 주목을 받았다. 중세기의 인도, 파키스탄, 아프가니스탄, 네팔, 방글라데시, 러시아의 중앙아시아 지역과 신강 지역 연구에 가장 중요한 역사 지리 문헌인 까닭이다. 1987년 인도의 유명한 역사학자 알리(Ali)는 북경대학의 계선림(季羨林) 교수에게 서한을 보내 "만일 법현과 현장, 마환(馬歡)의 저서가 없었다면 인도사를 중건시키는 것은 완전히 불가능한 일이었을 겁니다"라고 했다. 인도의 일반적인 역사·지리·종교뿐만 아니라 『대당서역기』가 언급한 광활한 지역의 역사와 지리는 종교·학술·인문 등을 모두 포괄한다. 장광달(張廣達) 교수는 "세계 학술의 발전에 따라 불교 학자이자 번역의 대가였던 현장이 위대한 지리학자로서 보여준 업적의 세계적 의미를 가히 예상해 볼 수 있다"라고 했다.

현장은 『대당서역기』를 구술하는 동시에 대규모의 불경 번역 활동을 조직하라는 부름을 받았다. 수년간 전혀 흐트러짐 없이 그 뜻을 견지하고 노력한 끝에 불경 70여 부, 책으로는 1,300여 권, 글자는 1,300

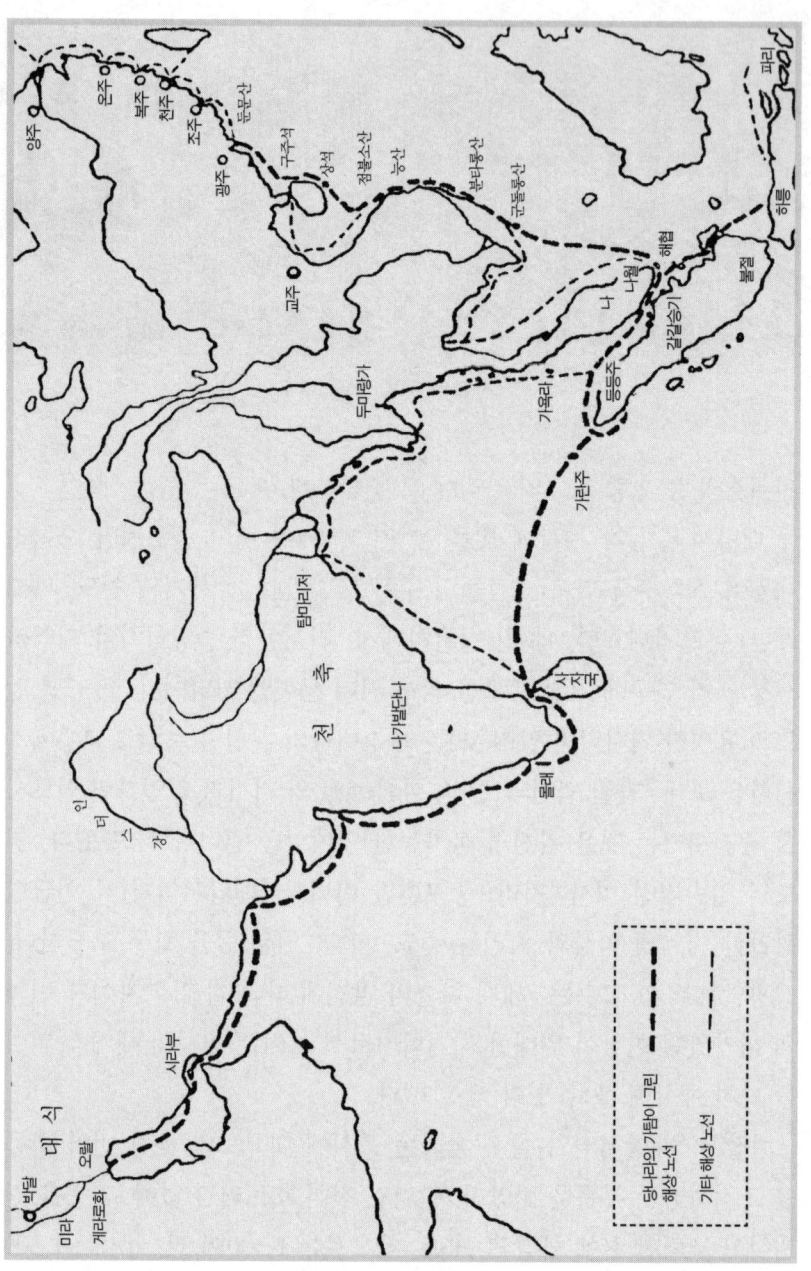

만여 자에 달하는 불경을 공역해 냈다. 현장의 경전 번역은 직역과 의역의 장점을 결합시켜 원문의 의미를 존중하면서도 곡해하지 않고 또 중국어의 습관에도 부합시켜 중국 번역사에 중요한 돌파구를 마련했다. 현장은 장안에서 법상종(法相宗)을 창립해 인도에서 배운 불학 이론을 세상에 전파했다. 당나라, 특히 당나라 전기에 엄청난 영향력을 끼쳤던 법상종은 유명한 불교 종파 중 하나가 되었다.

서남쪽 길과 바닷길을 탐색하다

당나라 이전 중국과 인도 간의 육로 교통은 주로 천산의 북쪽과 남쪽 두 길이었다. 천산북로는 타림 분지 북쪽을 따라 파미르 고원을 빠져나와서 사마르칸트(우즈베키스탄 동부의 아무다리야 강 지류에 있는 도시)를 지나고 남쪽의 철문을 넘어 투카라(대하大夏 일대)로 들어간 다음, 다시 카불 강을 따라 북인도에 입국하는 경로를 밟는다. 반면에 천산남로는 타림 분지 남쪽을 따라 파미르 고원을 빠져 나와 곤도사(昆都士)를 지나 북인도로 들어간다. 법현과 현장 등 대부분의 승려들은 이 두 길 중 하나를 택해 인도로 갔지만, 두 길은 모두 거리가 멀고 사막과 설산 등 대단히 험난한 길이어서 많은 승려들이 도중에 객사하고 말았다.

그래서 사람들은 천산의 남로와 북로를 따라가면서도 늘 중국과 인도 간의 다른 루트를 적극적으로 모색하고자 했다. 실제로 한 무제는 장건 등을 서남 지역으로 파견해 인도와의 통로를 탐색토록 했지만 토착민의 저지로 끝내 성공하지 못한 적도 있다. 그러다가 동한 초기에 정치·군사 세력이 운남 서부까지 미치면서 인도와 남서쪽 길로 내왕이 가능해졌다. 당시로서는 사천에서 운남으로 들어가 미얀마에 입국한 다음 인도에 도착하는 루트였지만, 위진 남북조 시기의 장기간 전란으로 남서부 지역의 루트는 거의 단절될 위기에 처하기도 했다.

당나라 태종의 정관 연간에 토번(吐藩 : 티베트)의 32대 왕 송찬간포(松贊干布)가 문성공주(文成公主)를 아내로 맞이하면서 당나라와 토번은 우호 관계를 맺었고, 장안에서 청해를 거쳐 토번으로 입국했다가 다시 니파라(泥婆羅 : 네팔)에 도달하는 새로운 남서 루트(지금은 중국-티베트-인도 길로 통칭)를 개통시켰다. 천산 남북로와 비교했을 때 남서 루트는 거리가 짧아 현장 이후 인도로 간 많은 승려들이 그 길을 택했는데, 그중 대표적 인물이 현조(玄照)다.

641년 현조의 서역행은 현장이 택했던 노선을 따라 중앙아시아까지 갔다가 토번으로 되돌아가서 문성공주의 도움을 얻어 인도에 도착하는 길을 택했다. 그는 수십 년 동안 인도 전역을 돌아다녔고 나란타 사원에서 불경도 배웠다. 현조의 귀국길은 네팔을 지나 토번에 도착한 후 문성공주의 지원을 받아 장안으로 향했다. 이후 현조는 당나라 태종의 명을 받아 다시 인도행을 시도했지만 결국 귀국하지 못하고 타향에서 60세의 나이로 병사하고 말았다.

그 후 중국과 티베트, 인도를 연결하는 길은 장기간 불통되었다. 문성공주가 병사하면서 중국과 토번의 관계가 악화되었기 때문이다. 얼마 후 금성공주(金城公主)가 토번의 척대주단(尺帶珠丹)과 결혼하면서 양국 관계가 다소 완화되기는 했지만, 서역을 쟁취하기 위한 양국의 충돌은 여전했다. 중국과 티베트, 인도를 연결하는 길은 이런 이유로 줄곧 개통되지 못했다. 그리고 "네팔에는 독약이 있어 그곳에서 많은 이들이 죽었다"는 풍문도 들려오자 불경을 구하러 가던 승려들 대부분이 그 길을 택하지 않아 중국과 인도 간의 육로 교통은 천산 남북로

외이(巍峨)의 천산. 실크로드는 천산을 경계로 삼아 남도와 북도, 또 남도는 타클라마칸 사막을 경계로 해서 남도와 북도의 두 갈래 길로 각각 나뉜다

만 남고 말았다. 그러나 천산 남북로도 오랫동안 개통되지 못했다. 안사의 난(安史之亂) 이후 토번이 당나라의 하서(河西)와 지역과 농우(隴右) 두 진(鎭)을 연이어 점령했고, 북정(北庭)과 안서(安西) 두 진(鎭)을 다시 함락하면서 천산 남북로는 계속 단절될 수밖에 없었다.

주목할 만한 점은 육로의 위험성과 해상 교통의 진일보된 발전으로 인해 당나라 시대에 접어들면서 바닷길을 따라 인도로 가는 승려들이 점차 늘었다는 점이다. 그리하여 육로의 단절 이후 불경을 구하러 가는 승려들은 대부분 바닷길을 통해 오갔다. 그 가운데 가장 유명한 승려가 바로 의정(義淨)이다.

의정(635~713년)은 제주(齊州 : 산동성 제남濟南) 출신으로, 당나라 시대 그의 명성은 현장 다음이었다. 14세에 출가한 그는 법현과 현장이 서역에서 불경을 가져온 높은 의지를 경모했고 그들을 닮고 싶어했다. 당나라 고종 함형(咸亨) 2년(671년) 의정은 광주(廣州)에서 상선을 타고 출발했다. 당시 그는 원래 약속했던 일행과 동행하지 않고 제자 선행(善行)만 함께 했다. 20일 동안의 항해를 마치고 의정은 스리비자야(수마트라)에 도착해 6개월을 머물렀다. 제자 선행이 병으로 먼저 귀국하게 되자 혼자 바다를 건넌 의정은 동인도의 탐마리저국(耽摩梨底國 : 인도 콜카타 남서쪽)에 도착했다. 의정은 이미 그곳에서 수년간 머물고 있던 당나라의 승려 대승등(大乘燈)과 만남을 가졌다. 1년 후 두 사람은 함께 인도 각지의 명승고적을 찾아다니며 스승을 찾아 배움을 구하고자 30여 개 나라를 순례했다. 그리고 나란타 사원에서 11년의 유학 생활을 마친 뒤 400부에 달하는 경전을 가지고 귀국했다.

　687년 의정은 귀국 도중 다시 스리비자야를 거쳤다가 아예 그곳에 머물며 번역 작업에 매진했다. 도중에 종이와 묵을 구하고 대신 글을 적어 줄 사람도 찾기 위해 영창(永昌) 원년(689년) 광주에 돌아왔다가 그해 다시 출국해 695년 완전히 귀국했다. 귀국 후에 의정은 번역소를 열고 불경 50여 부, 총 230권을 공역해냈다. 의정이 그 여정에서 얻은 견문을 기초로 저술한 『남해기귀내법전(南海寄歸內法傳)』 네 권은 지금까지도 인도와 동남아시아 지역의 역사와 지리, 문화, 풍속을 연구하는 귀중한 자료로 남아있다. 또한 의정은 당나라 시대 60여 명의 서천취경 승려들의 사적을 기록한 『대당서역구법고승전』을 저술했는데, 이것은 중외 관계를 연구하는데 대단히 중요한 서적이다.

　위진 남북조 시기의 서천취경이 산스크리트어로 된 불경 원본을 얻기 위해서였다면 당나라 시대에는 불교 지식을 늘리고 이론 문제를 해

일본 「동정회전(東征繪傳)」: 당나라 승려 감진의 제6차 일본행 준비가 묘사되어 있다

결하며 불교 성지를 찾는데 편중되면서 인도의 불경은 대부분 중국어로 번역되었다. 송나라 초기에는 정부의 지원 하에 승려들이 집단적으로 서역행을 단행—한번에 최대 150여 명의 인원이 참가하기도 했다—하기도 했지만, 그 영향력은 전대에 미치지 못했다. 송나라의 승려들이 서역에서 불교 서적을 얼마 가져오지 못하면서 송나라 이후 서천취경을 이룬 승려에 관해서는 좀처럼 들을 수 없게 되었다.

중국 불교 자체를 따져 볼 때 서천취경은 중요한 영향을 끼쳤다.

1장 중원에서 사이까지 75

첫째 인도에 갔던 승려들이 방대한 양의 불교 경전을 가져와 그들 자신은 물론 일부 승려들이 그 기초 위에서 불교 교의를 발전시켰다. 중국의 전통 문화와 결합한 불교는 중국에서 점차 토착화되면서 많은 종파들을 창립·발전시키며 번성했다. 그러나 당시 인도는 오히려 불교가 점차 쇠퇴하고 힌두교가 흥성하던 시기였다.

둘째 불교가 중국에서의 발전과 인도에서의 쇠퇴를 거치면서 중국의 승려들은 점차 불경 수집자에서 불경 전수자로 바뀌었다. 당나라의 감진(鑒眞)은 일본으로 건너가 불법을 전수하면서 일본의 율종(律宗)을 창건했을 뿐만 아니라 일본과 한국 등 동아시아 국가의 불교 발전에도 대단히 깊은 영향을 끼쳤다.

불교 이외의 의의를 따져 볼 때 법현과 현장 등 고승들의 서천취경이 비록 종교적 열정에서 기인한 것이긴 했지만, 그들의 헌신적인 정신과 위험에 굴하지 않는 의지력만큼은 중국의 문화적 유산으로 기억될 만하다. 그리고 여러 고승들이 남긴 기행문에서 외국의 역사, 지리, 풍습, 종교와 관련된 기록이나 중국과 서양의 교류 상황에 대한 묘사는 학술적 가치와 현실적 의미를 모두 가지는 중요한 부분이다.

몽고 대칸의 채찍
몽고 제국 시대의 서역 탐색

중국 고대의 역사서나 역사 지도를 보면 역외 지역 탐색 활동에 있어 서역행로가 가장 활발한 루트였다는 것을 알 수가 있다. 중국 고대의 서역 탐사 활동은 우선 서한 시대 장건이 사신으로 두 차례 외국행의 길을 뚫은 것을 시작으로 동한 시대에 반초와 반용 부자의 2대에 걸친 시도가 있었다. 그리고 동진의 법현과 당나라의 현장 등 승려들의 서천취경이 있었다. 서역으로 통하는 옛 길에서 사람들의 왕래가 끊임없이 이어졌다.

역사는 유구하지만 지난 세월은 흩어지고 만다. 시간의 창끝이 13세기를 열었을 때 서역은 예사롭지 않은 손님인 야율초재(耶律楚材 : 1190~1244년), 구처기(丘處機), 상덕(常德)을 환영해 주었다. 그런데 이 세 사람의 신분은 모두 달랐다. 야율초재는 몽고 제국의 공신이었고, 구처기는 송·원나라 시대 도교의 한 유파인 전진교(全眞敎)의 강연가였으며, 상덕은 몽고 몽케칸(蒙哥汗)의 특사였다. 그들은 다른 기회와 인연으로 각기 서역행을 시도했다. 그들이 선택한 루트가 같을 수도 혹은 다를 수도 있지만 그들은 공통적으로 몽고 제국 시대의 서역 지리에 관한 인식을 기록했고, 과거 인물들이 이룩했던 기초를 바탕으로 서역의 지리에 관한 새로운 작품을 계속 써 나갔다.

야율초재와 『서유록(西遊錄)』

　13세기 초, 칭기즈칸이 건설한 몽고 제국이 승승장구할 무렵 중원의 금(金)나라 세력은 점차 쇠약해졌다. 1211년 칭기즈칸은 금나라와 전쟁을 선포했다. 몽고군은 먼저 야호령(野狐嶺)과 회하천(澮河川)에서 금의 주력 부대를 섬멸시킨 다음 즉시 중도성(中都城 ; 북경)을 향해 진격했다. 금나라 선종(宣宗)은 화의를 요청하는 사신을 파견함과 동시에 도읍을 변량(卞梁)으로 옮겨야한다는 압박을 받았다. 1214년 칭기즈칸은 중도성을 포위한 다음 지원부대를 연속적으로 격퇴시켰다. 이듬해 중도는 1년여를 버티다가 결국 몽고군에게 백기를 흔들었다.
　전략적 측면에서 중도 함락은 두말할 나위 없이 중요하지만 몽고 제국은 또 다른 측면에서 중요한 수확을 거두었다. 바로 야율초재의 항복이었다. 금나라와 전쟁에서 칭기즈칸은 금나라 통치하의 요(遼)나라 백성을 자신의 진영으로 끌어들이는 데 주안점을 두었다. 야율초재는 원래 요의 귀족인 동단왕(東丹王)의 후예였다. 금나라에서 오랫동안 고관을 역임한 그의 명성은 자자했다. 몽고군이 중도성을 포위했을 때 야율초재가 마침 중도에 있었기 때문에 칭기즈칸의 주의를 끌었다.
　1218년 칭기즈칸의 부름을 받은 야율초재는 영안(永安 ; 현 산서성 곽현霍縣)을 출발해 거용(居庸)과 무천(武川 : 하북성 선덕宣德)을 지난 다음 운중(雲中 : 산서성 대동大同 서쪽)의 우측으로 나와 천산(天山 : 대청산大青山) 북쪽에 도착한 다음 대적(大磧)을 건너고 사막을 넘었다. 출발한 지 3개월 만에 산을 넘고 고개를 지나고 황량한 사막을 횡단했으니, 그야말로 죽을 고생을 한 셈이겠지만 곧 있을 원정에 비하면 이번 횡단이 단거리 이동에 불과하다는 것을 그는 전혀 눈치를 채지 못했다.

케룰렌 강변에서 야율초재가 칭기즈칸을 알현할 때 칭기즈칸은 그의 재능을 단번에 알아채고 자신의 자문이 되어 주길 원했다. 이 일이 있고 난 후 야율초재는 몽고 역사상 최초의 서역의 정벌을 시작했다. 몽고가 서역 정벌을 단행한 직접적인 원인은 과거 서역 대국 화랄자모(花剌子模)와의 묵은 빚을 청산하기 위해서였다. 1215년 칭기즈칸은 통상 관계를 맺고자 하는 의지에서 사신과 대상을 화랄자모로 파견했다. 당시 대상들이 변경 도시였던 오트라르(카자흐스탄 국경 내 시르다리야 강과 그 지류인 아리사허阿里斯河가 만나는 지역 부근)에 도착했을 때 욕심이 난 성의 수장은 그들을 죽여 버리고 물건을 빼앗았다. 결국 대상들 중 단 한 명만 겨우 목숨을 부지했다.

그 소식을 들은 칭기즈칸은 서역 정벌을 마음먹었다. 우선 칭기즈칸은 서역 정벌 이후의 뒤탈을 없애기 위해 북방의 산림 지역과 서방의 서요(西遼 : 카라키타이) 제국을 연이어 평정하고, 남방에서는 목화여(木華黎)를 국왕으로 삼아 금나라 정벌 사업을 그에게 전담시켰다. 모든 준비를 끝낸 그는 직접 20만 대군을 이끌고 출정했다. 외몽고에 도착하자마자 야율초재는 칭기즈칸의 측근으로 대군을 따라 서역 정벌 길에 올랐던 것이다.

야율초재의 서역행은 무려 6, 7년의 긴 세월이 걸렸다. 귀국 후 그는 서역행에 대한 보고의 차원에서 『서유록』을 썼는데, 군대를 따라간 서역 정벌의 노정과 서역에서 머무는 동안 이해했던 그곳의 지리와 풍속에 관해 상세히 기술했다. 야율초재의 서역행은 한나라와 당나라 이후 중원 사람들이 진행해 왔던 서역 지리에 관한 탐색과 발견 작업을 이어나가는 동시에 새로운 서역 탐사 활동의 서막을 열었다.

『서유록』에는 1219년 몽고군이 서역 대정벌을 위해 금산(金山)을 건넜다는 기록이 있는데, 지금의 알타이 산맥이다. 산을 넘던 당시는 한

야율초재의 초상

여름이었지만 알타이 산맥의 정상은 '눈발이 흩날리고 얼음이 두껍게 쌓여' 절경이 따로 없었다. 군대가 서둘러 얼음을 깨 길을 낼 때도 야율초재는 산상의 절경에 푹 빠져 있었다.

금산을 넘은 대군은 다시 이르티시 강에서 남하해 회골성(回鶻城)의 비슈 발리크를 지났다. 야율초재는 『서유록』에 회골성에서 서쪽으로 약 200여 리 떨어진 윤대현(輪臺縣)과 남쪽으로 500여 리 떨어진 화주(和州: 신강성 투루판 성에서 동남쪽으로 약 60리 거리의 삼보三寶), 화주에서 서쪽으로 3, 4천 리 밖의 오단성(五端城: 신강성 호탄)에 관해 기술했고 흑옥과 백옥을 생산해 내는 강 두 곳도 함께 언급했다.

이후 노정에서 야율초재는 비교적 큰 규모의 서역 도시 세 곳과 그 부근 일대의 지리를 조사했다. 당나라 시대에 설치되었던 '한해군(瀚海軍)'의 옛 자취를 지나 천여 리를 걸어 불랄성(不剌城: 신강성 애북호艾北湖 서쪽의 박락현博樂縣 경내)에 도착했다. 성의 남쪽에 '동서로 천 리, 남북으로 200여 리'의 음산(陰山: 신강성 천산)이 있었다. 그는 음산의 정상에서 둥근 연못을 발견했는데, 둘레가 70~80리에 달하는 그곳이 바로 지금의 새리목(賽里木) 호수였다.

음산에서 남하한 대군은 다시 아리마성(阿里馬城: 신강성 이리하사코 자치주 곽성현霍城縣의 동쪽 13km 밖 극간산克干山 남쪽 기슭)에 도착했다. 그 성은 원래 서요(西遼)의 소유였지만, 당시엔 이미 몽고로 귀속된 후였다. 야율초재는 그곳에서 과일이 풍부하게 생산되는 것과 중원만큼 오곡이 잘 여문다는 사실을 알았다.

그들은 아리마성을 지나 계속 서진해 역열강(亦列江 : 현재의 이리 강)을 건너 서요의 고도인 호사와로타(虎司窩魯朶 : 키르기스스탄 토크마크 성)에 도착했다. 야율초재는 그 같은 여정을 거치면서 이리 강 유역의 지리적 현상을 『서유록』에 기록했다.

몽고 대군의 다음 목적지는 서쪽으로 수백 리 떨어진 탈라스 성(카자흐스탄)이었다. 그곳에 도착한 군대는 다시 서남쪽으로 석류가 풍부한 쿠잔드 성(아르메니아 쿠마리이), 파초와 감람으로 유명한 파람성(芭欖城), 수박이 풍부한 팔보성(八普城)과 가산성(可傘城 : 우즈베키스탄 경내 나망간 서북 지역)을 차례로 지나 그해 가을 오트라르 성에 도착하여 성을 공격하고 땅을 빼앗았다. 그들은 오트라르 성을 포위하는 한편, 시르다리야 강을 건너 부하라 성(우즈베키스탄)와 사마르칸트를 점령했다. 처참했던 전쟁의 종결과 함께 시르다리야 강과 아무다리야 강 사이의 광활한 지역은 대부분 몽고군의 손에 들어갔다. 1220년 여름이 끝나갈 무렵 나흐세프(Nakhscheb : 우즈베키스탄 카르 시) 부근 초원까지 남하한 칭기즈칸은 그곳에서 서역 정벌을 잠시 일단락지었다.

그러나 야율초재는 칭기즈칸의 명을 받아 사마르칸트에서 2년간 머물면서 사마르칸트와 그 부근의 산물 및 풍토를 연구해 『서유록』에 고스란히 남겼다. 야율초재는 『서유록』에서 풍요의 땅 사마르칸트를 농업과 상품 경제가 상당히 발달한 지역으로 묘사했다. "당시 매매는 화폐로 이뤄지며…… 물건들은 모두 저울로 균등하게 재어 교역이 성사되었지만 화폐는 중원의 것과는 달리 구멍이 없었다. 하절기 비가 내리지 않을 때는 강물을 끌어 논에 물을 대는 모습이 종종 눈에 띄었다. 기장, 찰벼, 콩을 제외한 모든 농산물을 수확할 수 있었다. 큰 오이는 말 머리만큼 컸고, 현지의 포도로 빚은 포도주는 아홉 번 발효시킨 듯 맛이 절묘했다. 뽕나무가 많았지만 양잠에 관해 아는 사람이 전무해 현지인들 대부분은 무명옷을 입었고, 흰색이 길하다는 현지 풍습에 따라 대부분의 옷은 흰색이었다. 그리고 조경이 상당히 발달되어 집집마다 정원을 갖추고 있었다."

사마르칸트에 머무는 동안 늘 부하라 성을 찾았던 야율초재는 부하라 성을 '포화성(浦華城)'이라고 지칭하며, 그곳이 사마르칸트와 비교해 "도산물이 더 풍부하고 도시도 더 많다"고 언급했다. 또 아무다리야 강을 '황화에 다소 처지며, 서쪽으로 흘러 바다로 유입되는' 강이라고 기록했는데, 여기서의 '바다'는 아랄 해를 가리킨다.

1222년경 탈라스 성에서 약 2년간 체류한 뒤 귀국길에 오른 야율초재는 군대를 따라 서하(西夏)로 입국했고, 1227년 연경(북경)으로 돌아왔다. 그가 서역에서 보낸 시간은 6, 7년에 달했고, 그가 걸은 거리만 해도 7만여 리에 이르렀으니 그야말로 미증유의 기록이었다.

야율초재가 몽고의 서역 정벌 대군과 출정했을 때 함께 갔던 또다른 인물이 바로 강화를 위해 파견된 금나라의 사신 오고손중단(烏古孫仲端, ?~1233년)이었다. 야율초재는 군대를 이끌고 용감히 진격했지만, 오고손중단은 약국의 사신으로 함께 했으니 그 상반된 모습에 보는 이들이 안타까워했다.

금나라 흥정(興定) 4년(1220년) 오고손중단은 몽고와 강화를 맺고 오라는 명을 받았다. 그는 사막을 건너고 파미르 고원을 넘어서 서역에 도착해 칭기즈칸을 만났다. 귀국 후 그의 구술에 따라 유기(劉祁)가 집필한 『북사기(北使記)』는 외교 사절로 활동하며 얻은 제반 견문이 모두 기술되어 있다. 그런데 오고손중단이 걸었던 길은 사실상 서역으로 가는 길이었다. '북사'는 몽고 조정을 뜻한다.

오고손중단의 외교 사절 여정은 연경(燕京)에 도착해서 목화여를 만난 다음에 서역으로 향하는 것으로 시작되었다. 그의 책에서도 기술되어 있듯이 연경을 출발한 뒤 북서쪽으로 가다가 서하를 지난 다음 만여 리를 걸었다. 그는 자신이 지나간 "수백여 개의 성은 모두 중국 명칭이 아니었다"고 술회했다. 그는 경유하는 곳마다 공통적으로 '회흘(回紇)'이란 이름을 붙여 몰속로만회흘(沒速魯蠻回紇), 유리제회흘(遺里諸回紇), 인도회흘(印都回紇) 등으로 기술했다. 또한 그는 지리적 풍속과 각종 진귀한 물건을 나눠 묘사하기도 했다.

그러나 『북사기』의 최대 단점이라면 작가인 그가 사신의 몸으로 지나야 했던 지역에 대한 설명이 상세하지 않다는 것과 어느 곳에서 칭기즈칸을 만났는지 언급하지 않았기 때문에 방대한 문장에도 불구하고 후대 사람들이 그의 구체적인 서역 행로를 알 수 없다는 데 있다.

구처기와 『장춘진인 서유기』

오고손중단이 사명을 완성하고 귀국하던 바로 그때 기나긴 서역행에 오른 일행이 있었다. 구처기(丘處機 : 1148~1227년)를 대장으로 하는 도교의 전진도(全眞道)의 사도들이다. 칭기즈칸을 알현하려 가는 길이었다.

동진의 법현, 북위의 송운과 혜생, 당나라의 현장에 이르기까지 제자들의 서천취경은 무척 빈번했지만, 도가(道家) 제자들의 서역행은 거의 드문 일이었다. 노자가 서역에서 오랑캐가 되었다는 전설을 제외하고는 중국 역사에서 구처기는 서역에 도착한 첫번째 도가로 기록되어 있다. 구처기의 자는 통밀(通密), 호는 장춘자(長春子), 등주(登州)

의 서하(栖霞 : 산동성) 출신이다. 전진교의 시조인 왕철(王喆)에게 사사받았고, 전진칠자(全眞七子)의 한 사람으로 이후 스승의 뒤를 이어 전진교의 강연자가 되었다. 그가 칭기즈칸의 부름을 받고 서역으로 갔을 때 이미 73세의 노인이었다.

칭기즈칸이 구처기를 서역으로 부른 까닭에 대해 두 가지 설이 있다. 하나는 당시 전진교의 세력이 갈수록 강대해지자 칭기즈칸이 도교의 세력을 구슬려 앞으로 한족의 통치를 준비코자 하는 의도가 담겨 있었다는 설이다. 또 하나는 젊은 시절 칭기즈칸이 구처기에게 '장생'의 길을 묻고 싶어 했다는 설이다. 구처기의 서역행에 큰 힘을 발휘한 유중록(劉仲祿)이 칭기즈칸에게 '구공(丘公)은 현재 300세로, 그 모두가 보양과 장생의 길을 알기 때문'이라고 말한 바 있어 두 번째 설이 칭기즈칸의 진정한 동기로 알려져 있다.

1219년 12월 유중록은 범의 머리모양을 본뜬 금패를 들고 산동의 내주(萊州) 호천관(昊天觀)에 도착해 구처기에게 서역행을 부탁했다. 구처기도 마다할 수 없어 1220년 2월 제자 19명을 데리고 내주를 출발해 연경에 도착했다. 그는 그곳에서 칭기즈칸이 회군하길 기다렸지만 허가를 얻지 못해 결국 이듬해 2월 8일 선덕을 출발해 만 리 장정에 올랐다. 그 여정의 전 과정이 그를 수행했던 제자 이지상(李志常)에 의해 『장춘진인 서유기(長春眞人西遊記)』로 기록되었다. 이것은 날짜까지 세세하게 기록되어 있어 최고의 기행문으로 손꼽힌다.

구처기는 선덕에서 출발한 뒤 "10일, 취병구(翠屛口)에서 잠을 청했다. 다음날 북쪽으로 가 야호령(野狐嶺)을 넘었고…… 북쪽에서 무주(撫州)를 지났다. 15일, 북동쪽의 개리박(蓋里泊)을 지났다. 작은 구릉과 소금밭이 끝나는 지점에서야 비로소 인가 20여 곳이 나타났다." 이 닷새 동안의 행적은 지금의 장가구(張家口)를 지나 장북경(張北境)에 들어간 다음 북동쪽으로 방향을 바꾸어 내몽골 고원의 동쪽 경계 지역으로 들어간 여정이다. 그 일대에는 소규모의 호수와 함수호가 많은데, '개리박'도 그 가운데 하나로 지금의 극륵호(克勒湖)를 가리킨다.

칭기즈칸은 멀리 서역에 있는데 구처기 일행이 북동쪽으로 길을 떠난 것은 바이칼 호수 북쪽 일대에 주둔하고 있던 칭기즈칸의 동생 테무거 옷치긴의 사신이 그에게 "만일 대사께서 서역으로 가신다면 저희 쪽을 거쳐 가 주십시오"라는 서신을 전했기 때문이었다. 우회하면서 가

칭기즈칸을 만나기 위해 출발하는 구처기

자니 여정은 더욱 힘들었다. "(일행은) 5일 동안 말을 달려 명창계(明昌界)를 빠져 나왔다…… 6, 7일을 가다보니 어느 순간 대사타(大沙陀) 부락에 들어와 있었다…… 3월 초하루 사타에서 나와 어아락(魚兒濼)에 도착하고 보니 그제야 인가들이 모여 있는 부락이 나타났다." 그들은 험난한 과정을 거친 끝에 3월경 사막에서 벗어날 수 있었다. 어아락은 지금의 요녕성 서북 변경 달리낙이(達里諾爾) 지역인데, 구처기는 그곳 사람들이 '대부분 농경과 어업을 위주'로 생활하는 모습에 관심을 가졌다.

"3월 5일 북동쪽을 향해 출발하니, 인가도 멀어졌다…… 다시 20여 일이 지나서야 서사하(西沙河)가 북서쪽의 육국하(陸局河 : 케룰렌 강)로 유입되는 장면을 보았다…… 강을 건너 북쪽으로 3일을 달려 소사타

(小沙陀)로 들어갔고, 4월 초하루 테무거의 막사에 도착했다." 그들은 장장 1개월의 시간을 쏟아 부어 잠시 머물 목적지에 도착했다. 테무거는 장생의 비법을 묻고 싶었지만 재일(齋日) 기간에 눈이 내리는 바람에 그만두고 말았다. 4월 17일 전진도의 사제들은 테무거에게 이별을 고하고 북서쪽을 향해 길을 재촉했다.

몽고를 우회해 가는 여정은 수많은 고통으로 점철되었지만, 몽고에 관한 구처기 사제들의 견문은 그만큼 늘어났다. 야호령을 벗어난 뒤 몽고의 동쪽 길을 따라가다가 테무거의 진영에까지 도착한 노선은 그 이전의 저서에서는 볼 수 없는 내용이었다. 『장춘진인 서유기』에서 언급한 노선과 관련된 기록은 몽고 동부의 지리 환경과 인문 및 풍속 연구에 있어 대단히 중요한 의미를 지닌다. 위에서 언급한 그들의 견문을 차치하고라도 테무거의 주둔지에 도착한 구처기 일행은 마침 현지에서 '혼례 장면'을 목격했다. 당시 500리 내의 수령들은 모두 말을 타고와 축하해 주었고, 검은색으로 치장한 마차와 펠트로 만들어진 장막이 수천 개에 달하는 대장관이 눈앞에 펼쳐져 중원 사람들로서는 좀처럼 보기 힘든 성대한 몽고 의식을 본 셈이었다.

몽골 고원을 횡단하면서 구처기 일행은 먼저 케룰렌 강 유역에 도착해, '강물이 만나 바다를 이뤄 그 주위가 백 리에 달하는' 호륜호(呼倫湖)를 직접 목격했다. 전진도의 사도들은 케룰렌 강을 따라 서행하면서 그 일대의 자연 환경과 인문 경관을 주의 깊게 관찰했다. 그곳에는 '간혹 먹을 수 있는 야생 염교'가 보이거나 "강 양쪽 기슭으로 키 높은 버드나무가 많이 보이는데, 몽고인은 그것을 가져다가 천막집을 짓기도 했다"고 기술했다. 케룰렌 강 상류의 서쪽 지역에 대해서 "인가가 아주 많고, 모두 검은색 마차에 흰색 장막을 씌워 집으로 쓰고 있었다. 목축과 수렵으로 생활하는 그들은 동물의 가죽이나 털로 옷을 지어 입고, 고기와 유제품을 주식으로 삼았다. 남자는 머리를 묶어 귀 양옆으로 늘어뜨렸고, 여자는 벚나무 껍질로 만든 두 척 길이의 관을 썼다…… 문서 등은 따로 없이 말로 약속하거나 나무에 새겨 증표로 삼았다"는 기록이 보인다.

5월 말 그들은 북쪽에서 흘러 내려왔다가 방향을 동쪽으로 바꿔 흘러가는 케룰렌 강의 대전환 지점을 지났는데, 그 일대가 바로 일전에 지나쳤던 어아락과 통하는 참로(站路 ; 역참에서 역참으로 통하는 길)였다. 테무거의 청을 거절하고 어아락에서 참로를 지나 그곳에 왔더라면 훨씬 빨리 도착할 수 있었을 것이다.

여름이 가까워질 무렵 구처기 일행은 유명한 항애산(杭愛山)을 넘었다. "6월 3일 장송령(長松嶺)에 도착했다…… 14일 산을 넘고 깊이가 얕은 강도 건넜다…… 17일 서쪽 봉우리에서 잠을 잤다." 구처기 일행은 그곳의 여름 기후가 가지는 특징에 관심을 가졌다. "때는 초복이었지만 아침저녁으로는 얼음이 얼었고 서리가 내린 것도 벌써 세 번째"라며, 산행이 힘들 정도로 구불구불한 산길을 북서 방향으로 백여 리나 걸었다. 6월 28일 그들은 칭기즈칸의 후비가 거처하는 행궁이 위치한 와리타(窩里朶) 부근에 닿았다. 그곳에서 잠시 머무른 뒤 7월 9일 다시 남서쪽을 향해 이동했다. 눈 덮인 산과 호수, 협곡과 강, 풀을 베어낸 초원을 지나 7월 25일 진해성(鎭海城)에 도착했다. 성주인 진해를 만난 자리에서 이미 장기간 피로에 지쳐 버린 구처기는 그곳에서 칭기즈칸을 기다리며 더 이상 서역행을 하지 않겠노라고 이야기했지만, 진해는 동의하지 않았다. 하는 수 없이 구처기는 아홉 제자를 그곳에 남게 하고 나머지 제자를 데리고 8월 8일 다시 여행을 계속했다. 당시 그가 지은 시의 한 구절인 "백발이 늘어나는 늙음을 감당하지 못하고 다시 황사를 밟으며 멀리 멀리 돌아가네"를 통해 당시

구처기의 서역행 노선도

장거리 여행의 어려움을 다소나마 엿볼 수 있다.

이후 구처기 일행은 금산(알타이 산맥)을 넘고 백골전(白骨甸)을 지났다. 고대의 전장이기도 했던 백골전은 지친 병사가 가면 돌아오는 사람이 열에 하나도 없었던 최악의 사지였다. 구처기 일행은 저녁에 일어나 밤새 걷고 또 걸어 드디어 순탄하게 그곳을 빠져 나왔다. 이후 그들은 천산의 북쪽을 따라 계속 서행해 나갔다. 이리하, 초하(楚河), 탈라스 강, 시르다리야 강을 하나씩 건너 하중(河中)에 도착했다. 이 루트는 동서를 연결하는 간선으로 전대 사람들의 기록 속에 빈번히 등장하고는 있지만 완전하고도 상세한 기술은 『장춘진인 서유기』에서만 찾아볼 수 있다. 『장춘진인 서유기』에는 그들이 지나온 경로에 있는 모든 성의 특산물과 풍속, 서민의 생산 활동, 그리고 생활, 종교 활동 등에 관한 상세한 기록이 담겨 있다. 구처기 일행은 별사마대성(鱉思馬大城 : 현 우루무치 동북부), 윤대현, 위구르족 창팔랄(昌八剌 : 신강성 창길昌吉) 등지에서 열렬한 환영을 받았다. "별사마대성에서 관리, 사대부, 서민, 승려와 도사들 모두 엄숙하고 장중한 태도로 멀리까지 나와 환영해 주었다. 특히 승려의 붉은색 옷과 도사들의 의관은 중국과 사뭇 달랐다"는 기록도 보인다. 그리고 윤대현에서 "질설(迭屑)의 수령이 나와 환영했다"는 표현이 있는데, 질설은 바로 경교(景敎 : 기독교 네스토리우스파) 교도를 가리키며, 창팔랄에서 "외우아(畏牛兒) 왕이……멀리서 부족과 위구르족 승려들을 데리고 와 환영해 주었다"고 한 것도 당시 서역의 종교 전파 상황을 반영한 것이다. 당시에 불교뿐만 아니라 경교와 도교도 존재했음을 알 수가 있다.

『장춘진인 서유기』는 그 일대의 경제와 기후 상황을 매우 상세하게 기록했다. 별사마대성에서 보리농사가 풍작을 거둔 것은 보리가 막 익을 때 강우량이 적었기 때문이라든지, 창팔랄에서 성주가 그들에게

포도주를 대접하고 커다란 수박을 내 왔었던 것과 달달한 참외에서 나는 향기는 중국에서 맡아 보지 못했다는 등 창팔랄이 풍성한 과일의 도시임을 다시 한번 강조했다. 아리마 성도 풍부한 과일만큼은 창팔팔 못지 않았다. 아리마성의 이름도 현지인이 과일을 '아리마'라고 부르는 데서 따왔다.

구처기는 또 논에 물을 댈 때마다 병에 물을 담아 오는 것이 전부였던 현지 농민이 중원에서 사용하던 양수기를 보고 한족의 비상한 재주에 혀를 내둘렀다고도 기록했다. 이 책은 서역의 농업 생산 현황은 물론 중원의 선진 농업 기술의 이전도 기록해 두었던 것이다.

『장춘진인 서유기』에서 서요의 고도였던 호사와로타에 관한 상세한 묘사가 눈에 띈다. "그 풍토와 기후는 금산 이북과 차이를 보이는데, 평지가 상당히 눈에 많이 띈다. 농업과 양잠업을 위주로 하며, 포도로 술을 담는다. 과일은 중국과 비슷하지만 여름과 가을에 비가 내리지 않아 강물을 터서 밭에 관개한다." 이 대목은 야율초재의 기록보다 훨씬 상세해 그 지역의 경제 생활을 연구하는 데 꼭 필요한 역사적 자료다.

10월 초 구처기 일행이 지금의 이리하를 건너 강을 따라 서행을 하다가 칭기즈칸이 주둔하고 있던 행궁 근처에 도착했을 때 칭기즈칸이 화랄자모의 군대를 추격하기 위해 인도로 입성했다는 소식을 들었다. 그 소식은 겨우 끝이 보인다고 생각한 장기간의 여행을 더 계속해야 한다는 의미였다. 앞에서 칭기즈칸이 적의 군대를 뒤쫓고, 그 뒤로 구처기가 칭기즈칸을 쫓아가는 상황이 연출되고 말았다.

10월 18일 구처기 일행이 사마르칸트 성에 도착했을 때는 이미 한겨울인데다가 강의 교량이 도적에 의해 훼손되어 어쩔 수 없이 그곳에서 겨울을 날 수 밖에 없었다. 이 기록은 야율초재의 『서유록』에도 있다. 그 당시 야율초재는 칭기즈칸의 명에 따라 이 성에 묵고 있었기 때문에 그는 몽고 중신의 신분으로 칭기즈칸의 손님을 극진히 대접했다.

사마르칸트 성에서 구처기는 반년을 머물렀다. 그 기간 동안 야율초재와 구처기는 "시를 지어 화답하고, 향을 피우고 차를 다려 마시며, 봄에는 먼 거리의 화원으로 유람을 떠나고 밤에는 추운 서재에서도 이야기꽃을 피우는" 등 마치 찰떡궁합처럼 마음이 서로 통했다. 야율초재는 자신을 석가의 제자란 의미로 '담연거사(湛然居士)'라고 불렀는데, 그와 구처기가 종교는 서로 달랐지만 허심탄회하게 마음을 나눌 수 있었던 것은 두 사람의 정치적 바람이 같았기 때문이었다. 그들은 칭기즈칸이 잔인한 살육 정책을 그만두도록 교화하고 싶어했다.

사마르칸트 성에서 전진교도들은 오랜 여정 후의 짧지만 달콤한 생활을 보냈다. 봄이 다시 찾아왔을 때 그들은 칭기즈칸의 조서를 받고 다시금 여정에 올랐다. 그때 그들이 가야할 길은 남쪽으로 수정되었다. "3월 15일 출발했다. 나흘째 비석(碣石) 성을 지났고…… 철문(鐵門)을 넘었다. 동남쪽의 산을 넘는데 산세가 험준하고 여기저기에 바위가 우뚝 솟아 수레를 밀고 당기며 이틀 만에 겨우 전산(前山)에 올랐다. 닷새째 작은 강을 건넜고…… 7일째는 배로 큰 강을 건넜다. 이곳이 바로 아무다리야 강이었다. 계속 동남쪽으로 걸음을 옮겼다…… 3월 29일이다…… 다시 4일이 지나서야 도착했다." 17일 동안 그들은 인도로 가기 위해서 반드시 거쳐야 할 철문관(鐵門關)과 아무다리야 강을 지나면서 말로 다 할 수 없는 고생을 겪었다. 그들은 노정에서 중원에서는 보지 못했던 수레의 끌채 밑에 깔려도 부러지지 않는 갈대나 미늘창으로 쓸 수 있는 통대나무, 짙은 녹색에 3척 길이의 도마뱀 등 신기한 것들을 많이 보았다.

구처기 일행은 드디어 칭기즈칸이 주둔하고 있던 타리한(塔里寒 : 아프가니스탄 동북부 타리칸) 부근의 행궁에 도착했다. 구처기는 도착하자마자 칭기즈칸을 알현했다.

구처기가 칭기즈칸과 어떻게 '도를 논했는지'에 관해서는 알려져 있지 않다. 그러나 만남을 가진 뒤 칭기즈칸은 구처기에게 존경의 모습을 보이며 후한 대접을 게을리하지 않았다. 이듬해 2월 구처기는 그곳을 떠나 귀국길에 올랐다.

구처기 일행의 귀국 여정은 출국 때와는 다소 달랐다. 왔던 길을 따라 천지해(天池海)를 건넌 다음 그들은 동북쪽의 중가르 분지를 넘어 울룬쿠르(烏倫古河, Unlugur)의 상류에 도착했고 다시 화림(和林)의 역로를 선택해 바로 진해성의 서하관(栖霞觀)에 도착했다. 그후 왕길강(汪吉江) 상류에 도착해 동남쪽으로 사정(沙井)과 정주(淨州)를 거쳐 천산을 지나 풍주(豊州)로 향했다. 그리고 대동로(大同路)의 북쪽 지역에서 흥화로(興和路)를 지나 만리장성으로 들어와 연경에 도착했다. 구처기 일행이 연경에 도착한 1224년 2월은 그들이 서역으로 출발한 날로부터 만 3년이 흐른 뒤였다.

몽고 대군의 서역 정벌로 동서의 교통길이 뚫린 후부터 중원과 서역을 오가는 여행객이 순식간에 늘어나면서 그와 관련된 기행문도 많이 등장했다. 『장춘진인 서유기』는 그 시기에 등장한 저술 가운데 서역을 가장 자세하게 묘사한 지리서이자 서역과 몽고의 정치·경제·역사·지리·종교 등의 연구에서 주요한 가치를 가진 저작이다. 또한 『장춘진인 서유기』는 문장 중에 날짜에 따른 여정을 기록해 시간과 공간을 결합시켰으며, 구처기 자신이 노정 중에 지은 많은 시도 함께 실어 독자가 직접 그곳에 있는 것과 같은 기분을 느끼게 해 주었다. 시 한편 한편마다 기쁨이나 근심, 감탄과 한숨이 어려 구처기의 복잡하고 모순된 감정을 속속들이 느낄 수 있다.

"강에 도착한 황제께서 창을 거두고 태평성대를 누리길 기대해 보네." 이것은 구처기가 두 번째 칭기즈칸을 알현하러 갈 때 길에서 지은 시 중의 일부로, 그의 서역행을 설명해 주는 최고의 각주이다.

상덕과 「서사기」

몽고 제국 시기는 중국과 서역의 교통이 가장 빈번했던 시기이다. 야율초재와 오고손중단, 구처기 등이 각기 다른 계기로 멀리 서역을 여행하고 나서 그 기록을 남긴지 30여년 만에 또 한 사람이 서역 여행에 나섰다. 몽케칸의 사신으로 '일칸국'(伊爾汗國 : 아랍에 세워진 몽고 4대제국의 하나)에 갔던 상덕(常德)이다. 상덕은 『원사(元史)』에도 전기 자료가 남아 있지 않아 그가 사신으로 일칸국에 갔다는 사실 외에는 다른 행적을 찾을 수 없다. 때문에 본인의 구체적인 생활과 행적을 규명하기 어렵다. 몽케칸 9년(1259년), 상덕은 몽케칸의 명령에 따라 일칸국으로 가서 훌라구칸(旭烈兀汗 : 재위 1258~1265년)을 배알하고 그 이듬해에 돌아왔다. 왕복 14개월의 여행이었다. 몽고 중통(中統) 4년(1263년)에 유욱(劉郁)이 그의 출사 행적을 『서사기(西使記)』에 기록해 완성했다.

일칸국의 건립은 몽고 제2차 원정의 결과였다. 1253년, 몽고의 대칸인 몽케는 동생인 훌라구칸을 보내 서역 정벌에 나섰다. 1258년 훌라구칸은 바그다드를 공격하여 함락시킴으로써 아바스 왕조의 아랍 제국을 전복시키고 이란 전역을 점령한 다음, 나중에는 타브리즈(大不里士 : 이란 북서부에 있는 도시)를 중심으로 새로운 나라를 세웠다. 1264

년, 쿠빌라이칸은 정식으로 훌라구칸을 일칸에 책봉하고 나라 이름을 일칸국이라고 불렀다. 일칸국의 영토는 동쪽의 아무르 강부터 서쪽의 지중해, 북쪽의 코카서스 지방과 남쪽의 인도양까지이다. 몽고의 4대 제국 가운데 하나였다.

상덕은 야율초재나 구처기와 마찬가지로 서역으로 여행했는데, 그 노선은 약간 달랐다. 상덕은 당시의 몽고 도성인 화림(和林 : 몽고인민 공화국 울란바토르 서남쪽)을 출발하여 곧장 몽고고원을 넘어 전진했다. 때문에 『서사기』에는 전내 사람들이 가보지 못한 지역에 관한 기록이 남아 있어 지리학적으로 중요한 의미를 지닌다.

상덕이 화림을 출발해 올림(兀林)을 빠져나와 서북쪽으로 2백여 리를 가자 지세가 점차 높아지기 시작했다. 지세가 갈수록 더 높아져 혹서기(酷暑期)임에도 불구하고 눈이 녹지 않았다. 도중에는 사막을 지나기도 했다. 이어서 서남 방향으로 행군하여 중가르 분지(準噶爾 盆地)를 통과했다. 이때부터 지세는 점차 낮아지기 시작했다. "3백 리를 가자 지세가 점차 낮아졌다"라는 기록이 이를 나타내준다.

얼마 후 상덕은 '강폭이 수리에 달하는' 혼목연(昏木輦)과 용골하(龍骨河)에 이르렀다. '목연'은 몽고어로 '강'을 의미한다. 따라서 혼목연은 혼하(渾河)다. 나중에 고증을 거쳐 사람들이 흔히 허즈어르치스 강(哈喇額爾齊斯河)이라고 부르는 찰백한하(察拍罕河)인 것으로 밝혀졌다. 용골하는 지금의 울룬쿠르 강(烏倫古河)을 가리킨다. 상덕은 울룬쿠르 강을 따라 서북쪽으로 전진하면서 울룬쿠르 강 유역의 다양한 물산과 풍속을 기록했다. 예컨대 '인근 오백 리에 한민(漢民)이 많고 보리와 기장 같은 곡식을 재배한다'는 기록이 있는가 하면, 울룬쿠르 강 하류 유역에는 '약 천 여 리에 달하는 오륜고호(현재의 부룬토해布倫托海)가 있다'는 기록도 있다. 『서사기』에서는 이를 치저리바스(乞則里八寺)라고 기록하고 있다. 상덕은 특히 이곳에 '먹을 수 있는 물고기가 많다'는 점과 현지 주민들이 물을 동력으로 사용하여 맷돌을 돌린다는 사실에 큰 관심을 보였다. 서역 울룬쿠르 강 유역 지리에 관한 상덕의 고찰과 묘사는 전대 사람들의 문헌에 기재되지 못한 많은 결점들을 보충해 주는 역할을 하고 있다.

상덕은 여기서 더 서행하여 업만성(業瞞城 : 신강성 액민額敏)에 이른 다음 다시 서남쪽으로 전진하여 패라성(孛羅城 ; 신강성 오태五台 서북쪽), 즉 야율초재의 『서유록』에 나오는 불랄성(不剌城)을 통과했다. 그가 통과한 지역에서는 모두 '벼와 밀을 심었다'고 기록하고 있는 것으로 보아 농업이 발달했다는 것을 알 수가 있다. 중원과 별 차이가 없었던 것이다. 산 위에는 잣나무가 비교적 많았지만 큰 나무로 성장하진 못했고, 그것도 바위 위에서만 자라나 있었다고 기록하고 있는데 이는 식물에 대한 서역 산악 지대의 기후 때문인 것으로 추정된다. 패라성에서 상덕은 또 성 안의 주거 건물에 '칸막이가 설치되어 있고 토옥의 창문이 전부 유리로 되어 있는 것'을 발견했는데, 이는 패라성의 번화한 모습을 그대로 반영하는 것이라고 할 수 있다.

상덕은 패라성을 떠나 다시 서남쪽으로 20리 정도를 가다가 '한민이 파수를 서고 있고' 길이 아주 가파른 잔도로 이루어져 있는 관문인 테무르찬차(鐵木爾懺察 ; 천산 탑륵기塔勒츪 협곡)거쳐 아리마 성에 이르렀다. 이 성은 야율초재와 구처기가 일찍이 시기를 달리하여 거쳐 갔던 곳이다. 상덕의 묘사도 앞서 간 사람들과 다르지 않았다. 동시에 남쪽의 치무르성(赤木兒 ; 신강성 곽성현 서쪽)에 대해서도 언급하고 있는데, 야율초재나 구처기는 언급하지 않고 있다. 위치는 대략 지금의 수정(水定 ; 신강성 곽성현 내)의 서북쪽에 해당한다. 상덕은 이 성의 주민들과 물산에 대해 고찰하여 상세하게 기록하고 있다. 예컨대 '주민이 많은 편이고, 대부분 분인(汾人 ; 산서성 분양(汾陽사람)들이다' 라는 기록과 더불어 사람을 해치는 호랑이와 독거미 등의 생물에 대해서도 언급하고 있다. 또한 이 성을 따라 서쪽으로 가면 금화와 은화, 동전이 통화로 사용되고 있는 지역에 이르게 되는데, 동전에는 '주(鑄)' 자가 새겨져 있고 가운데 구멍이 없다는 기록도 남아 있다.

  그후 상덕은 이리하를 건너고 적도산(赤堵山 : 와이리아납투 산外伊犁阿拉套山)을 넘어 원래 서요(西遼)의 고도였던 호사와로타(虎思窩魯朶) 일대에까지 접근을 했다. 과거의 번화했던 옛 도성이 여러 해 동안 계속된 전쟁으로 도시가 온통 무너진 건물 잔해로 뒤덮여 있었다. 이곳에서 상덕은 초하(楚河)의 지류가 통과하고 있는 것을 발견했다.

  이어지는 여정에서 상덕은 탑자사(塔剌寺 ; 카자흐스탄 강포아성江布兒城), 새란(賽蘭), 별석란(別石蘭) 등지를 통과하고, 또 홀장하(忽章河)를 거쳐 심사간성(尋思干城 ; 우즈베키스탄 살마아한薩馬兒罕)에 도달했다. 탑자사는 다름 아닌 야율초재가 『서유록』에서 언급한 탑자사성(塔剌思城)이다. 새란은 지금의 카자흐스탄 남부의 침켄트이고, 별석란은 타슈켄트, 홀장하는 중앙아시아의 양대 하천 가운데 하나인 시르다리야 강이다. 심사간성은 야율초재와 구처기가 모두 정류했던 곳으로 상덕도 이들 지역에 대해 상세한 고찰을 바탕으로 자세히 묘사를 하고 있다. 얼마 후 상덕은 또 중앙아시아 양대 하천의 또다른 하나인 아무다리야 강을 건너게 되었다. 상덕은 이곳의 기후를 "여름에 비가 오지 않고 가을이 되어야 비가 온다"라고 기록하고, 농업에 관해서는 "밭에 물을 대서 관개 농업을 하고 있으며, 땅에 메뚜기가 많아 새들이 이를 잡아 먹는다"라고 기록하고 있다.

  이어서 상덕은 뽕나무와 대추나무가 자란다는 이축성(里丑城)과 "풀이라고는 거여목(콩과 두해살이 식물)이 전부이고, 잣나무로 울타리를 친다"는 마란성(馬蘭城 ; 투르크멘 공화국 마리馬雷 Mary), 납상성(納商城 ; 이란 네이샤부르 Neyshabur), 그리고 그 근처에 자리 잡고 있고 "산에 온통 수정 형태로 소금이 맺혀 있다"는 체소아성(㒲帰兒城 ; 이란 동북부)를 거쳐 같은 해 4월 6일에 흘립아성(訖立兒城 : 카스피해 남쪽)에 도달했다. 상덕은 이 성에서 괴상한 뱀이 사는데 "발은 네 개, 길이는 5척이 넘고 머리는 검고 피부는 누렇다. 가죽은 상어가죽 같고 입은 자주 빛으로 요염하다"라고 기록하고 있다.

상덕의 『서사기』는 흘립아성을 지난 후부터 더 이상 날짜를 기록하지 않고 있고, 글의 체재도 잃고 있다. 하지만 그 후로 그는 아즈틴 성과 치스미 시, 치리완 국 등 수많은 국가와 도시에 관해 기록하고 있고 이러한 지역들의 물산과 풍속을 함께 언급하고 있다. 한 가지 아쉬운 것은 직접 고찰한 것이 아니라 들은 이야기를 전하고 있다는 점이다. 이러한 국가나 도시들에 관해 현재로서는 확실한 고증이 어렵지만 상덕이 이런 지역들에 대한 기록을 남겼다는 것은 고대의 서역과 페르시아를 이해하는 데 매우 큰 도움이 되고 있다.

상덕의 서역 여행의 족적은 페르시아 경내에까지 이르렀다. 페르시아 역사서의 기록에 따르면 상덕이 서역을 여행할 당시 훌라구칸은 마침 그 해 9월까지 시리아를 정벌하기 위해 타브리즈에 주둔하고 있었다. 덕분에 상덕은 타브리즈에서 훌라구칸을 배알함으로써 자신의 사명을 완성할 수 있었다. 사명을 완성한 상덕은 그 이듬해에 다시 동쪽으로 귀환 길에 올라 왕복 14개월의 여행을 마무리했다.

상덕의 서역 여행은 야율초재나 구처기에 비해 여정이 훨씬 길어 오늘날의 이란고원 서북부까지 그 족적이 이어져 있다. 때문에 그의 『서사기』는 그 전까지의 서역에 관한 기록들에 비해 훨씬 큰 의미를 갖는다.

13세기 초 몽고 제국이 흥성함에 따라 칭기즈칸과 그 후계자들의 세 차례에 걸친 서역 정벌은 수만리에 달하는 영토를 개척하면서 한나라와 당나라에 이어 다시 한번 중원과 서역 사이의 교통로를 개통시켰다는 의미를 갖고 있다. 정치와 군사라는 커다란 배경 아래 야율초재와 구처기, 상덕, 이 세 사람의 서역 여행은 각기 다른 특징을 갖고 있다. 야율초재의 『서유록』은 군대를 따라 이동하면서 쓴 것이기 때문에 유력(遊歷)과 함께 전투의 기록을 많이 담고 있고, 구처기와 이지상의 『장춘진인 서유기』는 만년의 여행을 기록한 것이라 빛과 그림자, 그리고 폐부를 울리는 고통이 담겨 있다. 이에 비해 상덕의 『서사기』는 명령을 받은 일국의 사신이 쓴 여행기라서 비교적 여유 있는 여행기라 할 수 있다. 하지만 각자의 문풍이 어떻든 간에 이러한 저작들은 상호 인증과 보충을 통해 후대 사람들에게 몽고 제국 시기의 서역의 지리와 물산, 풍속 등에 대한 진귀한 자료를 제공하고 있는 만큼 중국 지리 발견사에 있어서 일정한 의미를 갖고 있다고 할 수 있다. 이들의 행적과 기록은 전대의 성취를 계승하여 후대에 이어주었을 뿐만 아니라 후대 모험가들의 서역 여행을 위한 튼튼한 기초를 마련했다고 할 수 있다.

파도를 헤치며 창해를 누빈 함대
명나라 초 정화 함대의 7차에 걸친 원양 항해

   15세기에 인류 사회는 일대 전환기를 맞이했다. 서양의 르네상스는 암흑기의 종결을 가속화하고 있었고, 과학 기술의 발전과 봉건 사회 내부에서의 새로운 생산 관계는 생산력의 부단한 발전을 촉진시키고 있었다. 신항로의 개척과 신대륙의 '발견' 또한 15세기 후반에 그 서막을 열었다. 이때 중국에서는 주체(朱棣)가 황위를 찬탈해 명나라 제3대 황제 성조(成祖)가 되었다. 명나라 왕조가 건국된 지 20여 년이 막 지난 시점이었다.

   정치적으로 명나라 왕조는 봉건 전제주의 중앙 집권제가 전대미문의 발전을 하면서 정치적 안정과 영토 확장을 이루었다. 또한 원나라 왕조부터 시작된 조공 무역 제도를 그대로 답습해 일부 주변 국가들로부터 3년에서 5년마다 한 차례씩 조공을 받고, 태창(太倉)·황도(黃渡)·천주(泉州)·명주(明州 : 영파寧波), 광주(廣州) 등 지정한 항구에서 무역을 허락하였다. 경제적으로 안정된 상황에서 농업은 더욱 발전했고, 사회는 안정되었으며, 자본주의의 맹아는 연해 지역의 일부 도시와 읍을 중심으로 출현하기 시작했다. 공업과 상업 측면도 신속한 발전이 이루어져 채광·제련·방직·도자기·제지·인쇄 등 각 분야의 생산 규모가 과거의 그 어느 시대보다 훨씬 앞서나가고 있었다. 당시

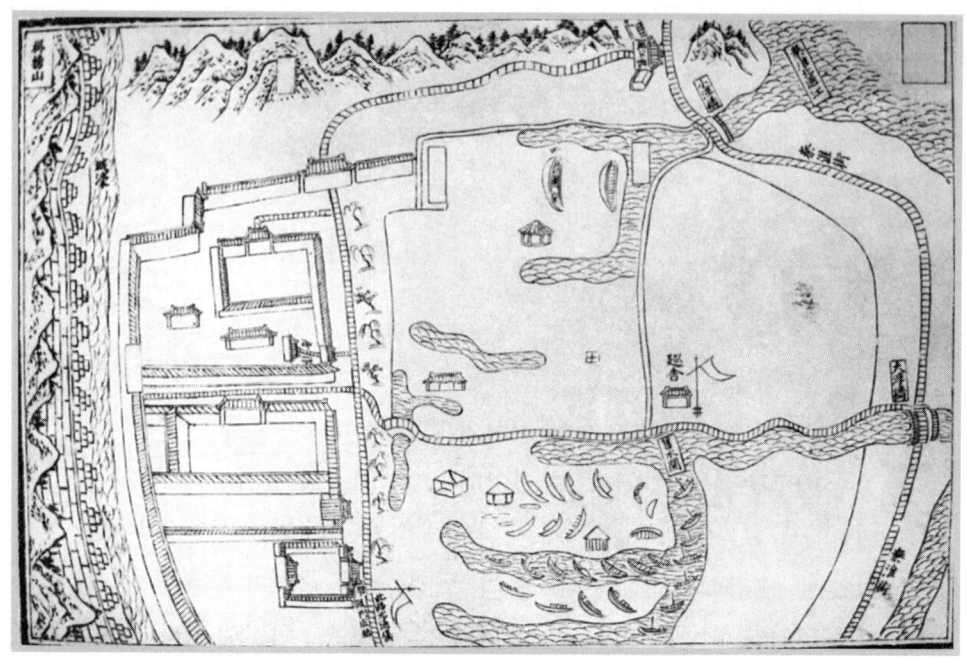
남경 명룡강(明龍江) 조선소의 약도

의 중국은 세계에서 비교적 경제가 발달한 국가에 속해 해외 각국과 더욱 밀접한 경제·문화 교류를 필요로 하고 있었다. 그러나 한나라·당나라 시기에 번영했던 '실크로드'는 쇠퇴 일로를 걸었고, 해상 통로가 점차 육로를 대신하면서 동서양 무역의 중심으로 자리 잡고 있었다. 그리고 조선업의 발전과 항해 기술의 발전, 전문 항해 선원들의 대거 출현으로 중국의 조선업과 항해 기술은 명나라 왕조에 이르러 엄청난 발전을 이루었다. 사실상 이 모든 것은 명초 일곱 차례에 걸친 대규모 항해를 통해 튼튼한 기초를 다졌기 때문에 가능한 일이었다. 영국의 유명한 중국학자 조셉 니덤은 『중국 과학 기술사』에서 "15세기 초 동양, 즉 파도가 몰아치는 중국 해협으로부터 아프리카 동부 연안의 광활한 해역에 이르기까지 중국인이 해상의 영웅이 되는 판도가 나타났다"고 묘사하고 있다. 이런 주목할 만한 쾌거는 명나라 초 정화(鄭和)가 이끈 함대의 원양 항해를 두고 한 표현이었다.

어린 시절의 웅대한 포부

정화(1371~1435년)의 원래 이름은 마화(馬和)인데 형제 중 셋째였기 때문에 삼보(三寶 : 혹자는 '三保'라고도 함)라고도 불렸다. 홍무(洪武) 4년 운남성 곤양주(昆陽州 : 운남성 보녕현普寧縣 보산향寶山鄕 화대촌和代村)에서 태어났다. 명문 귀족 집안으로 대대손손 이슬람교를 신봉했다. 고증을 통해 본 결과 그의 조상은 아마도 명나라 초 서역에서 운남성으로 이주해 왔을 가능성이 높다. 정화의 조부와 부친이 모두 이슬람교의 성지 메카에 다녀온 적이 있어 '합지(哈只)'로 존칭되었는데, 이는 '순례자'란 의미다. 당시 중국에서 메카까지 걸어간다면 왕복에만도 수년의 세월이 걸렸기 때문에 진리 추구를 위해 기꺼이 자신을 희생하려는 경건한 신념과 위험을 무릅쓰겠다는 진취적인 정신이 없다면 불가능한 일이었을 것이다. 유년 시절 삼보는 부친에게 성지로 가는 여정에서 보고 느낀 견문, 이국의 풍토와 인심에 관해 늘 들어왔다. 가지가지 놀라운 이야기와 기이한 사건은 자석처럼 어린 삼보를 끌어당겼다. 그때부터 그는 마음속으로 이역의 문화를 동경하면서 웅대한 포부를 가지고 의연한 기개를 키워 나갔다.

홍무 14년(1381년) 삼보가 11세 때 부친이 병으로 별세했고, 그 슬픔에서 채 벗어나기도 전인 이듬해 부우덕(傅友德)과 목영(沐英)을 대장으로 하는 명나라의 원정군이 진격을 해와 운남 전역을 탈환코자 했다.

정화

불행하게도 12세의 삼보는 명나라의 포로가 되었고, 이후 연왕(燕王) 주체의 왕궁에서 태감이 되었다. 그로 인해 삼보의 운명도 바뀌었다.

왕실에서의 생활은 평민 생활과 확연히 달랐다. 평민의 신분으로서는 결코 접촉할 수 없는 사회 계층이 되면서 많은 지식과 기능을 배우는 한편, 복잡한 인간 관계 속에서의 분쟁을 보아온 삼보는 상대방의 말과 안색을 살피고, 그 의중을 파악하는 법을 배우게 되면서 말은 청산유수로 변했고 처세의 도에도 통달하게 되었다.

홍무 31년(1398년) 명나라 태조 주원장(朱元璋)이 남경에서 세상을 떠나면서 황위를 장손인 주윤문(朱允炆)에게 넘겨주자 오랫동안 황위를 넘보았던 연왕 주체는 이듬해 8월 역사적으로 유명한 '정난지변(靖難之變)'을 일으켰다. 『명사(明史)』「열전」은 삼보가 "군대를 일으키는 것부터 시작해 공을 세웠고 공이 쌓여 그로 인해 태감이 되었다"라고 썼다. 『명사(明史)』「본기(本紀)」에도 "연왕이 군대를 일으킬 때부터 전장에 출입하며 뛰어난 공로를 많이 쌓았다"고 기록되어 있다. 연왕 주체가 건문제(建文帝) 주윤문에게 황위를 찬탈하는 과정에서 삼보는 누구보다 강한 담력으로 수차례 전쟁에 나섰고, 계책을 내놓으며 전공을 세워 차

즘 연왕의 신임을 얻어 나갔다. 주체는 황위(명의 성조)에 오른 뒤 황족을 섬기는 전문 기구인 내관감(內官監) 태감으로 삼보를 임명했다. 당시 황족을 모시던 24개 아문(衙門 : 12개의 감監, 4개의 사司, 8개의 국局) 중 하나인 내관감은 황실 왕릉의 건조와 궁정의 혼례 및 장례 등에 필요한 진귀한 보물과 향료의 구매를 주관했다. 정화가 이 기관을 주관한 것으로 보아 그에 대한 명나라 성조의 총애를 충분히 엿볼 수가 있다.

영락 2년(1404년) 정월 초하루, 성조는 친필로 '정(鄭)'이라는 글자를 써 그의 성으로 하사했고, 그때부터 그는 이름을 '정화'로 개명했다. '정'이란 성의 유래에 관해서는 그 해에 있었던 정촌패(鄭村壩) 전투를 지칭하는 것이라고 전해진다. 건문(建文) 원년(1399년) 11월 건문제는 이경륭(李景隆)에게 50만 대군을 내주며 정촌패(대흥현大興縣 지역)에서 주체와 전투를 벌이도록 명했지만 대패하고 말았다. 정촌패 전투는 건문제와 주체의 상황을 역전시켰던 중요한 전투로, 삼보는 그 전투에서 혁혁한 공을 세웠다. 그리하여 그 전투에서 쌓은 공로를 치하하기 위해 성조가 그에게 '정' 씨 성을 하사한 것으로 보인다. 그해 당시 유명한 승려 도연(道衍 : 또는 요광효姚光孝)의 추천을 받아 보살계를 받고 불교의 제자가 된 그는 '복선(福善)'이라는 법명을 받았다. 불교 용어에서 '삼보'는 불보(佛寶)·법보(法寶)·승보(僧寶)를 일컫는데, 정화가 '삼보태감'으로 불린 것도 여기에서 유래되었다.

정화는 재색을 겸비한 인물이었다. 역사서는 그를 "9척 장신에 허리둘레는 열 집게뼘이나 되었다…… 눈과 눈썹 모양이 분명하고, 귓불이 얼굴 아래까지 내려왔으며, 가지런한 치아에 걸음걸이는 호랑이같이 힘차고, 크고 낭랑한 목소리를 가졌다"라고 묘사했다. 그는 진지하고 책임감이 강하며, 바른 도를 행하고, 사람을 관대하고 온후하게 대했기 때문에 성조 주체의 신임을 얻을 수 있었다.

일곱 차례의 서양 항해

명나라 초 정권 교체 등의 원인으로 천여 년이나 떠들썩했던 '실크로드'는 완전히 잠잠해졌다. 하지만 동쪽의 바닷길은 달랐다. 성조의 등극 이후 여러 이유로 항해 사업은 줄곧 발전할 수 있었다.

첫째 조카의 황위를 찬탈한 성조는 줄곧 건문제가 죽지 않고 해외를 떠돌아다니지나 않을까 의심했다. 그가 해외에서 세력을 모아 다시 황위에 오르는 일을 방지하기 위해서는 해외로 배를 보내 은밀히 건문제의 행방을 찾아내어 후환을 없앨 필요가 있었다. 둘째 성조는 공명심이 컸고 스스로 "하늘과 백성의 명을 받들어 천하를 다스린다"고 생각했다. 그는 해외 각국에게 조공을 가져오게 해 '천조대국(天朝大國)'이란 중국의 위상을 공고히 하고 싶었을 뿐 아니라 역대 공리주의(功利主義)의 제왕들과 마찬가지로 이 기회에 국위도 선양하고 해외에 명나라의 부유함을 알리고 싶었다. 셋째 해외 각국과 경제·문화적 교류를 발전시키면서 국내의 경제적 번영을 촉진하는 동시에 연해의 도서 지역과 해외의 관리 백성을 시찰하고 위문하고자 했다. 넷째 천자나 제후 귀족의 사치스럽고 방탕한 생활 요구를 만족시키기 위해 해외의 진귀한 보물들, 특히 기린을 찾기 위해 혈안이 되었다. 고대 중국에서 기린은 "덕이 높은 천자가 나타나 왕도를 흥하게 해 준다"는 의미를 가진 상서로운 동물로 추앙받았기 때문에 태평성대에만 출현한다고 여겨졌다. 주체는 조카의 황위를 찬탈했기 때문에 서둘러 기린을 찾아 찬탈한 황위에 합법적 근거를 마련해 '대명황조(大明皇朝)'의 흥성함을 명백히 보여 주고 싶었다. 당시 명나라의 국세는 날로 강성해지고 있었고, 객관적으로 볼 때에도 해외에서의 발전 조건을 갖추고 있었기 때문에 서양으로 향하는 대규모 활동은 더 이상 피할 수가 없었다.

'서양'이란 단어는 원나라 문헌에 가장 먼저 나타났지만 그 단어가 가리키는 지역은 설에 따라, 그리고 시기마다 달랐다. 정화가 살았던 시기에는 원나라의 개념을 그대로 답습했다. 이때 '서양'은 지금의 수마트라 섬 서쪽의 북인도양과 그 연안 지역을 가리키는데, 벵골 만과 그 연안의 인도 반도, 아라비아 해 및 그 연안이 포함된다. 그 지역의 광활함과 복잡한 사정으로 인해 서양으로의 외교 사절 건이 결정되었지만 인선 과정에서 성조는 한동안 신중히 고려함은 물론, 관상가인 원충철(袁忠徹)의 의견을 묻기도 했다. 활동의 성격상 일반적인 상선 함대도, 일반적인 외교 대사단도 아닌 정치·외교 및 무역의 여러 임무를 겸비하는 함대여야 했다. 원충철의 대답은 이러했다. "정화는 지략이 있고, 병법과 군대의 훈련에 정통하며, 용모나 모습, 재능과 지혜 등 모든 면에서 환관들 중에 비할 자가 없습니다." 이런 이유 외에도 당시의 페르시아 만과 아라비아 반도는 모두 이슬람 국가였고, 남양군도 일대는 불교 문화와 이슬람 문화가 서로 병존하고 있었다. 정화의 조부와 부친은 2대에 걸쳐 '합지'로 불렸으며, 그 자신도 무슬림 가정에서 태어나 나중에 불교에 입문했으니 두 가지 종교를 가진 그를 선발해 파견한다면 각 지역의 풍토와 인정에 더 쉽게 융화될 수 있을 것으로 보였다. 그리고 이번의 서양행은 비밀스런 정치적 목적도 숨어 있었기 때문에 정화에 대한 성조의 충분한 신임도 한몫을 했다. 여러 가지를 고려한 끝에 결국 성조는 정화를 수석 사신, 왕경홍(王景弘)을 부수석 사신으로 임명했다.

제1차 항해

영락 3년(1405년) 6월 15일, 정화와 왕경홍은 63척의 '보선(寶船)'과

정화 함대 보선(寶船)의 모형

100여 척의 보조 선박에 선원 2만 7,800여 명으로 구성된 거대 함대를 거느리고 역사적인 대항해의 서막을 열었다. 그들은 소주(蘇州)의 유가항(劉家港 : 강소성 태창 유하진劉河鎭)에서 닻을 올렸다. 함대의 행렬은 수 리에 달했는데, 복건성(福建省) 장락현(長樂縣) 오호문(五虎門 : 민강閩江 입구)까지 가서 가을 북동풍이 불어오길 기다렸다. 정화가 승선한 '보선'은 길이 150m에 너비는 60m에 달했고, 3층 갑판에 9개의 돛대가 달린 그야말로 그 당시로서는 세계 최대의 항해선이었다. 선원들도 대부분 명나라 왕조부터 남북 해상에서 조세 곡물 운송을 담당했던 군인 출신이었기 때문에 풍부한 항해 경험을 갖고 있었다.

10월, 살을 에는 북동풍이 불기 시작할 때 정화의 함대는 오호문에서 정식으로 닻을 올리고 목적지인 서양으로 향했다. 항해의 첫 기착지는 점성국(占城國 ; 베트남 남동부)의 신주항(新州港 ; 꾸이논)이었다. 함대가 입항할 때 점성국의 왕이 친히 병사를 이끌고 영접하며 명나라 성조의 칙령을 받고 헌상품을 헌상하는 한편, 정화와 수행원을 정중히 대접했다. 점성국에서 단기간 체류한 뒤 함대는 해안가를 따라 발리 섬의 서쪽을 지나 주야로 20일을 순항하다가 '동양 국가 중의 웅걸(雄傑)'로 불렸던 자바(인도네시아)에 도착했다. 함대가 자바에 도착했을 때 동과 서로 나뉜 두 왕이 서로 교전 중이었다. 서왕은 지휘 능력이 탁월해 전승을 거두었지만 그의 부대가 적을 추격하다가 때마침 정박해 있던 정화의 부하 170여 명을 살해하고 말았다. 이 소식을 전해 들은 서왕은 명나라 조정의 원망을 두려워한 나머지 즉시 정화에게 사신을 보내 그에 대한 해명과 사죄를 청했다. 이것은 양국의 국교 문제에 관한 중요한 사안이었기 때문에 정화는 부수석 사신을 조정으로 보내 이 사실을 성조에게 알렸다. 과실로 인한 상해였기 때문에 성조는 서왕에게 황금 6만 냥을 배상토록 명을 내렸다. 그리고 정화의 함대는 청화 백자와 사향, 풀솜 등을 자바의 현지 상인과의 무역을 통해 대량의 후추와 단향목, 대모갑 등 현지 특산물들과 교환을 했다.

자바 섬을 출발해 팔렘방(수마트라 섬에 있는 큰 항구)을 지나 사무드라(인도네시아 수마트라 섬 북단)에 도착했다. 사무드라는 '서양으로 가는 모든 노선이 위치한' 곳이기 때문에 명나라 초기 동서양을 구분하는 국가로 인식되었다. 그런 이유로 성조는 즉위 초기에 사무드라와의 관계 발전을 대단히 중요시했는데, 당시 남양군도의 여러 국가들 가운데 자바국이 가장 강대해 늘 인접국들에게 근심거리였다. 홍무 말년 자바는 이미 인접한 삼불제국(三佛齊國)을 수중에 넣었고, 사무드라까지 위협하는 상황이었다. 사무드라의 추장 재노리아필정(宰奴里阿必丁)은 사신을 파견하여 위급한 상황을 알리자 성조는 재노리아필정을 사무드라의 국왕으로 봉하고 그에게 왕위를 승인한다는 문서와 인장, 채폐(彩幣), 습의(襲衣)를 내렸다. 정화는 사무드라에 도착한 뒤 재노리아필정을 정식으로 왕에 책봉해 명나라와 사무드라 간의 우호 관계를 더욱 강화시켜 나갔다. 이런 상황을 지켜보던 자바 왕은 사무드라를 삼키려는 야심을 거둘 수밖에 없었다. 사무드라는 명에 대한 감사의 표시로 매년 공물을 보내기로 결정했고, 성조 이후에도 조공은 끊이지 않았다.

사무드라를 떠난 정화의 함대는 캘리컷(인도 코지코드)에 도착했다. 캘리컷은 해상 교통의 요충지로 이번 항해의 종착지이자 정화의 원양 항해의 목적지이기도 했다. 정화는 캘리컷에 도착한 뒤 관례대로 국왕에게 성조의 칙서를 낭독한 뒤 캘리컷 국왕과 대신에게 많은 선물을 증정했다. 캘리컷에서 얼마간 머문 정화는 이번 원양 항해를 기념하기 위해 기념비를 세웠다. 캘리컷에서의 체류 기간 동안 캘리컷인은 진주와 산호를 가지고 나와 중국의 실크와 도자기 등으로 교환했다. 선원과 현지인은 물물 교환을 계속 벌였다. 의사소통이 힘들어 어쩔 수 없이 손가락을 꼽으며 값을 흥정하거나 손뼉을 쳐 값을 정할 수밖에 없었지만 거래는 성사되었다. 캘리컷을 떠날 때 국왕은 순금 50냥에 온갖 진귀한 보석으로 상감한 허리띠를 정화에게 건네 주며 성조에게 헌상하도록 부탁했다.

1407년 캘리컷국의 방문을 마친 함대는 귀국길에 올랐다. 함대에는 자바, 아로(阿魯 : 인도네시아 수마트라 섬 벨라완), 사무드라, 소갈란(小葛蘭 : 인도 꼴람), 캘리컷 등 여러 국가의 조공 사절과 함께 무역으로 바꾼 이국의 진품이 가득 실려 있었다. 팔렘방을 지날 무렵 정화의 함대는 해적들의 습격을 받았다. 해적의 두목격인 진조의(陳祖義)는 원래 광동성 조주(潮州) 출신으로, 객상을 약탈할 목적으로 죽음을 각오한 떠돌이들을 대거 모집해 해상의 패권을 잡고 있었다. 갑작스런 습격에 잠시 주춤하던 정화는 다시 용기를 내어 선원들을 이끌고 해적을 일거에 격퇴하고 진조의를 생포했다. 조정에 넘겨진 진조의는 나중에 참수되었다. 이후 팔렘방의 지리적 중요성을 감안해 성조는 정화의 상주서를 받아들여 팔렘방에 선위사(宣慰司)를 설치하는 한편, 진의조 일당을 섬멸하는 데 협조했던 해상 시진경(施進卿)을 선위사(宣慰使)로 임명해 조복과 관대를 하사하며 팔렘방을 관리토록 명했다.

제2차 항해

영락 5년(1407년) 7월 13일 정화는 남경으로 돌아왔지만 제대로 휴식을 취하지 못하고 다시 성조의 뜻을 받들어 더 많은 국가들과의 교류를 위해 두 번째 원정을 시작했다. 두 번째 원정에서는 249척을 지휘했다. 이번에도 유가항에서 출발해 복건성에 도착한 다음 남하해 점성국과 자바, 시암(태국), 말라카, 사무드라, 남발리, 코친, 캘리컷, 실론(스리랑카) 등을 방문했다.

시암은 불교 국가로 사원도 많고 승려와 비구니도 많았다. 영락 6년 9월, 정화가 시암에 도착했을 때 국왕은 대신들을 데리고 직접 해안가로 나와 그들을 마중한 뒤 일행을 왕궁으로 초대해 융숭하게 대접했다. 시암에서 체류하는 동안 해외 각국과의 외교 문제를 고려하여 선박을 나눠 진랍(眞臘 : 캄보디아)으로 파견했다. 진랍 왕국은 손님을 열렬히 맞아 주었고, 국왕은 "점성국(베트남)이 우리를 공격했을 때 명 황제와 조정으로 인해 점성국은 전쟁을 멈추고 우리와 우호 관계를 맺었습니다. 진랍의 백성은 명 황제와 백성에게 감사하게 생각합니다"며 마음속 깊이 경의를 표했다. 중국의 우수한 비단과 도자기를 본 진랍 백성은 너나 할 것 없이 상아, 무소 뿔, 약재 등을 가져와 교환하기에 바빴다.

곧이어 함대를 이끌고 시암을 출발한 정화는 말라카에 도착했다. 말

정화의 「출항도」: 남양토인들이 정화에게 공물을 바치고 있다

라카 국왕은 대신 및 의장대와 함께 항구에서 그들을 맞이했다. 정화는 성조의 칙서를 읽고 난 다음 성조가 하사하는 선물을 건네주었다. 말라카 국왕은 정화를 극진히 대접해 준 것은 물론, 정화의 원정 항해에 대한 지지를 표하기 위해 특별히 현지에 창고를 지어 화물을 보관할 수 있도록 허락해 주었다. 창고는 내성과 외성으로 만들어 사방에 문을 달아 식량과 돈, 증정품과 무역에 필요한 물자 등을 보관할 수 있었다. 그리고 사방에 망루를 세워 감시하고 저녁에는 병사들이 순찰을 돌았다. 창고 건설은 정화의 서양행에 일대 전환점이 되었다. 이후 함대는 그곳에 도착할 때마다 휴식과 조정을 거친 뒤 다시 근처 국가들을 방문하거나 무역 활동을 했다. 그리고 서양에서 돌아올 때에도 먼저 그곳에 집결한 뒤 전체 함대가 함께 귀국길에 올랐다.

정화는 다시 코친국(柯枝國)에 도착했다. 코친은 고대 인도의 대외 무역 항구로 당·송나라 시대부터 중국과 교류를 해 왔다. 성조가 즉위하자 코친국은 사신을 보내 명나라 조정에 왕인(王印)을 하사해 줄 것과 '국중지산(國中之山 : 나라의 산)'에 봉해 줄 것을 부탁했다. 성조는 코친국의 큰 산을 '진국지산(鎭國之山 : 코친국의 산)'이라 봉하고 직접 비문을 써 정화에게 이 비석을 코친에 가져다주도록 특명을 내렸다. 코친에 도착한 정화는 그곳에 후추가 풍부하고 진주와 보석을 수출한다는 사실과 백성을 다섯 등급으로 나눈다는 것도 알게 되었다. 첫째 등급은 남비(南毘)로 국왕의 가족이며 사회적 지위가 가장 높다. 둘째 등급은 회회인(回回人)으로 대부분 국정을 장악하고 있다. 셋째 등급은 철지(哲地)로 부호가 여기에 속한다. 넷째 등급은 혁령(革令)으로 상인이고, 다섯째 등급은 목과(木瓜)로 피압박 빈민이다. 이런 국가의 상황은 정화와 그 수행원들의 수필 속에 고스란히 기록되었다.

코친을 떠난 다음에는 실론(스리랑카)에 도착했다. 실론은 고대 동서 노선에서 반드시 거쳐야 할 곳으로 해상에서 그 위치가 대단히 중요한 국가였다. 정화는 성조의 칙서와 함께 실론의 불사에 보시할 향례(香禮)와 한 괴(塊)의 진향석비(進香石碑)를 가져왔다. 비문에는 성조가 불교를 진심으로 믿고 있기 때문에 금 1천 냥, 은 5천 냥, 온갖 색사 50필, 오색 명주 50필, 금사번보(金絲寶幡 : 절에 건 좁고 긴 깃발로 깃발 위에 불경 문자가 있음) 네 쌍, 동으로 만든 향로 5개, 향유 2,500근, 화병, 촛대, 등잔, 향을 담는 향합, 양초, 단향목, 금매초 등 예불 도구를 특별히 보시한다고 적었다. 영락 7년(1409년) 2월 1일 중국어와 아랍어, 타밀어 등 3개 언어로 새겨진 이 비석은 현재 콜롬보 박물관에 소장되어 있다. 정화의 함대는 귀국할 때 잠시 말라카에 체류했다가 그해 여름 남경으로 돌아왔다.

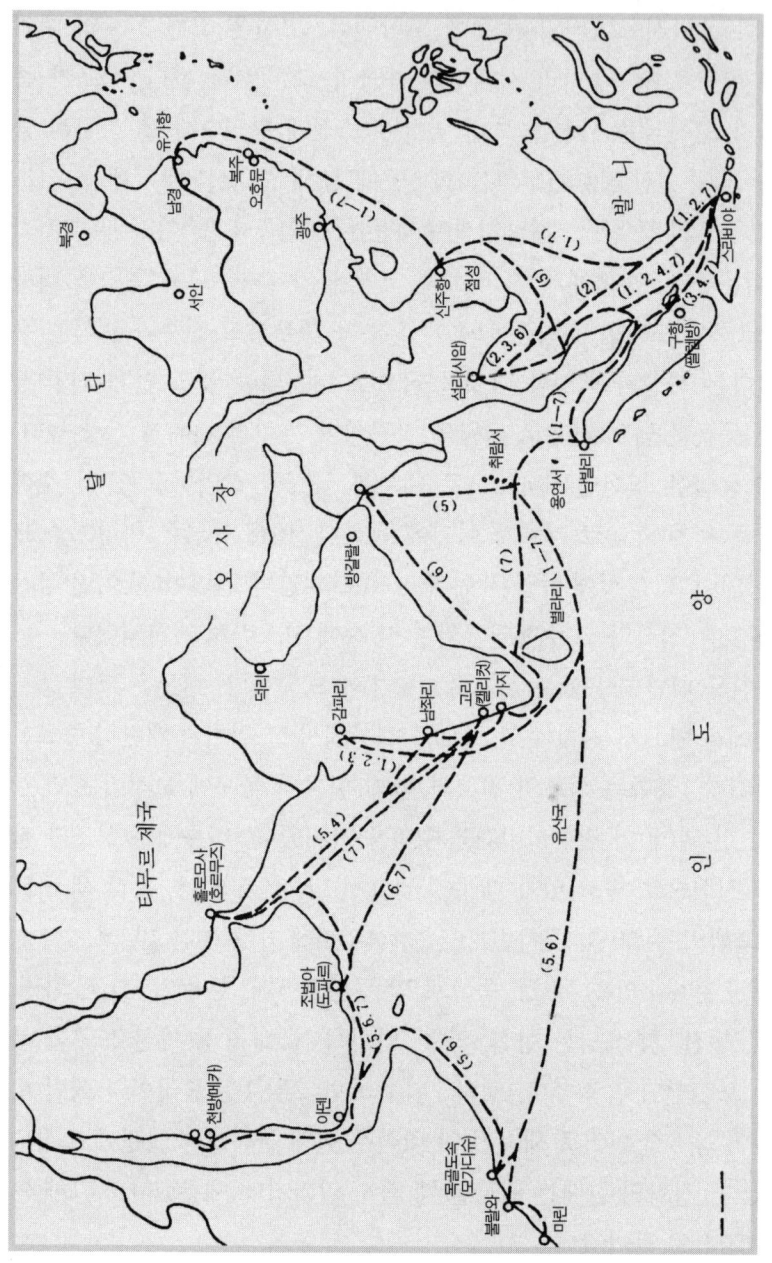

정화의 서양 항해 노선도

112 중국 지리 오디세이

제3차 항해

정화가 제2차 서양 원정 항해를 하고 있을 때 성조는 이미 제3차 항해 계획을 확정짓고 선박 건조 등 만반의 준비를 갖추고 정화가 돌아오기만을 기다리고 있었다. 영락 7년 9월, 정화의 제3차 원정 항해가 시작되었다. 이번 항해의 주요 목적은 각국의 공물 사절단이 귀국할 수 있도록 호송하는 동시에 과거 두 차례 항해에서 동남아 지역의 많은 국가들과 수립한 우호 관계를 더욱 공고히 하고 발전시키기 위함이었다. 정화는 48척의 '보선'과 100여 척의 배를 통솔했는데, 수행 선원들만 2만 7천여 명에 달했다. 그들은 점성국, 자바, 말라카, 사무드라, 실론, 소갈란, 코친, 캘리컷, 시암, 남발리, 가이륵(加異勒 : 인도 반도 남단), 감파리(甘巴里 : 인도 서북단 코모린 곶), 아발파단(阿撥巴丹 : 서인도 아마다바드) 등지를 경유했다.

정화는 복건성 장락현 태평항에 정박해 있다가 12월 오호문에서 출발했다. 바람의 방향을 따라 배는 대단히 빠른 속도로 항해했다. 열흘 밤낮을 꼬박 항해해 그들은 점성국의 신주항에 닿았다. 신주항에서 서남쪽으로 백여 리 떨어진 곳이 바로 점성국의 도읍인데, 정화가 그곳에 도착하자 점성국 왕은 금으로 꽃 장식을 한 모자에 비단 옷을 두르고 대모로 만든 신발에 갖가지 보석을 장식한 사각 띠를 허리에 찼으며, 팔찌와 발찌를 찬 채 코끼리를 타고 직접 마중을 나왔다. 게다가 500여 명의 의장대가 함께 해 그야말로 성대한 환영식을 거행해 주었다. 점성국 왕이 거행한 성대한 환영 연회에서 현지의 풍속에 따라 사방에서 모두들 모여 기분 좋게 맥아주(麥芽酒)를 들이켰다. 점성국 왕은 국내에서 생산되는 상아와 무소 뿔, 향 등 특산물을 정화에게 건네주며 조정에 진헌토록 부탁했다.

점성국을 출발한 정화의 함대는 두 항로로 나눠 항해했다. 첫 함대

팀은 12일 동안 주야로 항해해 자바에 도착한 다음 말라카로 향했고, 또 다른 함대 팀은 점성국에서 곧바로 시암까지 항해해 나갔다. 말라카는 원래 시암의 속국이어서 매년 시암에 황금 40냥씩 바쳐야만 했는데, 정화는 명 성조를 대신해 말라카 왕에게 은으로 주조한 인장 두 개와 공복을 하사하는 동시에 말라카와 시암의 변경 지역에 비석을 세워 경계를 명확히 해 말라카가 독립할 수 있도록 도와주었다.

정화의 함대가 말라카를 출발해 인도로 향해 가던 도중 실론을 지나갈 때 실론 국왕이 정화의 함대에 실린 화물에 흑심을 품었지만 다행히 선원들이 일깨워 줘 그 사실을 눈치 챈 정화는 재빨리 실론을 떠났다. 그러나 실론 국왕은 단념하지 않고 정화가 인도에서 돌아가는 길에 다시 실론을 지나갈 기회를 잡고 성조에게 바칠 선물이 있다고 속여 정화를 유인해 금화를 받아내고, 5만의 병사를 출병시켜 그의 보선을 약탈하려는 계획을 세웠다. 정화는 당황하지 않고 선원과 상의하여 실론의 군대가 보선을 탈취하려고 국내를 텅 비운 기회를 틈타 상대의 계략을 역이용, 상대의 허를 찌르기로 결정했다. 그는 2천여 명의 군사를 이끌고 실론 왕궁을 급습해 왕을 포로로 잡아 명나라 조정으로 압송했다. 양국 간 외교상의 마찰을 피하기 위해 성조는 실론 국왕에게 죄를 묻지 않고 다시 실론으로 돌려보내 주었다. 이 사건 후로 중국과 실론 양국은 서로 사절단을 보내며 우호 관계로 돌아섰다.

실론을 진압시킨 뒤 정화는 바로 소갈란을 방문했고, 마지막으로 캘리컷에 도착해 무역을 끝낸 다음 말라카를 거쳐 귀국했다. 정화를 따라 해외 방문에 동참했던 총 19개국의 사신들이 순식간에 명나라 조정에 운집하면서 영락 9년(1411년) 명나라 조정은 대외 관계에서 번영을 맞이했다.

그해 11월은 이슬람의 라마단(이슬람역의 아홉 번째 달로, 『코란』이 백성의 길잡이로 내려온 것을 기념한 금식 성월禁食聖月 속죄의 기간이라는 종교적 의미가 있다) 기간이었다. 정화는 수년 간 떨어져 있던 고향으로 돌아가 성묘를 하고 부친을 참배하는 동시에 그 기회에 긴장을 풀며 한동안 휴식을 취했다. 1년 뒤 영락 10년 11월 성조는 네 번째 항해 명령을 하달했다. 이전의 세 차례 항해에서 정화의 함대가 가장 멀리 닿은 곳이 인도 서쪽에 위치한 캘리컷이었고, 주요 방문국도 인도양 동부의 국가들이었다. 그러나 성조는 이번 항해에는 서쪽으로 나가 호르무즈(이란 호르무즈 해협의 케슘 섬)와 몰디브 등을 방문토록 명령했다. 때문에 이번 항해에서의 종착지는 페르시아 만의 호르무즈 국가였다. 그리고 그 이후의 항해에 동아프리카 연해 국가들을 항해 일정에 넣어 해외 각국과의 왕래와 무역을 확대시켜 나갔다. 정화는 만반의 준비를 마쳤다. 서아시아 각국은 이슬람 국가였기 때문에 정화는 교섭을 편하게 하기 위해 특별히 서안에서 이슬람교의 강연가 하산을 통역관으로 삼았다.

제4차 항해

영락 11년(1413년) 11월 제4차 원정 항해가 시작되었다. 이번에 거쳐야 할 국가는 점성국, 자바, 팔렘방, 말라카, 사무드라, 실론, 코친, 캘리컷, 몰디브, 호르무즈, 가이륵, 파항(말레이 반도 소재), 급란단(急蘭丹 : 말레이시아 동부 연안의 항구), 아로, 남발리 등지였다. 정화는 먼저 옛 길을 따라 점성국에 도착하여 잠시 머문 뒤 파항과 급란단으로 함대 한 척씩을 파견했고, 자신은 직접 '보선'을 이끌고 자바, 팔렘방, 말라카를 거쳐 사무드라에 도착했다. 정화는 사무드라에서 다시 함대 한 척을 남발리와 아로 등지로 파견하는 한편, 자신은 나머지 함대를 이끌고 실론과 가이륵을 경유해 캘리컷에 도착한 다음 호르무즈로 직행

정화 함대가 서양을 탐험하는 시기에 적어도 4개국 11명의 국왕이 명나라를 방문했다. 남경에서 병사한 발니국(浡泥國) 왕 마나야가나내(痳那那惹加那乃)의 묘

했다. '보선'은 망망대해에서 25일간 밤낮을 항해한 끝에 그림같이 맑고 고요한 이슬람 국가에 도착했다.

호르무즈는 동서양 상업 무역의 중심지로, 아프리카의 미식아(米息兒 : 이집트), 아라비아 반도의 도파르(오만 지역)와 아덴(예멘 공화국 지역), 인도 반도의 캘리컷과 코친은 물론 유럽 지중해 연안의 국가들까지 모두 호르무즈와 무역을 했기 때문에 시내에 위치한 상점은 다양하고 뛰어난 품질의 상품을 자랑했다. 보석과 금, 진주 외에도 호박, 산호, 옥기류, 빛깔과 광택이 선명하고 도안이 아름다운 견직물 등도 구비되어 있었다. 호르무즈의 현지 민심은 순박했고, 주민 중 이슬람교도가 다수를 차지하고 있었기 때문에 웅장한 이슬람 사원이 있었다. 그들은 구운 양고기·닭고기·돼지고기 등과 밀가루를 얇게 늘여 구운 전 등을 주식으로 먹었다. 호르무즈는 과일도 풍부해 참외는 여러 종류가 있을 뿐만 아니라 길이도 길게는 60cm나 되는 것도 있었고, 포도는 달면서 연밥처럼 씨가 없었다.

　호르무즈에 체류하는 동안 정화의 선원들은 가지고 온 비단과 도자기를 현지의 호박과 산호, 묘안석, 진주, 용안, 약재 등으로 교환했다. 그러나 통일된 가격이 없었기 때문에 서로 싸게 샀다며 좋아했다. 귀국을 준비하자 호르무즈 국왕은 정화 일행의 설명을 통해 중국이라는 신비한 동방의 국가를 동경하게 되었고, 명나라 왕조와의 외교 관계를 희망했다. 그는 사신에게 배에 사자, 기린, 타조, 영양, 얼룩말, 진주와 보석들을 싣도록 명한 다음 정화 함대를 따라 명나라를 답방토록 했다. 이후 양국의 사신들 간에 왕래가 잦아졌다. 호르무즈에서 돌아오던 귀향길에 아름다운 섬나라 몰디브를 경유했다. 몰디브는 섬이 많고 해류의 흐름이 복잡한 곳이었는데, 선원들은 그곳에서 휴식을 취하도록 하는 한편 현지에서 풍부하게 생산되는 용연향(고래의 장에서 분비되는 액으로 만든 향료)과 야자를 대량으로 구입했다.

　영락 13년(1415년) 7월, 정화는 한동안 떠나 있던 남경으로 돌아왔다. 1년 후 별대들이 속속 귀국했고, 그들과 함께 몰디브, 아덴, 랄살(剌撒 : 홍해 동부 연안) 등 아라비아 국가들의 사절들도 입국했다. 정화의 제4차 항해 후 동남아시아와 서남아시아의 국가들과 일본은 모두 명나라 조정으로 사신을 파견했다. 각국을 답방하기 위해 또한 귀국선과 함께 방문해 준 19개국 사신들을 호송하기 위해 영락 14년(1416년) 12월 10일 성조는 정화에게 제5차 원정을 명했다.

제5차 항해

영락 15년(1417년) 5월, 정화는 천방(天方 ; 사우디아라비아 메카)에 도착했다. 천방은 당·송 이래로 상업이 번창하고 대외 무역이 활발해 이슬람 상인이 모이는 곳이었다. 5월 16일 정화는 선원 중 회족 고문·번역관·선원들과 함께 이슬람교 시조의 무덤을 찾아 경의를 표하고 선현들을 경모했다. 그리고 알라신이 평안과 경사스런 일을 내려주길 기원하며 기념비를 세웠다. 비문에는 "흠차이자 태감인 정화가 서양의 호르무즈로 공무차 떠남에 영락 15년 5월 16일 이곳에서 분향하고 예배를 올리니 성령께서 보호해 주길 기원합니다"고 썼다.

이번 항해에서도 정화의 함대는 과거와 마찬가지로 먼저 점성국에 도착한 뒤 자바, 파항, 팔렘방, 말라카, 사무드라, 남발리, 실론, 사리만니(예멘 공화국 사이위은각沙爾韋恩角), 코친, 캘리컷에 도착했다. 실론과 캘리컷에서 함대는 각각 편대를 나누어 각국을 방문키로 했다. 그 중 한 대는 아라비아 반도의 아덴을 방문했다. 아덴은 반도 남단에 위치한 국가로 홍해의 해구상에 위치했다. 아덴의 국왕은 관리들을 데리고 해안가로 나와 '동방에서 온 사신'을 영접하며 전 백성들에게 진귀한 보석을 가진 자는 모두 나와 교역을 하도록 일렀다. 함대가 현지에서 구입한 묘안석, 알 큰 진주, 60㎝에 달하는 아왜 나무와 기린, 사자, 타조, 흰 비둘기 등 일일이 셀 수가 없을 정도로 많았다. 그후 함대는 홍해(紅海) 동부 연안의 랄살(剌撒)을 방문했다. 랄살 주민은 아프리카 인종이지만, 풍습은 아라비아와 페르시아에 가까웠다. 그 지역은 찌는 무더위 속에서 수년간 비가 내리지 않아 어쩔 수 없이 우물을 파 도르래로 물을 길어 양가죽 자루에 담아 생활했다. 그리고 다른 함대는 아프리카 동해안의 모가디슈(소말리아 모가디슈), 브라바(소말리아 영토 내), 마린(탄자니아 영토 내)에 도착했다. 정화의 함대가 처음으로 아프리카 동해안에 오른 순간이었다. 정화의 함대는 관례대로 각국의 국왕에게 선물을 증정했고 각국의 국왕들도 많은 선물을 답례로 주었다. 호르무즈는 답례품으로 사자와 표범를 주었고, 아덴은 기린, 모가디슈는 사자, 그리고 브라바는 낙타와 타조를 주었다. 이번 항해에서 정화를 따라 답방한 16개국 사신들은 대부분 왕족이었다. 영락 17년(1419년) 7월, 2년간의 힘든 여정을 끝내고 정화는 국내로 돌아왔다. 이번 원정 항해에서 얻은 최고의 성과라면 중국에서 아덴 만, 그리고 다시 아덴 만에서 동아프리카 해안에 이르는 새로운 항로를 발견했다는 점이다. 이 항로는 동방 문화를 아라비아 연해와 아프리카 연해의 여러 국가들로 전파시켰다.

제6차 항해

영락 18년(1420년) 명나라 성조는 북경으로 천도했다. 천도의 사실을 해외 각국에 알리기 위해, 그리고 내방한 호르무즈, 아덴, 도파르, 모가디슈, 랄살 등 16개국 사신을 호송하기 위해서 성조는 정화에게 제6차 원양 항해를 명했다. 이듬해 겨울 찬바람이 살을 파고들 때 정화는 다시 한번 해외로의 출항을 단행했다. 이번 항해는 41척의 '보선'을 위주로 총 100여 척의 선박으로 구성되었다. 이번 방문 노정에서는 가야 할 거리가 멀고, 가져가야 할 선물도 많았기 때문에 함대를 나누어 각국을 방문했다. 특히 이번 항해 중 도파르에서 뜨거운 환영을 받아 교역에서 얻은 유향과 안식향, 알로에만으로도 선실이 가득 찰 정도였다. 아프리카 동부 지역의 순방을 끝낸 뒤 정화는 함대를 지휘해 인도양을 지나 실론과 사무드라를 경유하여 영락 20년(1422년) 8월 귀국했다.

영락 21년(1424년) 성조가 세상을 떠나고 인종(仁宗)이 즉위했다. 수

차례의 원양 항해로 이미 엄청난 국고를 소모했기 때문에 인종은 해외로의 사신 파견을 폐지하고 대외 정책을 수정했다. 막 육지에 발을 디딘 정화는 남경 수비대의 책임자로 임명되었다. 1405년부터 시작된 여섯 차례의 항해 사업은 성조의 사망으로 중단되는 것처럼 보였다.

그러나 세상은 55세의 정화가 조용히 늙어 가도록 가만 두지 않았다. 1425년 인종은 즉위한 지 채 1년도 못 돼 사망하고 그의 아들 선종(宣宗)이 즉위했다. 대외 교류가 끊기면서 조정을 방문하는 외국 사절의 수가 감소했고, 해외 무역도 불경기에 빠지면서 명 조정의 정치적 영향력이 갈수록 쇠퇴해지자 선종은 조부가 벌였던 원대한 사업을 계승하기로 결정하고 정화에게 다시 출항을 명했다. 6여 년간 휴식을 취한 정화는 다시 항해에 올랐다. 당시 정화는 이미 예순에 가까웠지만, 조정의 명을 흔쾌히 받들었다. 출발 전 정화는 선종에게 자신의 유일한 청은 남경(南京) 삼산가(三山街)에 있는 이슬람 사원 정각사(淨覺寺)의 보수라는 내용이 적힌 상주서를 올렸다. 선종은 정화의 청을 허락하며 수리에 필요한 모든 인건비와 재료비 등은 "남경의 내감관(內監官)이나 공부(工部)에서 지원받아 사용토록 하라"는 지시를 하달했다. 그러나 이번이 정화의 마지막 원정 항해이자 고대 중국을 통틀어서도 마지막 원정 항해였다. 이후 명 조정 내부의 반대와 방해로 선종은 출항을 엄격히 금한다는 조서를 하달할 수밖에 없었다. 번성했던 명조의 항해 사업도 이렇게 마지막을 고했다.

제7차 항해

이미 몇 차례의 풍부한 경험이 있었기 때문에 제7차 원양 항해에서 정화는 함대들을 신속히 조직해 나갔다. 대형 보선 61척에 그를 따르는 자만도 2만 7,550명에 달했다. 선덕(宣德) 5년(1430년) 12월 9일, 함대는 용만(龍灣 : 남경 하관下關)에서 출항해 12월 21일 유가항에 잠시 정박했는데, 정화는 그곳에 통번사적비(通番事迹碑)를 세워 과거 여섯 차례에 걸친 자신의 원정 항해를 기록했다.

선덕 6년(1431년) 2월 26일 함대는 복건성 장락현에 도착했고 정화는 수행자들을 데리고 천비궁(天妃宮)을 유람했다. 당시 한족 출신의 항해 선원은 천비(天妃)가 바다의 여신이어서 자신들에게 평안을 가져다줄 수 있으리라 믿었다. 그래서 정화는 한족의 풍습을 따라 남산(南山)의 삼봉탑사(三峯塔寺)에 석비(石碑)「천비영응지기(天妃靈應之記)」를 세워 그가 사신의 신분으로 원정 항해를 해 왔던 사적을 기록했다.

「천비영응지기(天妃靈應之記)」 석비의 탁본

선덕 6년 12월 9일, 오호문을 나선 정화의 대규모 함대는 마지막 원정 항해를 시작했다. 이번 항해에서 그들은 남중국해와 북인도양 지역, 아라비아 반도와 아프리카 동부 연안 국가를 두루 돌아다녔다. 많은 보선들이 앞 다투어 점성국, 자바, 팔렘방, 말라카, 사무드라, 실론, 캘리컷, 호르무즈에 도착했고, 다시 호르무즈에서 캘리컷, 사무드라,

점성국 등을 경유한 다음 강소성 태창(太倉)의 유가항으로 돌아왔다. 이번 항해에서 정화는 모두 17개국을 방문했다. 사무드라에서 함대를 나누어 아프리카 동해안 지역의 모가디슈, 브라바, 죽보(竹步 : 소말리아)를 방문토록 하는 한편, 캘리컷에서 다시 도파르, 아덴, 랄살, 아로, 남발리, 코친, 가이륵, 감파리에 함대를 파견했다. 선덕 7년(1432년) 10월 파견된 별대(別隊)가 벵골(방글라데시)에 도착하자 벵골의 국왕은 그들의 입국을 환영하며 보병과 기병 천여 명을 보내 주었고, 왕궁에서는 환영식을 거행하며 선물을 교환했다. 이후 벵골은 두 차례나 북경으로 기린을 보냈다. 중국에서 기린은 길한 의미와 함께 정치적 상징을 가지고 있기 때문에 한순간에 조정과 재야인사들을 흥분시켰고, 관리들은 앞을 다투어 시를 지어 축하했다.

그해 7월, 정화가 별대로 파견한 함대가 캘리컷을 방문했을 때 마침 국왕은 이슬람 교도들을 순례하던 차 천방(天方)으로 보내려던 참이었기 때문에 정화는 중국 이슬람 교도인 마환(馬歡) 등 7인에게 사향, 도기, 비단을 주며 마침 캘리컷에 정박중인 천방행 선박에 태워 순례를 보냈다. 천방은 이슬람교의 성지로 웅장하고 아름다운 금사(禁寺)도 있었다. 매년 수천수만의 이슬람 교도가 세계 각지에서 순례를 위해 그곳을 찾아 종교 수업을 마쳤다. 마환 등 중국 이슬람 교도들은 순례 학습을 마치고 현지에서 기린과 사자, 타조, 그리고 기타 보물들을 구입했고, 또 모화한 '쾌당도(快堂圖)' 한 장을 가지고 명나라로 돌아왔다. 천방에서 파견한 사신도 선물을 가지고 마환을 따라 귀국했다.

정화는 선덕 8년(1433년) 7월 남경으로 돌아와 이듬해 62세를 일기로 병사한 것이 정설이다. 그의 묘는 현재 남경의 우수산(牛首山)에 있다. 그런데 선덕 8년 4월 초 정화가 제7차 원정 항해를 끝내고 서양에서 돌아오는 귀국길에 캘리컷에서 사망했다는 설도 제기되었다. 『동치상강양현지(同治上江兩縣志)』에는 "국가의 정사를 담당하던 중에 사망하자 귀국 후 우수산에 매장했다"는 기록이 있다. 현재 남경에 거주하고 있는 정화의 후손도 "정화가 국외에서 사망해 시신은 국외에 묻었고, 그의 측근이 정화의 변발을 신발 속에 담아 국내로 가져온 것을 우수산에 묻었다는 선조의 말을 들은 적이 있다"고 말했다. 이 견해들을 종합해 많은 학자들은 정화가 해외에서 사망했고, 그 시신 역시 해외에 묻혔다고 보고 있다. 평생을 항해 사업에 바쳤던 정화는 결국 그 영혼마저도 대양의 곁으로 가고 말았다.

정화의 원정 : 항해 역사상 가장 찬란했던 한 페이지

1405년에서 1433년까지 정화는 모두 일곱 차례의 대규모 항해를 단행했다. 대략 28년 동안 아시아, 아프리카 등 30여 국가와 지역에 닻을 내렸다. 홍해와 아프리카 동해안이 가장 멀리까지 간 지역이었다. 정화의 함대는 21개 원양 노선을 개척했고, 총 항해 노정은 약 7만 해리 이상에 달했다. 지구를 세 바퀴나 돈 셈이다. 항해사와 외교사는 물론이며, 해외 무역사에 있어서도 빛나는 한 획을 그었다.

역사학자 유영승(劉迎勝)은 중국과 외국의 항해사를 비교하며 "세계 동서의 항해 교류사를 한 번 살펴보자. 서한 시기에 중국이 인도로 원정 항해를 간 것과 동한 시기에 로마의 해선이 인도를 거쳐 중국에 도착한 것과 비교해 볼 때 서양의 원정 항해가 대략 우세를 차지했다. 수나라·당나라 시기 항해는 가탐(賈耽)의 『황화사달기(皇華四達記)』가 송나라 시대·원나라 시대의 항해는 양추(楊樞)와 왕대연(汪大淵)이 대표적인 역할을 담당했는데, 사라센 제국이나 페르시아와 막상막하이거나 약간 우세한 정도였다. 그러나 명나라 초 정화의 항해는 중국 항해사에서 공인된 번영 시기였다. 당시 사라센 제국이나 페르시아 항해는 정체기였고, 유럽 항해는 대대적인 발전 전야와 같은 시기였기 때문에 중국의 항해는 세계에서 뚜렷한 우세를 점했다. 중국의 항해가 명나라 시대에 세계 항해사에서의 선두 지위를 차지하면서 당시 해상 실크로드의 주역으로 떠올랐고, 외래 문화가 대거 중국으로 유입되면서 중국 문화와 서로 융합되었다. 이와 동시에 중국의 고대 문명도 멀리 해외에까지 전파되었다…… 정화의 항해는 중국 고대 항해 사업이 최고의 단계에 진입했음을 상징하는 중대 사건이었다"고 평가했다.

그가 이렇게 평가한 이유는 무엇일까?

시간상으로 정화가 처음으로 서양에 발을 내디딘 시점은 1492년 콜럼버스가 대서양을 횡단해 아메리카 대륙과 서인도 제도를 발견했던 시기보다 88년이나 빨랐고, 1497년 바스코 다 가마가 희망봉을 돌아 인도에 도착한 시기보다 93년이 빨랐다. 또한 1519년 마젤란의 세계 일주 항해보다는 무려 114년이나 앞선 시점이었다. 바스코 다 가마의 신항로 중 대부분은 정화가 이미 개척한 노선이었고, 마젤란의 함대가 필리핀에서 동아프리카까지 항해했던 항로 역시 정화가 미리 닦아 놓은 길이었다. 그러므로 정화는 '지리 대발견'의 선구자라고 불릴 만하다.

정화의 함대는 고대 세계사에서 규모가 가장 큰 원양 항해를 완성했다. 정화의 함대는 대형 보선이 60여 척이었다. 최대 함선은 길이 150m, 폭이 약 60m에 달했다. 그밖에 100~200척의 소규모 함선은 주로 구조나 작전, 상륙용이었다. 함대로는 기함, 전함, 화물선, 곡물 수송선, 기타 보조 선박들이 있었고, 일반 선원, 관리, 병사, 장인 등 수행 요원만도 2만 명에 달했다. 그러나 1492년 콜럼버스가 에스파냐

팔로스 항구를 출발할 당시 가장 큰 선박의 배수량이 250t에도 미치지 못했고, 동행한 선원들도 87명에 불과했다. 이것만 보아도 당시 중국 조선업이 세계 정상의 위치에 서 있었음을 알 수가 있다.

항해 기술적인 측면에서 정화 함대의 항해사와 선원은 장기간 축적된 항해 경험을 바탕으로 천문, 기상, 지리적 지식을 합쳐서 현존하는 세계 최초의 항해도집인 『정화 항해도(鄭和航海圖)』를 제작했다. 조셉 니덤은 "그것이야말로 진정한 항해도다. 항해도에는 항선의 항해 방향이 표시되어 있을 뿐 아니라 '항로'를 계산한 거리가 표시되어 있고, 선원에게 대단히 중요할 수 있는 연안의 모든 특징을 표시해 두었다"며 『정화 항해도』를 높이 평가했다. 정화의 일곱 차례 항해는 당시의 세계 항해 지리와 천문 항해 등 과학적 지식을 총괄해 더욱 풍부하게 해주었고, 서양 항해가의 모험심과 비교해 볼 때 정화 일행은 발달된 기술과 물질적 조건이 받침되었다는 것이 더욱 두드러진 특징이라 할만하다.

외교적 측면에서 정화의 함대는 외국에 도착할 때마다 평화적 외교 정책을 추진했고, 각국과 우호 관계를 맺었기 때문에 뜨거운 환영을 받았다. 그들은 현지의 국왕에게 그들이 찾아온 취지를 밝히고, 선물을 증정한 다음 현지 관아나 상인과 교역했다. 교역은 쌍방 간에 서로 물건을 보고 값을 흥정하는 방식이었다. 당시 중국의 청화 자기, 각종 모시, 능라, 항라, 비단, 동이나 철로 만든 공구, 엽전, 칠기, 사향, 장뇌 등은 아시아와 아프리카 시장에서 대단한 환영을 받았고, 교역을 통해 가져온 보석이나 진주, 호박, 향료, 약품, 포목, 황금 등으로 국고를 채우거나 재정을 보충했다. 더욱 중요한 점은 수십 년간 정화의 외교 활동을 통해 중국은 아시아·아프리카 수십 국가와 깊은 우의를 다졌고, 아시아·아프리카인과의 상호 이해와 소통을 증진시켰다는 점이다. 지금도 동아프리카 연안과 페르시아 만 지역에서 정화가 가져간 많은 물건들이 출토되고 있고, 남아시아 각지에서도 여전히 정화와 관련된 수많은 아름다운 전설과 정화의 '묘'나 '삼보정(三保井)'과 같은 우물이 명승고적으로 남아 있다. 말라카에 있는 정화의 묘에는 아직도 정화의 신위가 모셔져 있는데, 현지인은 물을 길 때마다 반드시 신위 앞에 무릎을 꿇고 그들을 보호해 줄 것을 빌고 있다.

지리학적 측면에서 가장 중요한 것은 지리적 시야의 확대와 당시 사람들에게 아라비아 해와 홍해, 동아프리카 일대에 관한 지리적 지식을 증가시켰다는 점이다. 『정화 항해도』는 중국 최초의 해양 지리에 관한 저서이자 지도책이다. 정화의 수행인이었던 마환이 지은 『영애승람(瀛涯勝覽)』, 비신(費信)의 『성사승람(星槎勝覽)』, 공진(鞏珍)의 『서양번국지(西洋番國志)』 등도 중국과 관련된 해외의 지리를 소개하는 명저들이다. 이 책들은 각 나라와 지역의 뱃길, 관할구역, 지형, 기후, 강수량, 토질, 산물, 종족, 형법, 종교, 명승고적, 상업, 화폐, 도시, 도량형, 진귀한 보물과 동물, 곡마 기예, 신화 전설 등을 언급해 15세기 태평양 적도 중심의 도서 지역과 서양 여러 국가의 역사 지리를 연구하는 중요한 자료가 되었다.

고대 중국의 항해가였던 정화는 30년 간의 고통을 겪으면서도 '마치 사통팔달의 도로를 걷듯 세찬 물결을 헤쳐 나갈 때' 조금도 두려워하지 않는 기개로 세계 항해사에 영원토록 웅장하고 더없이 화려한 장을 아로새겼다. 지금까지 수많은 아시아와 아프리카 국가의 항해가들이 정화를 언급할 때마다 존경의 표현으로 '해군 사령관 정화'나 '해군 장군 정화'라고 부르고 있다.

해상의 아름다운 진주
남중국해 여러 섬들의 발견과 관할

광활한 남중국해에 펼쳐진 200여 개의 섬과 암초는 중국인이 최초로 발견하고 개발해 관할권 아래 두며 주권을 행사해 온 섬들이다.

남중국해의 여러 도서는 푸른 파도가 끝없이 이어지는 반짝이는 진주가 상감된 것처럼 보이는데, 지리적 위치에 따라 네 곳으로 분류된다. 북동부 지역의 동사군도(東沙群島)는 주강(珠江) 입구의 남동쪽에 위치하며 동사군도와 그 부근의 암초 몇 개를 포함한다. 북서부 지역의 서사군도(西沙群島)는 해남도(海南島)의 남동쪽에 위치하며, 선덕군도(善德群島)와 영락군도(永樂群島) 등 비교적 규모가 큰 15개의 도서와 사주 암초를 포함한다. 중부 지역의 중사군도(中沙群島)는 서사군도의 남동쪽에 위치하며, 수많은 암초와 모래섬으로 구성되어 있다. 최남단의 남사군도(南沙群島)는 섬과 암초가 빽빽하고 모래섬이 촘촘히 널려 있어 항해할 때에는 '위험 지대'로 간주된다. 이 군도들은 모두 산호초로 이루어졌다. 산호야말로 남중국해 여러 섬들의 창조자인 셈이다.

유구한 역사의 지리적 발견

중국인은 2천여 년 전에 이미 남중국해의 여러 섬들을 발견했다. 중국 대륙의 남쪽에 위치한 남중국해는 남지나해(南支那海)로도 불리는데, 그 이름은 중국과 밀접한 관계가 있다. 선진 시대에 이미 그 이름이 등장했다. 진시황 33년(기원전 214년) 백월을 진압하기 위해 남해군(南海郡)을 설치했는데, 연해 지역은 실제로 남중국해와 인접해 있었다.

한나라 시대의 중국인은 '창해(漲海 : 남중국해)'를 항해하면서 서사군도(西沙群島)와 남사군도(南沙群島)를 발견했다. 남중국해는 중국 대륙 남부의 '연해'였기 때문에 중국인은 아주 이른 시기에 그곳을 발견할 수 있었다. 남중국해는 매년 태풍이 부는 계절에 조수가 세차게 몰아쳐 바닷물이 넘친다는 의미로 '창해'라고도 불렸다. 『한서』「지리지」에는 한나라 시대에 중국인이 광주(廣州)를 출발하여 서사군도 해역을 지나 베트남 중부의 신항로를 개척했다는 기록이 남아 있다. 장기간의 항해를 통해 해면 위로 드러난 많은 도서들, 사주와 바닷물 속에 가라앉아 있는 암초와 모래톱, 모래섬 등을 잇달아 발견했다는 사실을 기록하고 있을 뿐만 아니라 남중국해의 여러 섬들과 관련된 생동감 넘치는 기록도 실려 있다.

동한의 양부(楊孚)가 지은 『이물지(異物志)』에는 "창해 기두(崎頭)는 물이 얕고 자석(磁石)이 많다"는 기록이 있고, 삼국 시대 오(吳)나라의 만진(萬震)이 쓴 『남주이물지(南州異物志)』에는 말레이 반도에서 중국까지의 항로를 기술하면서 "북동쪽으로 가다 보면 대단히 큰 규모의 '기두'가 있다. 창해를 빠져 나오면 물이 얕고 '자석'이 많다"는 기록이 보인다. '기두'는 창해의 산호섬을 가리키고, '자석'은 모래섬과 암초를 가리킨다. 배가 일단 모래톱을 만나 좌초되면 자석에 끌려가

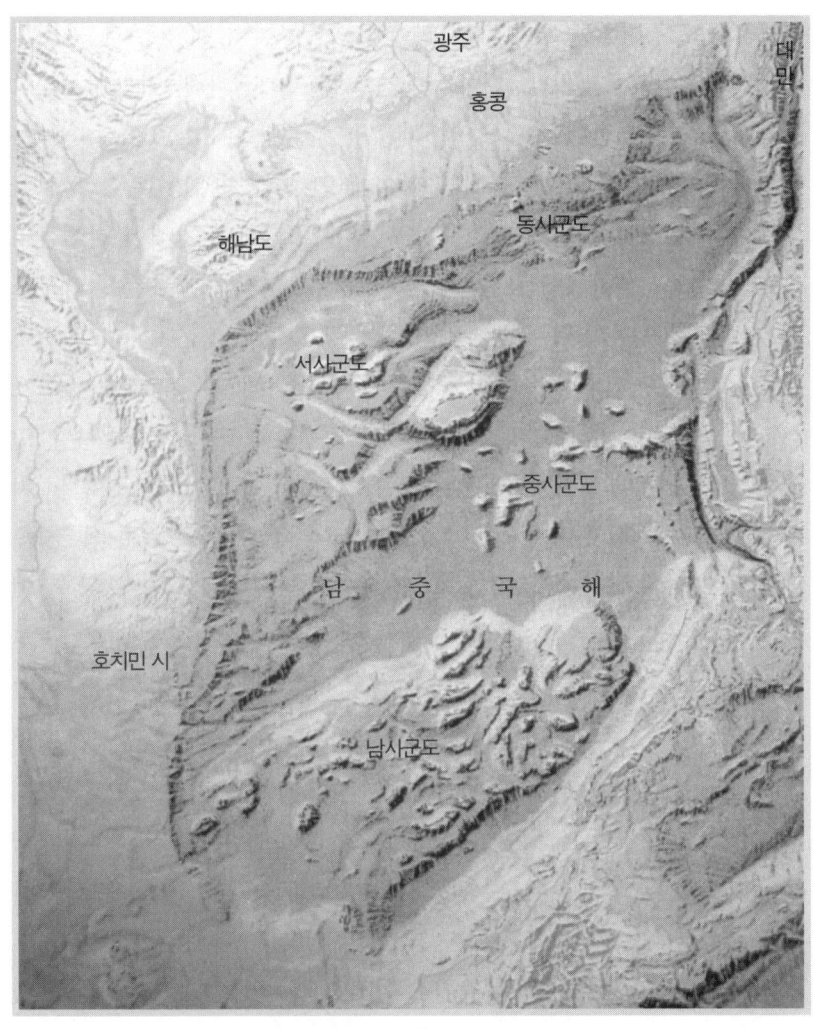

중국의 남중국해 해역과 남중국해의 섬들

듯이 벗어날 방법이 없기 때문이다.

또한 여대(呂岱)는 손권(孫權)의 명을 받들어 직접 병사 3천 명을 이끌고 교주(交州)에 할거하고 있던 지방 세력을 뿌리 뽑았다. 그리고

'남쪽으로 가 나라를 알리기 위해' 여대는 부하 강태(姜泰)와 주응(朱應)을 멀리 부남(扶南 ; 캄보디아에서 인도화된 고대국가)과 임읍(林邑), 당명(堂明) 등에 파견했다. 그들이 귀국해 저술한 『부남전(扶南傳)』에는 남중국해의 여러 섬들의 형태와 형성 원인 등에 관한 정확한 묘사가 실려 있다. "창해 중간의 산호주(珊瑚洲)에 도착하면 아래엔 반석들이 있고, 산호는 그 위에서 자라난다." 여기서 묘사한 산호주는 서사군도와 남사군도의 여러 도서를 가리킨다.

　당송 시대 중국의 선박은 중국과 동남아, 서남아시아, 그리고 동아프리카 사이를 빈번하게 왕래했기 때문에 남중국해 도서 지역에 관한 인식이 갈수록 깊어졌고, 서사군도와 남사군도를 전문적으로 일컫는 지명까지 등장했다. 『신당서』「지리지」에는 광주에서 출항해 페르시아 만으로 직항한 여정이 상세히 기록되어 있다. 또한 북송의 인종이 친히 서문을 쓴, 당나라의 군사 제도와 국방의 대사를 정확히 기록한 『무경총요(武經總要)』는 가장 먼저 서사군도를 '구유라주(九乳螺州)'라고 명명했다. 1178년 주거비(周去非)는 『영외대답(嶺外代答)』에서 "동쪽의 대양에는 장사(長沙)와 석당(石塘)이 수만 리에 달했다"고 썼고, 남송의 조여활(趙汝活)이 지은 『제번지(諸蕃志)』와 왕상지(王象之)의 『여지기생(輿地紀生)』에도 서사군도를 '천리장사(千里長沙 : 천리 길 장사)'와 '만리석당(萬里石塘 : 만리 길 석당)'으로 각각 썼다. 13세기 초엽에 편찬된 『경관지(瓊管志)』역시 서사군도를 '천리장사, 만리석당'으로 표현했다. '장사'와 '석당'은 남중국해 여러 섬들의 형태와 범위의 이미지가 주는 개괄적인 호칭인 셈이다. '석당'은 남중국해 여러 섬들이 지닌 많은 암초의 천연적 형태를 개괄한 이름으로, 남중국해 섬 지역의 어민이 대대손손 '석당'이라 불러 왔던 영락군도는 아직도 윤곽선이 선명한 '석당'의 형태를 유지하고 있다.

원나라 시대에 이르러 중국의 대형 선박은 이미 남중국해의 여러 도서 지역을 돌아다녔다. 『원사(元史)』 「사필전(史弼傳)」에는 1293년 원나라의 장수 사필이 1천여 척을 이끌고 "천주(泉州)를 출발했다…… 칠주양(七洲洋)과 만리석당을 경유한 다음, 점성국의 경계를 지났다"는 기록이 있다.

정화가 방대한 규모의 함대를 이끌고 1405년에서 1433년까지 총 7차례에 걸쳐 서양 항해를 떠났을 때 수차례 남지나해의 여러 도서 지역을 지나가면서 수많은 유물을 남겼고, 이를 통해 남중국해 도서 지역에 관한 진일보된 이해가 가능했다. 현재 보존하고 있는 명나라 천계 원년의 『정화 항해도』에는 정화의 마지막 항해의 항해도가 실려 있다. 지도에는 명확히 남해 도서 지역의 상대적 위치를 표기해 두었다. 서사군도를 '석당'이라고 하거나 남사군도를 '만 리에 걸쳐 석당이 자라는 섬'이란 의미로 '만리 석당 도서'라고 부르는 것도 그러한 예다. 명의 황성(黃省)이 지은 『서양조공전록(西洋朝貢典錄)』의 점성국 편에서 "남오(南澳)에서 40경(更)을 더 가면 독저산(獨豬山)에 이른다"고 했는데, 40경은 600여 해리를 말하고, 독저산은 서사군도 중에서 가장 큰 섬인 영흥도(永興島)를 가리킨다.

청나라 시대에는 남중국해 도서와 관련된 기록이 더욱 많이 남아 있다. 옹정(雍正) 8년(1730년) 연해 변방 지역의 요직을 두루 거친 진윤형(陳倫炯)은 직접 보고 들은 사실을 바탕으로 『해국문견록(海國聞見錄)』 두 권을 저술했다. 이 책의 제1권에 수록되어 있는 「연해전도(沿海全圖)」에서 가장 동쪽에 '남오기(南澳氣)'로 묘사된 곳이 바로 동사군도다. 그는 "남오기는 남오의 남동쪽에 위치해 있으며 섬은 작지만 땅이 고르다"고 기록했다. 건륭(乾隆) 시기 사청고(謝淸高)가 구술하고 양병남(楊炳南)이 기술한 『해록』 「소여송조(小呂宋條)」에는 "동사(東沙)

남사군도의 암초 섬

는 바다 위에 떠 있는 모래흙이다. 만산의 동쪽에 위치해 있어 동사라고 불렀다"는 표현이 있다. 광서(光緖) 2년(1876년) 영국에 사신으로 갔던 곽송도(郭松燾)는 영국으로 가는 노정을 묘사한 『사서기정(使西紀程)』에서 "(10월) 24일 정오 무렵 830여 리를 온 지금 북위 17° 3'의 위치이니 경남(瓊南 : 해남도 남쪽)에서 200~300리 위치에 있는 것으로 계산할 수 있다. 선원들은 '지나씨(齊納細)'라고 불렀는데, 바로 중국해를 가리킨다. 왼쪽 가까이에 있는 파랍소(帕拉蘇)가 바로 서사군도이다. 해삼이 많고 산호가 생산되지만 상품이 그리 좋은 편은 못 되며, 중국에 속하는 섬이다"라고 기록했다. 여기에서 '경(瓊)'은 해남도의 약칭이고, '지나씨'는 'China Sea'의 음역이다.

16세기 이후 유럽인은 바닷길을 따라 속속 동양, 또 남중국해 도서 지역으로 들어왔다. 그들이 최초로 사용한 지명은 모두 현지인이 장기간 사용해 오던 고유 명칭을 따랐다. 서사군도를 'Chienli Rocks'라고 부른 것도 중국의 '천리석당(중국어로 치엔리 스탕)'을 옮겨 놓은 것이다. 이후 그들이 남해의 여러 도서 지역을 제멋대로 명명하는 바람에 다소 혼란을 낳았다. 가경(嘉慶) 23년(1818년) 한 일본 해군 중좌가 군대를 이끌고 남사군도를 탐험한 뒤 허락 없이 '신남군도(新南群島)'

라고 이름 지었고, 1933년부터 프랑스가 앞 다투어 남중국해의 남위도(南威島)와 태평도(太平島) 등 9개 도서를 강점한 뒤 각 섬의 명칭을 제멋대로 바꾸어 놓았다. 제2차 세계대전 중에는 일본이 남중국해 도서 지역을 강점했고, 1939년 4월 9일 일본 정부가 공식 점령을 선포하면서 남사군도의 명칭은 '신남군도'로 바뀌고 말았다. 이와 동시에 동사군도와 서사군도는 모두 대만 총독의 관할로 편입되어 고웅현(高雄縣) 아래에 예속되었다. 중국 정부는 1945년에야 남중국해의 주권을 완전히 회복할 수 있었다.

섬들의 주인

남중국해의 도서 지역을 발견하는 과정에서 중국인은 계속해서 '보도(寶島 : 아름다운 섬)'을 밟으며 개발에 힘썼다. 1세기에 펴낸 『이물지』에는 남중국해의 도서에서 바다거북과 대모갑이 생산되었다는 기록이 있고, 진나라의 배연(裵淵)이 쓴 『광주기(廣州記)』에는 중국인이 남중국해 섬들에서 고기를 잡았다는 기록도 보인다. "산호주는 동완현(東莞縣)에서 남쪽으로 500리 떨어진 곳으로 옛날엔 바다에서 고기를 잡고 산호를 얻었다." 명·청 시대에는 남중국해 도서 지역의 어민이 닻을 올려 남중국해로 나갔고, 서사군도와 남사군도에서 해산물을 포획하는 수가 갈수록 증가하면서 활동 범위도 계속 확대되었다. 1921년 남중국해의 어민 소덕유(蘇德柳)가 저술한 『갱로부(更路簿)』는 중국 어민에게 서사군도와 남사군도에서의 어류 포획 활동을 가능하게 해 준 항해 지침서였다. 이 책은 해남도 문창현(文昌縣)의 청난항(淸瀾港)이나 경해현(瓊海縣)의 담문항(譚文港)에서 출항하여 도착한 서사군도와 남사군도의 각 섬과 암초에 대한 항해 방향과 항로를 기록한 것으로, 역대 어민의 항해 경험을 총집합해 놓았다. 또한 이 책은 중국 연해 어민이 서사군도에 대해 흔히 써 왔던 30여 개의 지명과 남사군도에 대해 써 왔던 65개의 지명도 함께 기록해 놓았다. 중국인이 남중국해 도서 지역의 최초의 주인이었음을 확실히 증명해 주는 문헌인 셈이다.

남중국해 도서에서 발견된 다량의 지하 유물과 거주자의 생활 유적도 중국인이 개발한 남중국해 여러 도서의 생동적인 모습을 보여주고 있다. 고고학자들은 서사군도의 영흥도(永興島)와 북초(北礁) 등 11개 도서와 암초의 바닥에서 각종 도자기 2천여 점을 발견했다. 월남(越南) 왕조부터 청나라 시대에 이르기까지 여러 세대를 뛰어넘은 이 도자기들은 광동성, 복건성, 강서성 등지에서 생산된 것들이었다. 서사군도와 남사군도에는 현재 명·청 시대의 산호묘와 청나라 시대 해남도의 어민이 남긴 가옥과 우물, 야자수 등이 보존되어 있고, 남사군도의 북자도(北子島)에는 청나라 시대에 거주한 중국인의 분묘가 두 동 남아 있다.

남중국해 여러 섬들의 초기 관할과 권리

남중국해를 발견하고 개발하는 과정에서 중국의 역대 정부는 남해 도서 지역에 대한 관할과 주권 행사를 계속해 왔다. 동한 시기 교주 자사(交州刺史)였던 주창(周敞)이 '창해'를 순시한 사실은 2세기 초반부터 중국 정부가 이미 남중국해 해역을 순시했다는 것을 보여 주는 한 예이다.

북송 시기 정부는 수군을 파견해 서사군도를 순시하기 시작했다. 『무경총요(武經總要)』에 "군대를 출동시켜 지키라는 왕의 명을 받들어 바다를 순시할 수군의 진영을 세웠다…… 둔문산(屯門山)에서 동풍을 이용해 남서쪽으로 향했다. 7일 만에 구유라주(九乳螺洲 ; 서사군도)에 도착했다"는 기록이지만 명의 황좌(黃佐)가 편찬한 『광동통지(廣東通志)』에 "수군 제독이 수비를 위해 군대를 발동해 출항했다…… 동완현(東莞縣)의 남정문(南亭門)에서 출항해 오저(烏豬)와 독저(獨豬), 남중국해에 닿았다"는 기록도 보인다.

　원나라 지원(至元) 16년(1279년) 쿠빌라이칸은 유명한 천문학자 곽수경(郭守敬)을 서사군도로 보내 천문을 측량하도록 했다. 『원사』 「곽수경전」에는 "남으로는 주애(朱崖)를 지나고, 북으로는 철륵(鐵勒)에 달했다"라고 측정 지점을 밝혀 놓았다. 서한의 무제는 해남도에 주애군을 설치한 바 있는데, 그 '주애'가 곽수경이 언급한 '주애'였다. 곽수경의 '남으로는 주애를 지났다'는 표현은 그의 최남단 관측 지점이 해남도 이남이라는 것을 보여주고 있다. 『원사』 「천문지(天文志)」에서 "측량을 해본 결과 남중국해의 북쪽 끝 지점은 15°다"라고 기록했는데, 지금의 계산법으로 보면 측정 지점은 대략 북위 15°47′이다. 서사군도 중 최남단의 중건도(中建島)가 이 위도상에 있다. 따라서 곽수경이 측정한 '남중국해'는 바로 서사군도였다고 결론내릴 수 있다.

　청나라 강희 49년(1710년)에서 51년(1712년)까지 광동성의 수군 부장이었던 오승(吳升)은 수군을 이끌고 남사군도 일대 해역을 순시했다. 건륭의 『천주부지(泉州府志)』에는 "오승은 광동 부장으로 발탁되어 경주(瓊州)로 파견되었다. 경애(瓊崖)에서 동고(銅鼓)를 거치고 칠주양을 지나 서경사(西更沙)에 도착했다. 주위 삼천 리를 직접 순시하자 지방은 평온해졌다"라는 기록이 보인다. '칠주양'은 서사군도의 해역으로, 당시 광동성 해군이 순시를 담당하던 지역이다. 강희 55년(1716년) 실제 관측을 통해 편집한 『대청중외천하전도(大淸中外天下全圖)』는 서사군도와 남사군도를 '만리장사'와 '천리석당'으로 표기해 국내 영역에 편입시켰다. 그 외에 명나라와 청나라 정부가 수정한 『광동통지(廣東通志)』와 『경주부지(瓊州府志)』, 『만주지(萬州志)』 등의 지방 지리서 등은 모두 서사군도와 남사군도를 지방지의 '영토', '산천', '해경(海境)' 및 풍속, 지세 등의 항목에 기록해 두었다.

근대에 들어 중국은 남중국해 도서 지역에 대한 관할 의지를 더욱 높였다. 1883년에는 독일 측량선이 무단으로 서사군도와 남사군도에 진입해 조사와 측량을 진행하자 영토 주권을 보호하기 위해 청나라 정부는 독일에 항의했고, 독일은 강요에 못이겨 측량을 멈추었다. 1907년에는 일본 상인이었던 니시자와 요시스케(西澤吉次)는 100여 명을 모집해 동사군도상의 조분(鳥糞 ; 건조한 해안지방에서 바다새의 똥이 응고·퇴적된 인산질 비료)을 채취했는데, 청나라의 항의로 동사군도에서 철수했다. 또한 1908년에는 외국의 요청에 따라 중국의 해관은 해상 항해를 위해 서사군도에 등대 건설을 계획했으며, 1909년에는 양광(兩廣 : 광동성과 광서성) 총독 장인준(張人駿)이 부장 오경영(吳敬榮)을 서사군도로 파견해 현지 조사를 벌이도록 했다. 그때 오경영은 이준(李准)을 총지휘자로 임명하고 해군을 세 척의 군함, 즉 '복파(伏波)', '탐항(探航)', '광금(廣金)'에 나누어 태운 후 현지 조사를 보냈다. 그리하여 그들은 영흥도에 깃발을 세우고 폭죽을 터트리며 전 세계를 향해 서사군도의 주권이 중국에 있음을 천명했다. 광주로 돌아온 이준은 서사군도를 개발할 수 있는 8조 항을 세우는 한편, 서사군도의 풍부한 산물을 전시·공개했다.

1910년 청나라 정부가 화상(華商)을 불러 모아 '섬과 관련된 업무를 맡기고 이들을 보호·지원하기로 결정'을 하자, 섬에서의 조분 채굴을 신청하는 중국 상인이 하루가 다르게 증가했다. 1911년 광동성 정부는 서사군도를 경주부(瓊州府)의 애주(崖州) 관할로 확실하게 귀속시켰다. 1921년 중국 정부는 상인 하서연(何瑞年)에게 서사군도에서 조분(鳥糞) 채취 사업과 어류 포획 사업을 발전시킬 수 있도록 비준해 주었지만, 이후 그가 경영권을 멋대로 일본 상인에게 양도하자 즉시 철회하였다. 또한 1928년 광동성 정부는 많은 전문가가 참여한 방대한 규모의 조사단을 조직해 서사군도에 파견했으며, 조사단은 조사가 끝난 후 상세한 내용의 『서사군도 조사 보고서』를 제출했다. 수년 뒤 상인들은 앞 다투어 서사군도의 조분 개발을 신청했고 모두 정부의 비준을 얻어냈다.

  제2차 세계대전 기간 동안 중국의 남중국해 도서는 모두 일본에 강점당했다. 1945년 일본의 투항 이후 1943년 미·영·중 3국이 공포한 '카이로 선언'과 1945년의 '포츠담 선언'의 정신에 따라 중국 정부는 1946년 11월에서 12월까지 내정부에서 해군부와 회동해 소차윤(蘇次尹)과 맥온유(麥蘊瑜)를 각각 서사군도와 남사군도의 반환 담당자로 파견했다. 그들은 '영흥(永興)', '중건(中建)', '태평(太平)', '중업(中業)'이라 이름 붙여진 네 척을 이끌고 가서 반환을 축하하기 위한 성대한 의식을 치렀다. 그리고 영흥도와 태평도에 나무를 심고 비석을 세우는 한편 군대를 파병해 서사와 남사군도를 수호했다. 1947년 중국 정부는 남중국해의 도서 지역을 광동성 관할로 귀속시켰으며, 그해 11월 내정부(內政部)가 「남중국해 도서지역 신구 명칭 대조표」를 공포하면서 동사군도, 서사군도, 중사 군도, 남사군도, 그리고 섬, 암초, 모래톱의 명칭을 확정지었다.

  중화인민공화국 성립 후에도 중국은 남중국해 도서에 대한 주권을 계속해서 행사해왔다. 1951년 8월 15일 주은래 외교부장은 '일본에 대한 영미의 평화조약 초안 및 샌프란시스코 회의 성명'을 발표하며 "서사군도와 남사군도는 동사·중사 군도와 마찬가지로 '언제나 중국의 영토'였다"라고 하면서 "서사와 남사군도에 대한 중국의 주권에 관해 '일본에 대한 영미 간의 평화 조약이 어떠하든 상관없이 그 어떤 영향을 받지 않을 것'이다"이라고 공포했다.

1974년 1월 베트남이 해군과 공군을 동원해 서사군도를 침범했지만 중국의 민관군이 힘을 합쳐 항전해 결국 베트남을 몰아내고 영토 주권을 수호해냈다. 1월 21일 중국 외교부는 '서사군도와 남사군도, 중사군도, 동사군도는 지금껏 중국의 영토'였음을 천명하는 성명을 발표했고, 2월 24일 외교부 대변인은 다시금 '남중국해 도서들은 중국 영토의 일부분'이며, "이 도서 지역과 부근 해역에 관해서도 중국 정부가 주권을 가지고 있음은 논쟁할 여지가 없는 사실이다"라고 지적했다.

중국과 대만은 다년간 남사군도 최대의 도서 지역인 태평도로 군대를 파견해 이곳을 수호하고 있다.

풍부한 자원

남중국해 도서 지역은 자원이 풍부한 보물 창고이다. 이곳은 새들의 천국이기 때문에 조분인 구아노(guano)의 형성에는 최고의 환경이라고 할 수 있다. 서사군도의 숲 속 땅 위로 쌓인 구아노는 그 높이만 2m에 달한다. 풍화 작용을 거치면서 인회석을 많이 함유하는 구아노 인광으로 변하는데, 어떤 것은 인 함유량이 20%에 달하기도 한다. 또한 남중국해의 도서 지역은 초목이 무성하고 식생들이 풍부하다. 교목으로는 무더위에 강하고 소금과 인을 좋아하는 마풍오동나무와 해안오동나무가 있고, 관목으로는 상록관목, 초본 식물로는 나도석류풀이 있다.

남중국해의 도서 부근 해역에서는 돛새치, 견어조, 괭이상어, 삼치, 우럭바리, 나비돔, 정어리, 날치 등이 풍부하고, 새우와 게 등의 수산물이 생산된다. 산호초에 붙어 사는 매화삼(梅花參)은 크기가 크고 육질이 두꺼우며, 먹을 때는 사각사각 소리가 나면서도 부드러워 해삼 중에서도 진품으로 꼽힌다. 망망대해의 바다거북은 늘 난류를 따라 산호초로 온다. 바다거북의 고기와 알은 맛이 좋고, 발바닥이나 피는 약재로 쓰인다.

광활한 남중국해 도서와 주위의 해저 분지는 천연 오일 가스가 풍부하게 매장되어 있다. 앵가해분지(鸚歌海盆地), 주강구분지(珠江口盆地), 관사탄분지(管事灘盆地) 등은 뛰어난 오일 가스 구조를 가지고 있고, 남사군도와 그 부근은 천연 오일 가스 시추의 전망이 대단히 밝다. 중국의 관련 부서는 1984년부터 20여 개 단체 400여 명의 전문가를 남사군도로 파견해 현지 조사를 실시했고, 십수 년 동안 남사 해역 전체에 관한 막대한 분량의 실험 자료와 샘플, 표본을 통해 남사 해역과 그 인근 해역에 드리워졌던 베일을 벗겨냈다.

지리적 측면에서 남사(南沙) 지형은 점차 얇아지는 육지인데 상중하세 구조로 나뉜다. 그중 차고신세(次古新世)와 시신세(始新世)의 중층 구조의 분포가 가장 광범위하며, 해상 지층은 습곡 구조를 지니고 있다. 증모암사(曾母暗沙)에서 신생 지층 중 가장 두꺼운 부분은 무려 10km에 달하며, 만안사(萬安沙)와 예악탄(禮樂灘)에서 발견된 신생대 지층의 두께는 최대 4km로 전형적인 천연 오일 가스의 함유 지층이다. 그래서 전문가들은 남사군도를 세계 4대 해저 유전의 하나로 평가하기도 하며, 혹자는 '제2의 페르시아 만' 이라고까지 부르고 있다.

최근 십여 년간 남중국해에서 모두 네 곳의 고생물 지구와 '초원(草原)' 서식지가 발견되었고, 생산 열량의 측면에서 남사군도와 인근 해역의 고생 산지는 가치면에서 연해와 천해 지역에 결코 뒤지지 않는다. 멀지 않은 장래에 남중국해 해역, 특히 남사군도와 그 부근의 해역은 틀림없이 중국의 주요 '곡창 지대'가 될 것이다.

| 2장 |

평지에서 고산까지 : 지리적 인식의 심화

인문 지리의 이정표
천하만큼 넓은 자연을 음미한 두 여행가
황하는 하늘에서 흘러오는 것일까
쉼없이 지평선 너머로 흐르는 장강
죽음의 바다, 희망의 바다
샹그리아를 찾다
여신의 고향

인문 지리의 이정표
심괄 『몽계필담』의 독창적 견해

　심괄(沈括, 1031~1095년)은 북송 시기의 박학하고 조예가 깊은 과학자이다. 그의 저서 『몽계필담(夢溪筆談)』은 문학, 예술, 법률, 군사, 천문, 역법, 물리, 화학, 야금, 수리, 관개, 의학, 약학, 언어, 고고학, 생물, 농업과 원예, 음악, 건축 등 다방면을 광범위하게 섭렵하고 있어 과학 책이라고 평가를 해도 손색이 없다. 조셉 니덤은 심괄을 '중국 과학사에 있어 가장 탁월한 인물'이며, 『몽계필담』은 '중국 과학사의 이정표적인 작품'이라고 평가했다. 지리학적 측면에서 심괄은 평생 동안 중국의 적지 않은 지역을 발로 뛰어다니며 그곳의 지형, 기후, 식생, 토양 등을 깊이 있게 관찰하고 연구한 후 새로운 학술적 견해를 내놓았는데, 이는 중대한 발견과 발명으로 이어졌다.

화북평원의 생성 원인을 추론하다

　지질학적 측면에서 『몽계필담』의 가장 두드러진 공헌은 지구의 바다와 육지의 변천을 발견하고 논증한 데 있다. 심괄은 화북평원(華北平原)이 상고 시대에는 원래 망망대해였다가 나중에 바다가 후퇴하는

'해퇴(海退: 지질 시대에 지반의 융기나 해수면의 하강으로 육지가 넓어지는 것)'와 '하류 침전' 현상을 겪으면서 육지가 되었다고 보았다.

희녕(熙寧) 7년(1074년) 심괄은 명을 받아 하북(河北)으로 갈 때 태행산(太行山)을 따라 북쪽으로 향했다. 『몽계필담』에는 그가 여정 중에 자연계를 관찰하며 느낀 바를 기록한 부분이 있다.

나는 명을 받아 하북 지방을 간 적이 있는데, 태행산을 따라 북으로 가다 보니, 산 절벽 중간에 조개 껍질과 새알 같은 자갈이 석벽을 가로질러 묻혀 있는 모습이 마치 띠처럼 보였다. 과거에 그곳은 해변이었다. 지금은 바다가 동쪽으로 천 리나 떨어져 있다. 이른바 대륙이라 하는 것은 모두 하류(河流)에 쓸려간 진흙과 모래가 침전되어 쌓인 것이다. 요(堯)가 곤(鯀)을 죽인 우산(羽山)이 과거 전설에서는 동중국해 가운데라고 말했지만 지금은 이미 육지에 있다. 황하, 장수(漳水), 호타(滹沱), 탁수(涿水), 상간(桑干) 등은 모두 탁류이다. 현재 하북성과 섬서성 서쪽 지역의 강은 모두 지면 아래에서 백여 척이 넘도록 밖으로 흐르고 있다. 그리고 물속의 진흙은 매년 동으로 흘러 모두 대륙의 흙이 되었다. 이것은 필연적인 이치이다.

이처럼 심괄은 조개 화석에 근거해 하천이 퇴적해 세월이 흐른 뒤 육지가 된 원리를 밝히고 있다.

화석의 형성에 대해 고대 서양 학자들, 예컨대 크세노파네스나 헤로도토스 등은 이미 그 대략적인 내용을 알고 있었다. 중세는 유럽에서 교회 세력이 점차 강해져 하느님이 7일 만에 세상을 창조했다는 설이 모범처럼 받들어지던 시기였기 때문에 16세기까지 화석에 대한 해석도 의견이 분분했는데, 황당무계하고 이치에 맞지 않는 견해들도 등장했다.

화석에 대한 심괄의 추론은 상당히 정확했다. 강물의 침전 작용에 대한 상세한 이해는 아리스토텔레스에 못지않았다. 특히 심괄은 태행산 지층에서 발견한 조개 화석에 근거해 태행산의 석벽이 과거 해빈(海濱)이었다는 사실과 광활한 화북 대평원이 해퇴 작용의 산물임을 암시하였다. 나아가 산기슭이 바다에서 천여 리 떨어져 있음을 지적하며 '모래와 진흙의 침전'이 기나긴 지질학적 세월을 겪었음을 암시한다는 점을 추론해 냈다.

심괄의 초상

황하의 침적물 두께와 그 증가 속도를 측정하다

원래 '잘 침적되고, 잘 무너지고, 잘 이동한다'는 점 때문에 '진흙 강'으로 알려진 황하는 평지보다 높이 흘러간다고 해서 '지상의 강'이라고도 불린다. 심괄은 희녕 5년(1072년)에 황하에 대한 관찰을 진행했고, 그 결과를 『몽계필담』에 기록했다.

> 변하(卞河)의 물이 막히면서 경성 동쪽의 수문에서 옹구(雍丘)와 양읍(襄邑)까지의 하천 바닥은 제방 바깥 평지보다 1장(丈) 2척 이상이나 높아졌다. 그래서 변하의 제방 위에서 아래를 보면 백성들이 사는 곳이 마치 깊은 골짜기 속에 파묻힌 것처럼 보였다. 희녕 연간에 낙수(洛水)를

변하로 유입시키는 바를 토의했다. 나는 이 일로 파견되어 변거(卞渠)를 순시하고 조사한 적이 있었다. 경사(京師) 위의 선문(善門)에서 사주(泗州)의 회하(淮河) 입구까지 측량해 보니 그 거리가 840리 130보나 되었다. 지세를 보니 경사의 땅이 사주보다 19장 4척 8촌 6분이나 높았다. 경성의 동쪽으로 몇 리나 떨어진 곳에 3장 깊이의 우물을 파니 원래 하천의 바닥이 보였다.

『몽계필담』을 연구한 저명한 학자 호도정(胡道靜)은 이 문헌을 분석해 다음과 같이 언급했다. "심괄의 실제 측량에서 기원전 131년(한 무제 원광 4년)부터 1072년(북송 신종 희녕 5년)까지 1,200년 동안 황하의 침적 두께는 10m에 달했기 때문에 매년 평균 1㎜가 축적된 셈이다." 당시의 역사 조건과 기술적 역량으로 볼 때 그 같은 과학적 결과를 이루어낸 것은 대단한 일이었다.

흐르는 물에 따른 침식 작용을 상세히 설명하다

희녕 6년(1073년) 신종(神宗)의 명을 받들어 양절(兩浙 : 절강성 동쪽 지역)로 간 심괄은 농경지, 수리, 부역 등의 일을 살펴보며 탐방을 겸했다. 이 노정에서 그는 안탕산(雁蕩山)을 유람하던 가운데 "안탕산의 모든 산봉우리가 험준하고 높이 솟아 그 절벽과 협곡이 다른 곳과 달랐다. 산봉우리는 전부 골짜기에 둘러싸여 있었다. 산 밖에서 그것을 보면 아무것도 보이지 않았지만, 골짜기 안으로 들어서면 산봉우리들이 구름을 찌르고 있는 광경이 보였다"라고 기록했다. 그는 "그 원인을 규명해 보면, 골짜기에 큰 물이 흐르면서 흙이 모두 씻겨 내려가 거대하게 솟은 암석만 남아 있게 되었다"라고 설명했다. 그는 크고 작은 용추와 수렴, 추월곡(秋月谷) 등의 지역이 모두 아래에서 올려다보면 높은 바위와 깎아지른 절벽인 것도 흐르는 물에 무조건 쓸려 내려갔다는 명확한 증거가 되는 셈이라고 서술했다.

또한 심괄은 "성고(成皐 ; 하남성 형양榮陽 사수진氾水鎭)와 섬서성의 큰 골짜기에 우뚝 솟은 토산들은 그 높이가 백 척에 달했다"라는 점과 연관 지었는데, 북방 홍토 지역의 하늘 위로 우뚝 솟은 토산들도 흐르는 물에 깍이면서 이뤄진 지형이었다. 심괄은 『몽계필담』에서 처음으로 유수(流水)의 침식 작용에 대한 개념을 제시했고, '구혈(甌穴)'과 '폭포혈(瀑布穴)' 등의 어휘들도 최초로 사용했다. 같은 시기에 유수의 침식 작용에 대한 개념을 제기한 아라비아 학자 아브세나와 비교할 때 심괄의 해석이 더욱 깊이가 있고 구체적이다. 유럽에서 '근대 지질학의 아버지'로 불리는 영국인 허턴은 1788년에야 『지리 이론』에서 침식 작용과 지형의 상관 관계를 제기했다.

지리와 기후의 관계를 알게 되다

심괄은 "땅의 기운은 아침과 저녁, 날씨에 따라 변화한다. 예컨대 평지에서 3월에 개화하는 식물이 깊은 산중에서는 4월에나 되어야 꽃이 핀다"면서 백거이의 시「유대림사(游大林寺)」에서 "인간 세상의 4월은 꽃향기가 다했지만, 산사의 도화는 이제야 만개하네"를 인용하며, 수직 고도가 기온과 식물의 생장에 끼치는 영향을 설명했다. 지형이 높을수록, 그리고 온도가 낮을수록 도화가 만개하는 시기도 지연된다는 것을 밝혀냈다. 현대 과학은 이미 산지가 121.9m씩 상승할 때마다 평지가 북으로 위도를 1°씩 이동하는 것과 같고, 산지에서 1,000m씩 올라 갈 때마다 기온은 6℃씩 떨어질 수 있다고 밝혔다. 심괄의 연구 결과는 이미 현대 과학 지식에 근접해 있었음을 알 수 있다. 심괄은 『몽계필담』에서 "영(嶺)과 교(嶠)의 풀은 한겨울에도 시들지 않지만, 산서성 태원(太原)과 산서성 분양(汾陽)의 교목들은 가을이 다가오면 낙엽이 지기 시작했다"라고 밝혔다. 그렇다면 남북의 다른 자연 경관은 어떻게 형성되었을까? 심괄은 '다른 땅 기운' 때문이라고 밝혔다. 현대 과학 원리에 상당히 부합하는 논리이다.

지구 자기 편각의 존재를 발견하다

『몽계필담』에서 "자석으로 바늘 끝을 문지르면 남쪽을 가리키게 할 수 있다. 그러나 완전히 남쪽을 가리키지는 않고 늘 동쪽으로 약간 치우쳐져 있다"라고 지적했는데, 지구 자기의 편각이 존재함을 암시한 내용이다. 왕금광(王錦光)은 『고대 중국 물리학 분야의 성취』에서 "심괄은 실험을 통해 자침이 정남향을 가리키지 않고 약간 동쪽으로 기울어져 있음을 알았다. 이 발견은 대단히 중요하다. 플로리언 카조리(Florian Cajori)의 저서 『물리학사』에는 자침은 정남향이나 정북향을 가리키지 않는데, 중국인은 벌써 11세기에 그 사실을 발견했다. 각 지역마다 편각이 다르다는 사실은 1492년 콜럼버스가 첫 항해를 할 때에야 비로소 알게 된 사실인데 말이다"라고 적고 있다.

조수와 달의 운행에 있어 대응 관계를 설명하다

심괄은 『몽계필담』에서 해조의 형성 원인과 그 운동 규칙에 대해 개괄적 논술을 한 바 있다. "노조(盧肇)가 조수를 논할 때 '해가 출몰할 때의 충격 때문에 일어난다'고 보았지만, 이는 틀린 말이다. 만일 해가 출몰했기 때문이라면 매일 해가 뜨는 것은 일상적인 일인데, 어떻게 시간이 이르거나 늦을 수 있단 말인가? 내가 늘 그 움직이는 모양을 살펴보니 매일 달이 정오와 자정의 위치에 이를 때 조수가 발생했다. 절대로 차이가 없었다. 달이 정오의 위치에 올 때 조수가 생기고, 자정의 위치에 올 때 석수가 생겼다. 아니면 정오의 위치에 올 때 석수가 생기고, 자정의 위치에 올 때 조수가 생겼다."

사실상 당나라 시대에 절강 출신의 두숙몽(竇叔蒙)은 이미 조석의 변화와 달의 운행에 일정한 관계가 있음을 알아냈다. 즉 조수는 달의 지구에 대한 만유인력의 차이로 일어난 현상이라는 것이다. 두숙몽은 장기간의 관찰 기록과 정확한 계산을 통해 조석의 순환에서 매일 늦춰지는 시간이 50분 28초 04라는 결과를 얻었다. 심괄은 자신의 관찰에 따라 조석과 일출 간의 연관 관계를 부정하고, 조수와 달의 운행 간의 대응 관계에 대한 해석을 내놓았는데 두숙몽의 견해와 결론적으로는 동일했다.

처음으로 입체적인 지도를 만들고, '지도 제작의 여섯 가지 체제'를 제시하다

심괄은 과거에 지형 측량을 주도한 바 있었기 때문에 지형 측량의 경험을 축적했다. 그는 평면적 표시를 입체적 표시로 바꾸어야만 지세의 고저와 기복을 나타낼 수 있음에 착안해 밀가루 죽과 톱밥으로 지도를 제작했지만, 날씨가 춥고 땅이 얼어붙어 사용할 수 없자 다시 밀납으로 입체 지도를 만들었다. 그러나 밀납으로 만든 지도도 지속적으로 사용하기 어렵게 되자 결국 나무로 제작한 입체적 목조 지도를 만들어 '목지도'라고 불렀다. 이러한 일련의 실험은 모두 심괄이 희녕 7년(1074년)에 명을 받아 변방 지역을 방문했을 때 실행한 것이다. 『몽계필담』에 다음과 같은 사실이 기록되어 있다.

내가 명을 받들어 변방 지역을 시찰할 때 나무로 지도를 만들어 그곳의 산천과 도로를 기록했다. 처음에는 산맥과 하천을 돌아다니면서 밀가루 죽과 톱밥으로 그 모습들을 목판 위에 표시했다. 그런데 오래지 않아 날씨가 추워지면서 그것들을 사용할 수 없자 밀납을 녹여 지도로 만들기도 했다. 이 모든 것은 지도를 간편하고 휴대하기에 편하도록 하기 위해서였다. 관부에 돌아온 후에는 나무에 새겨 넣은 목지도를 만들어 황제께 바쳤다. 황제는 대신들을 불러 함께 본 후 변경의 각 주에 명령하여 나무 지도를 만들게 하였고 그것을 궁에 보관했다.

과연 심괄이 제작한 입체 목지도는 신종의 관심을 끌었다. 신종은 국경 근처 각 지역에 국가 방어를 위한 참고용 목지도를 만들어 비밀리에 보관토록 명령했다. 입체 지도의 출현은 서양보다 700여 년이나 빨랐다. 심괄의 방법은 남송에서도 계속해서 통용되었고, 황상(黃裳)과 주희(朱熹)도 입체 지도 제작에 참여했다. 그중 주희의 입체 지도는 찰흙으로 만들어 목각보다 훨씬 편리했다.

희녕 7년(1076년) 황제의 명을 받은 심괄은 「천하주현도(天下州縣圖)」

심괄이 설계해 지은 강소성 진강시(鎭江市) 동남우(東南隅)의 몽계원(夢溪園)

를 편찬했다. 그는 부지런하고 성실한 자세로 '모든 서적과 세상의 논리를 참고해' 12년 만인 원우(元祐) 2년(1087년) 험난하고 방대했던 작업을 완성하고, 정식 명칭을 「수령도(守令圖)」라 붙였다.

나는 「수령도」를 만든 적이 있다. 2촌으로 100리를 표시하고 축척, 방위, 거리, 지세의 기복, 경사 각도, 하류와 도로의 곡선과 직선을 검사함으로써 수평선과 직선 거리를 구하는 방법을 얻어냈다.

여기에서 심괄은 그의 저명한 '지도 제작의 여섯 가지 체제', 축척, 방위, 지세의 기복, 경사 각도, 하류의 도로의 직선과 곡선, 거리를 제시했다. 서진(西晉)의 배수(裵秀)가 제안한 '지도 제작의 여섯 가지 체제'와 비교해 보면 심괄은 '거리'를 삽입한 대신 '지도상의 거리'는 생략했는데, '축척'에 이미 '지도상의 거리'가 포함되기 때문에 한 체제로 넣지 않았던 것이다. 심괄이 만든 '거리'는 배수의 것에서는 찾아볼 수 없던 체제이다.

1979년 『중화문사논총(中華文史論叢)』 제3집에 수록된 논문 「몽계필담보증(夢溪筆談補證)」에서 호도정은 " '거리'는 현대 지도 제작법에서 사용하는 '등고선'의 표기법과 대단히 유사하다. 심괄이 입체적인 톱밥 지도와 밀랍 지도, 목조 지도를 제작했기 때문에 평면 지도를 제작할 때 입체 지형도상에서의 동일한 고도를 표기할 수 있는 방법을 생각해 낼 수 있었다. 이런 표기 형식은 「수령도」가 이미 유실되어 알 수는 없지만 그 제작법의 명칭에서 거리를 나타내는 '호동(互同)'의 명칭은 바로 '등고'의 의미를 나타낸 것이다"라고 지적했다.

심괄이 제작한 「수령도」에서는 4면 8개 방위를 24개 방위로 바꾼 뒤, 12지 가운데 갑·을·병·정·경·신·임·계의 8간지, 건(乾)·곤(坤)·간(艮)·손(巽) 4괘로 그 이름을 삼았다. 과거 『원화군현도지(元和郡縣圖志)』와 『태평환우기(太平寰宇記)』가 8방위 표시 방법만을 사용했던 것과 비교했을 때 훨씬 정확해진 것이다. 심괄의 24방위 표시 방법은 이미 원·명 시대에 광범위하게 채택되어 항해용 나침반에 응용되었다.

고생물 화석을 통하여 고대 기후를 탐색하다

심괄은 화석에 대한 정확한 인식을 가지고 있었다. 예를 들어 조개껍질로 화북평원의 생성 원인이 '해퇴' 현상에 있음을 추측해 냈다거나 연안에서 대나무 화석을 발견하고 원고 시대 서북 지역의 기온이

후세보다 훨씬 높았다는 것도 유추했다.

최근 연주(延州)의 영녕관(永寧關) 일대에서 황하의 강기슭이 무너지면서 땅 아래로 수십 척이나 꺼졌는데, 그 흙 속에서 죽순 한 무더기가 출토되었다. 대략 몇 백 그루는 될 성싶었다. 뿌리는 서로 이어져 있고 이미 돌처럼 딱딱하게 굳은 상태였다…… 연주에서는 지금껏 대나무가 자라지 않았는데, 지하 수십 척 아래에서 발견되었으니 어느 시대의 것인지 알 수 없다. 아마도 아주 오랜 옛날 이곳은 지대가 낮은 습지여서 대나무가 자라기에 적합했는지도 모른다.

심괄이 본 화석은 현대 고생물학의 관점에서 분석해 볼 때 대나무가 아니라 고생대 양치식물의 노목이었다. 그러나 식물의 화석에서 고대의 기후 조건을 탐색해 낸 것은 심괄의 뛰어난 부분이 아닐 수 없다.

'석유'가 크게 유행할 것을 예언하다

『몽계필담』에는 섬북(陝北) 석유가 발견될 당시의 상황이 기록되어 있다. "부연(鄜延 : 섬서성) 경내에서 석유가 나왔다. 과거 고노현(高奴縣)에서 나온다는 '기름물'이 이것이다. 물가에서 모래돌, 샘물과 혼합되어 천천히 흘러나왔다…… 대단히 순정한 옻빛이 나는데 태우면 마(麻)와 비슷하다. 그러나 연기가 너무 짙어 장막이 온통 검게 변하고 말았다. 나는 그 연기를 이용할 수 있을까 하는 생각이 들어 재를 긁어모아 먹을 만들었더니 옻같이 검고 윤기가 있는 것이 송연묵(松燃墨)도 그에 비할 바가 못 되었다. 마침내 크게 만들어 그 위에 '연천석액(延川石液)'이라고 새겼다." 그리고 그는 계속해서 "이 물건은 이후 틀림없이 세상에 크게 쓰이게 될 것이다"라고 단언했다. 심괄의 예언은 적중해 현재 연장유전(延長油田)이 대규모로 개발되고 있다.

지명의 정확성을 중시하다

북송 시기 지리지와 지도 제작이 활기를 띠었다. 지리학자인 심괄은 지리지의 중요한 역할을 알고 있었기 때문에 자주 들춰보며 조사하곤 했다. 이 과정에서 지리지의 대부분이 과장되거나 연구되지 않는 것까지 싣고 있음을 발견했다. 즉 한 지역을 더욱 빛내기 위해 역사적으로 유명 인사와 명승고적 등을 가능한 한 많이 지리지에 삽입했고, 거기에 대한 기록을 덧붙였다. 그러면서도 고증은 오히려 소홀히 해 다른 지역의 것을 그 지역 지리지에 마구잡이로 집어넣는 실수를 하는 등 '사실과 맞지 않는' 우를 범한 것을 알아냈다. 『몽계필담』에서 밝힌 한 가지 사실은 그 예증이 될 만하다.

해주(海州) 동해현(東海縣) 서북쪽에 묘가 둘이 있는데 지방지에는 '황아묘(黃兒墓)'라고 불렀다. 묘비의 희미해진 필체는 판독이 불가능해 황아가 어떤 인물인지는 알 수 없었다. 석연년(石延年)이 해주 통판(通判)을 역임할 때 현을 순시하면서 이 두 묘를 보고 '한나라 시대의 소광(疏廣)과 소수(疏受)가 동해 출신이었는데, 이는 반드시 그들의 묘일 것이다'라고 말했다. 그래서 그것을 '이소묘(二疏墓)'라고 이름 짓고 묘 옆에 돌비석을 하나 세웠다. 그리고 후세 사람들은 그 사실을 지방지에 기록했다.

그러나 내가 고증해 본 바로는 소광은 동해의 난릉(蘭陵) 출신이었다. 난릉은 지금의 기주(沂州) 승현(承縣)에 속한다. 지금의 동해현은 한나라 시대에는 공유현(贛榆縣)에 속했고, 원래는 낭야현(琅邪縣)에 속해 있지만 그렇다고 고대의 동해는 아니다. 지금의 승현의 동쪽 40여 리 되는 지점에 소광묘가 있고, 다시 동쪽으로 2리쯤 가면 소수묘가 보인다. 석연년은 지리지를 조사하지도 않고 지금 동해현으로 불리니 그냥 '두 소씨'의 이름을 따 '이소묘'라고 했지만, 대단히 잘못된 실수를 저질렀다.

심괄은 이같은 사실에 개탄해 마지않으며 "대부분의 지명은 이런 식의 잘못이 많기 때문에 천하의 지리서들을 모두 믿을 수는 없다"라고 평가했다.

고금(古今)의 지명이 혼란스럽게 사용되어 왔음을 발견한 심괄은 '지명학' 연구의 필요성을 인식했다. 『몽계필담』에서 "천하의 지명은 너무 뒤죽박죽이어서 믿기 어렵다. 예컨대 초(楚)의 장화대(章華臺)는 박주(亳州)의 성보현(城父縣)과 진주(陳州)의 상수현(商水縣), 형주(荊州)의 강릉현(江陵縣), 장림현(長林縣), 감리현(監利縣) 등지에서 모두 등장했다. 건계(乾谿)만 하더라도 여러 지역에 존재한다"라고 언급했다. 이어 그는 고증을 통해 장수(漳水)와 낙수(洛水)의 명칭이 다수 중복됨을 발견했다. "강의 이름으로는 장(漳)과 낙(洛)이 제일 많다. 조(趙)와 진(晉) 사이에 청장(淸漳)과 탁장(濁漳)이 있고, 당양(當陽)에 장수가 있다. 또 공수(贛水)의 상류에도 장수가 있고, 장군(漳郡)에도 장수가 있으며, 장주(漳州)에는 장포(漳浦)가 있다. 그리고 호주(亳州)와 안주(安州)에도 장수의 이름이 보인다. 낙양 일대에는 낙수가 있고, 북지군(北地郡)에도 낙수가 있으며, 사현(沙縣)에도 낙수가 있다. 한두 가지 예를 언급할 뿐이며, 그 상세한 내용은 모두 기재할 수가 없다." 이처럼 심괄은 땅이름과 강이름의 중복 문제에 깊은 관심을 가지고 있었다.

11세기 중국의 백과 전서이자 과학 기술의 대작인 심괄의 『몽계필담』은 중국 과학 발전사에 있어 대단히 중요한 위치를 차지한다. 그리고 『몽계필담』의 지리학적 사상과 그 독창적인 견해는 중국 지리학사에서도 이정표와도 같은 의미를 지닌다.

천하만큼 넓은 자연을 음미한 두 여행가
서하객과 왕사성

중국 지리학은 사물의 근본을 탐구하는 학문으로 『상서(尙書)』 「우공(禹貢)」에서부터 시작되었다. 「우공」은 처음으로, 그리고 체계적으로 지리적 관념을 제시해 준 저서이다. 그후 『산해경(山海經)』, 『목천자전』, 『사기』의 「화식열전(貨殖列傳)」과 「하거서(河渠書)」, 『한서』의 「구혁지(溝洫志)」와 「지리지」 등과 같은 지리서가 계속해서 세상에 나왔다. 산맥, 수맥, 교통, 경제 연혁 등 서로 다른 각도에서 고대의 지리적 개념과 상황을 서술한 지리서들은 중국 지리학의 기초를 세웠음은 물론 후세에도 막대한 영향을 끼쳤다.

인류 문명의 계속적인 진보와 발전에 따라 사람들의 지리적 지식과 시야도 끊임없이 넓어졌다. 진한 이후 쏟아져 나온 지리학자들은 정치, 종교, 군사 등 여러 이유로 인해 해외에 머무는 동안 천하를 유람하며 지리 서적을 저술했다. 이들은 중국 지리학이 끊임없이 발전하는 데 많은 공헌을 했다.

현대 중국의 저명한 역사 지리학자인 담기양(譚其驤)이 주편한 『중국 역대 지리학자 평전』(전 3권)에서 중국 고대와 근대 지리학의 번성을 다소나마 엿볼 수 있다.

『중국 역대 지리학자 평전』 제1권은 '진한, 위진 남북조, 당나라 시대'로 장건, 사마천, 반고, 반초, 반용, 두예(杜預), 배수, 경상번(京相璠), 곽박, 법현, 감인(闞駰), 성홍지(盛弘之), 역도원(酈道元), 양현지(楊衒之), 현장, 가탐, 이길보(李吉甫), 번작(樊綽)과 이름을 알 수 없는 「우공」의 작가, 『목천자전』의 작가, '마왕퇴 고지도(馬王堆古地圖)'의 작가, 『삼보황도(三輔黃圖)』의 작가 등 모두 22인을 싣고 있다.

『중국 역대 지리학자 평전』 제2권은 '양송과 원·명 시대'로, 위악사(爲樂史), 송민구(宋敏求), 왕존(王存), 심괄, 겹단(郟亶), 겹교(郟僑), 단악(單鍔), 서긍(徐兢), 정대창(程大昌), 범성대(范成大), 왕상지(王象之), 왕응린(王應麟), 조여적(趙汝適), 야율초재, 이지상, 유울(劉鬱), 곽수경, 주사본(朱思本), 주달관(周達觀), 왕대연(汪大淵), 마환, 비신(費信), 공진(鞏珍), 나홍선(羅洪先), 반계순(潘季馴), 정약증(鄭若曾), 왕사성(王士性), 장섭(張燮), 서하객(徐霞客), 진조수(陳組綬) 등 30인을 싣고 있다.

'청과 근현대' 시기를 다룬 『중국 역대 지리학자 평전』 제3권에는 31명의 이름이 실려 있는데, 고염무(顧炎武), 고조우(顧祖禹), 유헌정(劉獻庭), 호위(胡渭), 손란(孫蘭), 양빈(梁份), 도이침(圖理琛), 진윤형(陳倫炯), 명안도(明安圖), 제소남(齊召南), 심요(沈垚), 이조락(李兆洛), 서송(徐松), 장목(場穆), 위원(魏源), 하추도(何秋濤), 서계여(徐繼畲), 양수경(楊守敬), 정겸(丁謙), 조연걸(曹延傑), 장상문(張相文), 웅회정(熊會貞), 정문강(丁文江), 도보염(陶葆廉), 무동거(武同擧), 왕용(王庸), 황국장(黃國璋), 이사광(李四光), 옹문호(翁文灝), 축가정(竺可楨), 고힐강(顧頡剛) 등과 함께 당의 두환(杜環), 명의 장황(章潢)과 사조제(謝肇淛)을 보충해 넣었다.

물론 이들이 중국 역대 지리학자 전부는 아니다. 그러나 앞에서 언급한 80여 명의 지리학자들은 중국인의 지리적 시야를 확대시켰고, 지리적 의식을 심화시켰다. 또한 여러 지리적 현상을 발표했고 과거 지리적 모습으로 복원시켰다. 역대 학자들의 끊임없는 탐구 과정 속에서 날로 발전하고 풍부해진 중국 지리학은 자연 지리와 인문 지리 두 영역을 형성해냈다. 그리고 중국 지리 발달사도 걸출했던 이들 중국 지리학자들과 깊은 관련을 가지고 있다.

그러나 전체적으로 볼 때 중국 고대 지리학의 발전 속도는 비교적 느렸다. 걸출한 지리학자들은 대거 배출되었지만 그들의 지리 고찰 활동은 종종 정치와 종교 등의 목적을 위한 부산물쯤으로 여겨졌기 때문에 한쪽으로 치우치거나 제한적이 되는 것을 피하기 어려웠다. 예를 들어 법현과 현장은 서천취경을 위해 각각 『법현전』과 『대당서역기』를 저술했고, 반용은 서역을 다스리기 위해 『서역기』를 저술했다. 다른 측면에서 중국 고대의 일부 지리서는 작가가 직접 연구와 경험을 통해 저술한 것이 아니라 단순히 역사적으로 관련 있는 문헌 자료나 소문을 채집해 만들었기 때문에 사실적인 지리적 면모를 갖출 수 없었다. 서재에 꼼짝 않고 앉아서 천하 지리의 형세를 머리와 손으로만 연구하는 방법은 당시 중국에서 상당히 유행처럼 퍼졌고 상당 부분 중국 고대 지리학 발전에 영향을 끼쳤다. 그러나 명나라 말에 등장한 서하객과 왕사성은 뛰어난 지리학자로 충분히 기릴 만한 인물이었다.

명나라 말기는 사회적 기풍이 변화하던 변혁의 시기였다. 많은 지식인이 성리학의 공론과 실재 사이에서 괴리감을 느끼며, 사상적 속박에서 점차 벗어나 서재 밖에서 자연에 마음을 담기 시작했다. 그로 인해 순식간에 수많은 산수유기(山水遊記)가 쏟아져 나왔다. 그중 일부 작품은 단순히 자연을 기록하고 자신의 감정을 드러내는데 그치는 것이 아니라 자연과 사회의 여러 현상에 대한 작가의 진지한 고찰과 섬세한 분석이 녹아들어 있었다. 서하객과 왕사성은 바로 산수유기 분야의 걸출한 인물이었다. 서하객은 자연 지리 연구를 집대성했고, 왕사성은 자신이 관찰한 각 지역의 인문 지리 현상을 주의 깊게 분석해 냈다. 서하객과 왕사성 두 사람은 자연 지리와 인문 지리라는 서로 다른 측면에서 중국 고대 지리학 발전을 강력하게 추진했다.

자연 지리를 집대성한 학자 서하객

이리저리 왔다 갔다	泛泛乎 蓬蓬然
부처도 아니고 신선도 아닌데	亦不佛 亦不仙
반은 노느데 정신이 팔린 듯 반은 금세라도 넘어질 듯	半若癡玩半若顚
천하의 지나는 세월을 방해하네	攪擾天地年復年

서하객(徐霞客)의 벗 당태(唐泰)가 서하객에게 선물로 보낸 시이다. 일생 동안 세상을 떠돌아다닌 서하객의 기인적인 이미지를 생동적으로 묘사하고 있다.

서하객(1586~1641년)의 이름은 홍조(弘祖), 자는 진지(振之)로 강음(江陰 : 강소성 강음시) 출신이었다. '하객'은 친구 진미공(陳眉公)이 서홍조에게 지어 준 별명이다. 평생 동안 전국을 누비며 노을을 맞는 나그네라는 뜻이었으니 그야말로 적절한 별명이었다. 어려서부터 총명했던 서하객은 과거 시험에 필요한 공부는 멀리하는 대신 역사, 지리, 탐험, 여행기와 관련된 서적을 유난히 가까이했다. '명산대천에 관한 질문'을 통해 그곳을 동경해 마지않았기에 어려서부터 사람들은 그를 '신선들 속의 사람'으로 보았다.

성년이 된 서하객은 어린 시절의 이상을 현실로 옮겨 나갔다. 스무살 그의 첫 여행지는 집에서 그리 멀지 않은 태호(太湖)였다. 이후 그는 더 멀리 그리고 더 넓은 길을 밟으며 30여 년 동안 동쪽으로는 보타(普陀 : 절강성 동북부, 주산군도舟山群島 동남부에 있는 현)를 건넜고, 북쪽으로는 연기(燕冀 : 하북성 북부)를 넘었으며, 남쪽으로는 복건성과 광동성, 서북쪽으로는 태화산(太華山 : 섬서성에 있는 산)의 정상까지, 그리고 서남쪽으로는 멀리 운남성과 귀주성의 경계까지 나아갔다. 그의 족적은 강소성, 절강성, 안휘성, 강서성, 하북성, 산동성, 산서성, 섬서성, 호북성, 호남성, 복건성, 광동성, 광서성, 운남성과 귀주성 등 16개 성을 섭렵한 셈이고, 사천성까지 갔을 가능성도 배제할 수 없다.

서하객의 초상

서하객이 순조롭게 여행할 수 있었던 것은 가정 환경과 깊은 관련이 있다. 가산이 많았던 그는 생계 걱정 없이 여행에 전념할 수 있었고, 모친도 그의 여행을 강력하게 지지해 주었다. "천하에 뜻을 두는 것이야말로 사나이의 일이다"라고 늘 말해 주었던 모친은 "어찌 아들이 변방의 담장 밑이나 말구유 속에서 웅크리고 자게 할 수 있겠느냐"며, 아들을 위해 직접 장거리 여행용 모자를 만들어 건장한 행색을 갖추게 하였다. 물론 그의 늠름한 모습 속에 보이는 의지는 일반 대장부의 모습과는 확연히 달랐다. 나이 일흔의 노모 또한 아들과 함께 고향 근처의 형계(荊溪)와 구곡(句曲) 등지로 가 자신의 건강을 과시했고, 아들의 천하 유람에 대한 근심도 떨쳐 냈다.

서하객의 유람은 그의 천성에서, 그리고 옛사람들이 남긴 지리와 관련된 기록에 대한 불만에서 시작되었다. 광범위한 독서를 통해 그는 고대 일부 지도와 지리지에 "옛날에는 천문 담당 관리가 지도를 기록했는데, 이전의 것을 그대로 답습하거나 견강부회하는 경우가 많았다. 예컨대 강은 두 곳, 산맥은 세 곳 등으로 자신이 직접 기재하기 때문에 중국의 한쪽으로 국한되었으며 더 넓게 측정하지 못했다"라고 불만을 제기했다. 그래서 그는 직접 조사를 통해 옛 사람들이 거듭해 온 착오를 바로잡겠다는 뜻을 세웠다.

서하객은 유람이 유행하던 시절에 살았다. 그 당시 관리나 사대부의 대부분은 '벼슬길을 찾는다'는 구실로 자연에 푹 빠져 살곤 했다. 그러나 서하객의 유람은 그들과 사뭇 달랐다. 그는 '자비'를 들여 유람을 했고, 평민의 신분으로 천하를 누볐다. 이것이야말로 그가 당시 사람들의 병폐를 바로잡은 면모다.

서하객의 유람이 특별한 것은 일반 문인의 단순한 '산수 유람' 수준이 아니었다는 점이다. 그리고 장건이나 법현처럼 정치나 종교적인 목적에서 유람한 것도 아니었다. 그는 순수하게 자연을 탐구하려는 목적이 있었기에 모든 지리적 흔적을 대단히 세심하게 수집해 나갈 수 있었다. "큰 길로 가지 않았지만, 명승고적이 있으면 길을 우회하더라도 그곳을 찾아갔다. 먼저 산맥이 어디에서 왔는지, 수맥이 어떻게 만나고 갈라지는지 대략적인 상황을 살폈다. 언덕과 골짜기는 작은 부분부터 자세하게 탐구했다. 산을 오를 때도 지름길을 택하지 않고 황무지와 덤불숲은 모두 통과했으며, 나루터를 만나면 반드시 건넜고 여울과 급류에도 멈추지 않았다. 봉우리 끝이 위험해도 내달려 산 정상까지 올랐고, 동굴이 아무리 깊어도 원숭이처럼 매달리고 뱀처럼 기어서 옆으로 빠져나오는 길을 찾았다." 지금껏 이런 탐구 정신을 가진 사람이 과연 몇 명이나 있었을까?

서하객이 남들과 달랐던 또다른 점은 이전 사람들이 그저 스쳐지나 기만 했던 자연 경관을 관찰하고 탐색했다는 점이었다. 그리고 바로 이런 점 때문에 그의 여정에는 고단함이 묻어 있었다. 초기 유람은 대부분 친구 한두 명을 동반한 가까운 거리의 여행이었기 때문에 비교적 수월했지만, 후반기의 원거리 여행은 한두 명의 노복과 함께 행낭을 멘 채 걸어다녔다. 여정 중에 갑작스런 폭풍우를 만나거나 기암절벽을 오르는 일은 다반사였다. 백악산(白岳山)을 오를 때는 비를 맞으며 밤 산행을 해야만 했다. "다리를 건넌 뒤 산기슭을 따라 십 리를 걸었고, 낭떠러지 아래에 닿고 보니 이미 날은 저물고 말았다. 5리 정도 걸어 산에 오른 다음 절에서 등불을 빌려 눈바람을 무릅쓰고 얼음을 밟으며 걸었다. 다시 2리를 걸은 다음에야 천문(天門)을 넘을 수 있었다."

운남성 등월주(騰越州)의 아오산(雅烏山) 부근 산봉우리를 지날 때에는 동굴이 눈에 들어오자 그곳까지 올라보고 싶었다. 사방을 둘러보아도 올라갈 길이 없자 그는 결국 바위를 타고 위로 올랐다. 그러나 반리 정도 올랐을 무렵 "흙이 깎여 나가면서 발의 힘을 지탱하지 못하자 간신히 풀뿌리를 잡고 올랐다. 그리고 풀뿌리도 손의 힘을 견디지 못할 무렵 다행히 바위에 발이 닿았다. 그러나 바위마저도 단단하지 못해 밟으면 곧 무너져 내렸다. 다행히 가운데 작은 돌이 딱 붙어 있어 절벽에 매달리는 신세가 되었다. 한 발자국도 움직이기 어려웠다. 위로 올라가고 싶었지만 도와주는 자가 없었고, 아래로 내려가고 싶었지만 길이 없었다." 결국 그는 "두 손과 두 발로 단단한 바위를 찾은 다음 한 손을 움직이고 다시 한 발을 움직이는 식으로 허공에서 손발을 움직였다. 다행히 바위는 무너져 내리지 않았다. 손발에 힘이 빠지면서 아래로 떨어질 것만 같았다. 한참 후 다행히 위로 올라갈 수 있었다." 그에게 있어 "평생 살면서 겪었던 위험천만한 상황도 모두 이 정도는 아니었을 정도"로 무척 위험한 순간이었다.

서하객은 자연 속에서만 위험천만한 상황을 겪었던 것은 아니었다. 그는 강도를 두 차례 만났고 세 차례나 식량이 떨어지는 비참한 상황을 겪기도 했다. 심지어는 목숨이 위험한 순간에 처하기도 했다. 이후 반뢰(潘耒)는 『사하객유기』 서문에 서하객의 여행은 "몸과 생명을 담보로 한 여행이었다"고 언급한 적이 있는데, 그야말로 정확한 표현이었다.

또한 반뢰는 서하객의 여행을 '정신으로 한 여행'이라고 평가했다. 서하객은 여행하면서 자신의 몸과 마음을 모두 자연에 담았다. 자연에 대한 애호는 거의 중독 수준이었다. 안탕산을 오를 때 마침 비가 내리고 있었다. "온 산에 비구름이 가득하니 내일 새벽이 걱정되는구나"라며 여행을 좋아하는 마음의 절박함을 그대로 드러냈다. 황산(黃山) 연화봉(蓮花峰)에 올랐을 때였다. "시원스레 확 트인 정상에서 사방을 바라보니 끝없는 푸르름의 연속이었다…… 아침해가 떠올랐을 때 맑게 갠 하늘에서 선명한 햇살이 겹겹이 그 빛을 발하면 그야말로 환희에 차 춤을 추었다." 서하객은 자연의 아름다움에 자신의 감정을 주체하지 못했다.

서하객의 '몸과 생명을 담보로 정신으로 여행'한 유람 활동은 결국 풍성한 내용의 『서하객유기(徐霞客遊記)』로 집대성되었다. 일기 형식의 이 유람기에는 서하객이 야외 조사 활동에서 직접 눈으로 보고 마음으로 느낀 부분들이 자세하게 기록되어 있다. 그 내용도 지리, 민속, 민족, 정치, 종교, 변방 등 다방면을 광범위하게 섭렵하고 있다. 특히 지리 방면이 중심 내용이자 과학적인 가치를 가장 잘 표현한 부분인데, 최고의 과학적 가치는 바로 중국 서남 지역의 카르스트 지형에 대한 고찰과 연구에 있었다.

동굴학의 효시

카르스트 지형은 석회암이 침식된 지하수와 지표수가 가용성 암석을 용식(溶蝕)하면서 형성된 일련의 지형을 가리킨다. 카르스트는 원래 각종의 특이한 석회암 지형 변화를 보여 주는 유고슬라비아 서북부 석회암 고원의 지명으로, 그곳의 다양한 석회암 지형을 연구한 19세기 말 유고슬라비아 학자인 치비지크(J. Cvijic)가 그곳을 카르스트 지형이라고 부른 데서 연원한다.

물론 서하객 이전의 수많은 전적과 지리지에서 카르스트 지형에 대한 기록을 찾아볼 수 있다. 남송 범성대는 『계해우형지(桂海虞衡志)』에서 광서성 계림의 석회암 동굴을 묘사한 적 있다. 그러나 카르스트 지형이 진지하게 대규모로 연구된 것은 서하객부터였다. 서하객이 석회암 지형을 연구하기 시작한 것이 17세기 중엽인데 반해, 치비지크가 이와 관련된 연구를 하며 '카르스트'라고 명명했을 때는 이미 19세기 말이었다. 그러므로 서하객은 이 분야에서 연구를 담당했던 중국 최초의 인물이자 세계적 선구자인 셈이었다.

카르스트 지형은 중국에 광범위하게 분포되어 있는데, 대략 130만 km^2 중 55만 km^2가 서남부에 집중되어 있다. 이와 같은 수치는 현대에 접어들면서 나왔지만, 서하객은 광범위한 조사를 거친 뒤 "서남부로는 운남성 나평(羅平)에서 시작되어 동북으로 도주(道州 : 호남성 도현道縣)까지 이르렀으니, 수천 리에 퍼져 있다"라고 지적한 바 있다. 이러한 언급은 기본적으로 현대의 조사 결과와 일치하고 있다.

서하객은 카르스트 지형의 분포 범위는 물론 각지의 카르스트 지형에 대한 비교 연구도 벌였다. 그는 광서와 운남, 귀주 등지의 카르스트 지형에 대한 차이를 다음과 같이 묘사했다. "광서의 산에는 순석(純石)

도 있고 간석(間石)도 있는데, 각각의 특징을 보이며 서로 섞이지 않았다. 운남의 산에는 모두 흙봉우리로 에워싸여 있으며, 간혹 철석(綴石)들이 보이긴하지만 역시 열 개 중 한두 개뿐으로 대부분은 웅덩이 주위에 제일 많다. 광서과 운남 중간에 위치한 귀주의 산은 유독 우뚝 솟아 있다. 운남의 산에는 특히 흙이 많아 바다로 흘러가다 보니 대부분은 혼탁해지고 만다…… 광서의 산에는 오로지 돌뿐이라 대부분 강이 그 사이사이를 흘러 바닷물이 모두 깨끗하다. 귀주의 바닷물은 그 중간쯤이다." 지금의 관찰 결과에 비춰 봤을 때 서하객의 관찰과 분석은 대단히 세밀하고 정밀했다.

카르스트 지형의 유형을 역사적으로 고찰한 사례가 있다. 예를 들어 송나라 시대의 학자 주거비(周去非)는 『영외대답(嶺外代答)』에서 카르스트 지형을 '벼랑', '동굴', '봉우리' 등 세 유형으로 나눠 언급했다. 그러나 서하객이 고찰한 것에는 카르스트 지형의 거의 모든 유형, 예를 들어 지상 카르스트 형태에 속하는 낙수동(落水洞 : 석회암 동굴), 누두(漏斗 : 돌리네), 용식와지(溶蝕窪地 : 우발레), 카르스트 분지, 건곡(乾谷), 맹곡(盲谷), 봉총(峰叢), 봉림(峰林)과 고봉(孤峰), 지하 카르스트 형태의 각종 동굴과 동굴 퇴적물 및 지하 강, 카르스트 용천 등이 포함되어 있었다. 역사적으로 카르스트 지형과 관련된 고찰을 비교했을 때, 서하객은 가히 엄청난 발전을 거두었다고 볼 수 있다.

용구와 석아는 지표수가 석회암의 비탈면을 따라 흘러 계속적으로 침식되어 형성된 것이다. 지표수는 석회암 표면의 침식으로 수많은 'ㄷ'자 형의 홈이 생겼는데 이것이 '용구'다. 그리고 용구 사이의 돌출된 부분이 '석아'이다. 『서하객유기』중에는 용구와 석아에 관한 언급이 많이 등장한다. 호남 다릉(茶陵)의 운양산(雲陽山) 일대를 "봉우리에 자잘하게 생긴 돌들이 빽빽하게 늘어서 있는데, 하나같이 칼과 창

운남성 노남(路南) 석림 풍경

을 모아 놓은 것 같았다"라고 묘사했고, 호남성 영주(永州) 남쪽의 진피포(陳皮鋪)를 "돌이 층층이 쌓여 있는 모습이 마치 닭이 용의 발아래에 깔려 바닥에 엎드려 있는 것 같기도 하고, 수세미로 만든 주머니 같기도 한데 속이 모두 보일 정도로 비어 있다"라고 묘사했다. 모두가 전형적인 석아와 용구 지형이다.

서하객은 봉림(峰林 ; 혹은 석림石林)도 자주 언급했다. 봉림은 대단히 큰 석아가 분산되거나 무리를 지어 평지 위로 드러난 카르스트 지형인데, 멀리서 보면 수풀 같은 형태를 이루고 있다. 『서하객유기』에서 "여러 험준한 봉우리가 앞에서 줄줄이 우뚝 솟아올라 끊임없이 뛰어남을 다투었다. 돌산 아래에 물이 모여 흐르지 않았다. 깊은 곳은 몇 척이었지만, 얕은 곳은 겨우 반 척 정도였다. 여러 봉우리 중 중간 정도의 봉

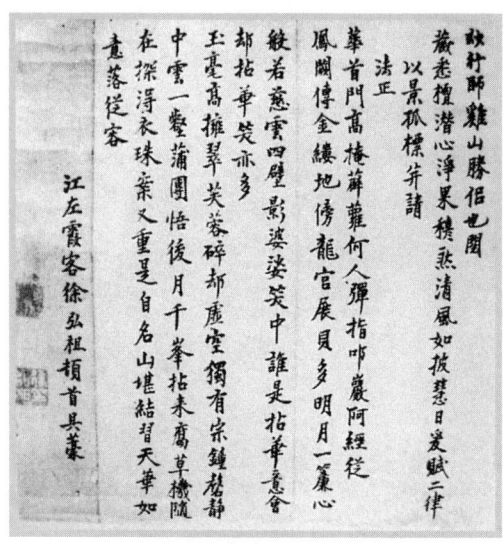

서하객의 필적

우리는 물 위에 갓 핀 연꽃처럼 위로 쭉 뻗어 올라갔다"라며 봉림의 모습을 묘사했다.

낙수동은 카르스트 지역의 지표수가 골짜기에서 지하 강이나 지하 종유동으로 흐르는 통로로, 수직으로 떨어지는 물이 갈라진 틈으로 용식 작용을 일으키고 바로 함몰을 동반하면서 생긴 것이다. 『서하객유기』에는 여러 종류의 낙수동이 기록되어 있다. 호남성의 다릉(茶陵) 동쪽 봉우리에 관한 기록이다. "봉우리에는 대부분 소용돌이가 연못이 되었는데, 마치 솥이 위를 쳐다보고 있는 모습 같았다. 솥의 아래에는 모두 구멍이 있어 아래로 흘러가 우물이 되는데, 깊은 것도 있고 얕은 것도 있고, 그 아래가 보이지 않는 것도 있었다." 이것이 수직갱 형상의 낙수동이다. 서하객은 이 낙수동의 형성 원인에 대해 진일보된 의견을 제시했다. "산 아래에는 온통 영롱한 돌부리들이 가득했는데, 위로 구멍이 뚫리자 순식간에 물이 들어가 우물이 만들어졌음을 그제야 알았다."

광서성 숭좌현(崇左縣) 청련산(靑蓮山)은 "평지 가운데 깊은 구덩이가 있는데, 아래의 함몰된 부분은 함정 같다. 아래로는 골짜기의 경계를 지어 놓은 듯, 남북 가로로 갈라진 곳 중간으로 마치 다리가 놓인 것처럼 돌 하나가 가로 놓여 있어 두 곳의 경계가 되었다. 남쪽으로 돌 비탈길이 있어 그것을 따라 내려갈 수 있었다." 이것이 갈라진 틈 형상의 낙수동이다.

광서성 숭좌현 미낭산(媚娘山) 일대에는 "길 옆에 '용정(龍井)'이란 깊은 구덩이가 있었다. 깊이는 5, 6장 정도에 사방이 넓어 지름이 3장이나 되었다. 순석이 벼랑을 에둘러 있다가 아래로 떨어졌다. 바닥은 대단히 평평했고, 동북쪽으로 입구가 있어 그곳을 따라 안으로 들어가 보면 졸졸졸 물소리가 들리는데 길은 어두컴컴했다. 벼랑을 밟고 서서 벌어진 곳으로 손을 넣어 보면 그 아래가 너무 깊어 추측할 수 없을 정도였다." 이것이 깔때기 모양의 낙수동이다.

동일한 물리적·화학적 변화의 메커니즘으로 형성된 것으로는 누두와 용식와지, 카르스트 분지가 더 있다. 누두는 카르스트화된 지면 위로 생겨난 원형의 폐쇄된 웅덩이로, 그 평면적인 윤곽은 원형이나 타원형을 이룬다. 직경은 수십 미터이고, 깊이는 수 미터에서 수십 미터까지 다양하다. 『서하객유기』에는 절강 금화부(金華府)에 거대한 누두 지형이 있다고 기록되어 있다. "두 산의 중간을 다시 휘감고 돌다가 웅덩이를 만들었다. 크기는 백여 장에 이르고, 깊이는 수십 장에 달했다. 나선형으로 아래로 내려가지만, 중간에서 물은 사라지고 만다."

용식와지는 사방으로 낮은 구릉과 봉림들이 둘러싸고 있는 폐쇄된 웅덩이로, 그 형태는 용식 누두와 비슷하지만 규모면에서는 용식 누두보다 훨씬 크다. 그 내부에서 생활이 가능하며, 경작 활동도 할 수 있다. 『서하객유기』에서 언급된 '지반 웅덩이'나 '동굴'은 모두 이 카르스트 지형이었다. '폴리에'로도 불리는 카르스트 분지는 카르스트 지역의 일부 광활하고 평탄한 분지나 골짜기에서 나타나는데, 대형의 용식와지인 셈이다. 『서하객유기』에서 묘사된 '지반 골짜기'나 '방목지', '평지' 등이 바로 이 지형에 속한다.

『서하객유기』에서 운남 나평(羅平)의 한 지역에서 보이는 '지반 골짜기'를 두고 "산을 에두르다가 웅덩이가 만들어졌다. 그 중간에 지반 골짜기가 있는데 물이 그 바닥을 휘감다가 논두렁이 생겨났다"라고 언급했고, 운남 등충현(騰衝縣)의 시금치를 키우는 연못 한쪽에 있는 '평지'를 언급하며 "사방으로 작은 산들이 에워싸 만들어진 것으로, 다른 하천이 골짜기를 따라가다 협곡을 만드는 것과는 다르다"라고 지적했다. 또한 운남 우전성(右甸城 : 운난성 창녕昌寧)의 '방목지'를 언급하며 "우전성의 중간은 남쪽 비탈 아래쪽으로 걸쳐 있는데, 방목지의 중간은 주위가 모두 평지이며 부락이 무척 많다. 사면이 산으로 싸여 있지만 그리 높지는 않다…… 방목지의 중간에는 저절로 동천이 만들어져 특별히 지대가 높아졌지만, 방목지는 여전히 둥글고 평평하며 좁거나 깊지가 않다"라고 기록했다.

『서하객유기』는 수많은 건곡(乾谷)과 맹곡(盲谷)도 언급했다. 건곡은 카르스트 지역의 마른 하곡으로, 하류의 주요 강이 카르스트 강의 수평 순환대를 아래로 낮추자 강물이 보충되지 못하면서 결국 지표의 하곡이 말라 버리는 건곡이 되고 만다. 『서하객유기』에 "산 지반의 큰 골짜기에 물이 없다. 협곡의 형태로 마치 동남쪽으로 향해 가는 것 같다"라고 기록되어 있다, 바로 운남 학경현(鶴慶縣) 경내의 전형적인 건곡 지형을 가리킨 표현이다.

맹곡은 카르스트 지역에 출구가 없는 지표 하곡으로, 일반적으로는 물이 흘러 하곡의 끝에서 낙수동으로 유입될 때 물이 땅 속으로 스며드는 복류(伏流)로 바뀌는데, 그로 인해 상하류가 폐쇄되는 골짜기를 형성하는 것을 가리킨다. 이런 지형 현상에 대해 『서하객유기』에 많은 기록들이 보인다. 운남성 보산(保山)의 크고 작은 낙수갱이 바로 전형적인 예이다. 소규모 낙수갱은 "서쪽 아래로 물이 끊긴 골짜기가 있다. 서쪽으로 흐르며 생동하는 물이 보이는데 1리 정도 떨어진 곳의 골짜기 격차가 큰 곳에 이르면 물은 어느 순간 돌 사이의 구멍을 통해 아래로 사라지고 만다." 하천이 돌 사이의 구멍으로 아래로 빠져나가는 것은 낙수동에 들어와 유수가 복류하는 것으로 그로 인해 지표 하류는 사라지고 맹곡 지형이 형성된 것이다.

지하 카르스트 지형에 관한 조사는 서하객이 카르스트 지형의 고찰 활동에서 중요하게 여기는 내용으로, 동굴과 동굴 퇴적물 및 지하 강, 카르스트 용천 등이 포함되었다.

『서하객유기』의 기록을 보면 서하객이 들어가 조사한 동굴이 200여 개에 달했음을 알 수 있다. 조사 과정에서 서하객은 카르스트 동굴에서 동굴 입구의 방향과 동굴의 높이, 넓이, 깊이를 주의 깊게 관찰했고, 그 관찰한 현상을 기초로 카르스트 동굴을 여러 유형으로 분류했다. 예를 들면 지하 카르스트 동굴에서 물이 일으키는 각종 변화와 운동 현상을 근거로 카르스트 동굴을 마른 동굴인 '건동(乾洞)'과 물이 흐르는 '수동(水洞)'으로 구분했다. 서하객은 절강 신성(新城)을 예로 들면서 다음과 같이 서술했다. "한 번 돌면 북쪽으로 향하고, 한 번 돌면 남쪽으로 향했다. 북쪽은 건동이라 계속해서 올라가다 보면 마치 조심스럽게 문지방 위를 걷는 느낌이었다. 30여 장 정도를 가다 다시 도니 남쪽 방향으로 작은 동굴 하나가 나왔다. 너무 조용하면서도 독특한 느낌이었다. 남쪽은 수동으로 한 번 돌자 논이 밭이 되어 있고 밭두둑의 경계가 서 있으며 그 속에 물이 가득했다. 물이 흐르지 않아도 마르지 않았다."

또한 서하객은 기후 상황에 따라 카르스트 동굴을 따뜻한 '난동(暖洞)'과 추운 '냉동(冷洞)', 그리고 바람이 통하는 '풍동(風洞)'으로 구분했다. 광서 향무주(向武州) 내의 한 '난동'은 "동쪽으로 6장 정도 가다 보니 갑자기 뜨거워졌다가 안이 따뜻해졌다"라며 그 현상에 대해 "그

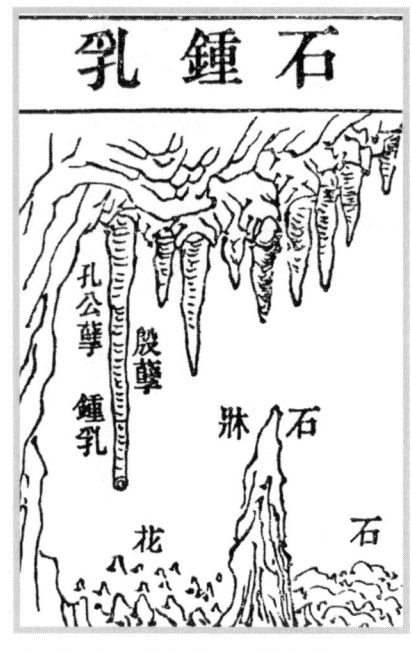

지하수에 녹아 있던 석회분이 수분의 증발과 함께 다시 결정화하면서 생기는 종유석, 석순과 침적물.

뒤쪽으로 구멍이 없어 공기가 가득 찬 채 밖으로 빠지지 않아서였다"라는 설명도 덧붙였다. 즉 동굴 내에 다른 통로가 없어 따뜻한 바람이 모였다가 흩어지지 않아 동굴 내부가 따뜻하다는 의미였다.

동굴 퇴적물은 여러 원인으로 동굴 안에 형성된 퇴적물인데, 주로 화학 퇴적물과 유기 퇴적물, 생물 퇴적물로 구분된다. 이런 퇴적물은 종종 특수한 퇴적 현상을 일으키기도 한다. 『서하객유기』는 여러 퇴적 형태들, 특히 화학 퇴적물이 형성한 퇴적 형태에 대해 많은 부분을 할애했다. 각종 종유석을 만천장(幔天帳), 포도산(葡萄傘), 선종(仙鍾), 선고(仙鼓), '도수약연화 하권약상비(倒垂若蓮花 下卷若象鼻 : 거꾸로 늘어뜨린 연꽃, 아래로 말린 코끼리 코)' 같다고 묘사하고, 또 여우심여마폐(如牛心 如馬肺 : 소의 심장 같고, 말의 폐 같다), 여연엽권복(如漣葉卷覆 : 연 이파리가 엎어진 것 같다)이라는 종유석에 대해서도 이야기하고 있다. 둥글거나 네모난 모양의 석주(石柱)와 석순은 동굴 속에 우뚝 서 있었다. 종유석과 석주, 석순의 서로 마주보는 형태가 더욱 독특해서 위 아래로 서로 마주하는데도 약간의 간격만 남긴 채 서로 닿진 않았다. 이 퇴적 형태 외에도 동굴 내부의 석전(石田), 석반(石磐), 석하엽(石荷葉), 석과(石果), 석주(石珠) 등의 기기묘묘한 형태는 동굴에 화려한 색채를 더해 주며 무궁무진한 신비의 세계를 보여 주었다.

『서하객유기』는 지하 강도 많이 다루었다. 지하 강은 석회암 지역이 갈라진 틈을 따라 용식 작용으로 형성된 지하수가 모이고 흘러 나가는 통로로, 암하(暗河) 또는 복류(伏流)라고 불렀다. 서하객은 광서에서 구루산(勾漏山)을 여행하다가 구루산의 암후봉(庵後峰) 동남쪽 모퉁이에서 "푸른 물이 한쪽으로 졸졸 흐르면서 제멋대로 돌 사이를 흘러갔다. 그 위로 풀과 돌멩이가 어지럽게 널려 있고, 아래로 서남쪽에서 작은 개울을 이루어 흘러가는데 길을 가는 사람들은 모두 이곳을 따라 기슭을 넘었다. 암자에 사는 사람들은 이곳에서 물을 길었지만, 모두 어디에서 시작되었는지는 알지 못하고 있었다"라는 기록이 있다. 물의 원류를 찾기 위해 서하객은 맹수의 위협을 무릅쓰고 '가시나무 숲을 헤쳐 가며 간신히 위로 올라 깊숙이 덩굴 속에서 찾아 헤맨' 끝에 결국 남에서 북으로 지하에서 흐르는 강으로부터 나오는 샘물을 발견했다.

『서하객유기』의 동굴과 동굴 내부의 각종 퇴적물의 형태와 지하에서 흐르는 강에 대한 많은 묘사는 역사적으로 카르스트 동굴에 관한 초기 과학자의 최초 조사 기록이었다. 카르스트 동굴 연구는 이후 점차 전문학인 '동굴학'으로 발전했는데, 서하객이 사실상 '동굴학'의 기초를 닦아 준 셈이었다.

잘못된 지리 지식을 바로잡다

거의 개척자적 성격이 강했던 카르스트 지형에 대한 체계적인 조사와 연구 외에도 서하객은 현지 조사를 벌여 역사적으로 일부 잘못된 지리적 인식을 바로잡고자 했다. 현지 조사를 통해 장강의 원류가 "북으로 삼진(三秦)을 지나 남의 오령(五嶺)에까지 닿았고, 서쪽의 석문(石

門)과 금사(金沙)에서 나왔다"라고 규명한 뒤 『강원고(江原考 : 강의 원류 고찰)』를 지어 「우공」의 '민산(岷山) 원류설'을 반박하며, 금사강(金沙江)이야말로 장강의 진정한 원류라고 밝혔다. 그의 조사 결과는 현대인이 인식하는 강의 원류와는 어느 정도 차이가 있기는 하지만, 당시로서는 강의 원류에 관한 인식을 올바른 방향으로 이끌어 주었을 뿐만 아니라 「우공」의 낡은 학설에 대해 과감하게 의문을 제기한 것만으로도 크나큰 반향을 불러 일으켰다.

서하객은 수계(水系)에 대한 조사 과정에서 하상의 경사도가 강의 유속을 결정하는 중요한 요인임을 알아냈다. 그는 복건 건계(建溪)와 영양(寧洋)의 시냇물을 예로 들면서 "영양의 시냇물은 폭포의 유속이 무려 건계(建溪)의 열 배에 달했다. 포성강(浦城江)이 민안(閩安)에 도달해 바다로 들어가기까지 800여 리 달하는데 반해 영양은 해징(海澄)에 도달해 바다로 들어가기까지 300여 리에 지나지 않았다. 가야 할 길이 급할수록 유속은 더욱 급해졌다"라고 지적했다. 이처럼 하상(河床)의 경사도가 급해질수록 하수(河水)의 유속은 더욱 빨라졌다.

화산과 지열에 관한 조사는 『서하객유기』의 또 다른 특징으로 꼽을 수 있다. 서하객은 운남성 타응산(打鷹山) 현지에서 직접 조사를 벌여 화산 지형의 여러 형태들을 상세히 묘사했다. 화산의 부석(浮石 : 화산 분출물 중에서 비교적 희읍스름한 다공질多孔質의 지름 4mm 이상의 암괴)에 대해 "산 정상의 바위는 홍갈색이고 가벼우며, 마치 벌집 같은 모양이었다. 가벼운 포말로 만들어진 것은 커서 양팔로 껴안아야 할 정도이지만 두 손가락으로도 충분히 집을 수 있을 만큼 가벼웠다. 성질은 여전히 단단하지만 그건 바로 타고 남은 재였다"라고 묘사했고, 화산 폭발 후에 형성된 화산구에 대해서는 "위로 두 봉우리가 올라갔고 중간은 오목하게 들어가 멀리서 바라보고 있노라면 마치 말의 안장 같다고

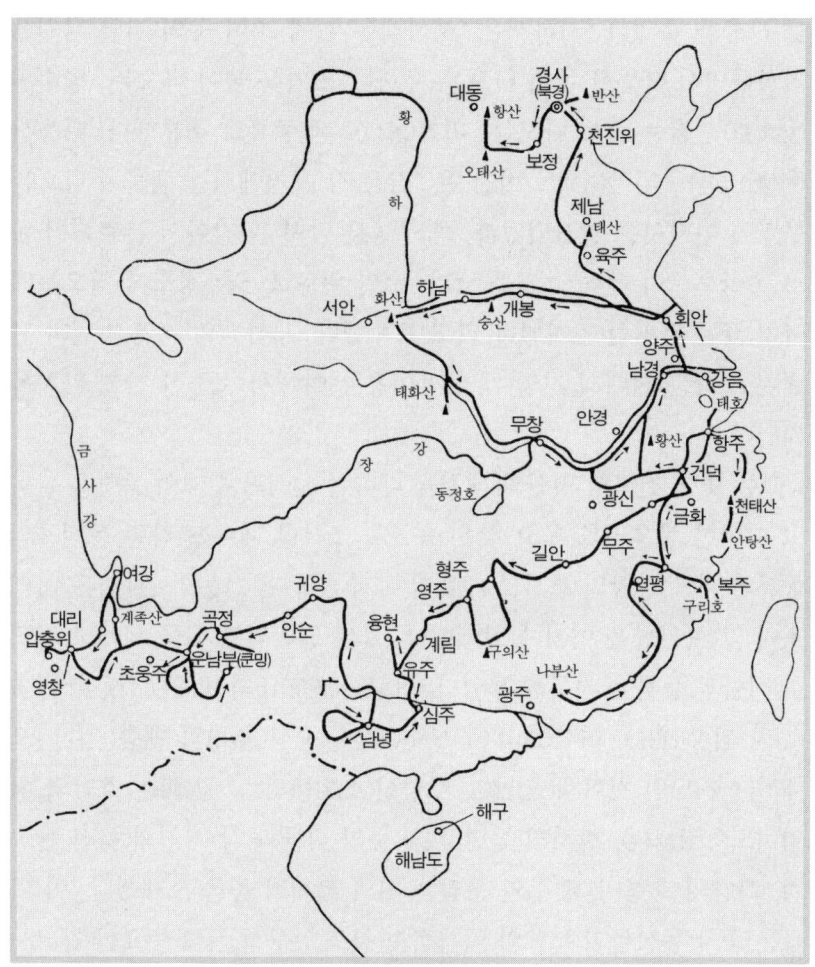

서하객유기(徐霞客遊記) 노선도

해서 '마안산(馬鞍山)'이라고도 불렀다"라고 묘사하고 있다. '마안산'은 바로 화산구이다.

중국은 지열 자원이 대단히 풍부하지만 옛부터 전적에 기록이 거의 남아 있지 않아 서하객의 지열 자원에 대한 고찰은 이 백지 상태를 보충해 주었다. 서하객은 『서하객유기』에 20여 곳의 지열 자원을 기록하면서 따뜻한 물이 나오는 '온천', 뜨거운 물이 나오는 '열수천(熱水泉)', 끓는 물이 나오는 '비천(沸泉)' 세 종류로 구분했다. 타응산(打鷹山) 북쪽의 열수탕 '비천'은 "작은 강 근처에서는 샘물이 나오는 구멍이 어디서든 발견되었다. 큰 구멍은 마치 관 같아서 분출되어 위로 솟아오르며 계속 소리를 냈다. 수면 위로 2, 3촌 정도 올라오는데 마치 끓는 것처럼 뜨거웠다"라고 묘사했다. 서하객의 지열 자원과 관련된 조사는 현대의 지열 개발과 이용 분야에서 소중한 참고 가치를 지닌다.

 그는 또한 천하의 명산과 대천을 다니며 산맥과 수맥의 동향을 살피고 기이한 봉우리를 찾고 깊은 동굴을 조사할 때에도 각종 동식물의 종류와 분포 상황의 조사를 게을리 하지 않았다. 그는 『서하객유기』의 적지 않은 분량을 여기에 할애했다. 그는 일반적인 식물 외에도 진귀한 식물과 동물을 기록해 두었다. 안탕산(雁蕩山)의 방죽(方竹), 황산(黃山)의 괴송(怪松), 여산(廬山)의 보수(寶樹), 숭산(崇山)의 백송(白松), 오대산(五臺山)의 천화채(天化菜), 무당산(武當山)의 낭매(榔梅), 호남의 천엽비도(千葉緋桃), 광서의 목면(木棉) 등의 식물과 각 지역의 특산 물고기, 화남의 호랑이, 귀주와 운남 등지의 코끼리 등을 소개했다. 이 기록은 중국 동식물의 분포와 역사적 변천을 연구하는 데 중요한 참고서가 되었다. 그 외에도 동식물과 지리적 환경의 관계를 주의 깊게 관찰했다. "황산 천도봉(天都峰)의 소나무는 유독 구부러져 옆으로 자라고, 측백나무는 두 팔과 같은 커다란 줄기가 있음에도 반반하게 바른 돌 위가 아니면 마치 이끼처럼 되고 말았다"면서 산의 해발 고도가 식물 생장에 영향을 끼친다는 '자연 생태학'의 원리를 체현해 보였다.

 천하를 돌아다녔던 서하객이 무엇보다 관심을 둔 부분은 자연 지리였지만, 『서하객유기』에는 각 지역의 인문 지리와 관련된 부분도 간간히 실려 있다. 편폭(篇幅)은 그리 길지 않지만 지하 자원의 개발과 농업, 수공업 및 각 지역의 무역, 교통 등 여러 방면을 다루었다. 지하 자원과 관련하여 산서의 항산(恒山)을 유람하던 중 "산이 모두 석탄이라 깊이 파지 않아도 얻을 수 있었다"는 점에 주목했고, 호남의 유현(攸縣)에서는 사람들이 땔감 대신 석탄을 사용하는 모습을 보고 "북쪽을 경계로 모든 산에서 석탄이 생산되었다. 유현 사람들이 석탄을 쓰고 땔감을 쓰지 않자 시골 사람들이 앞 다투어 시장에 내다 팔아 길에는 사람들이 끊이지 않았다"라고 묘사했다.

농업 분야에서 그는 일부 농작물의 종류와 분포, 지방 농업 경작의 특징에 관해 조사한 뒤 "사천은 오곡이 풍성하게 생산되는데, 여러 곳 중 최고였다. 풍밀(馮密)의 보리도 여러 군들 중에서 으뜸이었다. '상서로운 보리'라는 의미의 서맥(瑞麥)은 알갱이가 일반 보리의 배에 달했다"라고 기록했다. 그는 농작물의 지역 분포 특징에 대한 언급도 빼놓지 않았다. 그는 운남 역좌(亦佐)의 수조(水槽)를 보고 "산등성이에 밭이 없었다. 그 위쪽으로 모두 비탈 위에 곡식을 심어 밭을 갈았다. 그러나 조만 심을 수밖에 없었다"라고 한데 반해, 역좌의 마방(馬坊)에 대해서는 "서북쪽으로 산비탈을 따라 내려가니 길이 대단히 평탄해졌다. 온 산비탈 남쪽으로 참깨를 심고…… 남서쪽의 평지에 여러 가구가 함께 모여살고 있었다. 그 주변으로 논과 강이 사방으로 보였다"라는 점에 주목했다. 일부 지방의 경작 특징에 관해서도 언급했는데, 운남 여강과 관련해 "그 지역의 논밭에는 3년에 한 번 벼를 심었다. 올해에 벼를 심으면, 그 이듬해엔 콩이나 꼬투리 류를 심고, 3년째 되는 해에는 아무것도 심지 않았다. 그리고 그 다음해에 다시 벼를 심었다"라는 내용을 기록해 놓았다.

운남 묵탈 독룡강(墨脫獨龍江)의 등나무 다리
길이 230m로 중국에서 가장 길다

왕래 무역에 관해 서하객은 직접 눈으로 목격한 지역 시장 내의 무역 상황과 변경 지역의 무역 상황을 정확히 기록했다. 운남 대리(大理)의 한 시장의 광경을 목격하고 "간혹 남녀가 붐벼 팔이 부딪혀도 뭐라 말하지 않고 시장을 돌아다녔다…… 시장 내의 여러 물건 중 약과 모포, 구리 그릇과 목기류가 많았다"라고 기록했으며, 운남 철갑장(鐵甲場)에서 진행되던 변경 지역 무역을 보고는 "그 마을 촌부들은 면전(緬甸 : 미얀마)에 잘 다녔기 때문에 모두 이족(彝族 : 사천, 운남, 귀주 등지에 거주하는 소수 민족)의 물건을 가지고 나왔다. 아이들은 차를 따라주며 손님을 대접했지만, 연지 같은 차의 색깔에 비해 아무런 맛이 없었다"라고 묘사했다.

서하객은 전국 각지의 수로와 육로의 교통 상황도 자세하게 기술했다. 특히 남서부 지역의 교통 상황을 무척 특색 있게 묘사했다. 운남과 귀주의 일부 지역은 코끼리와 야크를 운송 수단으로 삼고, 일부 산간 지역의 협곡에서는 등나무를 엮어 만든 다리와 쇠사슬로 놓은 다리가 있어 비교적 편리하게 오고 갈 수 있다고 소개했다. 이런 지방 특색을 갖춘 교통 운송 상황이 당시 중원 지역에는 전무했기 때문에 이 책은 견문을 넓히는 좋은 계기가 되었다.

서하객은 30여 년간 직접 유람하면서 중국 산천을 자세하게 고찰했고, 생동감 있게 기술했다. 그는 지리학, 특히 자연 지리학의 분야에서 소중한 기초 자료를 다량으로 손에 넣을 수 있었으며, 과학적 고찰 자료와 그가 고찰을 통해 얻은 지리적 견해, 개괄, 총결 등은 현대 과학인 지리학을 위해 지대한 공헌을 한 셈이다. 그런 의미에서 서하객은 중국 자연 지리학 발전의 집대성자라고 평가할 만하다.

인문 지리를 고찰한 왕사성

여행 풍조가 흥성하던 시기에 여행을 좋아하고 중국 지리학 발전에 특별한 공헌을 한 또다른 지리학자는 서하객보다 40여 년 먼저 출생한 왕사성(王士性, 1547~1598년)이었다.

왕사성의 자는 항숙(恒叔), 호는 원백도인(元白道人)이며 절강 임해(臨海) 출신이다. 그는 하남, 북경, 사천, 광서, 운남, 산동, 남경 등지에서 20여 년간 관리를 역임했기 때문에 천하를 두루 유람할 수 있었다. 그는 도읍 두 곳과 열두 개의 성을 두루 밟았다. 물론 서하객의 '자비' 여행과는 확연히 달랐다. 왕사성의 여행은 당시 유행했던 사대부 계층의 '환유(宦遊: 벼슬자리를 찾아 천하를 다니다)'에 해당되지만, 그의 '벼슬자리찾기용 여행'은 일반 관리의 그것과는 달랐다. 그 자신도 "나는 천하의 모든 변화를 보았다. 인정과 사물의 이치, 희로애락 등 모든 것이 내 여행에 영향을 끼쳤다"라고 언급할 정도였다.

왕사성의 여행은 일반 사대부들의 '유산완수(遊山玩水: 산수 풍경 감상)'와는 달리 서하객과 유사한 천하 유람으로 사고의 맥락을 넓힘으로써 일반인이 주의 깊게 여기지 못하는 사물과 그 현상에 대해 진지하게 관심을 가졌고, 그 원인과 근원을 분석해냈다. 그러나 그는 자연 지리에 치중했던 서하객과 달리 인문 지리에 편중했다.

인문 지리의 발전은 중국에서 유구한 역사적 전통을 가지고 있다. 「우공」은 천하를 구주(九州 : 기冀, 연燕, 청靑, 서西, 양揚, 형荊, 여予, 양梁, 옹擁)와 오복(五服 : 왕성의 식량을 확보하는 전복佃服, 제후를 배치하는 후복候服, 문치文治·무단武斷 정책이 갈리는 수복綏服, 만이蠻夷가 사는 요복要服, 유형지인 황복荒服)로 나누어, 구주의 산천, 토양, 토지, 수륙교통, 소수 민족 현황, 이상적인 제도 등을 기록했다. 인문 지리에서는 최초였다. 『한서』「지리지」 이후 중국의 인문 지리는 거의 단선적인 발전을 유지하면서 단순히 변경 지역의 연혁 변천 기록에만 국한되었고, 문화·경제·풍속 등의 분야에서 체계적이고 완전한 연구가 부족했다. 지금껏 극소수의 사람만이 서재 밖으로 나와 현지 조사를 벌였고, 그것도 겨우 구전을 통해 전해지거나 문헌의 반복된 고증이라는 필연적인 결과 때문에 지리학의 전반적인 발전은 상당히 지체될 수밖에 없었다. 인문 지리의 기형적인 발전은 '사회적 기풍이 점차 변화해가던' 명나라 말기에 접어들어 점차 바뀌기 시작했다. 왕사성은 이런 변혁에 큰 공헌을 했다.

왕사성은 20여 년의 관리 생활을 하며 직접 보고 들은 견문으로 천하의 많은 일과 현상을 알게 되었고, 그로 인해 심오한 이해와 사고는 물론 지리학의 내재적 규칙까지 탐색할 정도의 능력을 갖출 수 있었다. 왕사성은 『오악유초(五岳遊草)』, 『광유지(廣遊志)』, 『광지역(廣志繹)』 등 세 권의 지리서를 남겼다. 『오악유초』가 여행의 행적과 시문 등을 기록한 것이라면, 『광유지』와 『광지역』은 지리학적 사상을 서술한 책이다. 또한 『광유지』의 바탕 위에 진일보된 서술을 가한 『광지역』은 왕사성 자신의 지리적 사상이 집약되어 있는 최고의 인문 지리서이다. 그의 지리서에서 우리는 심도 있게 관찰하고 분석된 지리학적 사유 방법과 그로 인해 얻은 지리학 연구 성과를 상세히 볼 수가 있다. 왕사성의 행적과 기록을 종합해 볼 때 인문 지리학에서 그가 공헌하고 고찰 성과를 지니는 부분은 경제 지리와 사회·문화 지리, 여행 지리, 그리고 군사 지리 분야이다.

각 지역의 민속적 차이를 파악하다

지리학의 지역적 특징을 인식하고 서로 다른 지역 내에서의 지리적 현상을 미시적인 각도에서 관찰하고 거시적인 각도에서 결론 내리는 것이 왕사성 지리학 사상의 주요 표현 방법이다. 경제 지리적 방면에서 왕사성은 관찰과 분석을 통해 전국을 총체적이고 체계적인 경제 지역으로 구분했다. 그는 『광지역』「방여애략(方輿崖略)」에서 다음과 같이 지적했다.

"동남에는 물고기와 소금, 메벼가 풍부하고, 중주(中州)와 초지(楚地)에는 물고기가 많다. 서남에는 금·은광과 보석, 호박, 주사(朱砂), 수은이 풍부하고, 남쪽에는 코뿔소, 코끼리, 산초나무, 차조기가 풍부하며, 북쪽에는 소와 양, 말, 노새, 융단이 많다. 서남의 사천, 귀주, 광동은 녹나무가 많이 생산되고, 강남은 땔나무가 많아 나무로 불을 때며, 강북은 석탄이 많아 흙으로 불을 땠다. 서북은 산이 높아 바닷길보다 육로를 선호하고, 동남은 연못이 넓어 배를 타고 다니기 때문에 말이나 마차가 드물다. 해남 사람은 물고기와 새우를 먹지만, 북방 사람은 그 비린내를 싫어한다. 북방 변경 지역 사람들은 버터(乳酪)를 먹지만 남방 사람들은 그 누린내를 싫어한다. 하북 사람들은 양파와 마늘, 부추를 먹지만 강남 사람들은 그 매운 맛을 꺼려한다. 그러나 사람들은 이 모든 것이 기후·풍토 때문이라 억지로 동화시킬 수는 없다는 사실을 모르고 있다." 여기서 왕사성은 '동남(東南)'이나 '중주(中州)', '초지(楚地)', '서남(西南)' 등으로 경제 구역을 거시적으로 나누어 경제 현상을 개술했다.

미시적인 각도에서 왕사성은 모든 경제 구역 내의 여러 가지 경제 현상, 예를 들면 자연 자원, 농업·수공업의 분포, 상업 무역과 교통·운송 등을 상세하고 정확히 기록했다. 특히 그는 자연 자원 방면에서 각 지역의 특산물을 많이 언급했는데, 진주(辰州)에서 생산되는 녹나무 목재의 아름다움에 대해서 이야기하며 "자연적인 녹나무는 궁전의 기둥과 마룻대용으로 쓰였던 것 같다…… 가지와 잎사귀가 무성한데 녹나무가 아니면 나무마다 모두 똑바로 곧을 수 없었다. 좋은 삼나무라 해도 아래 부분은 두툼하고 윗부분이 뾰족해 위와 아래가 완전히 별개의 나무가 되고 마는데, 녹나무는 수 십여 장 크기로 높고 또 곧았다"라고 소개하며, 용도에 관해서도 "큰 나무는 대부분 관리들이 선택했고, 작은 나무는 토박이 장사꾼이 배를 만드는 데 사용했다"라고 기록했다.

왕사성은 광남(廣南) 지역의 풍부한 산물에 관한 상황을 고찰하면서 "광남 지역에서 생산되는 것 중에는 진기한 물건들이 많다. 진주는 명주와 대모갑…… 돌은 벼룻돌과 장식용 돌…… 향은 침향과 향숙향, 꽃은 재스민과 소형화…… 과일은 바나나, 여지, 야자, 꿀…… 나무는 두메밤나무, 화류나무, 자단목, 흑단…… 새는 물총새, 공작, 앵무새, 자고, 짐새…… 동물로는 곰…… 물고기로는 이상하리만치 길고 커다란 고래, 악어…… 기타 쇠고둥, 바지락, 거북다리(龜脚), 굴, 참게 등 너무 다양해 일일이 손으로 꼽을 수 없을 정도였다"라고 자세하게 기록했다.

왕사성은 각종 산물의 특징과 구체적인 분포도 상세히 기술했다. 남지나해에서 생산되는 진주에 관해서는 "합포(合浦) 동남쪽 200여 리 떨어진 바다에 위치한 진지(珍池)는 평강(平江)·청영(靑嬰)과 함께 모두 말조개가 사는 곳이다. 저 멀리 끝없이 펼쳐진 바다지만 물고기와 새우, 대합(蛤), 민물조개(蚌) 등은 각각 살기 적당한 곳이 다른데, 모두 기후와 풍토 때문이다. 그래서 합포를 떠나 다른 곳에서는 진주를 낳지 않는다"라고 설명했다. 현지인의 진주 채집의 방법에 관해 그는 "과거 이 지역에서 수상 생활을 하던 사람들은 진주를 채집할 때 하나같이 긴 밧줄을 허리에 묶고서 대나무 광주리를 들고 바다로 들어갔다. 그리고 말조개를 주워 광주리에 담고 줄을 흔들면 배에 탄 사람이 급히 퍼 올리는 식이었다. 운 나쁘게 사나운 물고기라도 만나면 피가 흥건히 바다 위로 퍼지면서 물고기의 밥이 되고 말았다…… 이후에는 대부분이 그물을 사용해 잡았는데, 좋은 점이 많았다"라고 기록했다. 진주 채집 작업의 어려움을 충분히 엿볼 수 있는 대목이다.

그는 전국 각지의 토지 경작 상황도 조사했다. 산동의 등주(登州), 내주(萊州) 근해의 장산(長山), 그리고 사문(沙門) 등지의 섬에서 벌어진 독특한 황무지 개간 상황 등을 기술했다. 사람들은 농번기가 되면 섬에 초막을 세워 기거하다가 농번기가 지나면 초막을 허물고 다시 육지로 돌아왔다. 이런 생활을 하게 된 데는 "집을 지어 항상 거주하다 보면 그 보금자리가 해적을 불러들여 절강과 광동 주민들 간의 근심거리"가 될 수도 있기 때문이었다. 왕사성은 광우(廣右) 일대가 경작되지 않는 안타까운 상황을 알고, "광우의 산은 모두 관리하는 사람이 없었다…… 광활한 평원이 펼쳐져 있는데도 수십 리 내에 쌀 한 톨 나지 않았다. 장족(藏族)에게는 논에만 농사를 짓도록 허가하고 산에서 경작하는 것을 금지했기 때문에 열 가운데 한둘만이 시도했고, 또 대부분은 보리와 조를 심는 법을 몰라 땅의 좋은 점을 그대로 내버려 두고 있으니 안타깝기 그지없었다"라고 지적했다.

수공업과 관련해서는 경덕진(景德鎭)의 도자기, 단계(端溪)의 벼루, 보계(寶鷄) 서쪽 지역의 판옥, 촉중(蜀中)의 비단과 부채 등 수백 가지의 수공예품이 세밀하게 왕사성의 지리서에 언급되었다. 도자기가 많이 생산되는 경덕진의 선(宣)과 성(成) 두 곳의 가마는 "부량(浮梁)과 경덕진, 웅촌(雄村) 등 둘레 십여 리가 모두 화산이 폭발했던 곳이고, 그 아래에는 도자기 점토가 있어 지금까지도 사용하고 있다. 선과 성, 두 가마의 것이 가장 뛰어나다"라며 선과 성 두 곳의 가마에서 구은 도기를 다음과 같이 비교했다. "선요의 것은 청화가 뛰어나고, 성요의 것은 오채도자기가 유명하다. 선요의 푸른색은 천연 남색이라 성요가 선요를 따라오지 못했다. 그러나 선요의 오채도자기는 색깔이 짙은데 성요는 색이 연해 선요가 성요를 따라가지 못했다."

명나라 시대에는 국내 무역뿐만 아니라 대외 무역도 활발했었다. 국내 무역과 관련하여 왕사성은 상업 활동이 매우 발달했던 많은 무역 중심지들을 묘사하고 있다. 강서 지역에서 온갖 물건의 집산지였던 곳을 언급하면서 "풍성(豊城)과 청강(淸江) 사이에 위치한 장수진(樟樹鎭)에는 인가가 수만이요, 강이 넓어 온갖 물화가 오간다. 또한 남북의 약재가 모두 모이니 족히 무역의 요충지라고 부를 만하다"라고 기록하고 있다. 항주(杭州)에 관해서도 "항주의 성 소재지에는 온갖 물건이 모였다. 그 나머지 군과 읍에서 나온 물건들로 호(湖)의 비단, 가(嘉)의 명주, 소(紹)의 차와 술, 영(寧)의 해산물, 처(處)의 자석, 엄(嚴)의 옷, 구(衢)의 귤, 온(溫)의 칠기, 금(金)의 술 등은 모두 그 지역을 대표했다."라고 썼다. 이 기록은 명나라 말기에 상업이 번영했던 모습을 묘사하고 있다.

대외 무역에서도 왕사성은 명나라 초기에 삼보태감 정화가 서양으로 출항한 이후 번영했던 중국의 해외 통상 상황을 기록했다. 그는 우선 광동 지역에서 상선을 정박하던 향산오(香山嶴)에 대해 언급했다. "향산오는 여행선이 정박하는 곳으로, 해안에서 마을까지 약 200여 리 정도여서 걸어서 도착할 수 있었다. 이곳에서는 자바, 발리, 시암, 진랍(眞臘 : 캄보디아), 삼불제(三佛齊 : 7세기에서 11세기까지 수마트라의 팔렘방을 중심으로 있었던 나라) 등 여러 국가들의 선박이 모두 이곳에 모여 있었다." 또 향산오에 정박하고 있던 해외 상선들의 규모를 다음과 같이 묘사했다. "바다를 건너온 선박은 그 규모가 상당했다. 큰 배는 넓이가 5장(丈)에 높이도 그 정도였으며, 길이는 무려 20여 장으로 내부는 모두 3층으로 만들어졌다. 가장 아래 돌을 놓고, 그 위에 화물, 그리고 그 다음에 사람이 탔다." 배의 규모가 얼마나 컸는지를 통해 당시의 해외 무역이 얼마나 먼 거리까지 가능했는지 가히 상상할 수가 있다. 그 외에 왕사성은 광남 지역의 특산물을 "물소, 코끼리, 고추, 차조기, 석면, 백조 같은 물건들이 광범위하게 모이긴 했지만, 사실 서양 국가들의 상선들이 해외에 나갔다가 가져온 것이었다"라고 묘사하며, 당시 중국과 해외 무역의 교통 상황을 설명하고 있다.

각 지역의 사회 문화 풍습에 대해서도 왕사성은 대단히 자세하게 묘사했다. 몇 개의 큰 지역으로 나눠 묘사하는 한편 각 지역 내의 차이를 구별·비교했고, 나아가 각 성과 각 성 내부의 지역적 차이를 정확히 제시했다. 그는 각 지역의 인정과 민간 풍습에 대해 언급하면서 하남 중주(中州) 사람들에 관해 "그들은 꾸밈이 없고 인정이 많으며 정직하다. 고풍(古風)을 그대로 간직하고 있으며, 비록 짧은 시간 보았을 뿐이지만 강해 보이고 정의롭기도 하다. 거짓말을 하지 않고 한 번 꾸짖으면 매우 부끄러워하며 끝까지 우기지 못한다"라고 평가했고, 진중(晉中) 사람들에 대해선 "그들은 검소하고 소박하다. 백금을 가진 가정에서는 여름에 무명천 모자를 쓰지 않고, 천금을 가진 가정에서는 겨울에 긴 옷을 입지 않으며, 만금을 가진 가정에서는 음식에 맛을 넣지 않는다. 밥으로 대추를 먹기 때문에 대부분 치아가 누렇고 양고기를 먹기 때문에 몸에 살이 많다"라고 묘사했다. 또 항주(杭州) 사람들에 대해 "항주 사람들은 재빠르고 변화한 것을 좋아한다. 구속받기를 싫어하고 놀러 다니기를 좋아하기 때문에 자연은 그들을 즐겁게 만들어 주기에 족한 장소이다. 그러나 모두들 부지런하고 자급자족하며, 여유가 생기면 석양을 보며 즐거워한다. 다섯 살이 넘은 남녀는 모두 일해야 하는데, 이 점은 벼슬아치들도 마찬가지다"라고 기록했다. 그리고 강우(江右)의 사람들에 관해 "강우의 사람들은 절약하고, 성격도 근면하고 소박하다. 사람은 많은데 땅이 척박해 사람들이 모두 근심하는 바이다"라고 말한 반면, 영주(永州)에 관해서는 "영주는 광동과 가까워 여러 오랑캐들이 섞여 있다. 남자들의 옷은 땅에까지 끌리지만, 여자들의 옷은 오히려 무릎까지 온다. 정강이를 드러내고 맨발로 다녀 더러워져도 상관없어 했다. 짚신을 신는 자들은 그들보다 신분이 높았다. 머리카락을 꼬아 높이 올리고, 귀에는 큰 귀걸이를 달고, 꽃모양의 장식을 만들어 머리에 온통 꽂고 다녔다. 길의 수레꾼과 마부들 행렬을 보면 모두 여자가 남자를 대신해 일을 하고, 남녀가 뒤섞여 장난을 쳐도 관아에서는 금하지 못했다"라고 기록했다. 각 민족마다의 풍토와 인정은 우리에게 새로운 인식을 갖게해 주었다.

왕사성은 각 지역마다 자세히 관찰한 풍속을 한층 세밀하게 묘사함으로써 구체화시켰다. 예컨대 절강성을 절동(浙東)과 절서(浙西)로 나눠 묘사한 부분도 그렇다. "두 절강 지역인 절동과 절서는 강으로 경계를 삼는데, 풍속도 그 구분에 따라 다르다. 절서 사람들은 화려한 것을 좋아하고 섬세하며, 고상한 문화재가 많고 두건 쓰기를 즐긴다. 집에 하인이 수백 수천인 자들은 화려한 옷을 입고 준마를 타 시정 서민들에게는 이로운 점이 없었다. 절동의 사람들은 돈후하고 순박하며, 검소하고 우둔하다. 일찍이 과거의 순박한 풍속을 따르며 절개를 중시한다"라며 확연히 구분을 지었다.

왕사성은 각 지역의 사회 풍습을 자세하고 생동감이 넘치도록 묘사하면서, 당시의 역사적 현상을 사실적으로 기록하는 것은 물론 차이가 발생한 원인과 맥락까지도 찬찬히 분석해 냈다. 이를 통해 명나라 시대 각 지역 민속 간의 차이를 이해하는 것은 물론 그 차이의 연원까지도 충분히 알 수 있었다.

왕사성의 경세치용 지리학 사상

군사 지리 방면에의 관심은 왕사성의 지리학 사상이 보여 주는 가장 큰 특징으로, 당시로서는 대단히 중요한 군사적 의의를 가졌다. 물론 경세치용의 한 관점이기도 했다. 군사 지리적 현상에 대한 묘사와 분석에서 가장 특색 있는 점은 바로 왜구가 일으킬 혼란에 대한 걱정과 왕사성이 제안한 각종 방어 조치들이다. 명나라 정부가 해상 운송 노선을 새롭게 개척했다가 포기하고 사용하지 않자 "아직은 조선에만 여러 가지 일이 일어나고 있다. 이 바닷길을 훗날 왜구가 점령해 중국이 감히 가지 못하게 될까봐 두렵다…… 만일 왜구가 조선에서 뜻을 이루고 난 뒤에 작은 어선으로 배를 위협하며 파도를 헤치고 온다면 여순까지는 하루 만에 상륙이 가능하고, 사흘 저녁이면 상류를 거슬러 천진까지도 도착 가능하다. 이렇게 다급한 상황을 어떻게 무시할 수 있겠는가?"라며 걱정했다.

왜구 방지 책략 면에서 왕사성은 명 개국 이후 왜구에 대처하기 위해 등주(登州)에 설립된 관청 '비왜부(備倭府)'를 언급하며, 그곳이 사실은 산동 수비가 목적이 아니라 도읍 방어가 목적이라고 지적했다. "그러므로 도읍을 논할 때 등주가 대문이면 천진은 중문인 셈인데, 어찌 상륙에 대해 대비하지 않을 수 있나?"고 반문했다. 산동의 왜구 방어 책략에 대해 왕사성은 만일 왜구가 침범해 온다면 분명 부산이나 대마도에서 출발해 사방 수백 리에 방어군을 찾아볼 수 없는 안동(安東)이나 일조(日照) 등지에 상륙한 뒤 태안(泰安), 제녕(濟寧), 임청(臨淸) 등 번화한 지역을 차례대로 집어 삼킬 것으로 분석했다. 왕사성은 또 이에 대처할 만한 책략을 내놓았다. "본부는 등주에 세운다. 왜구는 물이 불어나는 때를 이용할 것이다. 등주에서 안동까지 교주(膠州)를 중심으로 남북으로 함상(咸相) 5, 6백여 리까지 지원한다. 물이 불어나는 때가 되면 바로 등주는 군 총수를 교주까지 파견시켜 남쪽으로 안동과 일조, 안구(安丘) 등 여러 성 일대를 지원해 주는 한편, 북쪽도 함께 지원해 준다. 탐색과 지원을 동시에 진행하면서 임청의 참계(參戒)를 등주로 보내 주둔토록 한다…… 물이 불어나는 때가 끝나면 다시 돌아가 도읍과 산동의 경제와 권력, 이 둘을 지키기 위해 방어를 계속한다."

왕사성의 지리서에서 보여 주는 여행과 경제, 지리적 사상은 책의 또 다른 특징이다. 왕사성은 항주 서호(西湖)가 명승지로서 가지는 경제적 의미에 대해 다음과 같은 견해를 내놓았다. "서호는 이미 유람지가 되어 서민들은 그것을 통해 이익을 얻고자 했다. 그러나 관광객이 하루에도 수천 냥을 쓰자 관청이 한때 여행을 금지시킨 적이 있었다.

그로 인해 낡은 풍속은 고쳐졌지만 어부, 뱃사공, 시장 상인, 주막 주인은 본업을 잃어버려 이들에게는 오히려 해가 되었다." 이런 관점은 왕사성이 여행과 경제에 관해 민감한 의식을 가지고 있었음을 보여 주는 예다.

왕사성의 지리서에서 시종일관 관철되는 내용은 사람과 땅의 관계이다. 사람과 땅의 관계는 지리학, 특히 인문 지리학에서 중요한 이론적 기초가 된다. 왕사성은 이를 대요로 삼아 여러 지리적 현상에 관해 논술했고, 이 부분은 왕사성의 관점, 즉 자연 환경이 인간의 행위 방식에 중요한 영향력을 끼친다는 사실을 구체적으로 드러내 주었다.

그는 지리적 환경의 상이함에 따라 절강 주민을 세 부분으로 나누어 각각 그 특징을 언급했다. "항(杭), 가(嘉), 호(湖)는 평원과 물가가 많아 택국지민(澤國之民 : 호수나 늪이 많은 지방의 백성)이고 금(金), 구(衢), 엄(嚴), 처(處)는 구릉이 험하기 때문에 산곡지민(山谷之民 : 산과 골짜기에 사는 백성)이며, 영(寧), 소(紹), 대(臺), 온(溫)은 연이은 산과 대해가 펼쳐져 해빈지민(海濱之民 : 해안가에 사는 백성)이다. 이 세 부류의 백성은 각자의 풍속이 있다. 택국지민은 주로 배와 관련된 일을 하며, 온갖 물건들이 몰려 들어와 평민도 쉽게 부자가 될 수 있었다. 사치를 좋아하고 관리의 기세가 높은 반면 일반 평민은 그렇지 못했다. 산곡지민은 사납고 난폭하며 쉽게 법을 어긴다. 검소함을 좋아하지만 세력가는 쉽게 화를 내며 도당과 모이면 관리임을 뽐내는 경향도 있다. 해빈지민은 바람과 비를 맞으며 힘든 생활을 하면서도 어업으로 먹고 살며 그리 가난하지는 않다. 그러나 무역을 하지 않기에 그리 부자도 아니다." 이러한 것들이 민속 방면에서 풀어낸 인간과 땅의 관계다.

왕사성은 산동의 왜구 방어에 관한 건의로 군사와 지리의 관계를 구현해냈고, 서호 일대의 주민이 여행 관련업에 기대어 생활한다는 평은 여행과 경제, 지리의 관계를 구현해냈다. 그리고 여러 방면에서 표현해낸 인간과 땅의 관계는 왕사성의 지리학 사상에서 집중적으로 드러나는 부분이기도 하다.

왕사성의 지리학의 지역적 특징에 대한 인식과 분석, 그리고 다른 지역 간의 여러 지리적 현상에 대한 조사 연구와 그것의 기록 과정에서 표현해낸 인간과 땅의 관계에 대한 인식은 그간의 인문 지리학 연구의 틀을 깬 획기적인 시도였다. 그리고 지리학, 특히 인문 지리학의 발전을 추진하고 그 내용을 풍부함과 동시에 여행의 학술적 가치를 제고시켰다. 유명한 역사 지리 학자인 진교역(陳橋驛)은 왕사성을 학술형 여행가라고 평했다.

명나라 말기 서하객과 왕사성의 여행과 고찰 활동은 중국 지리학 발전의 중요한 사건이었다. 자연 지리 방면에 치중했던 서하객은 30여 년에 걸쳐 섭렵한 중국의 산천을 바탕으로 풍부한 자연 지리에 관한 기록을 『서하객유기』에 고스란히 남겼다. 반면에 왕사성은 인문 지리에 치중하면서 20여 년의 '벼슬자리찾기용 여행' 과정에 얻은 제반 인문 지리 현상을 바탕으로 『광지역』에서 각종 지리적 현상에서 보이는 내재적 연관 관계와 그 형성의 연원을 심도 있게 다루고 있다. 서하객과 왕사성은 지리학의 서로 다른 분야에서 뛰어난 성과를 거두면서 중국 지리학을 풍부하게 발전시켰다. 서하객과 왕사성이 중국 지리학 발전사에서 기념비적인 두 인물임에는 틀림이 없다.

황하는 하늘에서 흘러오는 것일까
황하 발원지에 대한 탐색

　기세등등한 황하의 강물은 수만 년 동안 쉼 없이 중국의 대지 위를 흘렀다. 강의 상·하류와 양쪽 기슭에서 찬란한 중화 문화를 꽃피웠다. 황하는 '어머니의 강'이다. 『한서』「구혁지」에서 "중국의 하천은 그 원류가 수백 개에 이르지만, 사독(四瀆 : 장강, 황하, 회수淮水, 제수濟水)보다 분명한 것은 없다. 그중 황하가 가장 두드러진다"라고 언급한 것을 보면 중국인의 황하에 대한 숭배와 존경을 가히 짐작할 수 있다.
　자고로 인류는 황하의 혜택으로 문명을 일구어낸 동시에 황하의 연원에 관해 끊임없이 탐구해 왔다. 수원 탐구 목적과 방식, 경험은 서로 달랐어도 탐사의 결과는 언제나 마찬가지였다. 탐사가 부족해 상상력에 호소해 다소 허황되기도 했고, 노정이 정해져 있어 상세하게 살피지 못하기도 했다. 그래서 결국 천년이 지난 지금도 황하의 원류는 단언하기 어려운 부분이다. 황하를 '아홉 구비'라고 말하듯 수원에 대한 탐색도 황하의 수로와 마찬가지로 수많은 곡절을 겪었다.

그대는 보지 못했는가	君不見
황하가 하늘에서 흘러와	黃河之水天上來
바다로 내달아서는 되돌아오지 못하네	奔流到海不復回

천년 전 이백(李白)이 시 「장진주(將進酒)」에서 토한 깊은 탄식은 황하의 근원에 대한 여러 가지 상념을 담아낸 것이 아니었을까? 생명의 근원인 황하는 도대체 어디서 온 것일까? 하늘일까? 하늘이라면 또 어느 방향일까?

최초의 기록 : '적석산' 설과 '곤륜산' 설

상고시대 홍수가 나자 대우(大禹)는 홍수를 다스리기 위해 강의 서쪽으로 거슬러 올라간 다음 적석산(積石山)에서 막힌 곳을 틔워 홍수를 다스렸다는 전설이 있다. 전국시대 대우의 치수 사업을 묘사한 「우공」에는 "황하를 적석산으로 이끌어 용문(龍門)에 이르게 했다"라고 씌어 있다. 황하의 원류에 대한 중국 최초의 기록이다. 그러나 이 기록은 지나치게 간략하여 적석산이 어디에 있는지 알 수가 없다. 만일 강의 원류라면 어떤 모습일까? 이에 관해 「우공」에는 상세한 기록이 없다. 다만 "황하가 적석산을 경유해 흘렀다"라는 점만 알려 줄 뿐이다. 대우가 치수를 목적으로 강을 거슬러 올라 적석산에 도착한 뒤 수리 시설의 측면에서 이곳에 둑을 세우고 홍수를 막았을 수 있다. 그리고 이런 시공을 통해 강물을 용문 쪽으로 보냈을 수 있다. 그렇다면 적석산에서 다시 위로 향했을까? 이것으로 황하의 원류가 적석산에서 나왔다고 주장할 수는 없다. 남조 시기 도홍경(陶弘景)은 "우공이 닿은 곳을 따라가 보았지만, 수원에 이르지 못했다"라고 이야기하고 있다.

적석산에 관해 후대 사람들은 대적석산과 소적석산의 설을 주장했다. 당나라 말기 재상이었던 이길보(李吉甫)는 『원화군현도지(元和郡縣圖志)』에서 "적석산은 당술산(唐述山)으로 지금은 소적석산으로 불린다. 현에서 서북쪽으로 70리 거리에 있다"라고 기록했다. 소적석산의 위치는 대략 지금의 청해성 순화(循化) 살랍족(撒拉族) 자치현 부근이다. 이 책은 또 "황하가 나왔다는 적석산은 서남쪽 강중(羌中)에 있다"라고 기록하고 있다. 여기서의 적석산은 대적석산으로 지금의 아니마경산(阿尼瑪傾山)을 가리킨다. 대체로 대적석산이 「우공」에서 말한 '적석산'이라고 보고 있지만, 그 거리는 지금 알고 있는 원류와는 상당한 거리 차가 있다. 「우공」의 언급으로 수원을 찾을 수는 없었지만, '적석산' 설의 제기는 결국 후대의 수원 탐색이라는 계기를 마련해 주었다.

'적석산' 설 이후 황하가 곤륜산에서 나왔다는 '곤륜산' 설이 등장했다. 이 설은 「우공」보다 시기상으로 다소 늦은 『이아(爾雅)』, 『목천자전』, 『산해경』 등의 지리서에서 언급되었다. "황하는 곤륜산 기슭에서 나왔는데, 그 빛깔이 희다(『이아』)". "천자는 곤륜산에서 나와 종주(宗周)로 만여 리를 들어갔다…… 북쪽으로 하종(河宗)의 마을과 양우(陽紆)의 산까지 도착하는 데 3천4백여 리를 갔고, 양우에서 다시 서쪽으로 황하의 상류까지 가는 데 4천 리를 갔다(『목천자전』)". "황하는 발해(渤海)에서 나왔고, 발해는 다시 서북쪽으로 흘러 우왕이 이끄는 적석산으로 들어갔다(『산해경』)". "적석산의 아래에 석문(石門)이 있는데, 황하가 이곳을 넘어 서쪽으로 흘러들었다(『산해경』)". "돈홍산(敦薨山)에서 돈홍강이 흘러나온다. 서쪽으로 흘러 유택(泑澤 : 신강성 나포박)으로 유입되었다가 곤륜산의 동북쪽 구석에서 나온다. 사실 유일한 황하강의 원류이다(『산해경』)".

위의 기록도 「우공」과 마찬가지로 그 묘사가 지나치게 간략하다. "황하는 곤륜산 기슭에서 나왔다"라고 말했는데 곤륜산은 어디에 위치한 산이며, "황하는 발해에서 나왔다"라고 했는데 발해는 또 어디이며, 양우와 석문은 어디에 위치하는지 이 책들은 더 자세한 설명을 해

주지 않았다. 그뿐만 아니라 기록된 설명마저도 진실과 환상 중에서 환상의 비율이 더 높아 보인다. 『목천자전』에서 언급한 부분도 목왕의 서역 사냥길의 거리를 계산한 것인데, 확실히 마음 내키는 대로 기록한 것이 아니고서야 수천여 년 전에 이토록 상세한 측량이 어떻게 가능했을까?

이 저서들은 「우공」의 '적석산' 설을 기초로 상상력을 펼치며 진일보된 설명을 곁들이면서 황하의 수원이 '곤륜산'에서 나왔다는 가설을 세웠다. 수원을 정확히 설명하지는 않았어도 후세의 수원과 관련된 인식에서만큼은 엄청난 영향을 끼쳤다. 『산해경』에서 황하가 곤륜산에서 나와 유택으로 유입되었다가 적석산으로 흘러들었다고 했는데, 이미 초보적이나마 '복류(伏流)'의 개념을 제시한 것으로 이후 '복류 다원설'을 불러 일으켰다.

장건과 반고의 의견

『산해경』에서 처음 보이는 단예(端倪)의 '복류설'은 서한 시기에 구체화되었다. 기원전 126년 한나라의 도읍 장안이 갑자기 분주해졌다. 황제는 감격해 마지않았지만 조정 대신들은 모두 충격에 휩싸였다. 장안의 남녀노소가 모두 밖으로 뛰쳐나와 이 소식에 관해 떠들어댔다. 이 소란의 발단은 13년간 감감 무소식이었던 사신이 귀국했다는 소식이었다. 13년이란 긴 시간 동안 한나라 왕조는 이미 모래 사막 저 넘어의 서역 땅으로 파견 보낸 사신이 있었다는 사실조차 까맣게 잊고 있었는지도 모른다. 그가 바로 장건이었다.

장건은 한 무제가 내린 대월지와 연락해 흉노족을 공격하라는 사명을 완수하지는 못했지만, 서역의 여러 국가를 돌며 서역과 관련된 많은 상황을 이해하고 있었다. 황하의 수원에 대한 인식도 그가 얻은 수확 중 하나였다. 『사기』 「대완열전(大宛列傳)」에는 장건이 귀국 후 무제에게 보고한 내용이 실려 있다. "우전(于闐 : 신강성 호탄) 서쪽에서는 강물이 모두 서쪽으로 흘러 서해(西海 : 청해성 청해호)로 유입되었고, 그 동쪽에서는 강물(타림 강)이 동쪽으로 흘러 염택(鹽澤 : 신강성 나포박)으로 유입되었다. 염택이 지하로 스며들었는데, 그 남쪽에서 황하의 원류가 나왔다."

잠중면(岑仲勉)은 고증을 통해 장건의 의견은 당시 서역에서 전하던 바를 그대로 따랐던 것이지, 실제로 장건 본인이 나포박에 도착할 수는 없었다고 주장했다. 어찌되었건 이러한 주장은 장건의 입을 통해 당시 유행하던 수원과 관련된 인식으로 자리 잡았다.

장건의 언급과 『산해경』의 내용을 놓고 보면 그 유사성을 발견하기 어렵지 않다. 다른 점이라면 장건이 『산해경』에서 모호하게 언급되었던 곤륜산의 위치를 서역의 '우전' 지역이었다고 밝혔다는 것뿐이다. 『사기』 「대완열전」에는 "그러나 한의 사신이 수원을 끝까지 탐구해 우전에서 나옴을 알았다. 그 산에서는 옥이 많이 나 캐어 왔다. 천자는 고대의 지도책에 근거해 황하의 발원지를 곤륜산이라고 이름 지었다"라고 기록되어 있다. 이렇게 『산해경』에서 "황하가 곤륜산에서 나왔다"라는 '곤륜산' 설은 거의 터무니없다고 여겨졌지만, 한 무제의 흠정(欽定 : 황제가 손수 제도나 법률 따위를 제정하는 일)을 거친 다음 허구에서 사실로 최종 결론이 났다.

동한 시대 반고는 애초 황하의 원류가 하나라는 황하 '일원설'을 원류가 두 개인 '이원설'로 발전시켰다. 즉 장건이 알고 있던 것처럼 황하의 원류가 '우전'에서 시작되었다는 것 외에 파미르 고원을 더해 두 원류가 함께 포창해(浦昌海 : 염택의 다른 이름)에서 모였다는 '이원설'로 발전시켰다. 그 외에도 반고는 황하가 나포박에서 '복류' 한 뒤 '남쪽의 적석산에서 나왔다'고 지적했다. 이렇게 황하의 '복류 다원설'은 정식으로 확립되었다.

그러나 이 견해는 과학적 근거가 부족했다. '복류 다원설'을 주장하는 이들은 두 범주를 벗어나지 않는다. 첫째 하류(河流)에 분명 존재하는 복류 현상이다. 사막에서 늘 포효하는 물소리를 듣고 사방으로 찾아다녔지만, 결국 물이 흐르는 흔적을 찾지 못했다. 그 이유는 바로 강물이 지하로 흘러 소리만 들릴 뿐 그 모습은 찾을 수 없었기 때문이다. 둘째 당시 사람들은 파미르 고원과 우전의 두 물줄기가 합쳐져 나포박으로 유입되는 것을 눈으로 직접 확인했지만 나포박이 한겨울과 한여름에도 전혀 수위의 변화가 없자 전자의 의견을 종합하여 나포박 아래로 틀림없이 복류가 흐르고 있다고 단정했다. 그렇다면 복류의 출발지와 목적지는 어디였을까? 당시 사람들로서는 강이 하서주랑 지대를 따라 동쪽으로 흐르다가 황하에서 복류로 흘러나온 것이라고 여기는 것은 당연했다.

그러나 이 주장은 당시 사람들의 자연지리에 관한 한계점을 그대로 드러낸 착오였다. 내륙호의 수량 평형 과정에 대해 과학적으로 해석할 수 없었기 때문에 일어난 잘못된 추론이었다. 단순히 해발만을 두고 봐도 티베트 고원이 타림 분지보다 높은데, 나포박의 물이 지하 밑으로 천 리를 흘렀다가 다시 적석산으로 흘러나올 수 있었을까?

한나라 이전은 황하 수원에 대한 인식이 사실 요령부득이었다. 장건의 서역행이 있었고, 반고의 동생인 반초도 수년 간 서역을 다녀왔지만 그들의 수원에 대한 인식은 오히려 사람들에게 억지로 『산해경』의 기록에 끌어 맞추려 한다는 의심만을 제공했다. 그러나 일부에서는

'복류 다원설'이 중요한 정치적인 의미를 가지고 있다고 보았다. 즉 중원과 서역의 관계 강화를 위해 복류 다원설이 지리적인 근거를 제공해 주는 셈이었고, 또 한 무제의 서진 정책과도 긴밀한 관계가 있다는 것이었다. 배경이 정말 그러했다면 '복류 다원설'의 유행도 이상할 것은 없었다.

복류 다원설은 후세에 엄청난 영향을 끼쳤다. 황하의 수원에 대한 사람들의 인식이 점차 분명해졌지만 이 설은 사라지지 않은 채 청나라 말까지 계속 이어졌다. 도보렴(陶保廉)은 『신묘시행기(辛卯侍行記)』에서 "강의 두 원류는 모두 곤륜산에서 나왔다. 과거를 고증해 보면 모든 부분이 완전히 일치했다"라고 말할 정도였다. 그러고 보면 복류 다원설도 황하만큼이나 '유구한 역사'를 가지고 있다.

강이 성수에서 나왔다는 견해

세월이 흘러 아름다운 황하의 수원도 수천 년의 적막을 참지 못했는지, 아니면 사람들의 지칠 줄 모르는 탐구 정신에 감후했는지 결국 황하군는 신비한 모습을 서서히 드러냈다.

635년 어느 날 중원의 두 사람이 성수천(星宿川)에 도착했다. 그들은 당나라의 장군 후군집(侯君集)과 강하왕(江夏王) 이도종(李道宗)이었다. 그들은 단순히 강의 수원을 찾아 온 것이 아니라 토욕혼(吐谷渾 : 4세기 중엽 이후부터 7세기까지 청해성 및 감숙성 남부를 지배한 몽골계 유목민인 선비족이 세운 나라) 군대를 추격해야 하는 중대한 임무를 띠고 있었다. 당 건국 초기 토욕혼이 끊임없이 중원을 침략하자 태종은 단호한 반격 정책을 채택했다. 634년 이정(李靖)은 서역으로의 바닷길 행군을 총괄하며 두 곳에서의 공격을 지시했고, 그중 한 곳을 후군집과 이도종이 맡았다. 그들은 2천여 리에 달하는 허허발판을 지나는 험난한 행군을 시작했다. 그곳은 한여름에도 서리가 내리고 눈이 많이 쌓여 수초마저도 보이지 않았다. 그들은 황하의 수원 지역에서 일련의 전투를 벌였다. "성수천을 지나 백해(柏海)에 도착한 다음, 북쪽으로 적석산을 바라보니 수원이 보였다."

성수천은 지금의 성수해(星宿海)고, 백해는 찰릉호(紮陵湖)이다. 인간이 발원지에 도착했다는 역사상 최초의 명확한 기록이지만, 그들이 수원에 대한 정확한 인식을 가졌다고는 볼 수 없다. 청나라의 만사동(萬斯同)은 후군집과 이도종이 토욕혼으로 원정을 떠났으니 군무가 다 망했을 텐데, 사전에 황하의 원류가 이곳에서 나온다는 것을 몰랐다면 과연 침착하게 주둔해서 멀리 조망할 수 있었을까라고 지적했다. 원류가 성수천에서 나왔다는 인식은 그 이전부터 있었다는 것을 알 수 있다.

'성수천' 설은 진(晉)의 장화(張華)가 쓴 『박물지(博物志)』에서 최초로 보였다. 그러나 『박물지』는 이미 오래전에 소실되어 근거로 삼을 수 없다. 이처럼 '성수천' 설이 서진부터 시작되었다는 확실한 자료는 남아 있지 않지만 수원에 대한 인식은 상당히 진보적이었음은 짐작할 수 있다.

정화와 같은 시대에 살았던 두예(杜預)는 『춘추석례(春秋釋例)』「토지명(土地名)」에서 황하의 원류를 설명하며, "황하는 서평(西平)에서 서남쪽으로 2천여 리 밖에서 나왔다"라고 밝혔다. 서진의 평군(平郡)은 지금의 청해성 서녕 동부 지역으로 두예의 설을 따라 추론해 본다면 이곳은 현재 바얀하르 산(巴顏喀拉山) 북쪽 기슭에서 발원한 수원과 일치하는데, 기록되어 있는 여정 속의 거리를 살펴보면 지금의 가일곡(卡日

曲) 발원지에 상당히 근접한다. 기록이 너무 간단해 그 발원지가 가일 곡임을 함부로 단정할 수는 없지만 성수해의 서쪽임은 의심할 여지없는 사실이다.

수(隋)나라 대업(大業) 5년(609) 토욕혼 정벌에 직접 나섰던 양제(煬帝)는 적을 대파한 다음 서쪽으로 도주하는 토욕혼의 왕 복윤(伏允)을 억류시키는 한편, 그곳에 사군(四郡)을 설치하고 그중 하나를 '하원군(河源郡)'이라 명명했다. '하원군'이 관할한 지역은 지금의 청해성(青海省) 공화현(共和縣), 흥해현(興海縣), 동덕현(同德縣), 마심현(瑪沁縣) 등지로 발원지에 미치지는 않지만 그 군의 이름이 '하원'인 것을 보면 발원지가 그 근처이거나 청해성 서남쪽의 '성수해'를 가리키는 것일 수 있다. '하원군'의 설치는 발원지 인식이라는 점에서 볼 때 중요한 의미를 가지는데, 이에 대해 황성장(黃盛璋)은 하원군의 설치가 '서역 파미르의 타림 강이 발원지라는 한나라 시대의 주장에 대한 첫 부정'이었다고 말했다.

진나라 이후 황하의 발원지에 대한 인식은 끊임없이 발전해 왔다. 당나라의 후군집과 이도종이 처음으로 "강의 발원지를 보았다"고 한 뒤 정관 15년(641년) 당나라와 토번 간의 통혼이 있었고, 이도종이 선물을 가지고 문성공주(당 태종의 수양 딸)의 서역행을 배웅했을 때 "토번의 국왕격인 송찬간포(松贊干布)가 병사를 이끌고 친히 발원지에서 그들을 맞이해 주었다"라고 역사서에 기록되어 있다. 이로써 문성공주가 티베트로 들어갈 때 강의 발원지를 지났음을 알 수 있다.

이처럼 이도종이 채 십 년도 안 되는 기간 동안 황하의 발원지를 두 차례나 왕래했다는 사실은 그가 당시로서는 발원지와 가장 인연이 깊었던 중원 사람이었음을 말해 준다. 그러나 두 번째 발원지를 지나갔을 때 그는 토번에 시집가는 자신의 친딸을 호송하고 있었다. 이런 상황에서 그가 성수천에 말을 세워 두고 '강의 발원지를 바라볼 정도의' 호방한 기백과 우아한 흥취는 없었으리라 추측해 본다. 이도종이 두 차례나 발원지에 도착했지만 발원지와 관련해 단 한 마디도 남기지 않았다는 사실이 안타깝다.

이후 장경(長慶) 2년(882년) 당과 토번의 2차 회맹에서 당나라의 대리경(大理卿)과 유원정(劉元鼎)이 회맹(會盟)의 사절로 토번으로 가던 중 발원지를 거쳐 가면서 중요한 말을 남겼다. "강의 상류는 요홍(繇洪)과 제량(濟梁)의 서남쪽으로 약 2천여 리를 흘렀다. 강폭이 점점 좁아져 봄에는 건널 수 있지만 여름과 겨울에는 배를 타야 했다. 남쪽으로 3백여 리 밖에 있는 삼산(三山)은 중간 고도의 산으로, 위로 올라 사방을 내려다보니 자산(紫山)이 보였다. 오랑캐들은 그 산을 민마려산(悶摩黎山)이라고 불렀다. 그곳에서 장안은 동쪽으로 5천 리 길로 황하의 수원은 그 중간에 있었다. 맑은 물이 천천히 흐르다가 합쳐지면서 붉은색을 띠었다. 더 멀리 흘러갈수록 강물은 더욱 혼탁해졌다. 그래서 세상 사람들은 이 오랑캐 땅을 일러 '하황(河湟)'이라고 불렀다."

후대 사람들의 고증에 의하면 민마려산은 지금의 바얀하르 산으로 유원정이 황하의 발원지를 바얀하르 산으로 본 것은 발원지 인식 역사에서 또 하나의 쾌거인 셈이다. 다만 그가 단순한 여행의 형식을 취해 발원지를 지나면서 보고 들은 바를 묘사한 것이라 그의 설을 근거로 발원지의 정확한 위치를 판단할 수는 없다.

황하의 발원지에 대한 사람들의 끊임없는 인지로 발원지를 그린 지도까지 등장했다. 당나라의 가탐(賈耽)이 그린「농우산남도(隴右山南圖)」와「해내화이도(海內華夷圖)」는 강의 발원지를 그렸다고 하지만 안타깝게도 전하지 않는다. 그러나 현재 서안의 비림(碑林)에는 남송 때 (1136년)에 새긴「화이도(華夷圖)」가 아직도 남아 있는데,「해내화이도」

를 근거로 축소시켜 완성시켰다는 이 지도에서 본래의 지도 일부나마 그 흔적을 엿볼 수 있다. 이 지도에는 발원지가 곽주(廓州 : 청해성 화륭 化隆 회족 자치현 서쪽이자 황하의 북쪽 기슭) 서쪽의 비교적 먼 지역으로 그려졌지만, 방위를 살펴보면 그 위치가 원래의 발원지와 대단히 근접함을 알 수 있다.

당나라 시대엔 발원지에서의 활동이 점차 증가하면서 발원지에 대한 인식도 점차 '성수해' 일대로 옮겨갔다. 그들은 엉겁결에 발원지를 발견해 냈지만 아름다운 발원지도 그들을 향해 손을 흔들어 주었다.

하나의 상상 속의 기원

'성수해' 란 이름은 당나라 초기나 그보다 더 일찍 알려져왔다. 이름의 명명에는 반드시 이유가 있기 마련이지만 그에 관한 상황을 사적에서 찾을 수 없었는데, 그 안타까움은 원나라 시대에야 보완되었다.

원나라 지원(至原) 17년(1280년) 위풍당당한 대오가 발원지에 도착했다. 대오의 수령격인 도실(都實)은 중국 역사에 등장하는 소수 민족 여행가 중의 한 사람으로, 그는 원나라 황제 쿠빌라이의 어명을 받들어 오로지 발원지만을 찾으러 왔다는 점이 과거 발원지에 도착했던 사람들과는 달랐다.

이번 발원지 탐색은 발원지에 성을 지어 현지에서 상인들 간에 교역이 가능하게 함은 물론 항운을 관리해 공물을 발원지에서 경성으로 운반하기 위해서였다. 이 방대한 계획은 실행 가능 여부를 떠나 쿠빌라이의 계획에 따라 착수되었다. 강의 발원지에서 연구 고찰을 마친 도실은 겨울임에도 돌아가 보고를 올리는 동시에 성을 지도에 그려 위치를 알렸다.

도실이 그린 지도는 현재 남아 있지 않다. 한림시독(翰林侍讀)인 번앙소(潘昂霄)는 도실의 동생 활활출(闊闊出)과 함께 '사신의 신분으로 경기(京畿) 서쪽 지방을 위문 차' 방문해서 두 사람이 대화를 나누던 중 활활출은 우연히 형 도실을 따라 발원지를 조사하러 갔던 일을 이야기했는데, 그의 말에 화들짝 놀란 번앙소는 활활출에게 그에 관한 상세한 얘기를 부탁하고, 그것을 토대로 『하원지(河源志)』를 저술했다. 이후 원나라의 도종의(陶宗儀)가 쓴 『남촌철경록(南村輟耕錄)』에도 수록된 이 글은 지금까지 발견된 것 가운데 황하의 발원지와 관련된 최초의 저서이다. 그 외에 『남촌철경록』에 수록되어 있는 「황하원도(黃河源圖)」는 도실이 그렸다는 본래의 지도와도 관련 있는데 현존하는 발원지 관련 최초의 지도이다.

그렇다면 도실이 보았던 발원지는 어떤 모습이었을까? 『하원지』에는 "발원지는 토번의 타감사(朶甘思) 서쪽 변경 지역에 있었다. 샘이 백여 개나 되는데, 어떤 것은 샘이고 어떤 것은 땅에 고인 물이었으며, 진펄도 여기저기 흩어져 있는데 그 넓이가 무려 7, 80여 리나 달했다. 게다가 진흙도 많고 사람들의 왕래도 너무 많아 가까이 다가가 보고 싶었지만 그럴 수 없었다. 그 옆의 높은 산을 올라 아래를 바라보니 마치 줄지은 별처럼 반짝반짝 빛이 났다. 그래서 화돈뇌아(火敦腦兒)라는 이름으로 불리게 되었다. 화돈은 '성수(星宿)', 즉 별을 뜻한다"라는 기록이 있다.

한번 상상해 보자. 백여 개의 맑은 샘이 사방 7, 80리에 산재해 있어 햇볕이 내리쬘 때 샘물에 반사되면 그 모습은 드넓은 밤하늘에서 빛나는 별과 같을 터이니 그야말로 그 모습에 걸 맞는 이름이었다.

성수해에 관한 도실의 묘사로 사람들의 "황하가 성수해에서 나왔

황하의 발원지를 기록한 최초의 지도 「황하원도」

다"는 설을 인정하는 동시에 현지 조사를 통해 '복류 다원설'은 부정되었다. 한대부터 '복류 다원설'이 전해 내려오면서 이에 대해 의구심을 가진 사람들이 있었다. 당나라의 두우(杜佑)는 '포창해'가 '서역에서 저절로 흐르다가 저절로 멈춘 강'인데다 적석산과 통하지 않는다는 점을 들어 의심한 바 있었다. 도실은 이 점에 대해서 현지 조사를 통해 "그곳 사람들에게 물으니, 우전과 파미르에서 흘러나온 강물이 모두 아래로 흘러 사막으로 흩어졌다고 했다"라며 "황하의 발원지는 포창해가 아닌 것은 확실하다"라고 밝혔다.

『하원지』는 도실이 조사한 발원지를 차례로 기술하다가 성수해에서 멈추었다. 「황하원도」에 표시된 발원지도 역시 성수해에서 멈춘 것으로 보아 당시 중원에서는 이미 성수해를 발원지로 보고 있었음을 알 수 있다. 그러나 도실과 거의 비슷한 시기에 등장한 지리학자 주사본(朱思本)은 이와 상반되는 자료를 손에 넣었는데, 그는 그 자료를 근거로 "황하의 강물은 땅에서 솟아나 우물이 되었다. 백여 개의 우물이 동북쪽으로 백여 리를 흘렀다가 모여 큰 연못을 이루었는데, 그것을 '화돈뇌이(火敦腦爾)'라고 불렀다"라고 주장했다. 이 설에 따른다면 성수해는 화돈뇌이에서 서남쪽으로 백여 리 떨어진 곳에 위치하며 발원지도 따로 있었다. 원나라의 주사본은 팔리길사가(八里吉思家)에서 황제의 군대가 소장하고 있던 범문(梵文 : 인도의 고대 문자) 지도를 손에 넣었다. 범문으로 된 그 지도에 의하면 그 당시 혹은 그보다 더 빠른 시기부터 장족은 이미 성수해가 황하의 발원지가 아니며, 황하의 발원지는 서남쪽 백여 리 밖이라고 보았음을 알 수 있다.

주사본의 「여지도(輿地圖)」는 후에 소실되었고, 명나라 시대에 주사본 「여지도」의 체제를 따른 「양자기발여지도(楊子器跋輿地圖)」가 나왔다. 지도에는 성수해의 아래쪽으로 상당히 짧은 꼬리가 두 줄기 그려져 있다. 구체적으로 무엇을 가리키는지는 알 수 없지만, 사람들의 시선은 이미 성수해를 벗어나 더욱 새로운 목표를 찾고 있었다.

그 외에 명나라 홍무(洪武) 15년(1382년) 승려 종륵(宗泐)은 명을 받고 티베트에서 돌아오는 길에 발원지를 지나게 되자 「발원지를 바라보며」란 시를 지었다. 시의 도입부에서 황하의 수원이 바얀하르 산의 동북쪽에서 나왔고, 바얀하르 산은 황하와 장강 상류의 분수령임을 지적했다. 이는 발원지에 대한 인식에서 대대적인 돌파구가 되었다.

「발원지를 바라보며」의 후반부에는 "한나라의 사신이 발원지를 찾았지만 오히려 그 맥점을 얻지 못했네. 마침내 서역의 이민족에게 명하노니, 천하가 중국을 비웃는다네. 이곳을 지나는 이 노객, 바라보니 길게 한탄만 나오고, 말을 세워 놓고 찬 북풍을 맞고 있네. 고개를 돌려보니 외로이 떠 있는 흰 구름 뿐"이라고 노래했다. 장건이 서역에서 돌아와 황하의 '복류설'을 제기한 때부터 계산해 보면 황하 탐구는 이미 천여 년의 역사를 갖고 있다. 하지만 황하의 발원지에 대해서는 줄곧 확실히 결론을 내리지 못하는 답보 상태가 계속되었으니, 노스님이 지난날을 회상하며 길게 탄식하는 것도 당연할지 모른다.

진짜 발원지는 정확히 어디인가에 대한 논쟁

청나라 초엽, 중원 지역과 발원지 간의 왕래가 더욱 빈번해지면서 사람들은 황하 상류에 '세 개의 지류'가 있다는 것을 알게 되었다. 그러나 구체적인 상황에 대해서는 여전히 오리무중이었다. 지리에 깊은 관심을 보이던 강희제(康熙帝)는 강희 43년(1704년)에 납석(拉錫)과 서란(舒蘭)에게 발원지를 찾도록 명하면서 청나라 관리들의 발원지 고찰이 시작되었다.

납석 일행은 그해 6월 악릉호(鄂陵湖)와 찰릉호에 도착한 다음 성수해의 서부에 닿았다. 납석은 일련의 탐색을 거친 뒤「성수하원도(星宿河源圖)」를 제작하여 강희제에게 보냈고, 서란도『하원기(河源記)』를 저술했다. 납석은 강희제에게 자신이 성수해 지역에서 '삼산(三山)의 샘물이 세 지류에서 흘러나오는' 광경을 직접 목도했다는 상주서를 올렸지만, 이 세 지류에 대한 진일보된 측량 조사를 펼치지 못했고 세 지류 중 어느 것이 진짜 발원지인지도 지적하지 않았다. 당시 그들은 세 지류 모두를 황하의 상류로 보았다.

강희 56년(1717년)에는 지도 제작을 위해 라마 승려 초이심장포(楚爾沁藏布)와 난목점파(蘭木占巴), 이번원(理藩院)의 주사(主事)인 승주(勝住)

제소남의 초상

등을 발원지로 보냈고, 이듬해 「황여전람도(皇輿全覽圖)」가 완성되었다. 지도에는 황하 상류의 세 지류가 그려져 있으며, 그 중간 지류를 '아이탄필랍(阿爾坦必拉)'으로 표기했다.

건륭 중엽에 제소남(齊召南)은 「황여전람도」와 기타 자료를 이용해 『수도제강(水道提綱)』을 저술했다. 제소남은 천하의 강 수로를 낱낱이 열거하는 한편 발원지의 수계에 관한 묘사도 덧붙였다. "황하는 성수해의 서쪽과 바얀하르 산의 동쪽 기슭에서 발원했는데, 두 샘은 수 리를 흘러 동남쪽에서 합해졌다. 이곳을 아이탄(阿爾坦) 강이라고 불렀다…… 그리고 동쪽으로 수십 리를 흐르다 동북쪽으로 방향을 바꿔 악돈타랍(鄂敦他拉)에 이를 때까지 수백 리를 흘렀다. 그곳이 바로 과거의 '성수해' 이자 『원사(元史)』에서 언급했던 '화돈뇌아'였다. 발원지에서 이곳까지는 삼백 리 거리이다…… 아이탄 강을 발원지로 찾은 사람이 아무도 없었다. 성수해를 알기 시작하면서도 그 서쪽에 이미 원래의 발원지가 있었음을 알아차리지 못했다. 몽고에서는 '금'을 아이탄이라고 부르는데, 강물의 색깔이 다소 누렇고 대단히 세차게 흘러간다는 의미를 가지고 있다. 이것이 진정한 황하의 수원이다…… 아이탄 강의 동북쪽에서 여러 샘물들이 모였다. 북쪽에는 바얀하르 산의 남서쪽으로 흘러내려온 물줄기가 있고, 남쪽으로는 합라답이한(哈喇答爾罕) 산의 북쪽에서 내려오는 물줄기가 있는데, 현지인들은 이 세 강을 고이반색이마(古爾班素爾馬)라고 불렀다. 동남쪽의 '사영해(查靈海)'로 유입되었다."

이로 알 수 있듯이 『수도제강』에는 황하 상류의 세 지류 중 가운데 지류인 아이탄 강(阿爾坦必拉)을 진짜 발원지로 정했다. 제소남의 묘사에 따르면 아이탄 강은 지금의 약고종렬곡(約古宗列曲)이고, 그 북쪽 파이합포(巴爾哈布) 산의 서남쪽에서 흘러나오는 강은 찰곡(紮曲)이며, 남쪽 합라답이한 산의 북쪽에서 흘러나오는 강이 가일곡(卡日曲)이다.

여기까지 보자면 황하 발원지에 관한 탐사 작업은 이미 성공적인 결과를 얻은 것 같지만, 사실은 그렇지가 못했다. 황하의 진짜 발원지가 어디냐는 논쟁의 서막을 열었을 뿐이었다.

건륭 47년(1782년) 황하의 제방이 뚫려 도저히 막을 수 없자 건륭제는 건청문의 시위(侍衛)였던 아미달(阿彌達)을 보내 '강의 발원지를 끝까지 밝혀내길' 기원하는 제사를 올리도록 했다. 아미달은 청나라 관리로서 강의 발원지를 찾아 나선 세번째 인물이었다. 아미달은 제사를 지낸 뒤 건륭 황제에게 보고를 올리면서 세 지류를 언급했다. 즉 북쪽과 가운데 강물은 녹색인데 반해, 남쪽 강물이 황색임을 보고 황색 강을 따라 상류로 올라가 결국 그곳을 강의 발원지로 삼았다. 재미있는 점은 그가 붙인 이 지류의 이름인 '아륵단곽륵(阿勒坦郭勒 : 곽륵은 강)'이 제소남이 붙인 세 지류 중 중간 지류인 아이탄 강과 같은 이름이어서 후세에 어느 강이 도대체 '약고종렬곡' 인지 '가일곡' 인지에 관한 논쟁을 불러 일으켰다. 아미달이 말한 위치와 묘사한 강의 주위 상황으로 볼 때 이 강은 세 지류 중 가일곡을 가리켰다. 그후 건륭제는 아미달의 조사에서 발견한 발원지가 황하의 진짜 발원지임을 선포하면서 제소남이 주장한 약고종렬곡의 발원지 주장은 부정되었다.

황하의 발원지, 1978년 허원 지구 감사단

아미달의 발원지 고찰에는 작은 에피소드가 있었다. 고찰대가 귀국한 뒤 건륭제는 기윤(紀昀) 등에게 『하원기략(河源紀略)』을 편찬토록 명했다. 건륭제는 당시 황하의 '복류 다원설'을 굳게 믿고 있었기에 이 책의 편찬자들은 황제의 '뜻'에 영합하기 위해 현지 조사를 통해 부정된 '서역의 발원지'와 실지 조사를 통해 입증된 '토번의 발원지'를 적절히 조합한 다음, 억지로 타림 강과 나포박을 가일곡의 위쪽과 연결시켰다. 과거와 다른 점이라면 적석산을 가일곡으로 바꾼 점이었다.

황하의 진짜 발원지가 어디냐는 문제는 후세에 다시 반복되었다. 1952년 중국 당국의 지원 하에 대규모 발원지 탐사 활동이 진행되었다. 황하의 발원지 탐사대는 4개월간 무려 5천 리에 달하는 노정에서 풍부한 자료를 수집한 다음 약고종렬곡이 황하의 발원지라는 결론을 내렸지만, 이 설은 오히려 많은 논쟁을 불러오고 말았다. 1978년 청해성은 관련 단체를 조직해 발원지에 대한 1개월간의 조사를 진행하면서 가일곡이 황하의 발원지라고 확정짓는 한편, 가일곡의 길이에 근거해 다시금 황하의 총 길이를 5,464km라고 밝히면서 황하의 진짜 발원지와 관련된 논쟁은 일단락되었다. 황하의 발원지 탐색 과정 중에서 불거진 진짜 발원지 논쟁은 가일곡과 약고종렬곡 두 근원지에 관한 논쟁이었고, 찰곡은 그 길이가 짧고 규모가 작아서 계속 사람들의 주목을 받지 못했다.

가일곡을 황하의 발원지로 확정짓다

학술계는 진짜 발원지에 관해 통일된 기준을 내놓지는 않았지만, 그 길이나 유입량, 유역의 면적, 전통 습관 등의 요소에 따라 종합적인 분

황하의 진짜 발원지 가일곡 지역

석이 필요하다고 보았다. 1978년 가일곡을 진짜 발원지라고 정한 것은 바로 이런 종합적인 요소를 참고해 내린 결정이었다.

1) 가일곡은 약고종렬곡보다 25km가 더 길다.
2) 가일곡의 유입량은 1초당 6.3m³인데 반해 약고종렬곡은 1초당 2.5m³에 불과하다.
3) 가일곡은 지류가 많아 유역 면적이 3,126km²에 달하는데, 약고종렬곡은 지류가 가일곡보다 적을 뿐만 아니라 유역 면적도 2,372km²에 불과하다.
4) 역사와 전통의 입장에서 가일곡이 티베트로 들어가는 대로(大路)였다면 약고종렬곡은 티베트로 들어가는 교통로 역할을 하지 못했다.

역사적 의의를 갖는 수차례의 발원지 탐사에서도 대부분 가일곡을 탐사 대상으로 삼았다. 청나라의 아미달이 가일곡에 도착해 발원지를 찾게 해 달라고 올린 제사는 말할 것도 없고, 원나라 시대의 주사본, 명나라 시대의 종륵도 불확실하긴 했지만 모두 가일곡을 지적했다. 라마 승려였던 초이심장포와 난본점파만 약고종렬곡을 발원지라고 주장한 것으로 보아도 부족함을 피할 순 없다.

어느 것이 진짜 발원지냐는 사실을 떠나 가일곡과 약고종렬곡이 모두 황하의 주요 원천인 것만은 분명하다. 두 원류에 찰곡이 합해져 성수해로 유입된 다음 마곡(瑪曲)으로 방향을 바꾸었다가 찰릉호와 악릉호로 유입되었고, 다시 동쪽으로 방향을 바꿔 흐르는 총 길이 5,464㎞의 '돌아오지 않는' 황하를 이루었다.

황하의 물은 예부터 쉼 없이 흐르고 있다. 발원지를 탐사했던 이들의 흔적은 이미 세월의 흔적 속에 묻혀 찾을 순 없지만, 장건의 비범했던 이상과 후군집 및 이도종의 장한 포부는 충분히 느낄 수 있다. 탐사 당시의 감정, 광경, 사람들은 이미 시처럼, 그림처럼, 그리고 바람처럼 사라져 버렸다. 그렇다면 발원지는? 과거처럼 발원지는 여전히 아름답다.

쉼없이 지평선 너머로 흐르는 장강

장강 발원지 탐색

내 집이 산보다 더욱 서쪽이라	我家此山更西住
민산(岷山) 발원지 바로 보았네	正見岷山發源處
삼파의 봄 안개와 눈발 처음으로 걷히고	三巴春霧雪初消
구비구비 동으로 흘러가네	百折千回向東去
강물 동으로 만 리를 흐르니	江水東流萬里長
이젠 타향을 떠돌겠네	人今漂泊向他鄕
안개 자욱한 수면 위로 풀빛이 때론 원망을 잡아끌고	煙波草色時牽恨
비바람 속 원숭이 울음소리에 창자 끊어질 것 같다네	風雨猿聲欲斷腸

'명초 4걸(明初四傑)' 중 한 사람으로 꼽히는 양기(楊基)의 시 「장강만리도(長江萬里圖)」는 장강(양자강揚子江)이 수백 번 수천 번 굽이굽이 흘러가는 모습과 함께 바람 따라 정처 없이 걷는 방랑자의 절절한 고향 생각을 담고 있다. 중국 최대의 강인 장강의 총 길이는 6,300km로 '어머니의 강'으로 불리는 황하보다도 더 길며, 라틴 아메리카의 아마존 강, 아프리카의 나일 강, 미국의 미시시피 강과 함께 '세계 4대 강'으로 불린다.

　장강은 풍부한 수량과 끝없이 이어지는 물길로 황하와 함께 중국의 유구하고 찬란한 문명을 배양해 냈고, 장강의 중요성 때문에 중국의 옛 사람들은 일찌감치 그것의 상류를 이해하기 위해 애썼다. 양기는 시를 통해 절절한 고향 생각만 나타낸 게 아니라 민산을 장강의 발원지로 보았다. 이는 작가 혼자만의 생각이 아닌, 당시 장강의 원류에 대한 보편적인 인식이었다. 이러한 인식의 시작은 멀리 춘추전국시대까지 거슬러 올라간다. 그때부터 장강에 대한 탐구는 단 한 차례도 멈춘 적이 없었으며, 강의 원류도 사람들의 끊임없는 탐구 속에서 점차 명확해졌다.

우공의 전설 '민강 원류설'

"멀고 먼 옛날 하늘에서 신령스런 송아지 한 마리가 지금의 장강 발원지로 내려왔다. 땅에 엎드린 송아지의 두 콧구멍에서 밤낮으로 물이 뿜어져 나왔다. 하루가 지나고, 일 년이 지나고, 또 여러 해가 지나자 결국 그 물이 하늘까지 통하는 '통천하(通天河)'가 만들어졌다." 이 이야기는 장족 유목민 사이에 전해지는 전설로, 그들은 '통천하'를 '직곡(直曲)'이라고 불렀다. 그들에게 '직'은 송아지, '곡'은 강을 의미했다. 이 전설은 장족 유목민이 만들어낸 장강 상류 통천하에 대한 인식이었지만, 중원 사람들의 발원지에 대한 인식은 처음부터 잘못되어 있었다.

「우공」에 "장강은 민산에서 나왔고, 그 동쪽은 타강(沱江)으로 불렸다"라는 기록이 있다. 실제로 「우공」에 서술된 것은 우왕이 홍수를 막기 위해 민산에 도착해 공사를 벌여 장강을 다스렸다고 한 것에 불과한데, 후세 사람들이 이를 근거로 민산을 장강의 발원지로 생각했다.

『순자(荀子)』「자도편(子道篇)」에서 공자가 제자인 자로(子路)의 화려한 옷을 보고 그를 꾸짖으며, "자로야, 예부터 강은 민산에서 흘러나왔다. 그러나 그 근원은 겨우 술잔에 넘칠 정도로 적은 양의 물이었다. 그런데 하류로 내려오면서 물의 양도 많아지고 흐름도 빨라져 배를 타지 않고는 강을 건널 수 없었고, 바람이라도 부는 날에는 배조차 띄울 수 없었다. 이는 모두 강물의 양이 많아졌기 때문이다"라고 한 점이나 진(晉)나라의 곽박(郭璞)이 「강부(江賦)」에서 "오로지 민산만이 장강의 발원지인데, 처음에는 겨우 술잔에 넘칠 정도에서 발원되었다"라고 한 점을 따져볼 때 당시 발원지에 관해 어떤 인식이 유행했는지 가히 상상할 수 있다.

일반인은 「우공」이 말한 대로 장강의 원류가 흐르는 산은 지금의 사천성 북부에 있는 민산이고, '강의 원류가 민산에서 나왔다'는 말은 바로 지금의 민강을 가리키는 표현으로 알고 있다. 후에 고힐강은 「우공」에서 말한 '민산'은 사천의 민산이 아니고, 장강의 발원지도 민산의 민강이 아니라고 고증했다. 그는 『한서』「지리지」에서 말한 "농서군의 서쪽에 우공의 파총산(嶓冢山)이 있다. 서한(西漢)에서 나와서 남의 광한(廣漢)으로 유입되었다"라는 대목이 바로 「우공」에서 말한 민산과 강의 원류라고 밝혔다. '파총산'은 지금의 감숙성 천수(天水)에서 서남쪽으로 120리 밖에 있는 파총산이고, '서한'은 가릉강(嘉陵江)이다. 다만 한대의 사람들은 지금의 민강을 발원지로 보았고 가릉강의 상류를 서한수(西漢水)라고 불렀다.

그러나 한나라 시대 이후 사람들은 「우공」이 언급한 발원지를 얘기하면서 일반적으로 현재 민산의 민강을 가리켰다. 『수경주(水經注)』에서 "민산은 촉군(蜀郡) 저도현(氐道縣)에 있는데, 큰 강이 흘러나와 남동쪽으로 흘러서 그 현의 북쪽을 지나갔다"라고 했고, 역도원(酈道元)

은 『수경주』에 주해를 달아 "강의 원류는 지금 우리가 들은 대로 처음에는 양박령(羊膊嶺) 아래에서 시작되었다가 기슭을 따라 흐르다 흩어졌다. 지류들이 백여 개에 달했지만 크기가 작지 않았다"라고 했다. 상거(常璩)는 『화양국지(華陽國志)』에서 "민산은 옥초산(沃焦山)이라고도 불렸다. 산기슭 지점은 양박령으로 강물이 나왔다"라고 했다. '양박'에 관해 남송 말년의 왕응린(王應麟)은 『통감지리통석(通鑒地理通釋)』에서 "강의 발원지는 철표령(鐵豹嶺)으로, 그곳은 양박의 또 다른 이름이다"라고 언급했다.

이러한 내용을 종합해 보면 이전 사람들은 「우공」을 기초로 진일보한 분석과 연구를 통해 다음과 같은 결론을 내렸다. "민강은 장강의 원류로, 사천성 경내의 민산(옥초산으로도 불림) 산기슭 양박령(철포령으로도 불림)에서 흘러 나왔다." 이후에 일부 사람들은 민강의 상류 두 곳— 민산 양박령 봉우리 동쪽에서 나오는 북쪽 상류와 민산 양박령 봉우리 남쪽에서 나오는 남쪽 상류 — 이 사천의 송반(松潘) 경계에서 합쳐진 뒤 의빈에서 금사강(金沙江)으로 유입되었다고 보기도 했다.

지금 보면 당시 장강의 원류에 대한 탐색이 이미 잘못된 길로 들어섰음이 확실하지만, 이런 잘못된 인식을 가진 데는 나름의 이유가 있었다. 우선 객관적으로 춘추전국시대 이전 민산 동쪽 지역은 파촉(巴蜀)의 풍요로운 지역이었지만 금사강 유역은 그렇지 못했다. 중원의 눈으로 보자면 '남서의 오랑캐' 지역에 위치해 있었기 때문이다. 그리고 두 곳은 지세가 험준하고 산세가 높은데다 급류 때문에 사람들의 왕래가 적었다. 그래서 금사강의 원류가 얼마나 긴지에 대한 이해가 부족했기 때문에 그리 가깝지 않고 유입량도 비교적 많은 민강을 장강의 주 발원지로 보았던 것이다. 주관적인 관점에서 「우공」은 '성인' 대우가 지은 작품(당연히 옛 사람을 가짜로 빌린 것)으로, 『상서』의 한 편일 뿐이다. 『상서』는 '성인' 공자가 편찬·수정한 작품으로 고대에는 '경서'로 열거되면서 사대부는 그것을 모범으로 삼았기 때문에 「우공」의 권위와 후세의 저자 및 독자에게 어떤 영향력은 미쳤는지 어렵지 않게 이해할 수 있다. 고힐강도 "이후 반고가 지은 『한서』「지리지」나 역도원의 『수경주』및 당·송의 여러 지리서들은 하나같이 「우공」을 주요 탐구 대상으로 삼으며 엄숙함과 존경의 태도로 그 책을 대했다"라고 언급한 바 있다.

「우공」이 이후의 장강 발원지 탐색을 잘못된 방향으로 인도했고 그 영향력도 사뭇 컸지만 발원지에 대한 정확한 탐색을 멈추게 하지는 못했다. 사회 발전을 따라 인류의 탐사도 점차 심오해지면서 차츰 「우공」의 '민산 원류설'의 속박에서 벗어나 훨씬 넓은 시야를 가지게 되었다.

금사강에 이르다

춘추전국시대 각 나라는 서로 군대를 동원해 토지를 약탈하고 중원을 제패하는 것 외에도 국력을 강화하기 위해 끊임없이 변방으로 진출해 영토를 확장했다. 이런 영토 확장을 통해 사람들은 지리적 지식을 점차 넓혀 나가며 진짜 발원지를 탐색해 나갔다.

『한서』「서남이열전」에는 초나라 위왕(威王)이 장교(莊蹻)에게 군대를 통솔해 장강을 따라 북상하여 파군(巴郡)과 검중군(黔中郡)의 서쪽 지역을 경유토록 명령했다. 드디어 전지(滇池 : 운남성 곤명에 있는 호수)에 도착한 장교 일행은 군대의 위력으로 수천 리에 달하는 비옥한 토지를 초나라의 영토로 편입시켰다. 그러나 장교가 다시 초나라로 돌

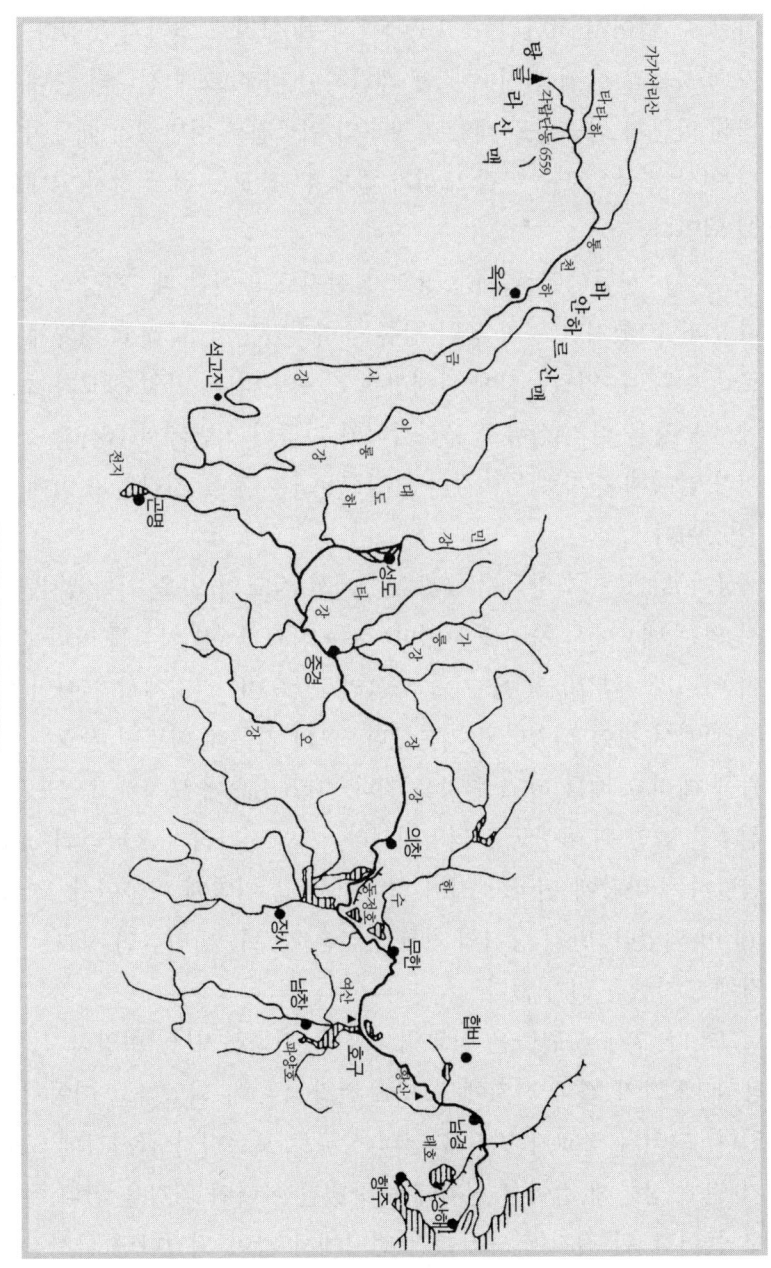

창강 유역 시의도(長江流域示意圖)

2장 평지에서 고산까지 217

아갈 수 없어서 초나라는 그곳에서 어떤 실리도 챙기지 못했다. 장교가 병사들과 함께 전지 주위를 개간하던 바로 그때 진나라 군대가 출병해 파군과 검중군을 빼앗고 장교의 귀국길도 차단했기 때문이었다. 더 이상 고국으로 돌아갈 도리가 없게 된 장교는 결국 전지 일대의 왕이 되었다.

『한서』「서남이열전」에는 장교가 전지로 들어갈 때 "장강의 상류를 따랐다"고 했지만 얼마 동안 상류를 따라갔는지, 그리고 어떻게 전지로 들어갈 수 있었는지에 관해서는 기록이 없다. 만일 장교가 초나라에서 민강을 따라 상류로 올라갔다가 지금의 의빈에서 금사강으로 들어가 남하해 전지로 들어갔다면 장교는 금사강을 지나간 첫번째 인물일 것이다.

상거(常據)는 『화양국지(華陽國志)』에서 장교의 일을 기록했지만 『한서』와는 내용에서 차이를 보였다. 그는 장교가 '강 상류를 따라 간' 것이 아니라 '원강(沅江)을 거슬러 올라' 갔으며, 전지에서가 아닌 야랑(夜郎)에서 왕이 되었다고 기록했다. 그의 기록에 따르면 장교는 병사들을 데리고 배를 타고 원강을 지나 차란(且蘭)에 도착했고, 그곳에서 전투를 벌인 뒤 야랑국을 멸망시켰다. 이후 진나라가 초나라의 영토를 약탈하는 바람에 귀국할 길이 없어지자 그 지역에 머물면서 '장왕(莊王)'이 되었다. 만일 상거의 기록과 같은 경로를 밟았다면 장교는 금사강에 도착했을 리가 없다.

그러나 후세 사람들은 장교의 사적을 기록하거나 『화양국지』를 인용할 때 그가 결국 전지에 도착해 전왕(滇王)이 되었다고 이야기하고 있다. 그러나 장교가 민강을 건너 상류로 오르다가 금사강에 도착하기 전에 상륙해 걸어서 전지에 도착했건 아니면 원강을 건너 야랑으로 들어간 뒤 전지에 도착했건 전지에서 왕이 되었다면 금사강과의 거리가 그다지 멀지 않을 것이기 때문에 확실히 금사강에 대해서 어느 정도 알고 있었을 것이다.

전국시대 군웅이 할거하던 정세는 진시황이 6국을 통일하면서 완전히 사라지고 말았다. 진나라는 전국을 통일한 이후 서남이 지역에 대한 통치를 강화하기 위한 일환으로 상알(常頞)에게 도로를 내도록 명했다. 그러나 상알이 뚫은 길은 너비가 5척에 불과해 '5척 길'로 불렸다. 이 길은 의빈에서 고현(高縣)과 균연(筠連)을 경유해 운남성의 소통(昭通)으로 들어갔다가 남쪽의 곡정(曲靖)까지 닿았다. 그런데 그 길은 거의 금사강과 나란히 남쪽으로 내려왔으며 지금의 동천(東川) 땅으로 금사강과는 거의 30km 떨어진 곳이었다. 상알이 산으로 강으로 길을 낼 곳을 찾으러 다닐 때 금사강을 지나갔을 가능성이 상당히 높다. 그는 어쩌면 장교의 뒤를 이어 금사강 유역을 지난 두 번째 '중국인'일 수 있다.

'5척 길'이 개통된 후 진시황이 지났던 공(邛), 작(筰), 염(冉) 등의 지역에 현의 소재지인 현치(縣治)를 설치했다. 금사강도 이 현의 경내에 속했고 서남이 지역이 중원 왕조의 판도에 편입된 것도 바로 그 시기였다.

진나라 서남이 지역에 설치했던 현은 서한 건국 초기에 모두 없어졌다. 그러나 한 무제는 두 차례에 걸쳐 서남이의 지역에 관리를 보내 그곳을 다스렸다. 처음엔 무제 건원 6년(기원전 135년) 동월이 남월을 공격하자 대행왕(大行王)은 남월을 구하기 위해 번양령(番陽令) 당몽(唐蒙)을 사신으로 남월에 보냈다. 귀국한 당몽은 무제에게 야랑으로 기습부대를 보내 동월을 습격하자는 계략을 올렸고, 무제도 그의 의견을 받아들여 결국 남이 지역에 건위군(사천성 의빈)을 설치했다. 당시 공과 작 지역의 군주는 남이(南夷)가 한나라와 내통하면서 상을 많이 하사받았다는 소리를 듣고 한나라의 신하가 되고 싶다고 자청했다. 무제가 이 일을 사마상여(司馬相如)와 의논했다. "공과 작, 염은 거리상으로 촉(蜀)과 가깝고 길도 왕래하기가 쉽습니다. 진나라 시대에 벌써 군현을 설치했었지만 한나라 시대에 와서 없어졌지요. 지금 다시 군현을 설치한다면 남이를 다스리는 데도 더욱 좋을 것입니다." 사마상여의 건의를 받아들인 무제는 그를 중랑장(中郎將)으로 임명해 공과 작 지역에 사신으로 보내는 한편 도위(都尉) 한 곳과 현 십여 곳을 설치했다.

사마상여는 서이(西夷) 지역에서의 군현 설치에 관한 이견을 불식시키며 결국 혼자 힘으로 완성해 냈지만 결코 쉬운 일이 아니었다. 사마상여가 공과 작 지역에 군을 설치할 수 있었던 것은 그가 본래 촉 출신으로 그 지역에 대한 이해가 있었기에 가능했다고 말하는 사람도 있다. 그가 명을 받들어 서이 지역에 사신으로 갔을 때에도 틀림없이 그 지역 상황에 대한 이해가 깊었기 때문에 금사강을 지나갔을 가능성이 높다. 설령 직접 가지는 않았을지라도 그가 현을 설치하려는 지역 내에 큰 강이 흐른다는 사실은 틀림없이 알고 있었을 것이다.

안타까운 점은 그곳에 설치된 도위 한 곳과 현 십여 개가 오래지 않아 폐지되었다는 것인데, 당시 파(巴)와 촉이 서남이(西南夷)를 통과할 때 도로가 험난해 식량 운반이 대단히 곤란한데다 서남이가 여러 차례 반란을 꾀했기 때문이었다. 또한 군대를 동원한다 해도 소모전이 될 수밖에 없었고, 무제도 흉노족의 토벌에만 전념하고 싶었기 때문이었다. 그런 이유로 서이를 없애고, 남이에 두 현과 도위 한 곳만을 남겨두었다.

원정(元鼎) 6년(기원전 111년) 무제는 차란의 반란을 평정한 뒤 서이의 월휴(越嶲), 심려(沈黎), 문산(文山) 세 곳에 '군'을 설치했다. 그때부터 한 왕조는 정식으로 서남이 지역에 대한 직접 통치를 시작했다. 월휴군 지역에는 금사강이 석고진(石鼓鎭)의 첫번째 굽이에서 꺾어진 뒤부터 의빈에 도착하기까지의 모든 과정이 포함되고, 월휴군과 건위군(犍爲郡)의 사이에서 두 지역을 구분짓는 경계도 금사강이다. 월휴와 건위 두 군의 설치는 중원 사람들에게는 금사강을 이해하는 데 커다란 길을 열어 주었다.

금사강 유역에 진나라와 한나라 왕조가 현과 군을 설치함으로써 이 지역에 대한 정치·경제 활동이 활발하게 되었고, 그로 인해 중원 지역과의 교통 왕래도 점차 활발해지면서 이 지역을 통과하는 금사강과 사람들 간의 접촉도 많아졌다. 비록 사람들은 한순간에 옛 '민산 원류설'의 속박에서 벗어날 순 없었지만, 결국 진짜 장강의 발원지를 향해 한 발 한 발 다가섰다.

제갈량과 금사강

금사강에 관한 최초의 기록은 『산해경』「해내경(海內經)」에서 "파수산(巴遂山)이 있고, 그곳에서 승수(繩水)가 나온다"라는 표현이다. 「해내경」은 서한 초기의 작품으로 한나라 시대에 금사강을 '승수'라고 불렀기 때문에 「해내경」에서 언급된 강을 금사강이라고 보았다. 여기에서 장강과 금사강의 관계를 언급하지는 않았지만, 당시 사람들은 이미 금사강이 장강의 주 발원지에 근접하다고 확신했다.

『한서』「지리지」에서 금사강에 대한 묘사는 더욱 발전해, 월휴군의 수구조(遂久條)에서 "승수는 요외(徼外)에서 나와 동쪽의 북도(僰道)에서 강으로 유입되었다. 두 곳의 군을 지나 4백 리를 흘렀다." 북도는 지금의 의빈이고, 지나갔다는 두 곳의 군이 바로 월휴군과 건위군이다. 금사강이 장강의 지류임을 명확히 지적하는 한편, 강이 흘러간 여정과 그 수로의 길이 등을 설명했다. 한대 사람들은 의빈에서 강으로 유입되는 강물은 수구의 요외에서 흘러왔다는 것과 이미 장강은 민강 외에도 멀리서 흘러나오는 상류가 있었음을 알았다.

북위 역도원의 『수경주』는 금사강을 더욱 세밀하게 묘사했다. 『수경주』의 「약수주(若水注)」에는 "승수는 요외에서 흘러 나왔다. 『산해경』에 '파수산에서 승수가 나온다'라고 되어 있다. 동남쪽에서 강물은 두 지류로 나뉜다. 한 지류는 동쪽에서 나와 광유현(廣柔縣)을 건너 장강으로 유입되었고, 또 다른 한 지류는 남쪽에서 모우도(牦牛道)를 지나 대작(大筰)에 이르러 약수(若水)와 만나는 데 이를 승수라고 불렀다"라고 기록되어 있다. 여기서 장강의 또 다른 지류로 언급된 '약수'는 지금의 아롱강(雅礱江)으로, 두 강이 만난 후에도 여전히 '승수'라고 부르고 있음을 지적했다.

역도원은 「약수주」에서 장강 상류에 위치한 승수, 노수(瀘水), 손수(孫水), 엄수(淹水), 대도수(大渡水) 등의 지류를 많이 언급했다. 그중 엄수는 금사강의 상류이고, 노수는 금사강의 중류(노수는 원래 아롱강의 하류로 금사강과 만난 후에도 그 명칭을 사용)이며, 손수는 지금의 안녕하(安寧河)이고, 대도수는 지금의 강정현(康定縣) 성 서쪽의 패랍하(壩拉河)이다. 역도원은 승수가 당시 금사강의 통칭이란 걸 지적했다. 금사강에 대한 이해가 상당했던 것이다.

『수경』「엄수주(淹水注)」에 엄수에 관한 기록이 있다. "엄수는 고복현(姑復縣)의 임지택(臨池澤)을 지나며, 동북으로 운남현의 서쪽을 지나 약수로 유입되었다." 임지택은 지금의 운남성 영승현(永昇縣) 남쪽에 위치한 정해(程海)로, 「엄수주」에 기록된 장강 지류 중 가장 먼 거리를 흘러갔다.

사적에서 최초로 금사강을 기록한 사람은 삼국시대 촉(蜀)나라의 승상이었던 제갈량(諸葛亮)이다. 건흥(建興) 원년(223년) 유비가 이릉(夷陵) 전투에서의 참패로 인해 백제성(白帝城)에서 죽을까 봐 노심초사하자 촉나라는 대내적으로 혼란에 휩싸였고, 엎친 데 덮친 격으로 남중부 지역에서 대규모 반란까지 일어났다. 제갈량은 1년 간의 준비 끝에 건흥 3년 봄 군대를 세 편대로 나누어 남방 정벌을 나섰다. 그도 직접 한 편대를 맡아 노수를 건너 월휴군의 반란을 진압했고, 나머지 두 편대도 승리를 거두었다. 제갈량은 유명한 「출사표(出師表)」에서 "5월에 노수를 건너 불모의 땅으로 깊이 들어갔다"라며 금사강을 건넜던 일을 술회했다. 남중부 지역의 반란 억제를 위해 군대의 수장이 된 제갈량은 분명 현지의 지리적 상황을 자세히 관찰해 손바닥 들여다보듯 훤히 알았겠지만, 그에게는 오로지 한 왕실의 부흥만이 목적이었다. 그래서 일련의 관찰도 군사적인 면에 국한되었다. 그가 금사강의 세찬 물살을 보고 감흥에 젖었을지도 모르지만, 순수하게 지리적 고찰의 성격을 띤 원인 분석은 하지 못했다.

진·한 시대 이후로 금사강에 대한 이해가 깊어지면서 금사강이 장강의 지류라는 점과 민강보다 훨씬 멀리서 흘러왔다는 사실은 정확히 인식했다. 다만 「우공」을 경서로 받아들였기 때문에 '민산 원류설'도 여전히 유행했다.

통천하에 이르다

'민강 원류설'이 사람들의 닫힌 사고를 조장했지만, 그렇다고 장강의 발원지를 찾으려는 발걸음까지 막을 수는 없었다. 유사 이래 여러

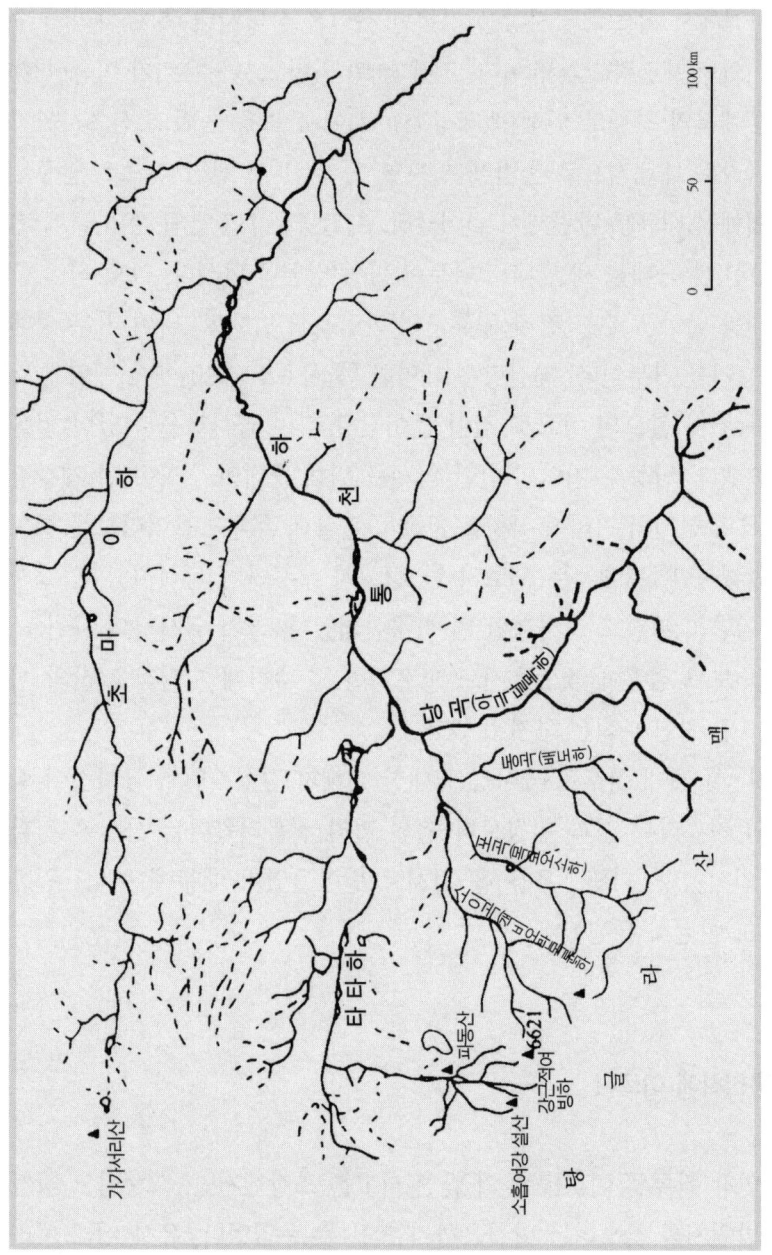

작품들이 수록된 당나라 초기의 『수당(隋唐)』 「경적지(經籍志)」에 언급된 『심강원기(尋江源記)』는 한나라에서 수나라에 이르기까지 사람들이 벌인 '장강 발원지'의 탐색 활동을 설명한 책이지만, 아쉽게도 현재 전하지 않아 그 탐색 활동이 도대체 언제부터 어느 지역에서 이루어졌는지, 그리고 어느 강을 장강의 진짜 발원지였다고 여겼는지는 알 수가 없다.

당나라 건국 이후 중원 지역은 사천 및 티베트와 빈번하게 왕래를 했다. 티베트로 들어가려면 통천하 유역을 지나야 했기 때문에 당시 사람들의 인식 범위는 금사강의 상류까지 확대되었다. 번작(樊綽)이 지은 『만서(蠻書)』는 '마사강(磨些江)'을 언급하며, 그 원류가 토번 중절도(中節度) 서쪽의 공룡천(共龍川) 이우석(犁右石) 아래에서 나왔기 때문에 '이우하(犁牛河)'라고 부른다는 것과 그후 마사(磨些) 부락으로 방향을 바꾸어 다시 '마사강'이라고 불렸고, 그 뒤 동노수(東瀘水)와 합쳐지면서 전체 명칭이 '노수'가 되었다고 지적했다. '이우하'는 지금의 '통천하'다. 번작은 금사강을 정확하고 완벽하게 인식하고 기록한 중국 최초의 인물로, 당나라 시대 사람들은 이미 금사강의 상류인 통천하를 인식하고 있었다. 그러나 여전히 '민강 원류설'에 대한 미련을 버리지 못해 당·송은 물론 그 이후에도 '민강 원류설'이 유행했다. 남송 시인 육유(陸游)는 『입촉기(入蜀記)』에서 "일찍이 민산에 올라 장강의 발원지를 찾고 싶었지만 그럴 수 없었다"라고 한 것은 낡은 견해에 불과한 「우공」의 영향을 받은 결과이고, 앞에서 인용했던 양기의 시 「장강만리도」도 마찬가지다.

그러나 명나라 시대에 강의 발원지에 대한 깊은 이해를 갖춘 자가 나타났다. 홍무 15년(1382년) 승려 종륵이 티베트에 사신으로 갔다가 돌아오는 귀국길에서 황하의 발원 지역을 경유했는데, 그는 당시의 수문(水文) 지리 상황에 관한 조사를 벌인 뒤 「발원지를 바라보며」라는 시를 지었다. 그는 시의 서문에서 황하의 발원지와 장강의 발원지를 언급하며, 두 곳이 모두 '말필력적파산(沫必力赤巴山)'에서 나왔다고 밝혔다. "그 산의 서남쪽에서 흘러나온 강물은 이우하로 유입되었고, 동북쪽의 강물이 바로 발원지였다."

종륵이 말한 이우하는 지금의 '통천하'이고, '말필력적파산'은 지금의 바얀하르 산으로, 종륵은 바얀하르 산을 장강과 장강의 분수령으로 보았다. 그리고 명나라의 장기(張機)가 쓴 『북금사강원류고(北金沙江源流考)』와 양사운(楊士雲)의 『의개금사강서(議開金沙江書)』에서는 금사강이 토번의 공룡천(共龍川) 이우석(犛牛石)에서 나와 '이우하(犛牛河)' 또는 '이수(犁水)'로 불린다고 기록했다. 당나라의 토대 위에 발전한 명나라의 금사강에 대한 인식은 그 상류인 통천하를 정확하게 추측했다.

명나라 말엽 「우공」의 옛 학설에 관해 공개적으로 의문을 제기한 사람이 바로 서하객이다. 그는 22세부터 56세까지 30여 년 동안 거의 매년 발길 닿는 대로 다녔으니 거의 전국을 다녔다고 해도 과언이 아니었다. 그는 금사강과 민강을 모두 지나본 다음 두 곳을 비교했고, 다시 황하와 비교한 후 유명한 『강원고(江源考)』를 저술했다. 그는 먼저 황하에 대해 "띠처럼 흘러가는 강줄기를 보면, 광활함은 세 강 중 가장 형편없다. 장강의 원류는 전통적으로 장강의 원류로 받아들여지는 민강에서 북서쪽으로 만 여리 떨어진 곳"이라며 주장했고, 황하의 원류가 장강의 원류보다 훨씬 길다는 점에서 "어떻게 '하(河)'의 원류가 '강(江)'의 원류보다 길다는 것인지?" 의문을 제기했다. 더 나아가 민강과 금사강을 비교하며 "민강이 성도(成都)를 지나 서(敘 : 의빈)에 도달하기까지 채 천 리가 안 되는 길이지만, 금사강이 여강(麗江)과 운남의 오몽(烏蒙)을 지나 서에 도착하는데 무려 2천여 리에 달했다"라고 지적하고, "민강이 장강으로 유입될 때는 아직 원류가 시작되지 않았다. 위수(渭水)가 황하로 유입될 때 아직 원류가 시작되지 않은 것과 마찬가지다…… 장강의 발원지를 꼽는다면 틀림없이 금사강이어야 한다"라는 확신에 찬 목소리를 냈다.

사실 서하객의 발원지 탐색과 그 인식은 동시대인에 비해 떨어졌지만, 『강원고』가 역대 장강 발원지에 대한 탐색이라는 점을 두고 볼 때 상당한 의의를 갖는다. 서하객은 우선 '경서'에 도전장을 내밀면서 그간 '경서(經書)'의 관념에 사로잡혀 있던 이들을 공격했다. '민강 원류설'은 「우공」에서 처음 제기된 후 거의 2천 년 동안 존속해 오다가 서하객의 한 마디에 사라지고 말았다. 이와 동시에 그는 강의 발원지에 관한 이론을 발전시켜 강의 길이가 발원지를 결정짓는 중요한 요소 중 하나라고 주장했고, '멀리 있는 것이 원류'라는 점과 함께 '거리가 먼 강은 제쳐두고 가까운 강을 택하는' 행위나 '원류는 저버린 채 지류를 취하는' 행위에는 극력 반대함을 분명히 밝혔다.

서하객의 관점은 물론 '경서'에 사로잡힌 사람들의 비난을 초래했다. 청나라 초 호위(胡渭)는 "민강이 원류라는 명문화된 글이 있는데도 서하객은 노수를 진짜 발원지로 보았다. 그는 언급할 가치도 없는 자다"라고 강력하게 비난했지만, 사실 호위도 동일한 수계에서 주류와 지류가 분명히 구별되어야 한다고 보았다. 당시 그의 금사강에 관한 인식 수준을 두고 볼 때 금사강이 민강보다 '더 멀리 더 오래 흘러왔다는 사실'을 모를 리가 없었다. 다만 호위는 '경서의 의미'에 사로잡혀 "경서를 따라 뜻을 세우는 것이 먼저이고, 그 학설을 언급하는 것은 그 다음"임을 주장했기 때문에 그로서는 진짜 발원지를 정확히 밝힐 수 없었을 뿐이다.

사람들의 사고 범위를 더욱 넓혀 준 서하객의 『강원고』 덕분에 이후 사람들은 「우공」의 틀에서 벗어나 장강의 진짜 발원지에 대해 진지하게 생각할 수 있었다.

진정한 발원지

장강의 발원지에 대한 청나라 시대 사람들의 인식은 이전 시대에 비해 훨씬 명확했다. 강희 시대에 실제 측량된 자료를 바탕으로 제작된 『강희내부여도(康熙內府輿圖)』에서는 '통천하'와 '목로오소하(木魯烏蘇河)'를 그려 놓고 '목로오소하'가 '통천하'에서 제일 먼 위치에 있는 원류라고 밝혔다. 제소남(齊召南)이 쓴 『수도제강(水道提綱)』의 서문에서 장강에 관해 "장강의 원류가 민산에서 나왔다"라고 했지만, 결국 "금사강은 이석(犁石)에서 발원해…… '여강'의 부계(府界)까지 4,200여 리를 흘렀다. 설산(雪山)의 북쪽에서 나와…… 서주(敍州) 부성(府城)의 동쪽에서 민강과 합해져 다시 2,500리를 흘렀다"라는 실제 상황에 따라 "금사강이 장강의 상류라는 것은 의심할 여지없는 사실이다"라고 밝혔다. 나아가 그는 금사강의 상류는 통천하지만 목로오소하(지금의 포곡布曲)도 통천하의 상류라고 밝혔다.

그 밖에도 제소남은 『강도론(江道論)』에서 객비오란목륜하(喀匕烏蘭木倫河 : 소이곡尕爾曲), 탁극탁내오란목륜하(托克托乃烏蘭木倫河 : 타타하沱沱河), 아극달목하(阿克達木河 : 당곡當曲), 배도하(拜都河 : 동곡冬曲)와 나목비도오란목륜하(那木匕圖烏蘭木倫河 : 초마이하楚瑪爾河)를 전반적으로 묘사하면서, 장강의 일부 최상류 강의 상황을 기본적으로 상세히 언급했지만 어떤 강이 주 발원지인지는 밝히지 못했다.

청나라 말기와 민국 시기에 등장한 발원지와 관련된 견해는 대략 일원설, 이원설, 삼원설로 구분된다. 일원설은 포곡을 장강의 발원지로 보는 견해이고, 이원설은 장강의 남북 두 원류 중 남쪽 원류를 포곡, 북쪽 원류를 초마이하로 보는 견해(혹자는 소이곡을 장강의 남쪽 원류, 타타하를 장강의 북쪽 원류로 봄)이다. 삼원설은 장강이 세 원류로 이루어졌다는 견해인데, 중간 원류를 포곡, 남쪽 원류를 당곡, 북쪽 원류를 초마이하로 보거나 소이곡을 장강의 남쪽 원류, 타타하를 장강의 중간 원류, 초마이하를 장강의 북쪽 원류로 본다.

민국 시기에 장강 발원지에 대한 고찰을 통해 장강의 길이를 측정·계산해냈고, 그 고찰의 결과를 1946년 출판된 『중국지리개론(中國地理槪論)』에서 밝혔다. 이 책에는 "양자강을 장강이라고도 부른다. 그 원류는 청해의 바얀하르 산 남쪽 기슭에서 나와…… 총 길이가 5,800km에 달하는 중국 최대의 강이다. 상류는 청해 경내의 두 원류로, 남쪽 원류는 '목로오소하'이고, 북쪽 원류는 '초마이하'이다"라고 서술되어 있다. 황하의 발원지가 바얀하르 산 북쪽 기슭인데 장강도 이 산의 남쪽에서 발원했다니 이 책이 출판된 후로 '장강과 황하가 같은 산에서 발원'했고, '장강과 황하는 자매의 강'이란 낭설까지 흘러나오면서 장강 원류 연구에 악영향만 미쳤다.

그렇다면 도대체 장강의 진짜 발원지는 어디란 말인가?

중화인민공화국의 성립 이후에 정무원(지금의 국무원 전신)은 장강 수리위원회(이후 장강 유역 계획사무처로 개명)를 조직해 장강의 관리 개발 사업을 전담시켰다. 1956년과 1958년 장강 수리위원회는 '통천하와 청해성−티베트 간의 청장(靑藏) 고속도로 연변의 수문 조사대'를 조직해 곤륜산을 넘어 청장 고속도로 부근의 초마이하와 타타하, 포곡을 조사했지만 당시로서는 한계에 부딪혀 장강 원류의 조사를 계속

장강 발원지에서 빙하의 침식 작용과 풍화 작용으로 형성된 얼음버섯

진행할 수 없었다.

　1976년 여름 장강 유역 계획사무처는 관련 과학 연구팀 및 뉴스 촬영팀과 함께 28명의 원류 탐사대를 조직하는 한편, 난주(蘭州)에 주둔하는 인민해방군의 전폭적인 지지와 관련 부처의 적극적인 협조 아래 발원지에 대한 첫 과학적 탐사를 진행했다. 우여곡절 끝에 원류 탐사대 가운데 8명은 습지대와 빙하, 설산 골짜기 속에서 타타하의 원류인 만년 빙하와 각랍단동(各拉丹冬) 설산의 서남쪽에 위치한 강근적여(姜根迪如) 빙하에 도착했다. 다른 2명은 소이곡의 발원지 빙하에 도착했다. 나머지 탐사대는 초마이하와 당곡의 일부 하천을 조사했다. 51일간의 노력 끝에 드디어 발원지의 지형과 수계를 밝혀냈고, 오랫동안 장강 원류의 묘사에서 불거진 착오와 편견을 바로잡으며 그 신비한 베

일을 벗겨 냈다.

현지 조사에서 '발원지는 멀어야 한다'는 설과 '순방향으로 흘러야 한다'는 설 등을 근거로 타타하가 장강의 원류이고, 해발 6,621m의 당고랍산의 최고봉 각랍단동 설산의 서남쪽에 있는 강근적여 빙하를 장강의 발원지라고 확정지었다. 또한 장강의 길이를 재측정하여 총 6,300km로 발표했다. 그후 장강은 미시시피 강을 제치고 세계에서 세 번째로 긴 강이 되었다. 1978년 여름 장강 유역 계획사무처는 다시 관련 기관의 58명을 구성원으로 하여 장강 원류에 대한 제2차 조사를 진행했다. 장강의 원류로 거론되던 강들의 길이를 재측정하고, '장강 3원설'을 도출했다. 타타하와 당곡은 그 길이는 엇비슷하지만 타타하는 늘 순방향으로 흐르며, 위치도 중간이어서 여전히 원류로 받아들여졌다. 그러나 당곡은 거리를 제외하고는 수량이나 유역의 면적이 모두 타타하보다 훨씬 커 남쪽 원류로 불렸고, 발원 지역의 북부를 관통하는 초마이하는 그 유역 면적이 넓은 편이라 북쪽 원류로 불렸다. 혹자는 타타하와 당곡을 남북 원류로 보는 한편, 수량이 많지 않아 겨울이면 말라버리는 초마이하는 지류로 간주하기도 했다.

1986년 장강 과학 조사 표류 탐사대는 장강의 원류를 조사한 뒤 당곡을 장강의 원류로 주장했다. 그들은 당곡이 길이나 수량, 유역 면적에서 모두 타타하를 뛰어넘는다고 믿었지만, 강의 길이를 측정하는 과정에서 타타하의 원류인 빙하를 포함시키지 않는 오류를 범했다. 빙하를 계산에 넣으면 타타하가 당곡보다 조금 더 길었다.

수차례 원류에 대한 실질 조사를 통해 장강과 관련된 '일원설(타타하나 당곡)', '이원설(타타하와 당곡)', '삼원설(타타하, 당곡, 초마이하)' 등 여러 학설이 등장했다. 그렇다면 어떤 견해가 좀 더 확실한 근거를 갖추었고, 어느 강이 장강의 진짜 원류일까?

타타하의 발원지 고도가 설선(雪線 : 만년설의 하한설)보다 높은 사실을 감안할 때 원래 강을 형성했던 골짜기가 빙산 하곡으로 변했고, 빙산 내부는 상단의 누적 지역과 하단의 빙설(氷舌 : 빙하 선단先端의 혀 모양 부분) 용해 지역을 포함해 실제로 계절성 하천이 존재했기 때문에 강의 길이를 잴 때 꼭 빙하의 길이까지도 계산에 넣어야 했다. 타타하와 당곡의 길이가 기본적으로 비슷했다(빙하를 포함하면 타타하는 358.1km이고, 당곡은 357.1km이다). 동시에 타타하는 그 하류인 통천하와 흘러가는 방향이 당곡보다 더 일치했고, 타타하의 하곡 길이도 당곡보다 길며, 타타하의 원류와 장강 어귀의 직선거리도 당곡보다 멀어 타타하를 장강의 원류로 보는 것이 타당했다. 당곡이 수량과 유역 면적에서 타타하보다 우세한 것은 사실이나 일반적인 상황으로 볼 때 이런 점은 발원지를 결정하는 기준은 아니었다.

타타하의 원류 빙하는 동서 두 지류가 있는데, 동의 지류는 각랍단동 설산 서남쪽에 위치한 강근적여 설산에서 발원했고, 서쪽의 지류는 소흡여강(尕恰如崗) 설산의 서쪽에서 발원했다. 동쪽 지류가 서쪽 지류보다 약간 길기 때문에 장강의 최초 발원지는 당연히 동쪽 지류였다. 동쪽 지류의 상단은 거대한 강근적여 빙하로 빙하가 녹으면서 아래로 흘러내린 물이 파동산(巴冬山) 아래에서 소흡여강 빙산이 녹아 흘러내린 물과 합쳐진 뒤 북쪽으로 방향을 바꿔 흐르면서 결국 만 리 장강의 발원지가 되었다.

드디어 발견된 장강의 발원지는 유구한 세월 속에서 많은 사람들의 피와 땀이 합쳐진 결과였다. 당시 장강의 발원지에 섰던 탐사자들은 졸졸 흐르는 작은 개울을 보면서 어떤 생각에 잠겼을까? 혹 '5척 길'을 뚫는 소리는 듣지 않았을까? 어쩌면 서하객이 터벅터벅 외롭게 걷는 모습을 보았을지도 모르겠다.

장강의 원류 탐사가 결코 쉽지 많은 과정이었음을 느낀다면 원류에서 졸졸 흘러내리는 물소리를 한 번 들어보자. 그 속에서 역대로 발원지를 찾아다녔을 이들의 발자국 소리가 들릴 테니 말이다.

죽음의 바다, 희망의 바다

타클라마칸 사막의 탐험과 유전

타클라마칸 사막은 세계 제2의 움직이는 사막이다. 면적은 33만 7,000㎢로 절강성의 세 배 크기이다. 한없이 펼쳐진 황사 사막은 중국 최대 분지인 타림 분지(53만㎢)에 위치해 있다. 세계에서 가장 큰 유라시아 대륙의 중심부에 위치한 타림 분지는 폐쇄형의 내륙 분지이다. 남쪽과 남서쪽에는 티베트 고원과 파미르 고원이 하늘을 찌를 듯 우뚝 솟아 있고, 북쪽과 서북쪽으로 천산 산맥이 위용을 드러내며, 동북쪽에는 쿠루크타크(庫魯克塔格Kuruktag) 산맥이 끝없이 이어져 있다. 이런 형세로 인해 계절풍이든 서풍이든 타림 분지까지 도달하기 어려워 타클라마칸 사막은 강수량이 극히 미미하고 대기의 습도가 낮은 전형적인 사막 기후를 보인다.

오랜 세월 동안 타클라마칸은 생명의 금기 지역으로 분류되었다. 당의 현장은 서천취경을 위해 이 사막을 통과하는 과정을 『대당서역기』에 고스란히 담았다. "동쪽으로 걸어 거대한 사막에 들어섰다. 사막은 강물처럼 흐르며 굽이쳤고, 모래는 바람따라 모이고 흩어졌다. 하늘의 자취를 따라 걸었으나 길을 잃기 일쑤였고, 사방이 아득하니 어디쯤인지 짐작할 수 없었다. 그저 과거 이곳을 밟았던 이들이 남긴 해골로 기억할 뿐이었다. 물과 풀은 없고 열풍이 극심했다. 바람이 한 번

불면 사람과 동물은 모두 정신이 혼미해지고 이내 아팠다. 노랫소리나 휘파람 소리가 들려오나 싶더니, 다시 통곡소리가 들려왔다. 순간 어디에 있는지 알 수 없었다. 그러다 여러 명이나 죽어 나가니 그제야 귀매(鬼魅)가 사는 곳에 도착했음을 알았다."

근대로 접어들면서 중국과 해외 탐험가들이 타클라마칸 사막으로 입성해 그 베일을 벗기려 했지만 극도로 열악한 자연 환경과 사막 여정 속에서 전모를 파악하기에는 역부족이었다. 엄청난 대가를 치른 후 탐험가들은 이구동성으로 어쩔 수 없다는 듯 한숨을 내쉬었다. "타클라마칸은 일단 들어가면 다시는 나올 수 없는 '죽음의 바다'야!"

사막 탐험

타클라마칸 사막은 신비로움을 가득 품은 '죽음의 바다'로 오랫동안 두려움을 모르는 자들을 강하게 유혹해 왔다. 그래서 고대의 여행가과 근대의 탐험가들, 현대의 수많은 과학 탐사대들이 한 번쯤은 타클라마칸에 발자취를 남겼다.

고대의 사막 여행

고대 타클라마칸과 그 주변 지역에 탐험의 발자취를 남긴 이들은 주로 관리이거나 출가한 승려였다.

한 무제 때 장건은 서역으로 두 차례 사신으로 떠나면서 천신만고 끝에 사막의 남북 길을 통과했다. 첫번째 서역행에서는 북쪽 길을 택해 타클라마칸의 북쪽 언저리를 따라 소륵과 파미르 고원을 넘어 대완에 도착했고, 귀국할 때는 타클라마칸 남쪽의 사차(莎車 : 신강성 야르

당나라 시기 쿠처 유적지, 현장이 이곳의 절에 머문 적이 있다

칸트)와 우전(于闐 ; 신강성 호탄和田)을 지나 중원으로 갔다. 두 번째 서역행에서는 돈황과 누란을 지나 타림 강을 따라 구자(龜玆 : 신강성 쿠처庫車)에 도착한 뒤 다시 서쪽 오손의 적곡성(赤谷城 : 현재의 이십제극伊什提克)에 도착했다. 중국 역사에서 장건은 '서역 길을 뚫은' 첫번째 인물이었다.

동한 명제(明帝) 시절 반초는 붓을 내던지고 종군을 결심하고 서역으로 깊숙이 들어갔다. 도중에 선선과 우전, 소륵을 지나 타클라마칸 사막 남쪽의 오아시스에서 '이역에서 공을 세우겠다'는 염원을 실현했다. 반초의 아들인 반용은 어려서부터 아버지를 따라 군대 생활을 해왔고, 서역의 여러 나라를 돌아다니고 유명한 『서역풍토기』를 저술했다.

동진의 승려 법현이 불법을 구하기 위해 서역으로 떠날 때 그의 나이 65세였다. 장안에서 출발한 그는 삼롱사(三隴沙)를 지나 누란과 언기에 도착한 뒤 남하해 타클라마칸을 통과했고, 우전에 도착한 뒤 다시 서역행을 계속했다. 법현 일행은 한 달하고도 닷새 만에 타클라마칸을 완전히 통과했다. 법현은 『불국기』에 사막을 횡단할 당시의 상황을 다음과 같이 묘사했다. "길에는 사람들이 보이지 않았다. 사막에서의 행군은 너무도 고통스러웠다. 그간 겪었던 고통과는 비교도 안 될 정도였다." '그간 겪었던 고통과는 비교도 안 될' 고통을 겪었지만 법현은 타클라마칸을 횡단한 첫 인물이 되었다. 법현이 뱃길을 따라 귀국했을 때 이미 79세였지만, 노쇠한 몸에도 저술 활동에 전념했다. 서역을 다녀왔던 14년 동안의 견문을 기초로 『불국기』를 저술해 고대의 인도와 서역의 역사 및 지리를 연구할 수 있는 주요 발판을 마련했다.

당나라 시대의 유명한 승려였던 현장은 홀로 장안을 출발해 말을 타고 천축으로 가 불경을 구했다. 옥문관을 나서 사막으로 들어선 그는 '하늘엔 새 한 마리 보이지 않고, 땅에는 동물 한 마리 얼씬하지 않는', '오로지 죽은 자의 해골로 이정표로 삼는' 그곳을 혼자 건넜다. 그는 횡단 첫날 마실 물을 모조리 쏟아 버리는 실수를 저지르고 말았다. 그는 물을 가지러 다시 돌아가고 싶었지만 "천축에 도착하지 않고서는 한 발자국도 절대로 동쪽으로 옮기지 않겠다"라고 한 출발 전의 맹세가 생각나 이를 악물고 서역 행을 계속했다. 5일간 갈증으로 고통을 겪은 그는 결국 말과 함께 사막에서 쓰러졌다. 한밤중의 서늘한 바람 때문에 깨어난 말이 다행히 공기 속에 묻어나는 물의 냄새를 맡고 현장을 이오(伊吾 : 신강성 하미合密의 북쪽)의 오아시스까지 데려다 주었다. 현장과 말이 함께 구원을 받은 셈이었다. 현장은 이오를 출발하여 고창(高昌 : 신강성 투루판)에 도착한 뒤 다시 남하해 언기, 구자, 고

파미르 고원, 사진 속 설산은 중국 경내의 곤륜산 주봉 '모사탑격'

묵(姑墨 : 신강성 아커쑤阿克蘇Aksu)을 지나고 목소이령(木素爾嶺 : 신강성 아커쑤 북쪽의 탁목이봉托木爾峰Tomür Feng)을 통과해 열해(熱海)에 도착한 뒤 남하하여 인도에 입국했다.

불경을 구한 현장은 실크로드의 남쪽 길을 택해 귀국하면서 길가의 자연 경관을 자세히 관찰했다. 그는 호탄 강(和田河)의 관개로 인해 강물이 끊긴 사실을 기록했고, 피산국(皮山國)을 일러 "큰 사막이 마침 길 중간에 있어 언덕이 생겼다"라고 한 점이나 '아적이하(阿迪爾河)' 하류의 도화라국(睹貨邏國)의 "성이 모두 황폐해졌다"라는 기록도 빠뜨리지 않고 모두 기술했다. 그는 또 갈로락가성(曷勞落迦城)이 모래 속으로 묻혀 버린 과정도 기록했다. 갈로락가 성은 원래 대단히 풍요로웠던 지역이었지만 성의 백성이 승려를 존경하지 않자 신불의 노여움을 샀다. 얼마 후 갑자기 폭풍이 불어와 온 성이 매몰 직전에 놓였을 때, 성 전체 주민 중 유일하게 시주한 적이 있는 한 집만이 미리 통보를 받고 지하 갱도를 파 화를 모면했다. 그후 사막에 매몰된 이 도시에서 보물을 발굴하기 위해 많은 사람들이 몰려들었지만, 이 성 가까이로 접근하는 자들은 누구든 "거센 바람과 먹구름으로 길을 잃어버려…… 한 번 들어가서는 다시는 나오지 못했다." 물론 불교를 전파하기 위한 취지에서 만들어진 이야기겠지만, 문명을 집어삼킨 사막에 대한 중요한 정보를 제공했다.

많은 이들에게 대단히 큰 영향을 준 법현과 현장 외에 고대 중국에서 타클라마칸을 통과한 승려로는 삼국 시대 위나라의 주사행(우전에서 사망), 후진(後秦)의 지맹, 유송(劉宋 ; 남북조 시대 남조의 유유가 세운 나라, 420~478년)의 담무갈, 북위의 송운과 혜생, 당나라의 혜초와 오공(悟空), 송나라의 행근(行勤)과 계업(繼業) 등이 있다.

타클라마칸으로 들어갔던 고대 중국과 외국의 상인들도 많았지만, 역사적으로 남아 있는 기록은 오히려 빈곤하기 짝이 없다. 베니스의 상인이자 유명한 여행가였던 마르코 폴로는 1470년대 초 부친과 숙부를 따라 파미르 고원을 건너 타림 분지에 들어섰고, 타클라마칸의 남쪽 압아간(鴨兒看 : 신강성 남서부의 야르칸트Yarkant), 우전, 배인(培因 : 케리야 강 하류의 우미성扞彌城 옛 터), 당비마성(唐媲摩城 : 케리야 강 하류의 말단의 사막 깊숙한 지점), 차이성(車爾成 ; 신강성 남부 체르첸 Qarqan)을 지나 나복진(羅卜鎭 ; 신강성 남동부 차르클리크 Charkilik)에 도착했다. 그가 쓴 『마르코 폴로 여행기』에는 타클라마칸 사막의 환경이 기록되어 당시의 남부 지역의 환경을 이해하는 데 귀중한 자료가 되고 있다.

근대의 사막 탐험

19세기 중엽부터 특수한 정치적 상황 때문에 타클라마칸은 예전과 달리 세상의 관심을 받았다. 1876년 러시아의 프르제발스키(Przhevalsky)가 이곳에 처음으로 발을 들여놓은 이후 1934년 스벤 헤딘(Sven Hedin)을 대표로 하는 중국과 스웨덴 서북 탐사대가 조직될 때까지 약 60여 년간 중국의 서부 지역에 운집해 깃발을 내걸었던 탐사대만 해도 40여 개가 훌쩍 넘는다는 이야기가 있다.

프르제발스키는 제일 먼저 타클라마칸에 들어간 외국인 탐험가였다. 1876년 신강에 도착한 그는 쿠얼러(庫爾勒)을 출발해 타클라마칸의 동쪽을 향해 가다가 남하해 아이금산(阿爾金山)의 북쪽 기슭에 도착했고, 그곳에서 그간 유럽인들이 몰랐던 아이금산과 유명한 나포박도 발견했다. 1883년 그는 장강과 황하의 발원지를 탐사하고 돌아오는 길에 나포박 지역을 지나 서쪽으로 가다가 호탄에 도착했다. 호탄 강을 따라 남에서 북으로 타클라마칸 사막을 횡단해 아커쑤에 도착함으로써 그는 타클라마칸을 횡단한 첫 유럽인이 되었다. 사막 탐험 여행에서 그는 탑유이곡(塔維爾谷)이라는 오아시스를 발견했는데, 약 50년의 역사를 가진 이 오아시스를 중심으로 500여 세대가 살고 있었다. 그리고 야르칸트 강과 호탄 강이 만나는 곳의 폭이 넓고 길며, 여름 홍수 기간에 수량이 세 배로 늘어나는 것을 보고 타림 강에서는 충분히 기선을 충분히 운행할 수 있으리라 확신했다.

1885년 영국인 카일이 이끈 탐험대가 신강과 티베트에 도착했다. 그는 그동안 유럽인이 가지 않았던 길을 선택해 신강의 카르길리크에서 남하해 티베트로 들어갔다가 다시 곤륜산을 넘어 케리야에 도착했고, 호탄 강을 따라 북쪽으로 올라간 다음 타클라마칸 사막의 오지를 건너 타림 강의 지류가 시작되는 지점에서 타림 강을 따라 나포박까지 도착했다. 그는 타림 강의 전 코스와 타클라마칸 주변을 돌았던 최초의 유럽인이었다. 19세기는 영국의 지리 탐험 활동이 정점에 달했던 시기였다.

스벤 헤딘

타클라마칸을 탐험한 사람들 중에서 가장 잊을 수 없는 사람은 바로 스웨덴 출신의 스벤 헤딘이었다. 1895년 두 번째로 신강에 들어선 그는 타클라마칸 사막의 오지 여행을 결심했다. 떠나기 전 그는 사막과 관련된 전설을 듣고 타클라마칸을 '악마의 지옥'으로 부른다는 사실도 알았지만 그렇다고 포기하지는 않았다. 그는 당시의 심정을 "우리가 타클라마칸의 길 위에 섰을 때 나는 더 깊이 들어가 보고 싶다는 생각이 들었다. 그 유혹은 갈수록 더욱 커져만 갔다. 마치 신비한 마술과도 같은 이끌림에 나는 도저히 반항할 수 없었다"라고 회상했다. 그는 타클라마칸 서쪽 끝의 마르키트(麥蓋提Markit)에서 사막으로 들어서서 서북쪽을 넘은 뒤 호탄 강으로 향했다.

그러나 타클라마칸은 그들 일행에게 비정한 도전을 안겨 주었다. 비록 4월이었지만 사막의 낮은 불처럼 이글이글 타올랐고, 밤에는 한기가 급습했다. 한발 한발 발걸음을 내디딜 때마다 무거운 대가를 지불해야만 했다. 6일째 되던 날 그들은 공포의 폭풍을 만났다. "회오리바람에 모래가 섞여 머리 위에서 흩날렸고, 황사 속 붉은 기운의 안개가 지평선 위에서 나풀거렸다. 하늘엔 혼란스런 푸른색이 감돌았다. 오

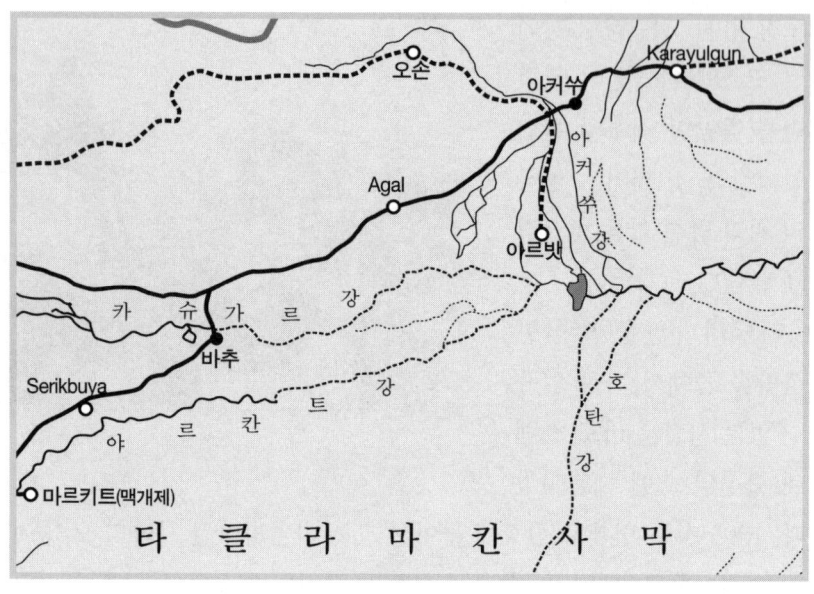

타림 분지의 서북부 지역

래지 않아 동쪽에서 다시 폭풍이 몰려와 바람에 모래가 흩날려 대낮인데도 온통 컴컴해지고 말았다."

　사막 폭풍으로 길을 잃은 그들은 이후 먹을 수 있고 마실 수 있었던 모든 것들, 심지어 동물의 오물까지 모두 먹어치웠다. 낙타들이 하나둘 쓰러졌고 그들을 따르던 수행원들도 쓰러져 다시는 일어나지 못했다. 절망 속에서 그는 천막과 행군 침대, 화로 등을 모두 버리고 최소한의 물건만을 챙겨 다시 발을 내딛었다. 모래 언덕은 점점 높아져 60m에 달했다. 온 힘을 다해 모래 언덕에 올라선 그의 눈에는 끝없이 펼쳐진 모래 바다 외에는 아무것도 보이지 않았다. 극도의 실망감에 그는 숨조차 제대로 쉴 수 없었다. 그러나 '죽음의 바다'에서 25일간 험난한 발악을 하던 스벤은 드디어 호탄 강의 물웅덩이에서 물을 발견하며 삶의 희망을 다시 건져 올렸다. 이후 스벤 헤딘은 '아시아에서의 여행 중 가장 어려운 여행'이었다고 토로했다.

사지에서 탈출한 스벤 헤딘은 카슈가르(喀什 : 카스라고도 함)으로 돌아와 다량의 측량 기구를 구입한 뒤 다시 타클라마칸으로 들어갔다. 겨울에 출발한 그들은 성공적으로 사막을 횡단했고, 케리야 강에 도착한 뒤 강의 끝까지 북쪽을 따라 올라간 다음 사막을 빠져나와 타림 강으로 향했다. 여정 중에 그는 사막에 묻힌 몇 개의 도시를 발견해 냈고, 그곳에서 여기저기 흩어져 있던 일부 문서들의 찢겨진 페이지도 주워왔다. 사막의 남단에서 북단까지 도착한 그는 다시 나포 황원으로 향하는 고생길을 떠났다.

영국 국적의 헝가리인 마크 스테인(Marc Aurel Stein)은 여덟 가지 외국어를 구사하는 학자이자 탐험가이며 고고학자이자 지리학자였던 대단히 특이한 인물이었다. 1900년 10월 신강성의 호탄에 도착한 그는 타클라마칸 사막에서 단단오리극(丹丹烏里克), 니야(尼雅), 엔데레(安迪爾), 열와극(熱瓦克) 등지의 유적에 대해 발굴 작업을 시작했고, 사막에 파묻힌 고성들에서 엄청난 가치를 지닌 보물을 출토했다. 1901년 4월 영국으로 돌아가는 그가 가져간 문물만 해도 12상자에 달했다. 1906년 4월 신강을 두 번째로 찾은 그는 다시 열와극과 엔데레 등의 유적에서 발굴 작업을 벌인 다음 돈황과 누란 등지로 탐험 여정을 떠나면서 중국 보물을 대량으로 약탈해 갔다.

스테인의 타클라마칸 사막 탐사 활동에서 지적할 만한 점은 북에서 남으로의 횡단 사실이다. 12년 전 스벤 헤딘이 케리야 강을 근거지로 삼아 남에서 북으로 횡단했다면 1908년 스테인은 북에서 남으로, 그것도 근거지 없이 사막을 건넜다. 스테인의 결정은 스벤 헤딘까지도 경악케 했다. 남에서 북으로 횡단을 하던 중 60% 이상은 강과 숲이 여행의 동반자가 되어 주지만, 북에서 남으로의 횡단은 시작부터 물은 찾아볼 수 없는 황량한 모래 언덕에다 200여 km의 사막을 지나면서 보급품도 모두 떨어지고 나면 탐험가의 생명은 케리야 강의 지류에 온전히 매달릴 수밖에 없었다. 그러나 끝없이 펼쳐진 사막의 오지에서 수백 km를 걷다가 겨우 폭이 수십 m에 불과한 작은 강의 하상을 정확히 찾아가겠다는 것은 그야말로 엄청난 모험이었다. 그럼에도 불구하고 스테인은 결심을 굳혔다.

1908년 1월 31일 스테인 일행은 타림 강 이남의 타클라마칸으로 들어섰다. 그들은 13일을 걸었지만 여전히 케리야 강의 그림자도 보이지 않았다. 스테인은 동서 양 방향으로 사람들을 보내 정말로 케리야 강을 지나는지 여부를 알고 싶었다. 그는 잠시 주저하다가 전방의 높이 100m에 달하는 거대한 모래 산으로 기어 올라갔다. 산 정상에서 정남쪽으로 바라본 스테인은 벅찬 감격에 눈물을 흘렸다. 바로 전방의 가없이 펼쳐진 사막 바다에서 가늘지만 길게 반짝거리는 무언가가 눈에 들어왔기 때문이다. 그것은 의심할 여지없이 케리야 강의 끝 지점이었다. 이후 그들은 케리야 강를 따라 남쪽으로 내려가면서 순조롭게 케리야에 도착할 수 있었다. 4월 초 그는 다시 케리야 강을 따라 타클라마칸을 횡단해 아커쑤에 도착하는 여정에 올랐다.

1913년 스테인은 세 번째로 타클라마칸을 찾아 스벤 헤딘이 실패한 '죽음의 여정'을 준비했다. 즉, 마이가이티에서 동쪽으로 사막을 횡단해 호탄 강에 도착하는 여정이었다. 그는 이번 여정의 시작을 바람이 거의 불지 않는 10월로 택했다. 야르칸트 강의 연안을 떠나 사막에 들어선 첫날 그들은 다닥다닥 붙어 있는 사막 언덕 때문에 14km 이동하는데 만족을 해야 했다. 둘째 날 낙타는 이미 피곤에 지쳐 그들의 명령을 듣지 않았고, 넷째 날 스테인은 결국 동으로의 모험을 포기한 채 서북쪽으로 방향을 돌려 되돌아 올 수밖에 없었다. 그들은 귀환 길에서 백 년에 한 번 만날까 말까한 폭풍설의 습격도 받았다. 훗날 스테인은 실패한 사막의 여행에 관해 다음과 같이 언급했다. "넷째 날 새벽 높은 지점에 올라 동쪽을 바라보며 빠져 나갈 길을 찾아보았지만 눈에 보이는 것이라곤 끝없이 펼쳐진 모래 언덕 물결뿐이었다. 그 경치 속에 담겨있는 저항할 수 없는 유혹은 마치 죽음에 대한 비감을 드러낸 대자연의 모습 같았다…… 나는 어쩔 수 없이 북으로 방향을 돌려 생존의 기회를 찾기 위한 결정을 내리지 않을 수 없었다."

일본의 오타니(大谷) 탐험대도 세 차례에 걸쳐 타클라마칸에 입성했다. 1902년 탐험대의 한 팀은 실크로드의 남쪽 길을 따라 호탄에 도착한 다음 북상하여 22일 동안 타클라마칸을 남북으로 횡단했다. 1909년 두번째 대곡 탐험대는 신강에 도착해 쿠처와 누란 등지에서 탐험을 시작했다. 1910년의 세번째 탐험은 다치바나 즈이초(橘瑞超) 혼자 체르첸에서 북으로 타클라마칸을 횡단했다. 이 길은 그 동안 누구도 지나간 적이 없을 정도로 100m에 달하는 높은 모래 언덕으로 연이은 험난한 길이었다. 20일째 되던 날, 가져온 얼음과 식량이 바닥을 보였다. 낙타는 이미 모래 바다의 먼지가 되었고, 일꾼들의 절망감도 극에 달해 하루빨리 저승사자라도 내려오길 기다릴 뿐이었다. 이틀 후 천신만고 끝에 그들은 완전히 말라버린 하상을 발견했다. 비록 물은 찾을 수는 없었지만 사막이 이미 끝에 다다랐음을 예측할 수 있었다. 거의 절망에 잠겼던 일행들은 다음 날 타림 강에 도착했다.

타클라마칸에 대한 탐험과 개척은 중국 사람들에 의해 시작되었지만 근대에 들어와서는 외국 탐험가들의 독무대가 되다시피 했기 때문에 중국 학자 황문필(黃文弼)의 타클라마칸 횡단은 대단히 큰 의미를 가졌다. 1927년부터 1935년까지 중국과 스웨덴의 중국 서북과학 조사단은 서북 지역에서 무려 8년에 걸친 대규모 조사를 벌였다. 그것은 기간이나 규모, 성과 면에서 중국 서북 탐험 역사에서는 미증유의 사건이었다. 1929년 조사단 중 중국 측 일원이었던 황문필은 악조건 속에서도 사야(沙雅)를 출발해 타림 강 남단을 따라 서쪽으로 향했다. 그곳에서 다시 남하하던 그는 호탄 강을 따라 마찰탑격과 호탄에 도착했다. "황망하고 사람 하나 없는 사막에서 한 달하고 사흘을 걸었으니, 그 고통은 이루 말할 수 없었다." 호탄에서 황문필은 사막 바다 속 깊숙이 파묻혀 있던 고성과 초소, 사원 등을 조사·발굴해 냈다.

현대의 사막 횡단

1980년대 이후 중국과학원과 국가과학위원회, 중국 석유천연 가스공사, 신강종합조사대, 신강석유관리국, 중국 사회과학원 변경역사연구센터 및 각종 사막 탐사대들이 앞 다투어 타클라마칸 사막으로 들어가면서 사막 탐험과 조사 열풍이 점차 고조되었다.

1987년 8월 24일 중국과학원의 '타클라마칸 사막 종합 과학 탐사단'은 우루무치에서 조직된 탐사단으로 '가가서리 종합 과학 조사대'와 더불어 국가과학위원회가 발의한 중국과학조사대 두 곳 중 하나였다. '타클라마칸 사막 종합 과학 탐사단'은 10개 기관과 백여 명의 과학자, 10여 개의 전문 과학조사팀이 4년이란 긴 시간을 투자해 타클라마칸을 횡단하고 사막의 중심에 주둔해 "타클라마칸 사막 연구 역사상 최장 기간, 최대 규모에 전문가가 가장 많이 참여하고 과학적 의미가 가장 풍부했던 종합적이고 과학적인 조사"였다는 긍정적인 평가를 받으면서 타클라마칸 사막에 관해 가장 완벽하고 가장 체계적이며 가장 정확한 지리적 정보를 얻었다.

1980년대 말 중·일 양국은 '사막화 메커니즘을 밝히기 위한 공동 연구'를 시작했다. 공동 연구는 5년간 지속되었는데, 양측에서 투입된 연구 기관만 해도 20여 개, 참여한 대학 교수만 해도 백여 명에 달했고, 일본 과학기술청에서는 거금 10억 엔을 지원했다. 이 공동 연구는 타클라마칸의 인식과 이해를 대대적으로 심화시켰다.

1990년 9월 신강농업구획위원회와 신강외사처가 연합하여 '케리야 강과 타클라마칸 과학 탐사' 활동을 조직한 다음 케리야 강을 따라 타클라마칸 남북 전 여정의 도보 횡단을 완성했다. 케리야 강의 끝에서 북쪽으로 향한 탐사대는 사막에서 총 21일 동안 267km를 걸었다. 신강농업구획위원회의 경제전문 간부 호방서(胡邦瑞)는 끝까지 사막 횡단에 참여함으로써 중국과 외국 여성을 통틀어 타클라마칸의 남북을 최초로 횡단한 여성이 되었다.

1992년 10월 중국과 스웨덴은 공동으로 '20세기 서역 시찰 및 연구 국제 학술 토론회'를 개최했고, 타클라마칸 사막과 그 주변 지역의 과학 탐사 활동을 조직했다. 그것은 중국, 스웨덴, 미국, 영국, 일본 및 뉴질랜드 등 6개국 30여 명의 학자들의 참가한 탐사인데, 호탄 강 유역과 타클라마칸 주위의 고대 유적, 오아시스와 인류 활동 간의 관계에 큰 관심을 보였다.

1993년 9월 '중영 연합 제1차 타클라마칸 횡단 탐험대'는 우루무치를 출발해 3개월 동안 인류 최초로 타클라마칸의 동서 전 여정을 횡단하는 쾌거를 거두었다. 또한 1994년 9월 「중국 부녀보(中國婦女報)」 신문사에서 조직한 첫 여성 탐험대는 호탄, 케리야, 니야, 엔데레, 체르첸 등 다섯 강을 따라 사막의 오지로 들어가 여성 대원의 타클라마칸 탐험의 시작을 열었다.

1995년 9월 일본 간사이 대학 타클라마칸 횡단 탐사대는 마이가이티에서 출발해 마찰탑격산 북쪽 기슭의 사막에서 도보로 바로 호탄 강으로 향한 다음 다시 도보로 남하해 호탄에 닿았다. 이 도보 탐사 활동은 놀랍게도 아무런 위험 없이 진행되었는데, 100여 년 전 스벤 헤딘이 사막과 사투를 벌였던 죽음의 여행과는 천양지차였다.

1996년 일본 와세다대학(早稻田大學)은 간사이대학(關西大學) 탐험대의 타클라마칸 사막 서부 지역 횡단 성공에 고무되어 중국 측과 협의하여 그 누구도 가 본 적이 없는 노선을 택했다. 444.5㎞를 걷는 데 35일이 걸렸다. 탐사 도중에 진행한 조사와 휴식 시간을 뺀 실제 도보 시간은 30일 정도인데 매일 15㎞를 행군한 셈이었다. 와세다 대학의 사막 횡단은 역대 사막 도보 탐험 가운데 가장 빠른 속도로 진행된 횡단으로 기록되었다.

각국 탐험가들이 속속 도착하는 동시에 중국의 유명한 탐험가인 유우전(劉雨田)과 여순순(余純順)도 타클라마칸에 입성해 홀로 탐험을 시작했다. 끝없이 펼쳐진 사막의 바다에서 그들은 두 발에 의지해 낙타의 방울 소리를 벗 삼아 고독하게 여행했고, 결국 그들의 발자취를 남겼다.

세상을 놀라게 한 발견

계속되는 탐험으로 타클라마칸의 신비한 베일이 하나하나 벗겨졌지만, 사람들을 더욱 놀라게 한 것은 '죽음의 바다'가 명실상부한 '희망의 바다'였다는 점이었다.

원래는 드넓은 바다

늘 '모래 바다'나 '죽음의 바다'로 불렸던 타클라마칸 사막은 과학 탐사의 결과 수억 년 전에는 광활한 바다였음이 밝혀졌다.

호탄에서 출발해 호탄 강를 따라 북상하며 사막을 횡단하다 보면 호탄 강 서쪽 사막 중심에서 동서로 뻗은 작은 산을 발견할 수 있다. 그 산이 바로 사막의 '성스러운 산'이라고 불리는 마찰탑격산(麻扎塔格山)이다. 탐험가들은 이 산의 자갈 지표면에서 거대한 굴 화석을 주웠고, 모래 표면에서도 납작하거나 고깔 모양의 우렁이 껍질을 발견했다. 이런 제3기 해상 침적물은 타클라마칸이 원래 바다였고, 타클라마칸 사막이 명실상부한 바다의 아들임을 증명해 주었다.

지질 역사의 연구로 타클라마칸 사막이 위치한 타림 고원은 10억 년 전의 선캄브리아대에 형성되었음이 밝혀졌다. 이후 침식 작용을 거쳐 고원의 북동과 북서, 서남의 경계 지역과 고원 내부에서 강렬한 침강 현상이 발생해 고아시아 해양의 물이 육지로 들어와 거대한 면적의 해구를 형성했다. 6억 년 전부터 시작된 고생대에 타림 분지 해역이 더욱 확장되면서 완전한 타림 해를 형성했다. 4억 4천만 년에서 5억 년 전의 오르도비스기 초기 해역 범위는 고생대 초기의 정점까지 달해 단 한 번 만에 곤륜산 동쪽 지역을 모두 침몰시켰다. 이때의 타림 해는 각 방향에서 모두 밖의 바다와 통했지만 육지는 겨우 협소한 낙도와 반도뿐이었다. 이후부터 타림 해가 남에서 북으로 약간 뒤로 물러나면서 비교적 큰 면적의 천해 분지가 나타났고, 가평(柯坪)에서 탑중(塔中)까지 상승해 육지가 되었다. 3억 5천만 년에서 4억 년 전까지의 데본기 중기에는 해수면이 대부분 서쪽으로 밀려났고, 데본기 말기에 접어들면서 타림은 대부분 육지로 바뀌었다. 이후 이 지역은 바다가 여러 차례 밀려 왔다가 나감을 반복했는데, 2억 2500만 년에서 2억 7천만 년 전의 고생대 페름기 말년에 바닷물은 타림 분지에서 완전히 밀려나갔다. 지금부터 약 7천만 년에서 2억 2500만 년 전의 중생대부터 타림 분지는 기본적으로 대륙 환경 위주가 되었다. 히말라야 조산 운동에

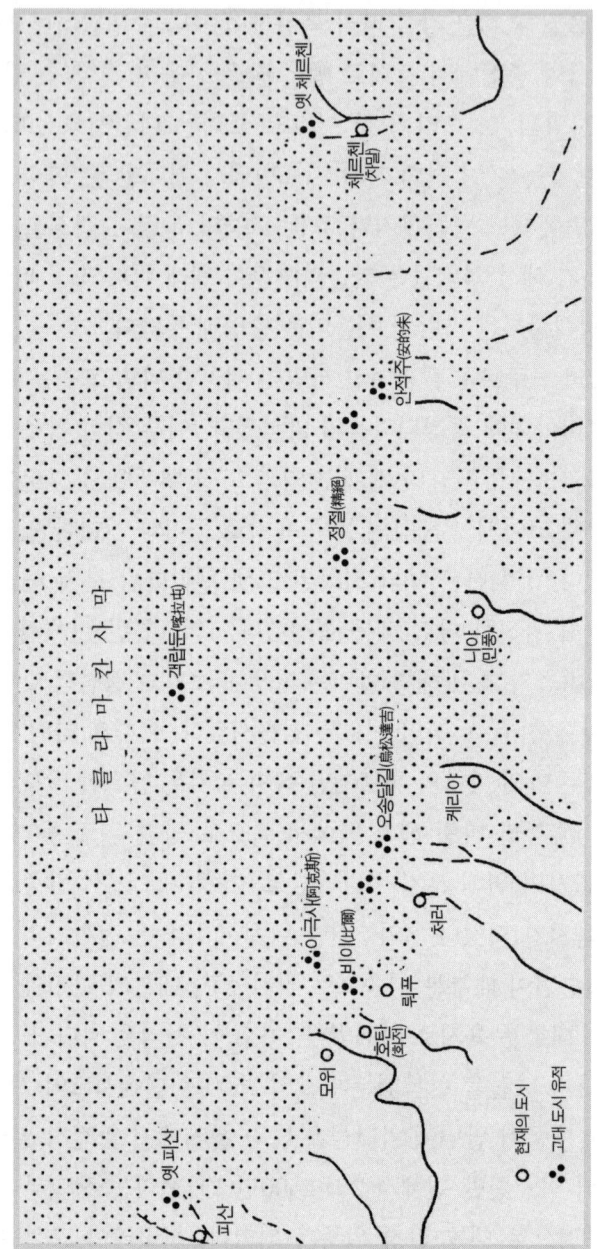

타클라마칸 사막 남부에 분포한 현재 사막 고도시

따라 분지 주위의 산지는 급격히 상승하고 강의 흐름이 광범위하게 늘어나면서 산지의 풍화 침식물은 물에 쓸려 분지의 중심부로 흘러갔다. 타림 분지 전체 평원의 표층 부위는 대부분 제4기 하류 충적물로 이루어졌다. 이런 침적물은 대단히 건조한 조건 속에서 바람의 작용을 거쳐 결국 끝없이 펼쳐진 타클라마칸 사막을 형성했다.

사라진 고향

아시아 대륙의 오지 깊숙이 위치해 있는 타클라마칸은 해양과 멀리 떨어져 있어 대단히 건조하고 가물다. 그러나 사방의 높은 산과 험준한 봉우리에서 발원하는 크고 작은 하류들, 예를 들어 타림 강, 야르칸드 강, 호탄 강, 케리야 강, 니야 강, 엔데레 강 등이 100여 개에 달한다. 인류 문명은 이 강들에 의지해 성장하고 발전해 왔다. 고고학 자료에 따르면 타림 분지에는 최소한 5, 6천 년 전에 이미 인류의 활동이 있었다. 진한 시대 타클라마칸 사막은 지금보다 훨씬 작았지만 오아시스는 훨씬 많았다. 오아시스에는 숲이 무성했고, 금수의 활동도 대단히 활발했다. 한나라 시대에 그 명성을 자랑했던 오아시스 국가들인 누란, 소륵, 구자, 우전, 피산, 우미, 사차 등이 존재했다. 인류는 타클라마칸 대사막에서 맹렬하게 생존해 나갔고, 끊임없이 개척해 나가 촌락과 국가를 건립하고 성지와 보루, 사원과 도로를 건설했으며, 말과 소, 양, 낙타 등을 키우며 한때 번성한 국가를 누렸다.

그러나 타클라마칸의 자연 생태 환경은 대단히 취약했다. 대자연에 대한 인류의 과도한 요구는 대자연의 호된 보복으로 돌아와 과거의 찬란했던 문명도 쇠락하고 번성했던 국가도 차츰 폐허 속에 묻히고 말았다. 타클라마칸 사막에 수많은 고성과 고대 사원, 고대 촌락, 고대 묘지가 결국 파묻혔지만 그 누구도 정확한 이유를 설명하지는 못했다. 문명의 유적지가 숨바꼭질하듯이 30만㎢의 사막 바다 속 여기저기에 가득한데 어찌된 일인지 그 누구도 규명해 낼 도리가 없었다. 중국과학원의 타클라마칸 사막 종합 탐사대의 고고학 팀은 호탄과 아커쑤 두 지역 450여 곳의 유적에 대한 조사를 벌였다.

'니야(尼雅)'는 수많은 유적지 가운데서 주목을 끌었다. 1901년 영국 탐험가인 스테인이 사막에서 발견한 이 유적지는 남북으로 25㎞, 동서로 5~7㎞에 달하는 방대한 규모의 유적지로 판명되었다. 이미 발견된 고성과 관공서, 민가, 관개수로, 가마, 과수원, 불탑, 묘지 등 100여 점의 유적이 남아 있는데, 그중 민가도 백 채가 넘는 이 유적지는 상당히 완전한 형태를 띠고 있었다. 수많은 간독 문자와 채 뜯어보지도 못한 편지 등이 가지런히 쌓인 더미가 모래흙 가운데 있는 걸로 보아 당시 그 집의 주인은 다급히 집을 떠난 것으로 추정된다. 이 성은 이후 사막에 파묻혔다.

사막 깊숙이 위치한 단단오리극은 1895년 스벤 헤딘이 케리야 강을 따라 타클라마칸을 횡단하는 여정 중에 발견했다. 1901년 스테인은 그곳에서 3주간에 걸친 발굴 작업을 통해 부조 단편과 범문 불경, 한문 문서 등을 발견했다. 그는 자신이 그곳을 방문하기 전까지는 "천여 년 동안 어느 누구도 이곳의 평온함을 방해하지 않았던 것으로 보였다"라고 회상했다.

방대한 '지하수 창고'

대단히 건조하고 황량한 사막 타클라마칸에서 물은 바로 생명이다.

법현과 현장, 마르코 폴로가 타클라마칸에서 '이정표'로 삼았던 백골 유해는 대부분 물 부족으로 죽은 사람들의 것이었다. 1895년 스벤 헤딘이 타클라마칸에서 보냈던 죽음의 여행도 물 부족 때문이었다. 니야에서 발굴된 수많은 거로문(佉盧文) 목간에는 물의 분배와 사용으로 인해 벌어진 소송 사건과 관련된 기록도 있었다. 사막의 수많은 고대 유적을 살펴보면, 단수로 인한 고통을 참고 고향을 떠나야만 했던 당시의 참혹한 광경이 눈에 그려지는 듯하다.

그러나 극도로 건조한 타클라마칸의 모래층 아래 엄청난 저장량을 갖춘 지하수 창고가 있었다는 사실은 아무도 예상하지 못했다. 타클라마칸 사막 오지에서 천연 오일 가스 탐사가 진행될 때까지만 해도 물(1kg당 인민폐 20원)은 완전히 비행기와 사막차로 외부에서 반입되었기 때문에 사막 탐험대들은 언제나 물을 찾는 일에 주의를 기울이지 않을 수 없었다. 이동하던 탐험대가 야영지로 선택한 모래 언덕 사이의 저지대에는 갈대밭이 있었다. '갈대는 수중식물인데 이런 곳에서도 자라네. 그럼 혹시 아래로 물이 흐르는 것은 아닐까?'라는 생각이 들어 곧장 3척을 파 내려갔다. 여러 구덩이를 계속 파내려 갔지만 구덩이 벽면이 약간 축축해진 것 외에는 달리 변화가 없자 모두들 실망을 감추지 못했다. 그러나 다음 날 아침 기적이 일어났다. 그들이 파낸 구덩이 속에 물이 고여 있었던 것이다. 다소 짜긴 했지만 정화 작용을 통해 물 부족이란 난제는 깨끗이 해결할 수 있었다. 이후로 더 이상 물을 아끼기 위해 세수를 거르는 일은 없었다.

사막에는 도대체 어느 정도의 물이 있는지, 그리고 이 물들은 얼마 동안 사용할 수 있을지에 관해서는 아직 정확히 알 수 없다. 1987년 조직된 타클라마칸 사막 종합 탐사대는 지표면에서 지하까지 타클라마칸의 수자원을 고찰하는 작업을 전반적으로 진행했다. 그 작업을 통해 면적 22만 5천㎢의 타클라마칸 오지에 저장된 지하수 저장량은 장강 유동량의 8배에 해당하는 8조㎥에 달한다는 결과를 내놓았다.

8조㎥는 22만 5천㎢의 사막 오지를 36m 높이로 세워 놓은 양이다. 세계 제1의 사막 사하라의 지하수 저장량은 60조㎥로 450만㎢ 면적의 사막을 13m 높이로 세워야 하는 수치이니, 이 둘을 비교해 보면 타클라마칸의 상대적 수량은 사하라 사막을 훨씬 뛰어넘는다. 더 놀라운 점은 타클라마칸 오지와 남쪽 평원 지역에 매년 53억㎥의 지하수를 사막 지층으로 보급해 주는 방대한 규모의 '지하수 창고'가 있다는 점이다.

이 거대한 양의 물은 바로 고산에서 흘러내려왔다. 타림 분지에는 1년 내내 물이 흐르는 강만 해도 무려 140여 개에 달하기 때문에 농·공업 용수, 생활 용수와 지면 증발 및 식물의 증산 작용 등으로 엄청난 양을 소모한 뒤에도 상당한 양의 물이 사막에 저장되어 부드러운 모래층 속으로 스며든다. 그러나 타클라마칸의 거대한 모래층은 모세관 작용이 없어 스며든 물은 더 이상 증발되어 사라지지 않아 수위가 얕으면서도 물 함유량이 풍부하고, 분포 면적도 넓은 수문 지질 조건을 형성했다.

21세기의 페르시아 만

타림의 반복된 지반 침강이나 해수면 상승으로 바다가 육지를 덮어 바다가 넓어지는 해침 현상이라는 지질사와 열대 환경 생물사로 이곳에 풍부한 석유와 천연 가스 자원이 매장되어 있다고 믿게 되었다.

중화인민공화국 초기 석유 탐사대는 일찌감치 타림 분지로 들어와 석유를 찾기 시작했다. 1958년 분지 북쪽에서 발견된 의기극리극(依

츪克里克) 유전은 타림 석유 공업의 서광을 밝혔다. 그해 석유 중자력 탐험대는 낙타를 타고 타클라마칸으로 들어가 사막 오지의 물리적 탐사에서 첫 폭발음을 냈다. 그들은 타클라마칸을 계속 드나들며 거대한 사막 아래 천연 가스가 묻힌 곳을 찾으려고 애썼다. 1984년 룬타이(輪臺)와 쿠처 사이의 지하에서 천연 가스가 갑자기 분출되는 사고가 터지면서 희비가 교차했다. 천연 가스의 강렬한 분출을 제어하기가 어려웠던 것이 나쁜 소식이라면 거대한 유전의 출현은 그야말로 기쁜 소식이었다. 사고 발생 후 유전을 찾으러 타림 북쪽으로 속속들이 몰려들면서 장사진을 이룬 가운데 윤남(輪南) 1정, 윤남 2정, 영마력(英馬力) 1정에서 높은 생산력을 올렸다. 타림 북부에서 유전 탐사가 거의 전면화될 때 석유 탐사대는 타림 강을 지나 타클라마칸으로 들어갔다. 짧은 몇 년 동안 19차례에 걸쳐 광활한 사막을 횡단했던 탐사대는 천신만고 끝에 드디어 타클라마칸 석유 지질 역사에서 중대한 돌파구를 마련했다.

물리적 탐사로 타림 분지가 융기와 침강의 구조가 계속해서 반복되는 '삼융사요(三隆四坳)'의 기본 구조로 이뤄졌음이 밝혀졌다. 움푹 침강된 중북부와 위로 융기된 타림 중부, 다시 침강된 서남부 주요 지역이 모두 타클라마칸 사막 내에 위치해 있었다. 뿐만 아니라 특대형의 구조 트랩(습곡 운동이나 단층 운동과 같은 지각 운동에 의해서 형성된 트랩의 총칭)이라는 점도 발견되었는데, 그중 타림 중부 지역에서 발견된 구조 트랩의 면적만 8,200㎢에 달했다. 이는 대경(大慶 ; 1959년 하얼빈 북서쪽에서 발견한 유전 지구) 구조의 3배에 달하는 면적으로, 중국에서 지금껏 발견된 구조 트랩 중 최대인 셈이다. 그리고 타림 분지의 많은 유층(油層) 중에서 석탄계 해상 사암(海相砂巖) 매장 석유는 중국에서 처음 발견되었다고 탐사대는 밝혔다.

1989년 10월 타클라마칸 사막 오지에 위치한 탑 가운데 1정에서 천연 오일 가스가 뿜어져 나오더니 탑중 4호, 6호, 10호의 석탄계 사암에서 천연 오일 가스가 나왔다. 유사한 구조는 6개가 더 있었기 때문에 타림 중부 지역이 거대 유전 지역임을 증명했다. 타림 중부 유전 탐사의 연이은 낭보에 호응이라도 하듯 타림 북부 융기 지대에서도 십여 개 이상의 중형 유전이 발견되면서 유전 지역을 형성했다. 그리고 타림 서남쪽 탐사에서도 중대한 돌파구가 마련되었다.

　1992년 일본의 한 신문사는 「지구 최후의 대형 유전을 갖춘 분지」란 제목으로 타림의 유전 탐사 활동을 보도하면서 중국의 타림 원유 생산량이 빠른 속도로 중동 산유 국가인 쿠웨이트를 뛰어넘을 것이라 예측했다. 탐사팀은 500억 톤에 달하는 석유 매장량은 지구 전체 석유 총 매장량의 3분의 1에 해당한다고 밝혔다. 그곳의 석유 매장량은 최소한 대경 유전의 3배에 이르는데, 타림 유전은 과거 석유 총 생산량을 참고했을 때 앞으로 300년 동안은 더 채굴 가능한 지역이다.

　21세기의 '페르시아 만'인 세계 최대의 석유 저장고 타클라마칸이 유혹의 손길을 내밀며 끝없는 모래 바다 아래에서 검은색 액체를 위로 내뿜자 '죽음의 바다'가 '희망의 바다'로 바뀌었다며 모두들 크게 놀라움을 표시했다.

샹그리아를 찾다
티베트 고원으로 들어서다

중국 서남부에 평균 해발 4,500m로 웅장하게 솟은 티베트 고원(靑藏高原)은 '세계의 지붕'으로 불린다. 그곳에는 설선 위쪽으로 6,000~8,000m 높이의 산봉우리가 무수히 많다. 그중 세계 최고의 초모룽마 봉과 두번째인 K2(喬戈里) 봉은 중국과 인도 변경 지역의 히말라야 산맥과 중국과 파키스탄 변경 지역의 카라코람 산에 위치해 있다. 에베레스트 산을 지칭하는 초모룽마는 네팔어로 '세상의 어머니'란 뜻이다. 고원의 바깥쪽으로 가파른 산들이 높이 솟아 있고, 타림 분지(평균 해발 고도 800~1,200m), 하서주랑(河西走廊, 평균 해발 고도 1,000~1,500m, 감숙성 서북부), 사천 분지(해발 고도 1,000~3,000m)와 많은 평원들이 주위에 펼쳐지면서 티베트 고원의 험준한 산세를 훨씬 두드러지게 한다.

광활한 티베트 고원은 서쪽의 파미르 고원과 카라코람 산에서부터 동쪽의 횡단산맥(橫斷山脈)까지 이르고, 북쪽의 곤륜산과 아이금산, 기련산에서 남쪽의 히말라야 산맥에 닿아 동서로 2,700km, 남북으로 1,400km에 달한다. 청해성, 티베트자치구 전역과 신강위구르자치구 남쪽, 감숙성 서남 변경 지역, 사천성 서부와 운남성 서북 변경을 포함해 총 면적 250만km²에 달하는 티베트 고원은 중국 총면적 중 4분의 1

이상을 차지한다.

　지질 구조과 지형이 상당히 복잡한 티베트 고원은 고생대 이후 각 시기마다 발생한 지각 암석권 지괴(지각 가운데 주위가 단층을 이루고 있는 지형)의 병합 및 충돌과 관련한 정확한 정보를 갖고 있을 뿐만 아니라 1,000~5,000km 의 산맥에는 1년 내내 눈이 쌓여 있으며 빙하도 광범위하게 분포해 있다. 산맥들 사이사이로 유명한 장북(藏北) 고원, 차이담 분지와 장남(藏南) 곡지 등이 분포하고 있다.

　티베트 고원은 '미스터리' 의 세계이다. 1940년대 말 지방 정부는 외국인의 입국을 금지하고 각 교통 요지마다 감시 초소를 설치했다. 이런 조치는 지구상에 남겨진 마지막 비경에 예측할 수 없는 신비로움을 가미시키면서 서양인들의 성지 등반 물결을 이루게 했다. 영국인 피터 홉커크(Peter Hopkirk)는 『세계의 지붕으로 뛰어든 사람(Trespassers on the Roof of the World : The Secret Exploration of Tibet)』에서 서로 다른 국적을 가진 9명이 이 고지에 오르려다 참패한 경력을 나열했다. 탐험가와 과학자, 선교사들은 호기심, 야심, 그리고 신앙심과 사명감으로 등반을 결심했지만 높은 지세로 인한 추위와 산소 부족, 굶주림, 황사와 우박, 도적의 약탈 등을 겪으며 실패하고 말았다. 등반에 성공했던 이들도 신비로운 운명과 우연이라는 도움을 받은 것에 불과했다. 이 책의 '서문' 은 "이 책이 서술하는 것은 호기심으로 가득 찬 외부 세계로, 어떻게 티베트의 문이 열렸는지에 관한 이야기이다…… 설령 헤로도토스와 프톨레마이오스가 히말라야 변경 지역의 은폐된 땅에 관한 여러 전설들을 들은 적이 있었다 해도, 14세기가 되어서야 프란체스코 수도회의 여행자 버렐이 아주 어렵사리 도보로 그곳에 도착한 것이 서방 세계로서는 티베트와 관련된 첫 기록이었다…… 티베트 변방 지역은 외국인을 전혀 저지하지 않았다. 그들은 오직 그곳에 도착하기만을 바랬다. 간혹 그들은 서역에 도착하거나 성지에 도착하는 것에 자신의 명예를 걸었다. 결단을 내리고 뛰어든 사람들은 육분의(2점 사이의 각도를 정밀하게 측정하는 광학 기계)와 경위의(천문 관측이나 측량에 사용되는 소형 망원경), 현대화된 무기와 황금으로 무장하고 옷을 바꿔 입은 뒤 티베트의 외진 산 입구 뒤로 숨겨진 길을 찾아 몰래 주위를 맴돌았다. 그리고 9개국에서 모여든 여행자들 중에 처음으로 라싸로 들어갈 수 있는 명예를 서로 다투었다"라고 썼다.

티베트 고원은 높은 지세와 넓은 면적, 감춰진 신비함 등을 갖춘 그야말로 세상에서 보기 드문 곳이었다. 그곳은 세계에서 유일한 지리 단위이자 전 세계 탐험가의 정탐 대상이며 각국 과학자가 주목해 왔던 성역이었다.

천고의 유혹

탐험가의 발자취

한 무제 시절 장건이 서역으로 사신으로 갈 때 그가 이끈 사절단은 곤륜산을 넘고 파미르 고원을 건너서 대월지, 대완, 강거, 대하 등 중앙아시아 여러 국가에 도착했다. 399년 동진의 승려 법현은 혜경, 도정 등과 함께 장안에서 불경을 구하기 위해 서역으로 가는 도중 언기를 경유하고 사막을 지나 케리야에 도착한 뒤 파미르 고원을 건너면서 천축 등의 국가들을 두루 거쳤다. 그는 『불국기』에 파미르 고원 남북의 자연 조건에서 보이는 현저한 차이를 기록했다.

당나라 위징(魏徵) 등은 『수서(隋書)』「여국전(女國傳)」에 "여국은 파미르 고원 남쪽에 있다…… 기후가 대단히 춥고, 사냥을 업으로 한다."

놋쇠, 주사, 사향, 야크, 준마, 촉마(蜀馬) 등이 유명하다. 특히 소금이 많아 언제나 소금을 천축으로 가져가 팔아 몇 배의 이윤을 남겼다"라고 기록했다. 여국은 아리(阿里) 전 지역을 포함한다.

서천취경을 위해 장안에서 서역으로 향한 당의 승려 현장은 악귀와 열풍의 사막을 횡단했고, 천산의 남쪽 기슭과 곤륜산의 북쪽 기슭, 파미르 고원을 건넜다. 도중에 온갖 어려움을 겪었으나 결국 그는 경전의 진본을 가져왔다.

중국과학원이 티베트 고원의 과학적 의미를 고찰하기 시작한 것은 1930년대 초였다. 1930년대부터 중국 식물학자 유신악(劉愼諤)은 카르길리크에서 곤륜산으로 넘어 카라코람 산에 도착했고, 그 후에 곤륜산의 남쪽 기슭을 따라 동남쪽으로 3개월 진행한 다음 케리야 강을 따라 귀국했다. 이후 그는 다시 카르길리크에서 곤륜산을 넘고 아극색흠(阿克塞欽)을 건넌 다음, 카라코람 산 입구로 나와 카슈미르에 도착한 뒤 인도를 경유해 돌아왔다. 그의 고원 탐험 성과인 『중국 서부 및 북부 식물지리 개론』은 대단히 계몽적인 관점과 견해를 제시해 주었다.

중국 외에 고대 인도 사람들도 티베트 고원의 존재를 일찌감치 주목했다. 수천 년 전 그들은 티베트 고원 서남쪽에 우뚝 솟아 있는 산마루에 '히말라야'라는 아주 적절한 이름을 붙였다. 당시 유럽인에게 티베트 고원은 풀리지 않는 수수께끼였다. 기원전 5세기 '서양 역사의 아버지'인 헤로도토스는 막연하게 "인도 북부에 '개미가 금을 캐내는' 지역이 있다"라고 썼다.

19세기 말엽부터 티베트 고원으로 달려갔던 서양 탐험가 중에는 비교적 유명한 인물도 끼어 있었다. 우선 스웨덴의 스벤 헤딘은 19세기 말부터 20세기 초까지 카라코람 산에서 곤륜산까지 여러 차례 조사를 진행했다. 그는 1891년 파미르와 모사탑격산(慕士塔格山)을 탐험했고, 1901년 차르클리크에서 객랍목륜산(喀拉木倫山) 입구를 지나 곤륜산을 넘어 티베트 북쪽의 무인지대를 통과해 시가체(日喀則)에 도착했다. 여정을 시작할 때

스벤 헤딘이 그린 장북 고원 야생 당나귀들의 질주

130여 마리의 동물을 데리고 갔지만 쉬까제에 도착했을 때 남은 것이라곤 말 두 마리와 노새 한 마리뿐이었다. 그는 해발 5,000m 이상의 '커다란 공터'에서 '죽음을 벗 삼아' 수개월을 걸은 다음에야 구사일생으로 신비로운 티베트 중부 지역의 중심지에 도착할 수 있었다. 그러나 당시 그는 라싸 입국을 허가받지 못했다. 그럼에도 불구하고 그는 큰 수확을 얻었다고 생각했다. 그는 "걸음을 내디딜 때마다 우리에게 지구와 관련된 지식은 모두 '발견'이었고, 붙여준 이름은 모두 새로운 '점령'이었다. 1907년 1월까지 우리는 행성 표면의 이 부분과 달 뒤쪽이 똑같다는 점을 전혀 알지 못했다"라고 언급했다. 1906년 스벤 헤딘은 다시 카슈미르에서 카라코람 산을 넘어 아극색흠의 북부 지역으로 들어갔고, 1907~1908년에 카라코람 산을 넘어 장북 고원을 탐사했다. 그의 대표 저서인 『아시아 오지 여행지』와 『남장(南藏)』(전 8권)은 티베트 고원에서의 탐사 활동을 생동적으로 기록했다.

프랑스 여류 티베트 학자인 데이비드 닐(David Neil)은 지금으로부터 70여 년 전 횡단산맥 산간 지역의 난창강(瀾滄江)에서 티베트로 들어갔다. 우선 티베트인으로 분장한 그녀는 머리에는 야크 꼬리로 만든

변발을 올리고 금발을 흑발로 염색한 뒤 다 해진 모자를 주워 쓰고 서부 장족(藏族) 사람의 복장을 한 채 얼굴과 손에 온통 재를 바르자 그 지역의 성지 순례자의 모습으로 변모했다. 그녀는 자신의 수양아들과 함께 낮에는 숨어 있다가 밤에 이동하면서 천신만고 끝에 라싸에 도착했다. 그러나 그 이전까지는 청해 등지에서 수차례 티베트로의 입국을 꾀했지만 번번이 제지당하고 말았다.

영국 탐험가이자 식물학자인 진 워드(Jean Ward)는 1909년부터 1958년까지 14차례에 걸쳐 티베트 고원을 탐사하면서 총 25부의 전서를 출판했다. 그 외에도 러시아인, 네덜란드인, 스위스인이 차례로 티베트 고원을 밟았다.

과학자의 고찰

신중국의 건립 이후 티베트 고원에 대한 과학적 고찰은 새로운 장을 열었다. 1950년 인민해방군이 티베트로 진군하면서 사천성 성도에서 티베트자치구 라싸에 이르는 천장(川藏) 고속도로가 서쪽으로 더 연장되었다.

1951년 57명의 전문가로 구성된 티베트 과학팀이 티베트로 들어가 3년간 티베트의 일부 지역에 관한 중요한 연구를 펼쳤다. 그들의 작업 반경은 동쪽의 금사강에서 시작해 서쪽의 정일현(定日縣)까지, 그리고 남쪽으로 중국과 인도 변경 지역의 아동(亞東)에서 북쪽 장북고원의 윤파랍(倫坡拉) 분지까지 넓은 면적에서 진행되었다.

1957년 중화전국노총은 등반대를 조직해 횡단산맥의 주 봉우리인 공알산(貢嘎山)에 올랐고, 일부 과학자들도 등반대를 따라 지질, 지형, 지구 물리와 기상 관측과 관련된 고찰을 진행했다. 1958년부터 그 이듬해까지 중국과학원 신강종합고찰대는 파미르 동쪽 끝에서 곤륜산까지의 고찰을 진행했다. 각 분야의 전문가들로 구성된 고찰대는 체계적인 과학적 결론을 이끌어 내고 11권의 저서와 각종 전문 지도를 출판하며 파미르 동쪽 끝과 곤륜산 및 카라코람 산 지역과 관련한 과학적 자료를 대거 제공해 주었다. 1960년 중국과학원 티베트종합고찰대는 동에서 서로 강당고원(羌塘高原)을 넘었고 북으로 카라코람 산, 아극색흠 지역과 곤륜산맥을 통과했다.

1960년과 1961년에 100여 명의 전문가들은 칭장(靑藏) 고속도로와 사천-티베트 간의 천장 고속도로, 신강위구르자치구-티베트자치구 간의 신강 고속도로를 따라 조사를 진행했고 얄룽창포 강 중류 지역을 조사했다.

1964년 국가등반대는 시샤팡마(希夏邦馬) 봉을 등정하기 위해 '현대 중국 빙산의 아버지' 시아풍(施雅風)과 '중국 황토의 아버지' 유동생(劉東生)을 대장으로 하는 과학조사팀을 조직했다. 이 탐사로 얻은 성과라면 티베트 고원의 강렬한 융기가 지금으로부터 약 200만 년 전에 발생했음을 알아냈다는 점이다. 그러한 고찰은 티베트 고원에 대한 과학 조사 기초 연구의 신기원을 열었다.

1964년 시아풍은 티베트 동쪽 고향(古鄕) 일대의 빙산 니석류(泥石流; 흙과 모래와 돌 따위가 섞인 물사태)를 조사한 다음 상해과학기술영화제작소를 불러 영화 「니석류」를 제작했다. 은막을 통해 니석류가 도저히 막을 수 없는 기세로 흘러 산을 부수고 다리를 파괴하며 강을 막고 마을을 수몰시키는 장면은 대자연의 냉혹한 위력을 여실히 보여 주었다. 전국을 순식간에 강타했던 이 영화로 전 세계는 티베트 고원의 일부 지역에 아직도 공포스런 니석류가 존재한다는 사실을 알게 되었다.

1966년부터 1968년까지 유동생과 시아풍은 다시 팀을 조직해 초모룽마 봉과 티베트 동남쪽 임지(林芝) 지역을 조사 연구했다. 1970년부터 청해성 생물연구소(지금의 중국과학원 서북고원생물 연구소)가 조직한 '아리' 동식물 과학고찰팀은 카르길리크-아극색흠 일대, 공객산(空喀山) 입구, 반공호(班公湖) 일대 등에서의 고찰을 통해 그 지역의 생물 분포에 관한 규칙을 밝혔다.

1973년 새로 조직된 중국과학원의 티베트 고원 종합 고찰팀은 티베트의 동남쪽 찰우(察隅), 파밀(波密), 묵탈(墨脫) 일대의 고산 유곡과 빙산 밀림으로 들어가 고찰 활동을 벌였다. 1976년 티베트 고원 종합 고찰팀은 다시 아리, 장북, 나곡(那曲), 창도(昌都)로 들어가 전면적인 조사를 벌였다. 이번 조사와 그 후 몇 년간의 보충 조사로 티베트 고원의 주요 부분을 거의 둘러보면서 티베트의 지리와 생태 영상을 완벽하게 묘사했다. 그 성과로 총 34부 40권에 달하는 『티베트 고원 과학 고찰 총서』를 내놓았다. 『티베트 자연 지리』, 『티베트의 지모』, 『티베트의 빙하』, 『티베트의 식생』 등이 포함되어 있는 이 총서는 지리와 생태 연구의 거의 모든 분야를 망라해 티베트 대자연의 백과사전으로 불릴 만했다.

1970년대 말 국가측량국은 연구 지역의 1/100,000 지형도의 측량 편성 작업을 완성해 야외 과학 조사에 없어서는 안 될 기초 도면을 제공했다. 1980년부터 1984년까지 신강과 청해, 감숙성 변경 지역의 조사팀과 중국과학원 동식물 조사팀, 신강 아이금산 과학 조사팀은 계속해서 고목고륵(庫木庫勒) 분지로 들어가 종합적 고찰을 벌였고, 그 지역에 대한 지질, 지모, 기후, 수문, 토양, 식생과 동식물 구역 등의 기본적 특징을 전체적으로 천명하며 분포 규칙을 밝혔다. 1985년부터 1987년까지 진행되었던 야르칸트 강 빙하 홍수 과학 고찰대의 실지 조사는 카라코람 산 지역 야르칸트 강 유역의 빙하, 수문, 기상 및 지질 지모 등 다량의 데이터와 자료를 얻어 현대 빙하의 기본적 특징과 산간 지역의 수증기 연원, 고산 지대의 강수, 태양 복사 등을 새롭게 밝혀냈고, 고찰 성과는 고스란히 『카라코람산 야르칸트강 빙산과 환경(喀喇崑崙山葉爾羌冰川與環境)』속에 드러났다.

1990년 중국과학원 가가서리 종합 과학 고찰대의 68명 전문가와 학자는 티베트 고원의 오지에서 95일간 조사 면적 7만 5천㎢, 총 거리 12만 5천㎞에 달하는 야외 조사를 진행했다. 이 조사는 지질, 지리, 생물 세 전문가팀으로 나눠 진행되었다. 팀원들은 평균 해발 5,000m의 열악한 환경 속에서 후방의 지원 없이 3개월간 조사를 벌이는 대단히 힘든 과정을 겪어야만 했다. 중국 과학 탐사 역사에서 거의 전무후무한 경우였다. 하산 다음 날 가진 신체검사에서 팀원의 체중은 평균 5.6kg이 줄었고, 최고 12.5kg이나 빠진 연구원도 있었다.

'가가서리' 지역은 높은 지세와 낮은 기온, 희박한 공기와 열악한 환경으로 사람을 찾아볼 수 없어 '인류 금지 구역'으로도 불렸다. 그 지역은 인간의 간섭이 비교적 적어 아직도 원시적인 자연 상태를 대부분 유지하고 있어 특수한 지리적 위치나 지각 구조 및 자연 환경, 특수한 생물 구역의 조직은 늘 국내외 과학자의 관심거리였다. 이번 과학적 고찰은 기초 자료를 풍부하게 수집하는 한편 '신비한 국토'의 비밀도 풀어 대성과를 거두었다.

1993년 '티베트 고원 형성 진화와 환경 변천 및 생태 체계 연구'가 국가 주요 계획 프로그램과 중국과학원의 중대한 기초 연구 프로그램으로 선정되면서 티베트 고원 종합 고찰대의 업무는 과거의 조사와 자료 수집에서 심도 있는 이론 연구 단계로 발전했다.

중국 국내에서 티베트 고원에 대한 고찰과 연구가 점차 활발해지자 국제 사회도 더욱 관심 있는 눈빛을 보내왔다. 1984년 중·미 간 목자탑격(木孜塔格) 조사, 1985년 중·독 간 K2 봉 조사, 1987 중·일 양국의 서곤륜산 조사, 1989~1990년 중·불 양국의 카라코람-서곤륜산 연합 조사 등 양자간 혹은 다자간 공동 조사가 계속 진행되었고, 등반대와 함께 K2 봉 지역에 대한 과학적 고찰 활동도 계속되었다.

신기한 세계

매번 손에 땀을 쥐게 할 만큼 조마조마하고 험난했던 탐험과 조사 연구를 통해 드디어 티베트 고원의 매력적인 베일이 걷혔다. 신비한 색채로 가득 찬 그곳은 무한정 동경해 마지않았던 땅이었다. 고(古)지중해에서 '세계의 지붕'까지, 세계 최대 협곡에서 세계 최고봉까지, 독특한 수증기 통로에서 강렬한 태양 복사까지, 묵탈의 열대 우림 지역에서부터 장북의 고지대 추운 황량한 사막까지, 양팔정(羊八井)의 지열 지대부터 강당 분지의 유전까지, 인류의 기원에서부터 신비롭게 사라져 버린 고격(古格) 왕국까지, 그리고 차마고도(茶馬古道)에서 여고호(瀘沽湖)의 '여아국(女兒國)' 풍치까지…….

이전에는 바다였다

지구의 지붕인 티베트 고원은 사실 바다의 아들이다. 이상하게 들리지만 의심할 여지없는 사실이다. 1990년 중국 과학자가 티베트 고원의 오지인 강제곡(崗齊曲)과 이산호(移山湖) 일대에서 조사를 벌인 결과 해양 성질을 가진 사록 혼암(蛇綠混巖), 다량의 방사충, 해면 도침화석 등을 발견했는데, 그것은 이 지역이 3억 년 전에는 고지중해의 일부였음을 증명해 주는 발견이었다. 이번 조사에서 과학자들은 중생대 트라이아스기의 쌍각류, 완족류, 유공충 등의 해양 생물 화석, 쥐라기의 해상 완족류, 쌍각류, 극피동물의 화석, 해양 동물의 부스러기로 만들어진 생물 회암층을 발견하기도 했다.

티베트 북부 사람이 살지 않는 지역에 있는 쌍호(雙湖)의 동남쪽에는 화석으로 이루어진 산이 있다. 산에는 원시 시대 바다에서 자주 볼 수 있었던 완족류 생물의 화석 석연(石燕)이 가득했다. 양쪽으로 터질 것만 같은 부채꼴 모양의 조개는 그 무늬가 모두 균일하고 색깔이 선명하며 아름다웠다. 뾰족한 쪽을 대략 묘사해 보면 위쪽으로 짙은 색의 동그란 두 점이 있어 새의 자그마한 머리와 두 눈처럼 보였고, 흐트러진 깃털 같은 부채꼴 모양의 조개껍질이 온 산에 수두룩했다. 문부(文部) 일대에는 그야말로 다양한 종류의 화석들이 지표에 노출되어 있었다. 크기가 손바닥만한 화석은 구불구불한 모양이 빙빙 돌아 원을 이룬 것이 마치 작은 양의 뿔처럼 보였는데, 그 무늬가 정교한 조각을 거친 듯 아름다웠다. 현지 유목민은 어린 양의 뿔 화석이라고 했지만, 사실 수억 년 전 해저에 살던 암모나이트였다. 과학자들의 연구를 통해 티베트 고원의 융기에 관한 수수께끼는 기본적으로 밝혀졌다.

지금으로부터 약 10억 년 전 지구의 표면이 하나로 연결되었던 원시 고대 육지가 북쪽의 '로라시아 대륙(勞亞 : 유라시아 대륙)'과 남쪽의 '곤드와나 대륙(岡瓦納 : 남극 대륙이 중심)'으로 분열되면서 두 대륙 사이에 '원(原)지중해'가 만들어졌다. 그리고 지금으로부터 3억 5천만 년에서 2억 년 전 '곤드와나' 대륙이 분열을 일으키자 각 지각의 판상 표층이 이글거리던 맨틀 위로 떠오르면서 해양 구조가 변동을 일으켰고, '고지중해'가 '원지중해'로 대체되면서 지구상에 생명체들이 생겨났다. 1억 8천만 년 전부터는 떠오른 거대 지각의 판상 표층이 점차 현재의 각 대륙으로 분포되는 상황으로 진행되던 과도기로,

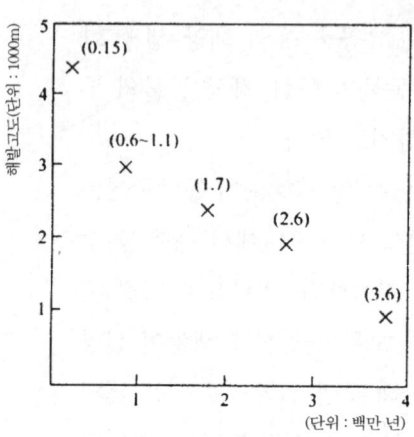

근 4백여만 년의 티베트 고원 융성 과정

'원지중해'가 다시 '고지중해'로 대체되며 4천만 년 전까지 계속되었다. '곤드와나' 대륙이 분열된 후 인도의 지각 판상 표층이 북쪽으로 이동하면서 지금으로부터 약 4천만 년 전경 드디어 유라시아 대륙 아래쪽까지 급강하하자 티베트 고원이 급속도로 융기하면서 2,000여m 높이까지 상승했다. 이후 지각의 판상 표층이 부딪히면서 완충기에 접어들었고, 고원은 침식 작용으로 고도가 낮춰져 약 1,500만 년 전 티베트 고원은 다시 1,000m까지 내려갔다. 그 후 약 360만 년 전부터 티베트 고원은 세 차례에 걸친 강렬한 융기 작용으로 마침내 5,000m 고도까지 급상승했다.

티베트 고원은 아직도 융기 과정 중에 있다. 과학자들의 정밀한 수평면 측정을 통해 카르길리크와 사천하(獅泉河) 일대의 상승 속도가 매년 평균 4.2mm인 반면, 서곤륜산 북쪽 언덕과 카라코람 산 일대는 매년 9mm나 상승한다는 사실을 밝혀냈다. 인도의 지각 판상 표층의 압축은 티베트 고원에 여러 개의 봉합선(퇴적암 절단면에 나타나는 톱니 모양의 절선)을 남겼다. 그러나 최근의 조산 활동으로 '신지중해' 해양의 유적은 유실되고, 매력적인 봉합선 얄룽창포 강(雅魯藏布江)만 남았다.

세계에서 가장 높은 고원

티베트 고원은 동서를 가로 걸쳐 있는 높고 거대한 산맥을 골간으로 하는 산지형 고원이다. 동서 방향의 산맥은 파미르와 서로 맞닿은 곳에서 동쪽으로 방사형 형태로 쭉 펼쳐져 고원을 관통하는데, 북에서 남까지 아래의 다섯 산맥이 분포한다.

1)아이금산맥과 기련산맥

해발 4,000m의 아이금산은 양측 모두 큰 단열대로 타림 분지의 북쪽 고개 쪽을 향하는데, 고도의 차이가 현저하고 산비탈이 험준하다. 이곳은 기후가 대단히 건조하고, 강한 침식 작용으로 지표면에서 바위 부스러기와 바짝 마른 골짜기들을 쉽게 볼 수 있다. 식생이 희박하며, 민둥산이 눈에 띈다.

2)곤륜산맥

서쪽으로 파미르 고원에서 시작해 동쪽으로 사천성 서북부까지 길게 뻗은 평균 해발 5,500~6,000m의 곤륜 산맥은 동서 두 부분으로 나뉜다. 서곤륜 산맥은 평균 해발이 6,000m로, 최고봉인 목자탑격은 7,723m이다. 산꼭대기에 광범위하게 분포되어 있는 빙하가 타림 분지로 유입되면서 차르클리크 강, 호탄 강, 케리야 강 등 내륙강의 원류가 되었다.

3)카라코람 산맥과 탕글라 산맥

곤륜산 서부 남쪽 국경 지역에 분포되어 있는 카라코람 산맥은 히말라야 산맥 다음가는 세계에서 두 번째로 높은 산맥으로 평균 해발이 6,000m이고, 해발 8,000m 이상의 고봉도 네 곳이나 된다. 이곳은 세계에서 위도가 가장 높은 산악 빙하 분포 중심지이며, 중국 최대의 빙하도 바로 이곳에 분포한다. 탕글라 산맥은 카라코람 산의 동쪽 연장선에 있으며, 주요 산마루는 해발 6,000m이다.

4)케일라스 산맥과 염청당고랍 산맥(念靑唐古拉山脈)

동서로 1,400여km 뻗은 이 산맥은 해발 5,800~6,000m이고, 25개의 산이 해발 6,000m를 넘는다.

5) 히말라야 산맥

티베트 고원의 남측에 위치하며, 여러 줄기의 평행 산맥으로 이뤄진 거대 아치형의 산맥으로 평균 해발은 6,000m로 7,000m를 넘는 고봉은 40여 개 이며 8,000m를 넘는 고봉도 10개나 있다. 그중 초모룽마 봉은 '지구의 제3극'으로 불릴 정도로 높다.

그 외에 횡단산맥은 티베트 고원의 동쪽 끝에서 남북으로 향하는 유명한 거대 산맥으로, 고개와 골짜기가 서로 나란히 서 있고 산이 높고 골짜기가 깊은 것이 최대 특징이다. 서에서 동으로 병렬된 높은 산으로는 백서랍령(伯舒拉嶺), 타념타옹산(他念他翁山), 영정산(寧靜山), 사로리산(沙魯里山), 대설산(大雪山), 공래산(邛崍山) 등이 있고, 고산들 사이로 노강(怒江), 난창강, 금사강, 아롱강, 대도하(大渡河) 등 유구한 역사를 지닌 큰 강들이 흐른다. 하늘 저 위로 우뚝 솟은 산골짜기와 깊은 하곡은 그야말로 기세등등한 한 폭의 그림 같다.

티베트 고원의 산맥 사이로 고원과 분지, 골짜기가 분포한다. 곤륜산과 강저사(岡底斯) 산맥 사이에 바로 광활한 장북 고원이 있고, 아이금산과 기련산, 곤륜산 사이에는 중국에서 해발이 가장 높고 티베트 고원 중 함몰 부분이 가장 깊은 차이담 분지가 있으며, 강저사산과 염청당고랍산의 이남이자 히말라야산 이북은 바로 장남(藏南) 골짜기이다.

독특한 고원 기후

티베트 고원은 거대한 면적과 우뚝 솟은 지세로 독특한 고원 기후를 형성했다. 첫번째 특징은 혹한이다. 티베트 고원의 오지 '가가서리'의 연평균 기온은 영하 4.1℃에서 영하 10℃로, 동남쪽에서 서북쪽으로 갈수록 기온이 점차 하강한다. 동일 위도상의 중국 동부 지역과 비교했을 때 이곳의 1월과 7월의 월평균 기온이 훨씬 낮다. 북위

34°13′ 위치의 타타하는 1월 평균 기온 영하 16.6℃, 7월 평균 기온 7.5℃, 연평균 기온 영하 4.3℃인데 반해, 북위 34°18′의 서안(西安)은 1월 평균 기온 영하 1℃, 7월 평균 기온 26.6℃, 연평균 기온 13.3℃이다. 설령 찌는 듯한 한여름에도 장북고원(藏北高原)의 대부분 지역은 8℃ 이하로 떨어져 중국에서 여름 온도가 가장 낮은 지역으로 기록되어 있다.

티베트 고원은 연교차는 적지만 일교차가 큰 특징을 가진다. 예를 들어 라싸나 창도(昌都), 시가체(日喀則) 등지의 연교차가 18~20℃인데, 위도가 비슷한 한구(漢口)나 남경(南京)은 26℃이다. 그러나 라싸와 서녕(西寧)의 연평균 일교차는 14~16℃로, 서안의 10~12℃, 장사와 남창의 7℃에 비해 현저한 차이를 보인다. 연구 결과, 티베트 고원은 적도에서 북극까지 북반구에서 일교차가 가장 큰 지역으로, 적도의 2배이고 북극의 10배 이상이다.

두 번째 특징은 희박한 공기와 낮은 기압, 적은 산소 함유량이다. 티베트 고원 상공의 공기 밀도는 1㎥당 0.71~0.80kg으로 평균 수평면상 공기 밀도의 60~70%에 불과하다. 그러나 희박한 공기와 낮은 먼지 농도로 높은 하늘은 특히나 더 푸르고 더 아름답다. 티베트 고원의 기압은 수평면상 기압의 절반에 불과하고 대기의 산소 함유량도 수평면보다 40% 정도 낮아 84~85℃에서도 물이 끓는다. 그로 인해 초보자들은 종종 산소 결핍의 고산병을 앓는다.

세 번째 특징은 강한 태양 복사열이다. 티베트 고원은 중국에서 태양 복사량이 가장 큰 지역으로, 한 해의 일조 시간이 2,200~3,600시간에 달한다. 그중 라싸의 일조 시간은 3,005시간에 달해 가히 '일광성(日光城 : 햇빛의 성)'으로 불릴만하다.

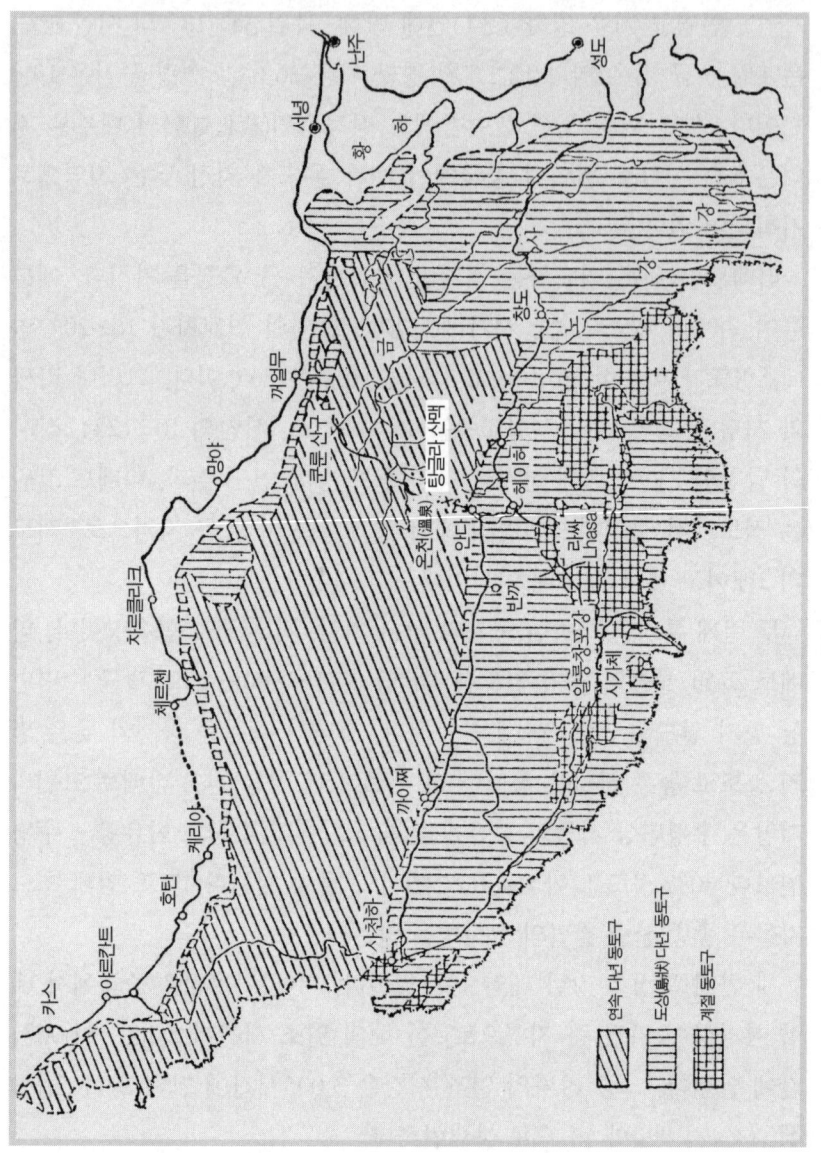

티베트 고원 동토(凍土) 분포도

최다 면적, 최저 기온의 다년 동토 지역

티베트 고원은 지구 중위도 지역에서 해발이 가장 높고 면적이 가장 넓으며, 온도가 가장 낮은 다년 동토 지역이다. 동토의 총 면적은 고원 면적의 66%이고, 고원 오지 심층의 다년 동토는 최고 80~120m의 두께를 가지고 있다. 동토의 지표면은 겨울에 얼어 부풀었다가 여름에 녹으면서 가라앉는데 티베트 고원은 일교차가 커 여름철에도 영상과 영하의 기온이 반복적으로 나타나기 때문에 표층도 팽창과 수축을 반복한다. 그리고 지면의 물질에서 동결과 융화의 선별 작용과 팽창 작용, 풍화 작용, 융화 작용 등이 발생하면서 독특한 동토 지모를 형성한다. 평탄한 자갈 지면에서 크기가 큰 바위가 하나하나씩 석환(石環)으로 배열되어 있다. 직경이 무려 십수 미터에 달하고, 중간에는 작은 모래흙으로 둘러싸여 있다. 비탈의 경사 각도가 비교적 큰 지면에서는 평형의 가는 돌멩이로 형성된 석조(石條)와 모래흙이 한 줄 한 줄 평형을 이루며 뒤섞여 있는 모습은 멀리서 바라보면 들판에 막 쟁기질을 한 이랑처럼 보인다. 바위 위주의 지면에서는 판자 모양의 바위가 곧추서서 높이 20~80m의 얼어 팽창된 석순을 형성해, 일부 지역에서는 조각조각을 이룬 모습이 마치 비석을 세워 놓은 것 같다.

지구 중위도 지역의 가장 큰 빙하 지역

가장 최근의 빙하 목록 자료에서 중국 국경 내의 티베트 고원은 현대 빙하 3만 2,785개, 빙하 면적 4만 4,851.82㎢, 빙하 매장량 4,100여㎦, 전국 빙하 총수의 77.85%, 빙하 총면적의 82.5%, 빙하 매장량의 79.96%, 빙하 총경유량(증발되거나 흡수되지 않고 땅위나 땅속으로 흘러 유실되는 빗물량)의 82.3%를 차지해 지구 중위도 지역 최대 빙하구라고 밝혔다. 카라코람 산은 티베트 고원 산악 빙하가 가장 집중된 지역이다. 이 산의 남쪽 기슭에는 길이가 50km를 넘는 거대한 빙하가 6개 있고, 그중 가장 큰 하정(厦呈) 빙하는 무려 75km에 달한다. 또한 이 산 북쪽 기슭에 있는 중국 최대의 빙하인 음소개제(音蘇蓋堤) 빙하는 그 길이가 무려 42km에 이른다. 초모룽마 봉 지역에도 217개의 빙하가 772k㎡의 면적을 차지하고 있는데, 그중 융포(絨布) 빙하가 가장 크다. 곤륜산 서쪽 파미르와 근접한 공격이산(公格爾山)과 모사탑격산에는 30여 개의 빙하가 596k㎡의 면적을 차지하고 있다. 야르칸트 강의 협곡에서 동쪽으로 가다가 동경 83° 30´ 사이의 서곤륜산까지 현대 빙하가 차지하는 면적이 8,438k㎡나 되니 정말 대단하다. 그리고 티베트 고원의 내지인 '서서가리(西西可里)' 지역의 산지에서는 437개의 현대 빙하가 자라고 있다. 눈으로 덮인 봉우리마다 은백색의 산곡 빙하를 걸친 것 같은 모습으로 혹한의 세계인 티베트 고원은 아름답고 장대한 경치를 자랑한다.

지구에서 가장 많은 호수를 보유한 고원 호수 지역

티베트 고원에 수만을 헤아릴 만큼 빼곡하게 들어찬 크고 작은 호수의 총 면적은 30만 974k㎡로, 전국 호수 총 면적의 3분의 1 이상을 차지한다. 통계에 따르면 티베트 자치구에 있는 1,500여 개의 호수 중 면적이 100k㎡를 넘는 것만도 35개나 있다. 가가서리 지역에는 200k㎡ 이상의 호수가 7개인데, 그중 최대 규모의 오란오랍호(烏蘭烏拉湖)는 544.5k㎡이다. 100~200k㎡의 호수가 3개나 되는 반면, 1k㎡ 이하의 호수도 7,000여 개에 달한다. 이런 호수들이 '세계의 지붕'에 위치하니, 해발 고도가 4,000m 이상이다.

티베트 고원의 호수는 주로 내륙 유역의 장북고원에 집중하며, 대부분이 함수호다. 고원의 동북부에 있는 청해호는 동서 길이 100km, 남북 길이 60㎞, 면적 4,583㎢, 최대 수심 32.8m의 중국 최대 함수호다. 호수 안에 있는 작은 섬 5곳은 철새 10만 마리의 서식지로 매년 한여름이면 얼룩머리 기러기, 갈색머리 갈매기, 가마우지 등의 새소리로 생기 가득해진다. 티베트어로 '하늘의 호수'란 뜻의 '남초(納木錯)' 장북고원 동남부에 위치한 호수로 1,940㎢의 면적을 자랑하는 중국에서 규모가 두번째로 큰 함수호이다.

　티베트 고원의 호수는 단열대의 직접적인 영향을 받아 호수의 형태가 규칙적이며, 대부분 구조선(構造線)의 방향과 일치한다. 구조선은 일반적으로 조산대에서 조산 운동 말기에 나타나는 단층으로 지체(地體) 구조와 관계있는 대규모의 단층이다. 같은 종류 또는 다른 종류의 단층이 모여 거의 일렬이나 때로는 단층뿐만 아니라 습곡 구조나 요곡에도 섞여 있다. 호수의 염도와 수심의 차이로 인해 호수는 옅은 남색이나 남녹색, 쪽빛 등 다양한 색을 보여 주며, 일부 호수는 옅은 색에서 짙은 색까지 띠를 형성해 아름다움을 발산한다. 몇몇 함수호의 표면은 흰색 소금층으로 덮여 햇빛을 받으면 아름다운 보석처럼 빛난다.

　최근엔 티베트의 급격한 융기와 건조한 기후로 티베트 고원의 호수의 수가 줄고 있다는 사실에 사람들이 주목한다. 아극색흠(阿克賽欽)과 첨수해(恬水海)는 면적이 1,400여 ㎢에 달하는 호수로, 과거에는 지금의 7.7배 규모를 자랑했다. 그러나 현재 첨수해는 그 이름만 남아 있을 뿐이고, 아극색흠 호수는 서곤륜의 빙하가 녹으면서 물이 공급되어 현재도 비교적 큰 호수 규모를 유지하고 있다. 고원 조사에서 발견된 결칙다가(結則茶卡)는 호수면의 하강 폭이 가장 큰 호수로 최초의 호빈 자갈층은 지금의 호수면보다 280여 미터나 높은 곳에서 출토되었다. 호수의 축소로 호분(湖盆 : 물이 고여 호수가 된 움푹 팬 땅)에 평탄하고 넓은 호빈평원(湖濱平原)이 만들어지는데, 일부 호수에는 거의 평행에 가까운 한 줄의 사취(沙嘴 : 육지에서 뻗어 나간 모래의 퇴적 지형)가 생겨났고, 여방달착(如邦達錯)은 무려 15줄이나 생겼다.

기이한 자연 경관

중국 동부의 장강과 황하 중·하류 지역에는 아열대 상록 활엽림 경관과 온난대 낙엽 활엽림 경관이 보이는데 반해, 같은 위도상의 티베트 고원은 고산의 저습지와 초원, 설한의 황량한 환경을 갖추고 있어 확연한 차이를 보인다.

티베트 고원은 수직 기복량이 크고, 고도의 변화에 따라 형성된 자연 경관의 수직 분포가 대단히 명확하다. 횡단산맥을 보면 정상에서 기슭까지 고산 한대, 고산 아한대, 산지 한온대, 산지 냉온대, 산지 온난대, 하곡 아열대, 하곡 열대 등 모두 7개의 수직 기후대가 존재해 그야말로 '일산유사계 십리부동천(一山有四季 十里不同天 : 산 하나에 4계절이, 10리마다 다른 하늘)'이라고 할 만하다. 기후의 수직 분포와 서로 상응하듯, 식생과 토양도 수직 분포의 특징을 지닌다. 산기슭에서 정상까지 식생은 차례로 사막, 사막 초원, 산지 관목 초원이나 습지 초원, 산림, 아고산(亞高山) 습지의 순이며, 토양은 낙엽 활엽림—갈색 토양, 침엽 낙엽 활엽 혼합림—산지 암갈색 삼림토, 전나무 가문비나무림— 산지 갈색 침엽림 토양, 아고산 습지－고산 습지 토양 순이다.

티베트 고원의 자연 경관은 수직 분포라는 기초 위에 위도의 차이에 따른 확실한 위도 지역성을 확실하게 보여주고 있다. 히말라야 산의 남쪽은 숲이지만 북쪽은 관목 초원이고, 더 북쪽으로 올라가면 고산 초원과 고한대 사막, 온대 사막이 나타난다.

수직 고도에 따른 지역성과 위도의 차이에 따른 지역성, 그리고 경도의 차이에 따른 지역성이 서로 교차하면서 티베트 고원은 동남쪽에서 서북쪽으로 갈수록 따뜻한 기후에서 차가운 기후로 바뀌고, 습함에서 건조로 바뀌며, 자연 경관은 산림에서 사막으로 바뀌는 분포를 보인다.

'생명 금지 구역'을 초월한 생명들

티베트 고원은 고지대로 인한 추위와 산소 결핍으로 인해 '생명의 금지 구역'으로 불렸다. 그러나 실제로 생기가 넘치는 세상인 이곳에는 고원 특유의 수많은 생물이 활기차게 자라며 생명을 완강히 지속시켜 왔다.

고원 오지인 '가가서리'에는 29과 89속에 속하는 210종의 고등 식물이 서식하고 있다. 이곳에는 키 큰 나무가 없고 관목도 몇 종류에 불과하며, 키 작은 초본 식물이 중심을 이루고 있다. 해발 5,000m 이상 산지에는 고산의 빙원(광대한 면적을 연속해서 차지하는 얼음이나 만년설) 식생이 광범위하게 생장하고, 설선 부근에도 풍모국, 극두, 황기 같은 식물이 자란다. 가가서리 지역의 생장 최적기는 6월에서 8월까지 3개월에 불과하기 때문에 많은 식물들은 생명의 리듬을 가속시켜 발아와 개화에서 결실까지 2, 3개월이면 족하다. 간혹 일부 식물은 20일 이내 기간 동안 발아에서 시듦까지의 전 과정을 겪는다. 가가서리는 6월에도 대지에 황량함이 가득하지만 7월 중순이면 꽃들이 만개한다. 어떤 식물은 하룻밤 사이에 땅을 뚫고 나온 것 같은 느낌마저 준다. 8월 중순이 되면 각종 식물들의 포자가 바람을 타고 날아다니는 모습을 심심찮게 볼 수 있다. 티베트 고원의 식물들은 가가서리에 집중적으로 분포하는데, 흰달맞이꽃과 백색 영지, 붉은색 황기, 분홍색 극두, 노란색 바위치의 오색찬란함은 마치 황량한 대지에 화려한 카펫을 덮어 놓은 것 같다.

추위를 잘 견디는 많은 내한 식물이 생장하고 있는 티베트 고원은 고원 야생 동물의 낙원이기도 하다. 유명한 장북(藏北高原)의 사람이 살지 않는 지대는 '무인지대의 세 가족'으로 불리는 야생 야크, 티베트 야생 당나귀, 티베트 영양과 함께 황양, 티베트 여우, 산양, 큰뿔양, 곰, 이리, 스라소니 등이 서식하며, 장북 동부 지역에는 노루, 말똥가리, 마르모트 등이 살고 있다.

야생 야크는 지구상에 광범위하게 분포했지만 지금은 티베트 고원에만 남아 있으며, 티베트 고원에 서식하는 동물들 가운데 몸집이 가장 크다는 것을 자랑으로 하고 있다. 1톤을 능가하는 몸집에 온몸은 흑갈색이고, 측면 아래와 다리 부분에 짙은 색의 긴 털이 나 있어 혹한의 환경에서 생활하기 적당하다. 야생 야크는 대개 사람을 해치지는 않지만, 사람에게 공격을 받아 생긴 상처가 치명적이지 않을 때는 흉포함을 드러낸다. 물론 성질이 나쁜 야생 야크는 사람을 공격하거나 지프차도 충분히 당해낼 만큼 힘이 세다. 야생 야크는 20, 30마리가 함께 초원을 어슬렁거리며 먹잇감을 찾지만 간혹 200~300마리씩 무리지어 활동하기도 한다. 활동을 할 때에는 젊은 야크가 경계를 보다가 일단 기척이 있으면 즉시 신호를 보내 무리가 함께 미친 듯 내달리는데, 순식간에 일어난 먼지는 그야말로 일대 장관을 연출한다. 야생 야크는 국가 보호 동물로 그만한 가치가 있다.

티베트 야생 당나귀는 티베트 고원의 유일한 야생 당나귀 종으로 보통 3~5마리가 무리를 이루지만, 수십 마리에서 수백 마리가 무리를 이루어 파란 하늘 아래서 노닐기도 했다. 성질이 온순하고 달리기를 좋아해 자동차와 나란히 달리기를 즐긴다.

티베트 영양은 규칙을 잘 지키는 동물이다. 초원의 좁고 긴 길은 모두 영양이 다니는 길이다. 영양은 매년 두 차례, 새끼 출산의 계절인 초여름과 교배 시기인 늦가을에 이동한다. 안다현(安多縣) 다마구(多瑪區)의 알이곡향(嘎爾谷鄉) 알창(嘎倉) 지역은 영양이 반드시 경유하는 곳이라 사냥꾼의 습격에 가족을 잃어도 수천 수백 년 동안 변함없이 이 길을 택해 이동한다.

티베트 고원에는 희귀한 곤충도 많다. 가가서리 일대에만 142종이 서식하고 있고, 그중 티베트 고원에서만 서식하는 것도 89종이나 되어 전체의 64.03%를 차지한다.

지하의 보물 창고

티베트 고원은 지구상에서 가장 나이가 어린, 그리고 격렬한 융기를 겪은 지역으로 아주 강렬한 구조 운동이 있었다. 1990년 중국의 한 과학자는 탕글라 산 이북 동경 91° 35′, 북위 34° 33′에서 거대한 지표 파열 변형대를 발견했다. 동서로 뻗은 이 파열대는 길이 8km에 폭이 1.5m인데, 이곳을 메운 후의 깊이도 1m이상이었고, 지표가 툭 튀어 나온 융기와 물과 모래를 내뿜는 구멍도 함께 발견되었다.

이 파열대는 진도 7 이상의 강진으로 만들어진 틈이다. 지진 관련 뉴스와 대조해 본 결과, 2년 전 티베트 고원 내지의 탕글라 산 지역에 대지진이 발생한 사실은 알고 있었지만, 지면에 남아 있어야 할 증거와 진앙지의 위치를 줄곧 찾지 못하던 중이었다. 결국 이 발견으로 그 의문점을 풀렸다.

티베트 고원은 강렬한 구조 운동과 빈번한 마그마 활동으로 중국 대륙에서 지열 자원이 가장 풍부한 곳이다. 티베트의 일부 지역 조사에서 지열 지대와 열수 지대가 420곳 이상이라는 결과가 나왔다. 조사한 169곳의 지열 지대와 열수 지대의 총 열류량을 1초당 55만kcal로 계산했을 경우 1년간 240만 톤의 표준 석탄을 연소했을 때 내는 열량과 맞먹는다.

티베트 지열 지대는 주로 얄룽창포 강 골짜기 북쪽의 강저사산(岡低斯山)에서 염청당고랍산(念靑唐古拉山) 남쪽 비탈에 이르는 지역과 남부 고원 및 얄룽창포 강 중·상류의 하곡 지역에 집중적으로 분포한다. 이곳은 유라시아 판 표층과 인도 판 표층이 충돌한 봉합선 위치의 양측에서 격렬한 마그마 활동이 일어나면서 수열 활동에 엄청난 열원을 제공해 주었다. 동서 방향의 단열과 남북 방향의 단열이 마그마와 지열 유동체의 대류 활동에 길을 내주면서 지열 에너지원이 풍부하고 집중·분포된 지역이 되었다. 티베트 고원의 많은 지열 지대 가운데 라싸 서북쪽 90km 지역에 위치한 양팔정(羊八井)의 규모가 가장 크다. 해발 4,200m 지역인 이곳은 지표 아래 5m 지점에서 기온이 10℃보다 높거나 같은 지역의 면적이 12km²이고, 30℃보다 높거나 같은 지역도 다섯 곳이나 된다.

지열 지대 내부의 지열은 열수호(熱水湖), 분기공, 지열 수증기, 온천, 열천, 열수 연못, 천화(泉華 : 온천에서 생기는 석회질이나 규산질의 침전물) 등 다양하다. 양팔정의 열수호는 면적 7,350m², 최고 깊이 16.1m, 수면 온도 44~45.5℃이며, 온천의 최고 수온은 82℃에 달한다. 양팔정의 천연 열류량은 1초당 10만 7천kcal이다. 1kg당 표준 석탄의 열량을 7,200kcal로 계산할 경우 1년간 45만 톤을 연소시킬 때 방출되는 열량과 맞먹는다. 현재 양팔정에는 지열 증기 발전소가 있다. 티베트 고원은 망망 대지와 험준한 산맥, 눈 덮인 봉우리에 얼음으로 조각한 듯한 빙하들이 산골짜기에 펼쳐진 반면에 가까운 산기슭은 열기로 가득해 온통 짙푸른 색인 광경을 늘 볼 수 있다. 얼음과 열기가 함께 공존하는 세상이니 그야말로 웅장하면서도 아름답다.

티베트 고원의 구조 운동은 활발하면서도 강렬하게 진행되었다. 유명한 운남 티베트에서 티베트에 이르는 아치형 구조대는 초염기성, 염기성 및 산성, 편감성 암체(偏鎌性巖體), 암대(巖帶)의 광범위한 분포를 특징으로 한다. 이 암대는 티베트 고원에서 동쪽으로 쭉 뻗어가다가 사천에서 멈춘 다음, 다시 남쪽으로 연장되어 운남의 서쪽과 남쪽으로 들어갔다. 이 구조대에는 크롬, 백금, 철, 니켈, 흑연, 아연, 금, 희귀 금속, 운모, 중석, 수은 등이 풍부하다. 티베트 고원에는 석탄기·페름기의 탄전이 있고, 쥐라기의 탄전도 보이는데, 티베트의 토문(土門) 광산은 고원의 유명한 탄전 중 하나이다.

  티베트 고원은 중국에서 가장 면적이 큰, 그리고 거의 유일한 쥐라기와 백악기 지층을 가지고 있으며, 세계적으로 가장 큰 천연 오일 가스 탐사의 처녀지이다. 중국 과학자들은 구조에 대한 분석과 분지에 대한 분석을 통해서 5개의 파라미터로 티베트 고원의 주요 분지에 관한 양적 평가를 실시하고, 천연 오일 가스 탐사의 최적 분지 두 곳과 중점 분지 다섯 곳, 유망한 분지 네 곳을 제시했다. 1955년 차이담 분지에서 먼저 저층 천연 가스 탐사를 실시했고, 1958년 냉호(冷湖)에서 천연 가스의 생산고를 높였다. 이 유전의 발견으로 티베트 고원에서의 유전 자원에 대한 탐사와 개발에 밝은 미래를 제시해 주었다.

여신의 고향

초모룽마 봉의 발견

　세계에서 해발 8000m 이상의 봉우리 14개, 7000m 이상의 봉우리 300여 개는 대부분 티베트 고원에 집중되어 있다. 그중에서 초모룽마 봉은 다른 봉우리는 비교도 되지 않을 정도로 높은 고도로 지구의 지붕에 든든히 자리 잡아 남극이나 북극과 함께 언급되면서 '지구의 제3극'이라고 불려 왔다. 초모룽마는 지구에서 가장 젊은 동시에 가장 높은 산맥인 히말라야 산맥 가운데 위치해 있는데, 북쪽 고개는 중화인민공화국 티베트자치구 정일현 경내에 있으며, 남쪽 고개는 네팔 국경 내에 있다. 오랫동안 초모룽마는 깨끗한 설경과 함께 험준하고 웅장한 경치로 탐험가들과 등반가들을 강하게 유혹했다.
　초모룽마와 관련된 탐험과 발견 분야에서 중국인의 공로가 컸다. 초모룽마의 발견과 명칭, 초모룽마의 해발 고도를 알아내고 험준한 북쪽 비탈에서 초모룽마 등반에 성공한 것까지 중국인은 중요한 공헌을 했다.

초모룽마의 발견, 그 명성을 얻다

초모룽마에 관한 기록은 당나라 시대로 거슬러 올라간다. 7, 8세기 서역의 경전 『십만보훈(十萬寶訓)』에는 서역의 왕이 이곳을 신령한 백조를 바쳐 제사를 지낼 곳으로 결정하면서 '나찰마랑(羅紮馬郎)'이라 이름 지었다는 기록이 있다. 또 사서를 통해서도 7세기 후반부터 중국의 많은 승려들이 티베트에서 남하해 히말라야 산맥을 넘어 인도로 향했다는 사실을 알고 있다.

당나라 시대 도선(道宣)이 쓴 『석가방지(釋迦方志)』에는 히말라야 산맥을 넘은 경로가 서술되어 있다. "동남쪽의 골짜기로 들어가서는 성을 공격하기 위해 만들어 놓은 사다리 17개와 험한 벼랑에 나무로 만들어 놓은 길 19곳을 지났다. 다시 남동쪽이나 남서쪽으로 향했을까. 넝쿨을 따라 산에 올라 40여 일을 걷다보니 북인도의 니파라국(尼派羅國; 네팔)에 도착했다." 청나라 말기에 일본어로 번역된 『서장통람(西藏通覽)』은 최근 고속도로가 건설되기 이전에 이미 라싸에서 인도 대륙까지 통하던 도로가 적어도 8개가 있었다고 기록하고 있다. 이 길을 따라 인도로 들어갔던 고승들은 어쩌면 이미 지구상 최고 뛰어난 봉우리의 자태를 목도했을지도 모르겠다.

강희 56년(1717년) 청나라 정부가 파견한 측량 제도사들이 초모룽마를 발견했다. 그들은 이번원(理藩院 : 청나라 시대 몽고, 서장 등의 외번外藩 일을 관장하던 관서)의 주사인 승주(勝住), 초이심장포와 난본점파라는 두 라마 승려였다. 이 세 사람은 당시 장족의 습관에 따라 이 봉우리를 '주모랑마아림(朱母朗馬阿林)'이라고 불렀다. '아림(阿林)'은 만주어로 '산봉우리'란 의미다. 1721년 목판으로 인쇄된 「황여전람도」에는 초모룽마의 구체적인 위치는 물론 최초의 중국어 명칭이었던 '주모랑마아림'이 기재되었다. 건륭 시기 청나라 정부는 장족어의 음조에 따라 '초모룽마 봉'으로 바꾸었다. 이때부터 청나라 조정의 문건에는 줄곧 그 명칭이 사용되었다. 반대 의견이 없었던 주요 이유로는 「황여전람도」가 정부에서 만든 지도이자 황족 출신이 제작했기 때문에 의심할 여지없는 사실로 받아들여졌기 때문이다. 이것으로 300여 년 전에 이미 초모룽마는 중국인에게 발견되어 지도에 실렸다는 사실을 알 수 있다. 다만 유감스럽게도 「황여전람도」가 제작된 후 내부에 감쳐진 채 외부에는 알려지지 않아 이후 영국인이 초모룽마의 발견이라는 명예를 가져가 버리는 일이 발생했다.

서양에서 출판된 서적에는 '초모룽마'나 그와 비슷한 명칭을 거의 본 적이 없고, 세계 최고봉으로 '에베레스트'란 명칭이 광범위하게 사용되었다. 그 이유는 무엇일까?

1849년 인도 측량국이 히말라야 산맥과 주위의 산지에 대해 탐사 측량을 진행했다. 산봉우리마다 즉시 이름 지을 수 없자 그들은 로마 숫자로 간편하게 구분했다. 초모룽마의 일련번호는 XV(제15)였다. 그들은 초모룽마의 남쪽 고개 산기슭에 관측점 6곳을 설치했는데, 평균적으로 초모룽마와 170km 이상 떨어진 거리였다. 당시 지형 측량 데이터가 상당히 많았던 데다 일일이 손으로 계산해야 했기 때문에 속도가 느릴 수밖에 없어, 1852년에야 그들은 자신들이 세계 최고봉을 측량했다는 사실을 알았다. 바로 XV봉이었다.

1856년 3월 인도 측량국의 국장이었던 영국인 앤드류 워(Andrew Waugh)는 영국 왕립지리학회에 서신을 보내 전임 국장이었던 에베레스트(George Everest)가 인도 측량국에 끼친 중대한 공헌과 그의 품성에 관해 언급하며 XV에 그의 이름을 붙일 수 있도록 간청했고, 영국 왕립지리학회가 그의 건의를 받아들이면서 에베레스트의 유래가 되

초모룽마 봉

었다.

  사실「황여전람도」에 기재되어 있던 명칭은 1733년 프랑스인이 사용했다. 프랑스 왕실의 제도관 다빌은 파리에서「황여전람도」를 다시 제판 인쇄하는 과정에서 초모룽마를 'Tchoumour Lancma'로 음역했다.「황여전람도」에 기록된 초모룽마의 경도는 현대 지도에서 보이는 수치와 차이가 그리 크지 않다. 그러나 200여 년 전에 서양에서 확인된 명칭은 거의 사용되지 않고, 오히려 19세기 중엽 '발견' 되면서 명명된 이름이 크게 유행한 것은 근대 중국의 쇠퇴와도 무관하지 않다.

  1951년 중국 학자 왕국후(王鞠侯)는 그의 저서에서 확실한 역사적 사실을 근거로 중국인이 강희 56년 발견해 초모룽마라고 명명했기 때문에 이 봉을 에베레스트로 '명명'한 것은 부적합하다고 설득력 있게 주장했다. 1952년 5월 8일 중화인민공화국 내무부와 출판국이 에베레스트의 정식 명칭을 '초모룽마 봉'으로 통보했다.

티베트어로 '제3의 여신'이란 의미의 '초모룽마 봉'은 티베트어의 음역이고, 중국어 음역은 '주무랑상마(珠穆朗桑瑪)'인데 간단히 '주무랑마'로 썼다. '주무'는 '여신'이라는 뜻이고, '랑마'는 '세 번째'란 의미이다. 약 8세기경부터 불교가 티베트에서 유행했는데, 신도들은 제사 지내던 다섯 여신 중 비취색 얼굴의 선녀인 '초모룽마'를 제1 순위로 삼았다. 나머지 네 여신은 행복과 생명을 주관하는 상수(祥壽) 선녀, 농사를 주관하는 정혜(貞慧) 선녀, 재산을 주관하는 관영(冠咏) 선녀, 목축을 주관하는 시인(施仁) 선녀인데, 히말라야 산맥의 다섯 봉우리는 바로 이 다섯 선녀의 화신인 셈이다.

중국과 인도의 변경 지역에 위치한 초모룽마를 남쪽 네팔 주민은 '하늘에 닿은 봉우리'란 의미를 지닌 '사가마르타'라고 불렀다. 1970년대 말 유엔의 도움으로 네팔은 초모룽마의 남쪽에 사가마르타 국가공원을 건립했고, 유네스코에서 세계 문화 유산으로 지정했다.

도대체 얼마나 높은가

세계 최고봉 초모룽마의 고도에 관해서는 오랫동안 정설이 없었다. 초모룽마의 고도를 최초로 공포한 곳은 인도의 측량국이었다. 1849년 초모룽마의 히말라야 산맥과 여러 봉우리에 관한 측량 조사를 진행한 인도의 측량국은 3년 후 초모룽마의 고도를 2만 9,002ft(8,840m)라고 발표했다. 이 수치는 인도의 측량국이 6개 측량 지점에서 측량한 평균치였다. 그러나 인도의 측량국은 고도를 계산할 때 공기 중의 광선 굴절을 염두에 두지 않았다. 굴절로 측량치가 실제 고도보다 다소 높게 나올 수 있는데다 측량 지점이 정상에서 멀어 비교적 편차도 컸다. 그래서 1905년 수정을 거쳐 얻어낸 수치가 2만 9,141ft(해발 8,882m)였다. 그러나 인도의 측량국은 당시의 기술로는 정확하게 모든 오차를 수정할 방법이 없자 결국 최초의 결과였던 2만 9,002ft로 공포했다.

측량 기술의 한계로 인해 이후 100여 년 동안 초모룽마에서는 여러 차례의 측량이 진행되었는데, 1952년에서 1954년까지 인도의 측량국이 초모룽마로부터 50~65km 떨어진 해발 2,643m에서 4,499m 지점에 관측점을 세워 놓고 얻어낸 수치가 2만 9,028ft(8,848m)였다.

중국의 초모룽마 탐사는 1966년에야 시작되었다. 1966년부터 1968년까지, 그리고 1975년 두 차례에 걸쳐 중국과학원은 초모룽마에서 측량을 실시했다. 1975년 5월 27일 9명의 중국 등반대원이 초모룽마에 올라 3m 높이의 측량표를 성공적으로 설치했다. 과학자는 초모룽마에서 7~21km 떨어진 곳에 10개의 관측점을 설치해 놓고 해발 5,600~6,300m 지점에서 연 3일 동안 매일 서로 다른 시간대의 초모룽마 고도를 측정했다. 국가 측량국의 첫 토지 측량팀과 총참모부의 관측 관리는 중국 등반대와 협조하여 일반 측량 기술로 연속적인 관측을 실시하여 드디어 초모룽마의 해발 고도를 8,848.13m(2만 9,029.24ft)로 산출해냈다. 과학적 측량으로 얻어진 이 수치는 전 세계에 공포되었고, 유엔과 세계 각국의 공인을 받았다.

1980년대 후반 미국인 학자는 위성을 이용한 고도 측정에서 세계 최고봉이 초모룽마가 아닌 신강 서남쪽의 중국과 파키스탄 국경 지역에 위치한 K2 봉이라고 발표했다. 이 소식을 접한 국제 학술계는 발칵

뒤집혔다. 국가 관측국은 항측 방법을 도입, 다시 초모룽마와 K2의 고도를 측정했고, 그 결과 초모룽마가 K2보다 약 200m 높다는 결과를 얻었다. 설령 20~30m의 오차가 있다 해도 '1등'이 '2등'으로 바뀔 정도는 아니었다.

  1992년 3월 국가 측량국은 국무원으로부터 초모룽마의 고도를 재측량하라는 지시를 받았다. 즉시 측량 소대를 구성한 그들은 가장 정밀한 측량 기구를 가지고 1992년 6월 초모룽마로 향했다. 계획은 이번의 재측량에서 초모룽마 정상에 금속 측량표를 꽂고 당시로서는 가장 선진적인 위성항법장치인 GPS 수신기와 레이저 거리계로 쓰이는 반사 프리즘을 안전하게 둔 다음 산 정상과 지면에서 GPS로 동시 관측을 실시하는 것이었다. 7월 20일 측량대가 초모룽마 근처의 측량 지점에 도착했다. 9월 29일 오후 1시경 이탈리아 등반가가 초모룽마 정상에 측량표와 반사 프리즘을 세웠다. 흥분되는 순간이었다. GPS가 산 정상에 세워지자 산 아래에서, 그리고 남북에서 중국인과 이탈리아인은 동시에 직접 위성으로 보내오는 수치를 받으며 동시에 관측을 시작했다. 초모룽마 근처에 세워진 여러 대의 기구들은 모두 초모룽마 정상의 측량표와 반사 프리즘을 조준했다. 3일간의 연이은 관측 후에 다시 컴퓨터의 데이터 처리를 거친 뒤 일반 측량 기술로 얻어낸 초모룽마(설면)의 해발 고도는 8,849.22m였고, 위성항법장치인 GPS의 기술로 얻은 해발 고도는 8,848.54m여서, 평균값을 취해 얻은 초모룽마(설면) 해발고도는 8,848.82m였다. 이 수치에서 다시 초모룽마 정상에 쌓인 눈의 깊이를 빼 얻은 '세계 지붕'의 최신 해발 고도는 8,846.27m였다. 이 수치는 지금까지도 초모룽마의 가장 정확한 고도로 알려져 있다.

'세번째 여신'에 관한 수수께끼

초모룽마는 명실상부한 세계 최고봉이지만 그 내력을 거슬러 올라가보면 사실 '바다의 딸'로 불릴 만하다. 지금으로부터 약 2억 년 전의 중생대 초기 드넓은 대해였던 지금의 초모룽마는 그 주위에 고지중해 해수가 맴돌았다. 기슭에는 따뜻한 바람이 불었고, 건조한 날씨로 인해 양치식물이 웃자랐다. 저 멀리 밀림은 공룡의 낙원이었다. 당시의 지구는 남쪽의 곤드와나 대륙과 북쪽의 앙가라 대륙으로 이루어졌다가, 범대양(泛大洋 : 고태평양)이 대륙으로 되면서 거대한 만이 여러 개 생겨났다. 지금의 초모룽마는 당시 고지중해 만에 위치해 있었다.

시간은 순식간에 백만 년이 흘렀다. 중생대 말기에 곤드와나 대륙은 완전히 해체되었고, 인도차이나 대륙과 아시아 대륙이 충돌하면서 고지중해는 서서히 축소되고 얕아졌다. 초모룽마의 지역은 여전히 푸른 물결이 넘실되는 곳이었지만, '바다의 딸' 초모룽마는 이미 그 속에서 조용히 자라고 있었다. 그 즈음 생물계에서는 이후 풀리지 않는 사건이 된 공룡의 멸종이 발생했다.

지금으로부터 4천만 년 전부터 7천만 년 전까지의 신생대 고(古)제3기에 초모룽마 지역에 따뜻하고 얕은 수심의 바다가 만들어지면서 섬개와 개충류, 앵무조개 등이 서식하기 시작했고, 히말라야 조산 운동도 발생했다. 인도 지각 판상 표층의 작은 경사각이 아시아 대륙 쪽으로 급강하하면서 지각은 중첩되며 두꺼워졌고, 지표면의 면적과 폭은 대대적으로 증가했다. 4천만 년 전의 시신세(始新世) 말기에는 이 지역의 해수가 점차 물러나면서 2,500m의 대륙이 융기했고, 300만 년 전의 제4기에는 초모룽마 봉이 위치한 지역도 다소 상승했다. 그러나 제4기의 대규모 빙하 활동과 극한이 몰고온 강우로 인해 이 지역은 얼음과 눈으로 뒤덮여 생명이 사라진 세상이 되고 말았다. 히말라야의 조산 운동 중 지각의 판상 표층이 충돌하면서 초모룽마 봉도 함께 융기했다. 지금까지 초모룽마는 매년 3.7㎜씩 '자라고 있다'.

지질 구조에서 볼 때 초모룽마의 정상은 페름 석탄기의 석회암으로 덮여 북쪽으로 기울어졌고, 아래쪽의 편마암은 남쪽으로 연장되어 있다. 지금의 지질은 제3기 이후 융기와 침식 작용의 결과다. 거대 피라미드 형태의 산은 북쪽, 서쪽, 동쪽이 모두 기암절벽이다. 2,000~3,000m 아래로 내려오면 빙하가 차지하고 있는 골짜기로 대단히 험준하다. 골짜기의 남북으로 약 3㎞ 떨어진 지점의 고봉이 북봉과 남봉이다. 북봉과 초모룽마 봉 사이에 '북쪽 평지'가 있고, 남봉과 초모룽마 사이에 '남쪽 평지'가 있다. 초모룽마 등반의 중간 지점이 이 두 곳이다.

많은 사람들은 세계 최고봉인 초모룽마에 오르고 싶어 했지만, 1920년대에 와서야 그 꿈이 실현되었다. 1921년부터 1958년까지 규모가 큰 등반대 12팀이 그곳을 탐험했는데, 첫 일곱 팀은 모두 북쪽 고개에서 등반을 시도하다가 성공을 거두지 못했다. 1950년 이후로 등반대는 계획을 바꿔 남쪽 기슭에서 등반을 준비했다. 1953년 영국 등반가 헌터는 10여 명으로 구성된 '초모룽마 탐험대'와 함께 남쪽 기슭에서 등반을 시작했고, 그중 두 명이 1953년 5월 29일 초모룽마의 정상에 등정했다. 그 두 사람은 뉴질랜드의 농장주이자 아마추어 등산 애호가인 에드먼드 힐러리와 네팔 하이파족으로 등반대원 겸 세르파였던 텐징 노르가이(丹增諾盖 ; Tenzing Norgay, 1914~1986)였다. 1921년부터 시도되었던 '지구 제3극'의 등정은 무려 32년간의 분투 끝에 1953년 성공을 거두었다.

1960년 봄 중국의 등반대장 사점춘(史占春)은 대원들과 함께 북쪽 기슭에서 등반에 올랐다. 5월 24일 왕부주(王富洲), 굴은화(屈銀華), 유연

만(劉連滿)과 만주족 대원 공포(貢布) 네 명으로 조직된 등반대는 해발 8,500m 지점의 기지를 출발하여 평균 60~70도의 가파른 낭떠러지에서 서로의 몸을 계단으로 삼아 힘겹게 산을 올랐다. 8,830m 지점에 올랐을 때 이미 산소는 모두 동이 나고 말았다. 극도의 산소 부족과 영하 30℃의 추위 속에서 그들은 생명의 극한을 초월해 가며 등반

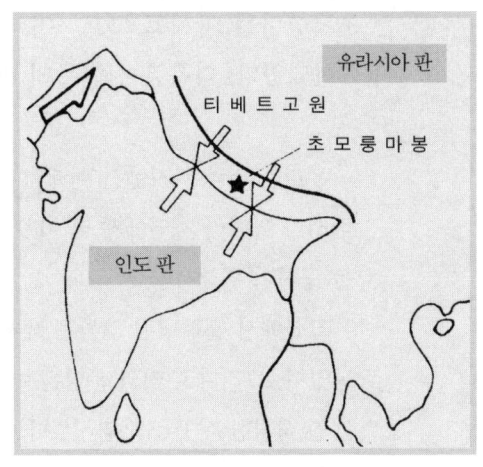

4천만여 년 전 유라시아 판과 인도 판의 충돌 그림

을 계속한 결과 드디어 5월 25일 새벽 4시 20분 왕부주, 굴은화, 공포가 마침내 초모룽마 등정에 성공했다.

1953년 최초의 초모룽마 등정 이후 50여 년 동안 수십 개국 600여 명의 등반가들이 세계 최고봉에 오르는 영광을 누렸다. 인류가 초모룽마를 품에 안은 과정에서 등반가들은 제3의 극점인 이곳에 자연 분해가 어려운 쓰레기를 내버렸다. 깨끗이 치워지지 않을 경우 쓰레기는 이 무공해 지역에 영원히 남겨질 것이다. 이미 문제의 심각성을 인식해 1980년대부터 거대 자본을 들여 초모룽마 남쪽 고개 일대를 청소했고, 중국 정부와 관련 부처는 초모룽마의 생태 환경을 보호하기 위한 일환으로 북쪽 고개에서 초모룽마의 환경 보호 대작전을 벌였다. 국가환경보호국 등의 부서가 발기하고 조직한 초모룽마 북쪽 고개 베이스 캠프 부근에 대한 대청소는 '세계 환경의 날'을 계기로 인류에게 환경 오염의 삼각성을 알리는 동시에 지구 최후의 정토인 초모룽마를 아끼자는 취지에서 시작되었다. 「초모룽마 환경 보호 선언」에

는 초모룽마를 아끼고 보호하며 환경을 정화시키려는 중국인의 마음이 표현되었다. 다음은 선언문의 전문이다.

우리는 전국 각지에서 세계의 지붕에 도착했다. '정복'을 선언하기 위해서가 아니라 자연에게 더 이상 '정복'이란 단어를 쓰지 않겠다는 양해를 구하기 위해서다.
고산에서 흘러내린 샘물은 세차게 흐르는 강으로 모여 우리의 문명을 낳았다. 그러나 우리의 문명은 이 위대한 강을 오염시켰고, 모든 강의 근원인 성결한 이곳을 오염시켰다.
천지를 바라보고 고금을 반성하다 보면 인류는 어쩌면 깨달음을 얻을지 모른다. 대자연이 만물에게 생기와 활력을 주었으니 우리가 자연을 사랑하고 보호하는 것은 우리의 일이자 우리 후손의 일이다.
한 사람이 환경을 보호할 수 있는 힘은 미약하고 제한적이지만, 그 영향력만큼은 무한하다. 많은 사람이 우리의 주위에서 함께 환경 보호의 기치를 높이 들어 환경 오염 및 환경 파괴와 전쟁을 벌이는 지금, 오늘의 '초모룽마 청결' 활동이 더욱 의미가 있다.
단 하나뿐인 지구는 우리 모두의 보금자리이다.
이 설산에 서서 푸른 하늘과 하얀 구름 아래서 우리는 우리의 어머니인 지구에게 맹세한다.
환경을 보호하고 우리의 자손들을 행복하게 만들자. 나부터 시작하고 지금부터 시작하자.
우리는 우리의 열정과 지혜, 용기, 창조력과 실제 행동으로 중국은 물론 전 세계의 환경 보호 사업에 공헌하자.

| 3장 |

높은 언덕이 골짜기가 되고,
깊은 골짜기가 언덕이 되다 : 지리적 환경의 변천

캄브리아기의 성지
생명의 진화, 그 증거를 보다
창해가 뽕나무 밭으로 변하다
모든 강물의 으뜸 황하의 일생
입신의 경지로 빚은 장강
바람일까? 물일까?
여산의 진면목, 황산으로의 여정
황야의 신비한 호수
사막의 선율

캄브리아기의 성지

지구 생명 탄생의 비밀

지구는 46억 년의 유구한 역사를 가지고 있다. 지구가 최초로 형성된 후, 약 10억여 년간 지구상에는 어떠한 생명체도 존재하지 않았다. 그 후 32억 년 전에 이르러서야 비로소 원시 해양에서 구조가 극히 단순한 단세포 균류와 조류(藻類) 등 원시 해양 생물이 출현했다. 이로부터 지구의 생명은 부단히 변화·발전을 거듭하면서 여러 차례의 커다란 멸종과 큰 변화를 겪었다. 그러나 5억 3,000만 년 전의 캄브리아기 초기까지 지구 생명의 기록은 극히 빈약했다. 단지 구조가 비교적 복잡한 단세포 생물체의 실체 화석과 다세포 생물이 남긴 유해 화석이 발견되었을 뿐 다세포 동물의 유해 화석은 남아 있는 것은 거의 없다. 그러나 5억 3,000만 년 전의 캄브리아기 암석층에서 아주 짧은 순간에 모든 현대 생물문(生物門)의 최초의 형식 마침내 '대폭발'하여 지구상에 출현했다. 이것이 바로 유명한 '캄브리아기의 생명 대폭발'이다. 그 확실한 증거가 바로 중국 운남성 징강현(澄江縣)에 있는 모천산(帽天山)이라는 아주 평범한 모습의 작은 산에서 발견된 수만을 헤아리는 화석들이다.

'돌로 된 거대한 책'의 발견

 징강 동물 화석군은 1980년대 전반에 발견되었다. 당시 중국과학원 남경 지질고생물연구소 연구원 후선광(侯先光)은 건국 전 중국 지질 과학자들이 인광(磷礦)자원을 고찰하면서 기록한 자료들을 보다가 갑자기 눈앞이 번쩍이며 한 줄의 글에서 눈길을 뗄 수 없었다. 그것은 바로 하춘소(何春蘇)가 쓴 「운남징강동산인광지질(雲南澄江東山磷礦地質)」이라는 논문 속의 글, 바로 징강현 천모산 "혈암(頁巖) 내에 하등 생물의 화석이 있다"였다. 이것은 어떠한 '하등 생물 화석'일까? 그것은 생명의 발전사에서 어떤 고리에 있는 것일까? 과학자 특유의 민감함에 의해 일련의 의문들이 떠올랐다. 후선광은 자금산 아래에 있는 아름다운 옛 도시 남경을 떠나 혼자서 모천산으로 고찰의 길을 떠났다. 그때가 바로 1984년 6월이었다.

 운남의 땅을 밟으며 후선광은 알 수 없는 흥분에 몸을 떨었다. 그곳은 5억여 년 전에는 캄브리아기의 끝도 없는 바다였다. 나중에는 지각운동에 의해 푸른 바다가 평지로 되고 또 평지가 불쑥 솟아올라 고원이 되었다. 또한 중국 최초의 인류인 '원모인(元謨人)'이 발견된 곳이기도 하다. 고고학자들은 일찍이 170만 년 전 운남에는 이미 고인류가 생활했으며, 지금까지 '원모인'은 여전히 중국 내에서 발견된 최초 인류였다. 그곳은 중국 소수 민족이 많이 모여 살았는데, 중국 55개 소수 민족 가운데 20여 민족이 운남성에 산다.

 후선광은 아주 급히 징강을 거쳐 무선 호반(撫仙湖畔)과 모천산으로 갔다. 일반인들이 보기에 그곳은 아주 평범하고 특이할 것 없는 호수이자 평범한 산이었으며, 사람들의 호기심을 자극할 만한 것이 전혀 없어 보였다. 그러나 고생물학자의 마음을 끌어들이기에 충분했다.

모천산 전경

후선광은 깊이를 알 수 없는 무선호를 내려다보고 호수물이 호숫가에 부딪쳐 내는 소리를 들으면서 수억 년의 시공을 넘어 캄브리아기(고생대의 한 시기로 약 5억 7천만년 전부터 5억 년 전까지다. 삼엽충이 대표적이며 척추동물을 제외한 모든 동물군이 출현한다)로 돌아갔다. 그는 발아래에 있는 평범한 모양의 작은 산 위에 혹시 세계를 놀라게 할 비밀이 매장되어 있을지도 모른다는 느낌을 강렬하게 받았다. 이에 그는 마치 보석을 찾듯이 징강·무선호반·모천산 등을 샅샅이 뒤지면서 아주 조심스럽게 돌들을 두드려 보았다.

그는 그곳에 있는 많은 생물 화석에 놀랐다. 보통 산이 아니었다. 그곳에는 생명 진화의 역사가 가득 씌어 있는 돌로 된 커다란 책이 있었다. 과학 발견의 커다란 희열을 가슴에 품고 후선광은 급히 남경으로 돌아와 지도 교수인 장문당(張文堂)과 진일보된 깊은 연구에 돌입했다.

1985년 11월 고생물학계의 가장 권위 있는 학술지 『고생물학(古生物學)』에 논문 「아시아 대륙에서의 발견(在亞洲大陸的發現)」을 발표했다. 전 세계에 중국에서의 놀라운 발견을 알린 것이다.

그뒤 후선광과 진균원(陳均遠) 등 10여 명의 고생물 전문가들은 다시 징강의 동산에 가서 화석점에 대해 체계적인 발굴과 종합적인 연구를 실시했다. 그들은 모천산과 모천산에서 10여 km 떨어진 풍구초(風口哨), 저도초(杵底哨), 소란전(小爛田) 등에서 고생물 화석 5만여 점을 공동으로 채집했다. 이 화석들은 각각 해면(海綿), 강장(腔腸), 연형(蠕形), 절지(節肢), 완족(腕足) 등의 동물문(動物門)과 초문(超門)에 속했다. 일부 동물 화석들은 고생물학자들이 그때까지 본 적이 없는 것이어서 실제로 그 종류를 구분하기가 어려웠다. 단지 채집지의 지명을 사용해서 '모천산충(帽天山蟲)', '무선호충(撫仙湖蟲)', '해구충(海口蟲)', '과마충(跨馬蟲)' 등으로 이름 지을 수밖에 없었다. 지금까지 과학자들은 40여 문류(門類) 80여 종의 동물 화석을 발견했다.

확실히 5억 3,000만 년 전 지구 생명의 존재 형식은 단양성에서 다양성으로 질적인 도약이 출현했다. 절대 다수 '문'의 일급 동물이 '한 순간' 지구상에 돌연히 출현하자, 40억 년 동안 침묵해 있던 지구가 맹렬하게 변화해지기 시작했다. 여기서 말하는 '한 순간'은 실제로는 한 과정으로 이 과정이 비록 장장 200만 년가량 되지만, 32억 년이라는 지구 생물의 역사와 비교하면 200만 년은 하루 중 1분과 같을 뿐이다. '한 순간'이라고 말한 것은 실제로 지나친 것이 아니다. 그러나 이 짧은 '한 순간'에 지구상에 모습을 드러내지 않았던 많은 동물들이 해양에 갑자기 출현했다. 그들의 형태는 각기 달라 겨우 몇 mm 길이의 미형동물(微型動物)로부터 길이가 2m에 커다란 눈, 그리고 공포스러운 날카로운 발톱을 가진 대형 괴물에 이르기까지 하늘을 나는 것이든 땅을 달리는 것이든 아니면 바다 속을 헤엄치는 것이든 오늘날 지구상에 존재하는 모든 동물의 조상이 거의 모두 이 시기에 출현한 것이다. 만물의 영장인 인류를 포함하는 수많은 세포 동물이 바로 여기에서 생겨나서 각각의 진화 과정을 겪었을 것이다.

완벽하게 보존된 살아 있는 듯한 징강 동물 화석군의 발견은 국제 고생물학계를 놀라게 했다. 독일의 저명한 고생물학자 아돌프 세일라처(Adolf Seilacher)는 이 중대한 발견을 '마치 우주에서 날아온 소식' 같다고 했다. 1995년 세계 각국의 과학자들이 중국으로 몰려들어 '캄브리아기 대폭발'을 주제로 제1차 국제 학술 토론회를 개최했다. 아돌프 세일러처는 이를 위해 특별히「캄브리아기 대폭발의 노래」를 작곡하여 그들이 캄브리아기 생물군으로 인해 한 곳에 모인 좋은 시간을 기념했다. 4년 뒤 중국과 세계 각국에서 온 과학자들은 캄브리아기의 성지인 모천산에 다시 모여 징강 화석군에 대해 더욱 발전된 연구를 진행했다. 그들 중에는 매우 유명한 고생물학자와 지질학자가 있었고, 발육 생물학과 분자 생물학의 권위자도 있었으며, 세포 생물학 전문가와 해양 생물을 연구하는 학자, 심지어는 과학 잡지의 작가까지 기회를 틈타 징강에 왔다. 이번 회의의 발기인과 주최자인 진균원은 그러한 훌륭한 모임에 대해 중요한 말을 했다. "지금까지 이처럼 다양한 학문 영역의 과학자들을 한 곳에 불러 모은 연구 과제나 토론회는 없었습니다. 비록 연구의 대상이 시기적으로 수억 년 떨어져 있고, 또 그 종류도 죽은 것에서 산 것까지, 또 극히 작은 분자에서 완전한 생명 개체에 이르기까지 다양하지만 생명 탄생의 비밀을 공동으로 풀기 위해 우리는 함께 갈 것입니다."

징강 동물 화석군의 발견과 연구는 지구 생명의 기원을 밝히는 것에 대해 매우 주요한 의미가 있다. 유조무(劉祖武)는 1996년 8월 27일『문회보(文匯報)』에 쓴 글에서 다음과 같이 언급했다. "1909년 과학자들이 캐나다에서 캄브리아기 중기의 버지스 이판암층(Burgess Shale Formation) 동물군 화석을 발견해 일시에 전 세계를 놀라게 했으며, 지금은 이미 유네스코에 의해 국제 중요 과학 유적지로 지정되어 중점적으로 보호되고 있다. 1947년 과학자들은 오스트레일리아에서 선캄브리아기 말기의 에디아카라 동물군(Ediacara Fauna)을 발견해서 세계적인 중대한 발견 중 하나가 되었다. 그러나 이 두 가지 동물 화석군은 시간적으로 1억 1,000만 년 떨어져 있으며, 그 기간 동안 동물계에서 발생한 돌발적인 변화는 도리어 실물 증거를 찾지 못하고 있다. 징강 동물 화석군의 발견은 버지스와 에디아카라 이 두 동물군 간의 진화·발전의 중요한 고리를 보충해 주었으며, 캄브리아기 초기 동물이 폭발적으로 출현하는 오묘함을 밝혀 주었다. 또한 이 동물 화석군이 완벽하게 보존되고 층위가 비교적 많으며, 분포 지역이 넓기 때문에 그 가치는 국내외의 두 동물 화석군보다 뛰어나며 세계 고생물 중 단연 최고다."

'돌로 된 거대한 책'의 필체

사람으로 하여금 경탄을 그치지 못하게 하는 것은 징강 화석군이 5억 년 전 생물의 연구체(軟軀體) 구조를 형상적으로 보존하고 있다는 점이다. 징강에서 60km 떨어진 진녕(晉寧)의 '조기 생명 연구 센터' 표본실에 있는 형태가 각기 다른 화석 표본은 사람들로 하여금 눈을 떼지 못하게 한다. 나라충(娜羅蟲) 화석의 자태는 굽어 있거나 경사져 있거나 혹은 곧게 뻗어 있는데, 나라충 화석은 연구체 구조를 완벽하게 보존하고 있으며, 심지어는 장 안에 가득 찬 음식물조차도 분명하게

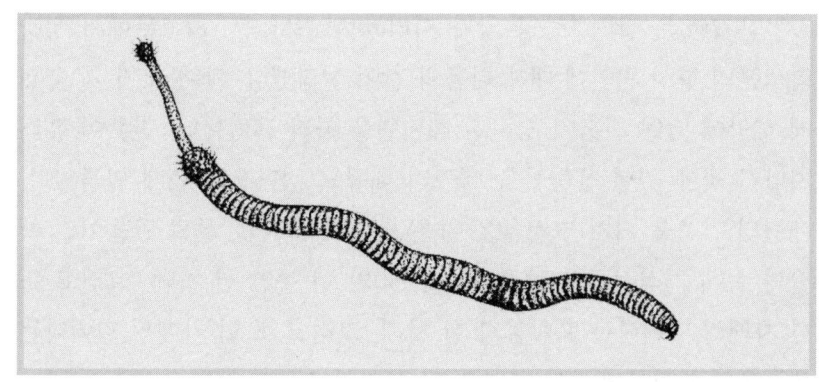
모천산충

볼 수 있다. 그물 모양의 골피(骨皮)를 가지고 있는 미망충(微網蟲)은 망안(網眼)마다 둥근 관 구조를 가지고 있으며, 더욱이 보통 사람은 상상도 하지 못하는 자세, 즉 어떤 미망충은 죽은 뒤에도 여전히 서 있는 자세를 유지하고 있다. 수모(水母 : 해파리) 화석은 섬세한 촉수, 가느다란 체표(體表)와 환기(環肌)를 갖추고 있다. 무리를 지어 함께 매장되어 있는 모천산충과 해구충은 모여 있다가 갑자기 재난을 당했을 것이라고 연상케 한다.

만일 특수한 매장 조건이 없다면, 즉 정상적인 상황에서 동물은 사후에 매우 빨리 부패된다. 그것들 가운데 극소수만이 매우 특수한 상황에서 암석화되어 보존될 수 있다. 설사 이와 같다 하더라도 보존된 화석에는 역시 불완전한 잔편이 많이 있으며, 완전한 개체가 보존되는 것은 그야말로 기적이다. 이처럼 연구체 동물이 어떤 화석 기록을 남기는 것은 매우 어려운 일이다. 징강 동물 화석군의 형성은 아주 우연히 대폭풍이 만들어 낸 흙탕물에 도움을 받았다. 바꾸어 말하자면 대폭풍이 만들어 낸 흙탕물이 5억 년 전의 연체동물을 기적적으로 보존한 것이다.

손민(孫敏)은 잡지 「중국 국가 지리(中國國家地理)」 기고문에서 징강 화석군의 형성 원인에 대해 다음과 같이 설명했다. "폭풍우가 지난 뒤에 해안에 있던 진흙이 경사진 해저면을 따라 흘렀는데, 진흙이 흘러 지나간 곳에 있던 생물들을 빠뜨려 대규모 집단으로 죽게 만들었다. 세월의 압축을 거쳐 그것들은 얇은 화석이 되었고, 돌로 만들어진 책갈피 속에 기적적으로 보존되었다. 50만 년 동안 한 차례, 그리고 또 한 차례씩 일어나는 흙탕물과 한 차례, 그리고 또 한 차례씩 일어나는 폭풍우의 침적물이 운남 중부의 많은 지역에 두터운 침적 혈암을 남겨주었다. 오늘날 마룡(馬龍), 징강, 장충산(長蟲山), 민산(岷山), 해구(海口), 무정(武定) 등의 곤명 주변 지역은 동쪽에서부터 서쪽으로 2000여 km^2에 이르는 광대한 지역 모두 지표면에 노출된 캄브리아기 침적 혈암이 분포되어 있다. 현재 과학자들이 손대고 있는 곳은 주로 여러 산 가운데 한 귀퉁이인 모천산이다."

곤명에 사는 아이들의 수집품 중에 쥐라기의 공룡, 데번기의 물고기, 실루리아기의 산호석연(珊瑚石燕), 캄브리아기의 삼엽충(三葉蟲) 등이 많은 것도 결코 이상한 일이 아니다. 곤명 서쪽 교외에 있는 학생들의 거의 대부분은 캄브리아기 해양의 동물 화석을 가지고 있다. 왜냐하면 그들의 학교가 바로 5억 년 전의 캄브리아기 해저에 세워졌기 때문이다.

'돌로 된 거대한 책', 다윈의 생물 진화론에 도전하다

징강에서 수십 킬로미터 떨어진 진녕현 매수촌(梅樹村)에는 캄브리아기와 선캄브리아기를 구분짓는 지질 단면이 존재한다. 그곳에서는

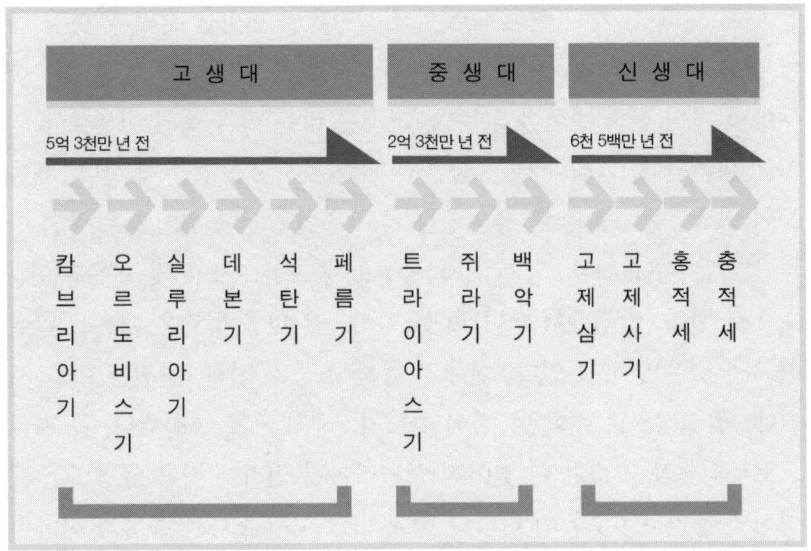

지질시대의 구분

아주 조금만 걸어가면 선캄브리아기에서 캄브리아기로 진입할 수 있다. 그 길을 걷는다면 당신은 많고 **빽빽**한 소각 화석(小殼化石)을 볼 것이다. 캄브리아기 표지가 있는 지역에 접근하면 큰 바위 표면에 그 수량을 알 수 없는 곡선으로 구부러진 흔적 화석이 있는데, 이것이 바로 연체동물이 해저에서 조류를 먹을 때 남긴 흔적이다. 소각 동물군에서 징강 동물군까지는 불과 200만 년밖에 걸리지 않았으나, 이 기간은 캄브리아기 생명 대폭발의 가장 중요한 시기였다. 동물 다양성 기본 체제의 위대한 탄생기이기도 했다.

구 금산대학(金山大學)의 해양생물학자 전곤(錢錕)은 캄브리아기 생명 대폭발의 놀라운 점은 바로 '근본적인 차이'에 있다고 했다. 각종 각양의 전혀 관련이 없는 동물 문류가 캄브리아기 지층 속에 모두 있는데, 종과 종 사이에는 외형상 커다란 차이가 있다. 다른 문류의 동물은 이후 길고 긴 지질 연대 속에서 천차만별의 변화를 겪었다. 예를 들어 캄브리아기의 해두아(海荳芽)는 우리가 현재 바다에서 보고 있는 해두아와 거의 전혀 변화가 없는데, 그것은 맑은 바다 속의 미생물에 의지해 생존한다. 그러나 일부 동물의 변화는 사람을 놀라게 한다. 예를 들어 척색동물(脊索動物 : 등뼈 동물)의 시조인 운남충(雲南蟲)은 각기 다른 방향을 향해 어류·양서류·파충류(공룡 포함)·조류 및 포유류(인간 포함)로 변화·발전했다. 징강 동물 화석군은 다음과 같은 내용을 확실한 사실로 증명하고 있다. 현대의 동물 조상의 진화·발전은 어느 시기에 '점진적으로 변화한' 것이 아니라 '극적'으로 변화했다. 곧 지금으로부터 5억 3000만 년 떨어진 캄브리아기 전기에 지구 생명의 존재 형식에 돌연히 '비약'이 나타나 비교적 짧은 시간 내에 종류가 신속히 증가했을 뿐만 아니라 지극히 빠른 속도로 전 세계에 분포되었다. 이밖에 같은 장소에서 생겨난 생물 가운데 어떤 것은 수억 년이 지나는 동안 조금도 변하지 않고(예를 들면 해두아), 또 어떤 것은 차이가 아주 큰 다른 종류의 생물로 변화·발전했다. 동일한 시간이 그것들에게 끼친 작용이 확연히 달랐다. 이는 다윈 진화론의 점변론과 균변화, 이것과는 첨예한 모순이다.

고생물학자의 연구에 따라 5억 3,000만 년 전의 해양에서 가장 흉포한 포식자는 기하(奇蝦 : 기이한 새우)였음이 밝혀졌다. 기하는 눈꺼풀이 달린 큰 눈 한 쌍과 사냥할 때 신속하게 먹이를 잡을 수 있는 관절이 있는 거대한 앞발 한 쌍, 그리고 아름다운 큰 꼬리지느러미와 긴 갈퀴 한 쌍을 가지고 있다. 물속에서 유영하는 속도가 매우 빨랐으며, 직경 25cm의 큰 입은 당시의 어떤 대형 생물도 잡아먹을 수가 있었다. 기하의 입속에 둥글게 배열된 바깥 이는 광물질로 신체 외부를 보호하고 있는 동물에 대해서도 심각한 위협이 되었다. 결론적으로 가하는 공격력이 매우 강한 육식동물이고 개체의 크기는 최대 2m 이상이었다. 그러나 당시 다른 대다수의 동물들은 평균 몇 밀리미터에서 몇 센티미터에 이를 뿐이었다. 캄브리아기 생명 대폭발 후 왜 기하는 이렇게 크고 흉포하게 되었을까? 이것 역시 다윈의 완만하고 점진적인 생물진화론으로는 해석할 수 없는 것이다.

'돌로 된 거대한 책', 인류 진화의 기점을 보여주다

인류는 어디에서 왔는가? 이 어려운 수수께끼는 고생물학자들을 아주 곤혹스럽게 해 왔다. 1999년 4월 곤명 해구(海口) 이재촌(耳材村) 뒤의 산자락에서 과학자들이 발견한 해구충 화석은 인류 진화의 시발점을 알려 주었다.

해구충이 발견되기 전 징강에서 발견된 가장 중요한 동물문인 척색동물문에는 운남충 한 속(屬)밖에 없었다. 모든 척색동물과 척추동물의 공동 조상인 그것이 발견된 초기에는 분류가 분명치 않은 생물류로 분류되었다. 1995년에 이르러 중국 과학자 진균원이 대량의 표본을 축적한 후에야 비로소 그것의 척색, 즉 탄력적인 세포가 이어져 만들어진 버팀대가 머리 부분부터 신체의 후단까지 죽 뻗어 있는 것을 발견했다. 이 놀라운 발견은 척색동물이 지구상에 출현한 역사를 순식간에 1,500만 년 앞당겼다.

해구충은 진균원의 제자인 황적영(黃迪穎)이 발견했다. 현미경으로 자세히 관찰하면 해구충은 이미 머리를 가지고 있으며, 위쪽에는 눈이 있다. 심장이 있고, 배와 등에 동맥이 있으며, 입 언저리에는 수염이 있다. 또한 목구멍 안에는 가늘고 작은 이빨 구조가 있고, 항문 후단에는 분화된 꼬리가 있으며, 아가미에는 아가미선이 있어서 이로부터 물과의 접촉 면적을 증대시켜 산소의 교환 효율을 향상시켰다. 더 중요한 것은 해구충의 신경색(神經索) 전단에는 아주 작은 뇌가 팽창되어 있었다는 점이다. 이러한 해부학상의 중요한 발견은 해구충이 인류를 포함한 척추동물의 변화·발전의 기점임을 증명한다.

현재 중국의 청도와 하문(廈門), 미국의 플로리다의 바다 속에는 우리의 옛 기억을 이끌어내기 쉬운 생물이 하나 있는데, 그것은 바로 인류의 먼 인척인 활유어이다. 활유어는 원시적인 소형 척색동물로 두화(頭化) 현상은 없으며, 뇌와 눈은 여전히 원시적인 상태에 있다. 그들은 운남충의 한 갈래에서 분화된 후 진화가 정지되었으며, 온난한 얕은 바다에서 영원한 안식처를 찾았다. 그러나 운남충의 또다른 갈래인 해구충은 억만 년의 진화를 거쳐 지느러미, 아가미와 작별을 고하고, 자유롭게 호흡할 수 있는 폐와 민첩하게 걸을 수 있는 두 다리가 자라나 고급 지능으로 발전했다. 저명한 활유어 전문가인 캘리포니아 대학의 홀란드는 "해구충의 발견은 인류가 지구 생명의 역사를 다시 써야 하는 놀라운 성취이다. 해구충은 캄브리아 대폭발 전기의 의심할 여지없는 척색동물의 분명하고 아름다운 스냅 사진을 제공했다. 이 스냅 사진은 향후 고생물학과 생물학 교과서에서 사람들이 가장 익숙해 할 사진이 될 것으로 미리 정해졌다"라고 단언했다.

겨우 몇 밀리미터밖에 안 되는 이 해구충을 응시하면서 이미 문명의 상태에 있는 인류 사회를 생각하면 정말로 감개무량하지 않을 수 없다. 우리는 생명 진화의 무궁한 역량에 감탄하고, 징강이라는 캄브리아기의 성지에 감격하며, 세상 사람들을 위해 인류의 기원을 알렸다.

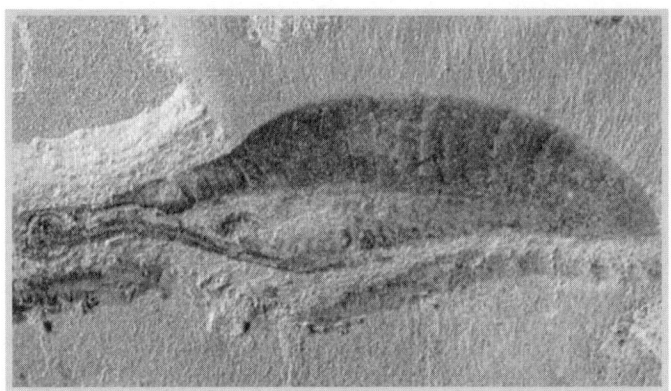

위로부터 기하(奇蝦) 복원도, 운남충(雲南虫) 화석, 해구충(海口虫) 화석

3장 높은 언덕이 골짜기가 되고, 깊은 골짜기가 언덕이 되다 307

생명의 진화, 그 증거를 보다

희귀 동물의 발자취를 찾아서

오늘날 운남의 서쌍판납(西雙版納), 해남의 열대 우림과 아열대 강우림 등에서만 그 수가 얼마 되지 않는 긴팔원숭이를 만나볼 수 있다. 그러나 역사 시기 장강 유역과 그 이남 지역의 숲속에는 많은 긴팔원숭이가 매우 널리 분포되어 있었다. 당나라 시대의 시인 이백은 "강기슭에는 원숭이 우는 소리 끊임이 없는데, 조각배는 벌써 깊은 산속으로 흘러드누나"라고 그 당시 장강삼협 지역의 자연 경관을 묘사했다. 역사 시기 지역적 분포에 커다란 변화가 발생했던 동물은 긴팔원숭이뿐일까? 물론 그렇지 않다. 오랜 옛날부터 살아 온 희귀 야생 동물은 거의 대부분 공간적인 변화를 겪었으며, 심지어는 스스로 변화했다.

동물의 공간적 변화에 대한 연구는 역사지리학의 중요한 연구 영역 가운데 하나이다. 저명한 지리학자 후인지(侯仁之)는 동·식물에 대한 역사 지리학적 연구는 '역사 시기의 자연 환경 변천에 관한 연구에 있어 빼놓을 수 없는 부분'이라고 지적한 바 있다. 또한 중국의 역사상 희귀 동물의 변천 과정을 밝히는 것은 '수수께끼'를 푸는 과정과도 같으며, 연구자들은 바로 '수수께끼'를 푸는 사람들이다.

생명, 어디에서 와 어디로 가는가

몸집이 거대한 아시아 코끼리 생존의 북방 한계선은 역사 시기에는 북위 40.1°에 이르는 북경과 하북성 일대였으나 지금은 북위 24.6°인 운남성의 서남 지역으로 남하했다. 북위 35°에서 38° 사이에 위치한 위하(渭河)의 양안에는 한나라 시대까지만 해도 야생 코뿔소가 생존했고, 역사 시기 장강 유역은 야생 코뿔소의 주요 활동 무대였다. 19세기 이전에도 영남 지역에는 야생 코뿔소가 분포되어 있었는데, 운남 지역의 야생 코뿔소는 20세기 중엽에 이르러서야 역사의 무대에서 사라졌다.

역사 시기 양자강 악어의 세력 범위는 산동, 하남, 절강, 광동, 안휘, 강소, 호북, 호남 등 매우 넓은 지역에까지 미쳤으나, 지금은 강소, 절강, 안휘 등의 일부 지역에서만 안주하고 있을 뿐이다. 양자강 악어와 사촌뻘인 말레이 악어는 오랜 옛날 광동, 광서, 해남, 복건, 대만 등지에서 '정착' 생활을 했으나 지금은 이러한 지역에서 말레이 악어의 흔적을 더 이상은 찾아볼 수 없다.

오랜 옛날부터 살아 온 중국의 야생 말, 야생 나귀, 야생 낙타는 모두 '서부 지역의 지각 변동'을 겪은 후에야 비로소 오늘날과 같은 편안한 '보금자리'를 얻게 되었다. 그러나 그 과정 중에 야생 말과 야생 나귀는 경도 차이가 무려 30°에 이르는 먼 '원정' 길에 올랐다.

미록(麋鹿)은 역사 시기 중국의 여러 지역에 널리 분포되어 있었다. 내몽고, 하북, 북경, 천진, 산동, 하남, 안휘, 강소, 상해, 절강, 강서, 호남, 호북, 사천, 대만, 광동, 섬서, 산서 및 요녕 등 스무 개가 넘는 성과 도시에서 그들이 생활했던 흔적이 발견되었다. 20세기 초 미록은 중국에서 완전히 멸종되었으나 1950년대 다시 영국에서 들어와 원래의 모습을 되찾았다.

역사상 1,166개의 현급 지방 행정 단위에 호랑이가 살고 있었으나 최근 100년 동안 호랑이의 분포 지역은 급격히 감소하여 1950년 현재 호랑이가 분포되어 있는 현급 행정 단위는 전국적으로 509개에 불과하다. 화북 아종(亞種)은 1/4밖에 남지 않았으며, 화남 아종은 50% 이상이 감소했다. 또한 역사 시기 200개가 넘는 현급 행정 단위에 불곰이 분포하고 있었으나 지금은 20여 개 행정 단위로 급격히 감소하여 주로 동북 지역의 북부와 서북 지역의 북부 일대에만 살고 있을 뿐이다.

역사적으로 커다란 변화를 겪은 희귀 야생 동물이 어찌 이뿐이겠는가? 역사 시기 많은 야생 동물의 분포 범위가 점차 축소되고 종과 개체 수가 끊임없이 감소되었으며, 심지어 어떤 동물들은 멸종되기도 했다. 이러한 변화가 생긴 원인은 무엇일까? 이 모든 변화는 또 어떻게 일어난 것일까? 이러한 의문점은 특별한 사람만 가질 수 있는 것이 아니다. 그 원인과 과정을 분명히 밝혀내는 것은 현실적으로도 매우 큰 의미를 지닌다.

솔직히 말해서 역사·동물지리학 범주에 속하는 희귀 야생 동물의 분포와 변천에 관한 연구는 그 시작이 좀 늦은 편이라 최근 30년간의 연구만 체계적인 연구라 할 수 있다. 그러나 중국은 이제 이 분야에서 매우 훌륭한 성과를 이룩했으며, 국제학계의 앞줄에 서게 되었다. 여러 연구자들 중에서 문환연(文煥然)과 하업항(何業恒)은 가장 커다란 업적을 이룬 학자라 할 수 있다.

문환연은 중국 역사동물지리 연구의 창시자로 1980년대 초 이후 십여 년 동안 양자강 악어, 말레이 악어, 공작, 앵무새, 야생 코끼리, 야생 코뿔소, 자이언트 팬더, 야생 말, 야생 나귀, 야생 낙타, 긴팔원숭이 등의 역사적 분포와 변천에 대해 심도 있게 연구한 바 있다.

하업항은 자이언트 팬더, 금빛털원숭이, 긴팔원숭이, 아시아 코끼리, 야생 코뿔소, 미록, 창강돌고기 등 32종의 1급 국가 보호 동물과 미후(獼猴), 천산갑(穿山甲), 애기팬더, 수달, 야생 사향노루 등 37종의 2급 국가 보호 동물, 그리고 갈마계(褐馬鷄), 푸른 공작, 두루미 등 31종의 희귀 조류에 대해 탐구했으며, 말레이 악어, 양자강 악어, 큰도마뱀, 큰구렁이, 대모, 큰도롱뇽, 중국철갑상어, 활유어 등 55종에 달하는 희귀 동물의 분포와 변천 과정을 밝히는 연구를 했다.

'수수께끼'를 푸는 사람들, 발자취를 재현하다

희귀 동물의 역사적 변천을 연구하는 데 "역사 시기 동물의 종과 오늘날의 동물의 종은 같은가, 같지 않은가" 하는 문제를 먼저 해결해야 한다. 다시 말해서 희귀 동물의 지역적 분포로 말하자면 역사 시기와 오늘날 동물의 분포에 차이가 있는지 없는지에 관한 문제이며, 동물 자체의 변천으로 말하자면 오늘날의 동물의 종을 어떻게 역시 시기의 모습으로 되돌릴 수 있겠느냐 하는 문제이다.

야생 동물 구역의 역사적 분포
야생 동물의 지역적 분포에서 역사 시기와 오늘날 차이가 있는지 없는지에 관한 문제는 문환연·하업항 등이 다량의 고고학 발굴 자료를 통해 그 해답을 찾아냈다.

먼저, 문환연과 하업항은 장강 유역 여요(餘姚)시의 하모도(河姆渡) 유적에서 연구에 착수했다. 그들은 지금으로부터 6,000~7,000년 이전의 하모도 유적에서 미후, 붉은얼굴원숭이, 청양, 꽃사슴, 미록, 물사슴, 붉은사슴, 코뿔소, 아시아 코끼리, 호랑이, 흑곰, 수달, 대령묘(大靈貓), 소령묘(小靈貓), 학, 양자강 악어, 무치방(無齒蚌) 등 40여 종에 달하는 동물의 유물을 발견했는데, 그 종류가 오늘날보다 훨씬 다양하다.

하남성 석천(淅川)의 하왕강(下王崗) 유적과 안양의 은허(殷墟) 유적은 문환연·하업항의 황하 유역 연구의 대표적인 유적이다. 그들은 하왕강 유적에서 미후, 흑곰, 자이언트 팬더, 표범, 호랑이, 수마트라 코뿔소, 아시아 코끼리, 얼룩사슴, 물사슴, 노루, 수마트라영양, 공작속, 자라속, 거북과 등 30여 종에 달하는 동물의 유물을 발견함으로써 3,000~6000년 전(앙소仰韶부터 서주西周까지) 하왕강 부근의 동물종은 오늘날과 매우 큰 차이가 있음을 밝혔다. 은허 유적에서는 여우, 오소리, 고래, 흑곰, 대나무쥐, 노루, 매씨 사불상록, 성수우(聖水牛), 영양, 원숭이, 아시아 코끼리, 코뿔소, 맥 등의 뼈와 이빨이 발견되었으며, 은허에서 출토된 일부 복사 기록에 의하면 당시 사냥의 대상이 되었던 동물에는 사슴, 고라니, 작은 사슴, 들소, 코끼리, 호랑이, 이리, 돼지, 개, 원숭이, 꿩 등이 있었다고 한다. 오늘날과 비교해 보았을 때 3,000여 년 전 은허 일대에는 지금보다 훨씬 다양한 야생 동물 종이 분포했음을 의미한다.

장강 유역과 황하 유역 이외에도 야생 동물의 분포지 변천은 지역적으로 큰 차이가 있었다. 예컨대 오늘날 하북성 양원현(陽原縣) 정가보(丁家堡) 마을의 전신통(全新統) 지층에서는 담비, 아시아 코끼리, 야생말, 피모서(披毛犀), 고라니, 원시소, 후미대방(厚美帶蚌), 파씨려방(巴氏麗蚌), 두씨방(杜氏蚌), 바지락, 원선라(圓旋螺) 등의 유물이 발굴되었는데, 이는 3,000~4,000년 전인 하나라 말 상나라 초 화북 지역 북부의 양원현 정가보 저수지와 상간하곡(桑幹河穀) 일대의 동물은 지금과는 확연히 달랐음을 의미하는 것이다.

이들의 연구로 지금으로부터 6,000~7000년 이전부터 3,000여 년 전 사이 화북 지역 북부에서 화동 지역의 항주만 남안에 이르는 광활한 지역의 야생 동물 자원은 오늘날보다 훨씬 풍부하고 다양했음을 알 수 있다. 따라서 문환연·하업항은 매우 자연스럽게 다음과 같은 사실을 알게 되었다. 즉 야생 동물의 지역적 분포의 역사성에 변화가 발생하여 사불상록(미록), 코뿔소, 맥 등은 이미 멸종되었고, 야생 동물의 분포 자체에 지역적 변화가 발생하여 코끼리, 자이언트 팬더, 공작, 물사슴, 꽃사슴, 양자강 악어 등은 멸종되지는 않았지만 분포 지역에서 커다란 변화가 발생했다.

야생 동물의 진화와 분포의 변천

문환연·하업항의 연구를 통해 땅 위에 사는 동물뿐만 아니라 하늘이나 물속에서 사는 동물에게도 매우 커다란 변화가 발생했음을 발견했다. 야생 동물의 변화는 분포 지역의 변천에만 국한되는 것이 아니라 종 자체의 진화 및 퇴화를 포함한다. 지금까지 연구가 비교적 잘 되어 있는 야생 동물의 종으로는 자이언트 팬더, 미록, 야생 코끼리, 야생 말, 야생 나귀, 야생 낙타 및 양자강 악어, 푸른 공작 등이다. 지금부터 이들의 예로 들어 야생 동물의 변화와 분포의 변천을 살펴보자.

자이언트 팬더

천진난만해 보이는 자이언트 팬더는 중국 고유의 희귀 야생 동물이다. 자이언트 팬더는 지금 사천성 분지 서북쪽 끝의 산지와 그곳과 맞닿아 있는 섬서성의 남부 및 감숙성 남부의 몇몇 지역에만 분포하고 있다. 그러나 역사적으로 볼 때 자이언트 팬더의 분포 상황은 오늘날과는 커다란 차이가 있었을 뿐만 아니라 생존 상태도 많이 달랐다.

오랜 옛날 자이언트 팬더의 이름은 매우 다양했다. 문환연·하업항은 고문헌 속에서 자이언트 팬더에게 '맥(貊)', '맥(獏)', '비(貔)', '비휴(貔狐)', '백표(白豹)', '백웅(白熊)' 등 다양한 이름이 있었음을 발견했다. 동한의 허신(許愼)이 쓴 『설문해자(說文解字)』에는 자이언트 팬더의 생김새와 분포 지역에 대해 "맥은 곰을 닮았는데, 누렇고 검은 빛을 띠며, 촉 땅에서 난다"고 기술했고, 동진의 곽박(郭璞)이 쓴 『이아주(爾雅注)』에는 자이언트 팬더의 생활 습성에 대해 "맥은 곰과 비슷하게 생겼는데, 작은 머리에 다리를 절고 희고 검은 털이 섞여 있으며, 짧은 털에는 윤기가 흐른다. 동철과 죽골을 핥아 먹는다"라고 생물학적 주석을 달기도 했다. 이러한 자료를 통해 선인들은 매우 이른 시기부터 자이언트 팬더에 대해 잘 알고 있었으며, 또한 매우 자세히 관찰했다는 사실을 알 수 있다.

자이언트 팬더에게 발생했던 커다란 변화는 비단 학명에만 국한되는 것이 아니다. 역사 시기의 자이언트 팬더는 생김새나 습성뿐만 아니라 분포 지역에서도 오늘날과 매우 큰 차이가 있었다. 광서성 유성현(柳城縣)의 거원동(巨猿洞), 광동성 나정현(羅定縣)의 구미당(狗尾塘), 사천성 무산현(巫山縣) 대묘(大廟)의 용골파(龍骨坡) 및 섬서성 양현 금수(金水)의 하구(河口) 등지에서 출토된 자이언트 팬더의 화석을 통해 연구자들은 지금으로부터 약 240만 년 전인 홍적세 초기에 자이언트 팬더가 주로 화남과 광서 일대의 좁은 지역에서만 활동을 했고, 체형도 지금보다 훨씬 작았음을 발견했다. 더욱 중요한 것은 당시 자이언트 팬더는 육식성 동물이었다는 사실인데, 이는 고생물학자들이 말하는 자이언트 팬더 소종(小種)이다. 지금으로부터 약 70만~10만년 전의 홍적세 중기에 이르러 자이언트 팬더는 육식성 동물에서 초식성 동물로 변화하는데, 주된 원인은 대나무 숲이 무성하여 먹이가 충분했기 때문이다. 따라서 그 시기의 자이언트 팬더는 체형이나 개체 수에서 전에 없이 증가되었고, 분포 지역도 급격히 확대되어 화남, 광서의 일부 지역에서 장강 유역의 사천, 운남, 귀주, 호북, 호남, 강서, 안휘, 절강으로 퍼져 나갔다. 멀게는 주강(珠江) 유역의 광서, 광동 및 복건성 같은 지역으로 널리 확대되었으며, 심지어는 장강 이북의 진령(秦嶺) 지역과 더 북쪽에 위치한 서안, 산서, 북경 등지에서도 흔하지는 않지만 자이언트 팬더의 흔적을 발견할 수 있다. 이것이 고생물학자들이 말하는 자이언트 팬더 파씨(巴氏) 아종(亞種)이다.

 자이언트 팬더가 언제 어떻게 육식성 동물에서 초식성 동물로 변화했는지 지금으로서는 분명히 알 수 없다. 그러나 1978년 호북성 서부 보정현(保靖縣)의 무릉산에서 발견된 초기 홍적세 말기의 무릉산 아종에 의하면 그들은 분명 파씨 아종보다는 작지만 자이언트 팬더 소종보다는 큰데, 이는 자이언트 팬더 소종이 자이언트 팬더 파씨 아종으로 진화하는 과도기적 유형이자 육식동물에서 초식동물로 진화하는 과도기적 유형이다. 이러한 발견은 분명 자이언트 팬더가 육식동물에서 초식동물로 진화해 나가는 과정을 이해하는 데 매우 중요한 가치를 지닌다.

 그러나 10만~1만년 전 후기 홍적세로부터 약 1만 년 전 충적세를 거쳐 지금에 이르기까지 자이언트 팬더의 분포와 변화에는 이전과 같은 급격한 형세는 나타나지 않으며, 대체로 '내리막길'을 걷는 추세를 보인다. 후기 홍적세의 자이언트 팬더의 화석은 광서, 광동, 호북, 산서 등지에서만 소량이 발견되었고, 충적세 이후 신석기 시대 자이언트 팬더의 유골은 호북의 건시(建始), 하남의 석천(淅川) 등지에서 일부 출토되었다.

이러한 증거들은 자이언트 팬더 '가족'의 쇠퇴는 비단 '세력 범위'의 축소뿐만 아니라 '가족의 수'도 많이 감소했다는 사실을 설명하기에 충분하다. 이는 아마도 인류의 개발 때문일 것으로 보이는데, 인류에 의한 개발은 자이언트 팬더의 생활 환경을 산지 아열대에서 점차 산지 난대 지역으로 이동시키고, 또한 평원의 저지대와 구릉에서 점차 몰아내어 결국은 일부 산지에만 남게 했다.

신석기 시대 이후 자이언트 팬더는 어떠한 과정을 거쳐 그들 고유의 '세력 범위'에서 물러나 오늘날의 '거주지'로 오게 되었을까? 역사 시기 강남과 장강 중류에는 자이언트 팬더가 분포하고 있었을까? 이러한 의문점에 대해 과거에는 분명한 답을 제시하지 못했다. 과거에는 신석기 시대 이후 비단 장강 중류 지역뿐만 아니라 강남 지역에서도 자이언트 팬더 '가족'의 모습은 이미 찾아볼 수 없는 것으로 알고 있었다. 그렇다면 그것이 정말 사실일까? 명·청 시대 호북성 서부 지역, 호남성 서북 지역, 사천성 동부 지역의 몇몇 지방지에 대한 조사를 통해 문환연·하업항은 호북성의 죽산현(竹山縣), 파동현(巴東縣), 자귀현(秭歸縣), 장양현(長陽縣), 호남의 대용현(大庸縣) 및 사천의 유양현(酉陽縣) 등 일부 산지에 18세기 혹은 19세기까지 자이언트 팬더가 분포하고 있었다는 놀라운 사실을 발견했다. 또 1965년 서안의 남릉(南陵) 유적에서 보존 상태가 거의 완벽에 가까운 자이언트 팬더의 두개골이 발굴되었다. 한나라 시대의 사마상여(司馬相如)는 「상림부(上林賦)」에서 당시 관중(關中)에 소재하던 왕실의 원림인 상림원에서 자이언트 팬더를 사육했다는 사실을 언급했고, 진나라 시대의 상거(常璩)는 『화양국지(華陽國志)』 「남중지(南中志)」에서 서한 시대 운남 서남부의 애뢰(哀牢)족과 동한 초기의 영창군에 맥(자이언트 팬더)이 분포되어 있었다는 사실을 언급한 바 있다. 이러한 기록은 장강 중류와 강남 이외의 지역에도 틀림없이 자이언트 팬더가 분포했었다는 사실을 증명하기에 충분하다. 그 후 하업항은 지방지 자료에 대한 좀 더 정밀한 조사를 통해 역사 시기 자이언트 팬더의 분포 지역은 그들이 이전에 발견했던 지역보다 훨씬 넓었으며, 19세기 말 심지어는 20세기까지 중국 여러 지역에 자이언트 팬더가 존재했었다는 사실을 발견했다.

미록

자이언트 팬더에 비길 만한 또 다른 희귀 동물은 미록(麋鹿)이다. 미록은 소택지에서 생활하기 좋아하는 습성 때문에 고문헌에서는 '택수(澤獸)'라 부르기도 했다. 그 밖에 미록에게는 '사불상록(四不像鹿)', '대위록(大衛鹿)'이라는 별명이 있다. '사불상'은 꼬리는 말, 발굽은 소, 뿔은 사슴, 목은 낙타와 비슷하지만 그 어느 것과도 같지 않다고 해서 얻은 이름이며, '대위록'은 1865년 프랑스 신부 데이비드가 유럽에 소개했다고 해서 얻은 이름이다.

역사 시기 미록의 분포 지역은 대단히 넓어 북으로는 내몽고 파림좌기(巴林左旗)의 부하구문(富河溝門) 유적에서 시작하여 남으로는 절강성 여요시(餘姚市)의 하모도(河姆渡) 유적에 이르며, 내몽고, 하북, 북경, 천진, 산동, 하남, 안휘, 강소, 상해, 절강 등에서 야생 미록의 유골층이 발견되었다.

역사 시기 미록의 '가족'은 매우 번창했다. 특히 은·상에서 전국에 이르는 시기, 미록의 세력은 전성기를 맞이했다. 1944년 호후선(胡厚宣)은 갑골문의 기록에 근거하여 무정(武丁) 시대에 미록을 한 번에 200마리 이상 포획한 사실이 두 차례나 있음을 발견했다. 『일주서(逸周書)』「세부해(世浮解)」에서는 무왕(武王)이 주왕(紂王)을 벌한 이후 무왕이 사냥으로 얻은 미록이 무려 5,235마리가 넘었다는 사실을 언급했고, 『춘추』 노장공(魯莊公) 17년(기원전 677년)의 기록에는 미록이 너무 많아 해를 끼친다고 언급하기도 했다. 전국시대 지금의 호북성 중부 지역에도 미록의 수가 적지 않았다. 삼국시대 위나라의 명제(明帝) 조예(曹睿)는 형양(滎陽 : 하남성 형양시 동북 지역) 일대 1,000여 리나 되는 지역을 사냥 금지 구역으로 지정하여 그곳은 이리, 호랑이, 여우, 미록 같은 야생 동물이 무리 지어 생활할 수 있는 보금자리가 되었다.

1900년 8국 연합군이 북경의 '남해자렵원(南海子獵苑)'에서 사육하던 미록 무리를 모두 약탈해 감으로써 인공적으로 사육되던 미록이 중국에서 그만 자취를 감추고 말았다. 그렇다면 중국의 야생 미록은 대체 어느 시기에 멸종한 것일까? 일반적으로 화북 지역에서는 서한 이후에 멸종했지만 장강 유역에서는 서한보다 1,000여 년 후인 당나라 시대에 이르러 멸종한 것으로 보고 있다. 사실 야생 미록의 멸종 시기는 일반적인 견해보다 훨씬 후대인 듯하다. 지방지 자료에 대한 연구를 통해 문환연과 하업항은 청나라 강희 연간의 『제성현지(諸城縣志)』 권9에서 "명나라 정덕(正德) 4년(1514년) 현 동북 지역에 미록이 많다"라고 한 기록과 함풍(鹹豐) 연간의 『청주부지(青州府志)』 권63에서 옛 지방지를 인용하여 "정덕(正德) 9년 안풍(安豐), 제성(諸城)에 미록이 많다"라고 한 기록을 발견했는데, 이러한 기록은 16세기 초까지 산동 중부의 동쪽 지역에 미록 무리가 존재하고 있었음을 의미한다.

광서 연간의 『위장청지(圍場廳志)』 권수(卷首) 「순전(巡典)」에 "강희 58년 청 성조께서 말씀하시기를, '나는 어려서부터 지금까지 새총과 활로 미록 14마리를 사냥했다' 라고 했다"는 기록이 있다. 이는 17세기, 심지어 19세기까지 비록 개체 수는 이전보다 훨씬 감소했지만 화북 지역에 미록이 분포하고 있었음을 말해 주는 증거이다. 장강 중류 지역에서 미록이 멸종된 시기도 화북 지역의 경우와 큰 차이는 없다.

북송(北宋) 황실은 매년 황궁 선덕루 앞에서 성대한 코끼리 행진 공연을 벌였다

강희 연간의 『남창군지(南昌郡志)』 권3 「여지(輿地) · 물산(物産)」에 미록에 관한 기록이 있고, 『고금도서집성(古今圖書集成)』 「방여휘편(方輿彙編)」 · 「직방전(職方典)」 권1150의 「양양부물산고(襄陽府物産考)」에서도 『부지(府志)』를 인용하여 "들짐승으로는 미록이 있다"고 기록하고 있다. 동치 연간의 『속수영정현지(續修永定縣志)』 권6의 「물산」에도 미록에 관한 기록이 있다. 이러한 기록을 통해 17세기에서 19세기까지 강서, 호북, 호남성 경내에 야생 미록이 출몰했다는 사실을 알 수 있다. 그후 문환연 · 하업항은 어떤 지역에서는 심지어 20세기 초까지 야생 미록이 멸종하지 않았다는 사실을 발견하기도 했다.

야생 코끼리

오늘날 코끼리는 아시아와 아프리카의 일부 지역에만 분포하고 있다. 그러나 지질 역사 시기 코끼리의 분포 지역은 대단히 넓어 호주를 제외한 5대륙 전체에 널리 퍼져 있었다. 종류 또한 많아서 지금까지 연구된 바에 의하면 최소 400종이 넘는다. 그 가운데 중국 코끼리의 종류는 적어도 50여 종에 달하며, 거의 모든 성에 고루 분포되어 있다.

문자 기록이 남아 있는 역사 시기에 아시아 코끼리는 이미 중국 경내에서 멸종된 것으로 보아 왔다. 그래서 1930년대 하남성 안양의 은허에서 야생 코끼리의 유골이 발견되었을 때 어떤 사람은 은허에서 발굴된 유골의 주인공은 오늘날 코끼리가 살고 있는 동남아에서 들어온 것이라고 생각하기도 했다. 그러나 갑골문에는 코끼리를 사냥하고 훈련시키거나 코끼리를 부렸다는 기록이 있고, 또 코끼리로 제사를 지냈다는 기록이 있다. 이러한 기록에 나타나는 코끼리는 그 지역 주변에 서식하던 야생의 코끼리로 보는 것이 마땅할 것이다.

신중국의 성립 이후 야생 동물 조사 작업을 통해 운남성 서남부에 야생의 아시아 코끼리가 남아 있다는 사실이 밝혀졌다. 이러한 사실은 중국에서는 역사 시기에 이미 아시아 코끼리가 멸종되었다고 보는 견해가 사실무근임을 말해 준다. 중국 경내의 아시아 코끼리는 운남성 남부의 영강현(盈江縣), 창원(滄源)의 와족(佤族) 자치현, 서맹(西盟)의 와족 자치주, 경홍현(景洪縣), 맹랍현(猛臘縣) 이남의 일부 지역에만 분포하고 있는데, 역사 시기 아시아 코끼리의 분포 지역도 이와 같았을까?

문환연과 하업항은 고고학, 지리학, 동물학, 문물학, 갑골문, 금석학 등 여러 분야의 자료에 대한 연구를 통해 북으로는 하북의 양원 분지에서 시작하여 남으로는 뇌주(雷州) 반도의 남단에 이르고, 동으로는 장강 삼각주인 상해(上海) 마교(馬橋) 부근에서 시작하여 서쪽으로는 운남의 고원 영강현 서부의 미얀마와의 접경 지역에 이르는 광활한 지역에 모두 아시아 코끼리가 서식하고 있었다는 사실을 발견했다.

역사 시기 이처럼 광활했던 아시아 코끼리의 분포 지역은 어떻게 오늘날과 같은 형세를 이루게 된 것일까? 문환연과 하업상은 야생 코끼리 분포 지역의 북방 한계선이 단계적으로 남하했다는 사실을 발견했다. 그들은 최초로 이러한 과정을 3단계로 나누었다. 지금으로부터 6,000~7,000년 전부터 2,500년 전까지는 제1단계로, 이 시기 아시아 코끼리의 '세력 범위'는 은나라(지금의 하남성 안양시 은허) 일대가 북방 한계선이었다. 2,500년 이전부터 1050년경까지는 제2단계인데, 이 시기의 북방 한계선은 이미 진령(秦嶺), 회하(淮河) 일대로 남하했다. 장주(漳州), 무평상동(武平象洞), 시흥(始興), 욱림(郁林) 일대를 북방 한계선으로 보는 시기가 제3단계인데, 그 시기는 대략 1050년부터 19세기 30년대까지이다. 이후 보다 정밀한 연구를 통하여 문환연은 크게 3단계로 구분하는 데는 별 문제가 없으나 어떤 한 단계 내부의 짧은 시기로 볼 때는 자꾸 반복되는 문제점이 있다는 사실을 발견했다.

이를 기초로 문환연은 원래의 단계 구분법을 수정하여 역사 시기 야생 코끼리 북방 한계선의 단계적 변화를 8단계로 나누었다. ①기원전 5000년경부터 기원전 900년경까지 야생 코끼리 분포의 북방 한계선은 양원 분지 및 황하 중하류 지역이었는데, 이는 지금까지 발견된 야생 코끼리 화석의 북방 한계선이기도 하다. ②기원전 700년경 이전의 200여 년 동안은 장강 유역이 북방 한계선이었다. ③기원전 700년경 이후의 500여 년 동안은 북방 한계선이 이미 회하 하류의 본류가 바다와 접해 있는 남북 지역으로 남하했다. ④기원전 200년 이후의 780여 년 동안 야생 코끼리 분포의 북방 한계선은 다시 장강 유역으로 북상했다. ⑤580년경부터 1050년까지는 야생 코끼리 분포의 북방 한계선에 그다지 큰 변화는 없었으며, 대체로 장강 중·상류, 절강성 중남부, 복건성 중북부의 산지와 구릉지에 머물러 있었다. ⑥1050년부터 1450년경까지 북방 한계선은 다시 민남·영남 대륙의 일부 지역으로 축소되었다. ⑦1450년경부터 1830년 이후까지는 뇌(雷), 횡(橫), 염(廉), 흠(欽) 등지와 운남고원 남부 지역이 동서 한계선이었다. ⑧1830년 이후부터 오늘날까지 북방 한계선은 점차 상술한 지역으로부터 오늘날의 분포 지역으로 이동했다.

문환연의 8단계 설은 중국 경내 야생 코끼리의 역사적 분포와 그 변천에 대해 비교적 정확한 조감도를 제시했다고 할 수 있다.

공작

화려한 옷을 입은 공작은 성격이 온순하고 행동이 단아하여 많은 사람의 사랑을 받아온 진귀한 야생 조류이다. 공작의 품종은 매우 다양하나 중국에 분포하고 있는 것은 대부분 푸른 공작이다.

선인들은 공작을 매우 이른 시기부터 잘 알고 있었다. 2,000년 전의 문헌인 『이물지(異物志)』는 이미 공작의 아름다운 자태에 대해서 체계적으로 기술했고, 남송 말기의 문헌인 『건무지(建武志)』도 높은 산의 교목 위에서 살기를 좋아하며 모래밭에 누워 목욕하기를 좋아하는 공작의 습성에 대해 언급한 바 있다.

오늘날 중국의 공작은 운남 서남부 지역에만 서식하고 있는데, 역사 시기에도 그랬을까? 문환연과 하업항은 역사 시기 공작의 분포 지역은 지금보다 훨씬 넓어서 장강 유역과 그 이남 지역, 멀게는 신강성 타림 분지에도 공작과 관련된 문헌 기록이 있음을 발견했다.

공작의 분포는 특정 지역에 집중되어 있거나 점의 형태로 분산되어 있다는 특성 때문에 그 분포 지역의 변천에 대해서는 아시아 코끼리의 경우처럼 오랜 시기를 단계별로 구분할 수는 없고, 단지 지역적으로 구분하여 연구할 수밖에 없다. 문환연과 하업항은 거시적인 각도에서 공작의 분포 지역의 변천을 세 지역으로 나누어 연구했다.

첫째 장강 유역, 즉 장강 중·하류와 사천 분지 및 운남성 동북 일대이다. 지금으로부터 5,000~6,000년 전 진령(秦嶺) 동남단의 천연 삼림 지역과 넓은 초지, 관목이 맞닿아 있는 지역에 야생 공작이 분포하고 있었는데, 하남성 석천현(淅川縣) 하왕강(下王崗) 유적의 제9문화층에서 공작류의 유골이 발견되었다. 대략 오늘날의 호북, 호남 등지에 해당하는 초나라에도 2,000년 전에 야생 공작이 분포하고 있었다. 『초사(楚辭)』「대초(大招)」는 "공작이 뜰 안에 가득하다"라고 기술했다. 『장양현지(長陽縣志)』, 『진주부지(辰州府志)』 등 같은 지방지 자료에도 호북, 호남 지역에는 심지어 18세기 중엽 이전까지도 야생 공작이 분포하고 있었다는 사실이 기록되어 있다. 진나라 좌사(左思)의 『촉도부(蜀都賦)』에 "공작과 물총새가 무리지어 난다"라고 한 기록은 3세기 말 사천분지에 야생 공작이 살고 있었음을 의미한다. 『후한서』와 『화양국지』에도 운남성 동북 지역 일대에 야생 공작이 살고 있었다는 사실이 기록되어 있다. 그러나 이후 장강 유역에 야생 공작이 서식했다는 기록은 보이지 않는다.

둘째 영남 지역인데 영남 지역은 대체로 오늘날의 광동과 광서 지역을 가리킨다. 이 지역 야생 공작의 분포는 광동의 동부, 광동의 중부, 운개대산(雲開大山)과 인근 지역, 광서의 북부, 광서의 서남부, 광서의 동남부 등 여섯 개의 지역으로 나눌 수 있다.

영남 지역의 공작에 관한 역사 기록은 매우 이르다. 『한서』「남월전(南粵傳)」에 기원전 179년 남월 왕 조타(趙佗)가 상서를 파견하여 공작 두 쌍을 바쳤다는 기록이 있다. 남월에서는 심지어 공작의 깃털로 출입문을 장식하기도 했는데, 이와 관련된 기록이 환관(桓寬)의 『염철론(鹽鐵論)』「숭례(崇禮)」에 보인다. 광서 지역에서는 공작을 잡아 소금에 절여 먹기도 하는데, 송나라 시대 범성대(範成大)의 『계해오형지(桂海虞衡志)』「지금(志禽)·앵무(鸚鵡)」와 주거비(周去非)의 『영외대답(嶺外代答)』「금수문(禽獸門)·공작(孔雀)」에도 모두 이와 관련된 기록이 있다. 이러한 기록 역시 서한부터 남송에 이르기까지 공작은 영남 일대에서 흔히 볼 수 있는 조류였으며 사냥하기에도 쉬웠음을 말해 준다.

명·청 시대 영남 지역의 지방지에는 공작의 활동과 관련된 기록이 흔히 보인다. 역사 시기 영남 지역의 공작 분포 범위는 대단히 넓었으나 이 지역의 공작은 모두 멸종되고 말았다. 공작의 멸종 순서는 남쪽보다 북쪽이 먼저이고, 서쪽보다 동쪽이 먼저이다. 다시 말해 광동과 광서의 남부보다 북부·중부에서 먼저 멸종되었고, 광서보다 광동에서 먼저 멸종되었으며, 산지보다 평원, 구릉지에서 먼저 멸종되었다. 광서 동남부의 육만대산(六萬大山)과 십만대산(十萬大山) 사이 영산현 일대의 야생 공작은 20세기에 이르러서야 멸종되었는데, 그곳이 공작이 최후로 멸종된 지역이다.

셋째 운남성 서남 지역이다. 이 지역은 야생 공작 분포의 역사가 가장 오래된 지역 가운데 하나이다. 홍하(紅河) 하니족(哈尼族)·이족(彛族)자치주(몽자현, 하구현 이북), 사모(思茅) 지역, 서쌍판납(西雙版納) 지역, 임창(臨滄) 지역, 덕홍주(德宏州), 노강(怒江) 율률족(傈僳族) 자치주(노수현 동쪽) 일대에는 지금도 푸른 공작이 분포되어 있으나 역사 시기가 오늘날보다 훨씬 넓다. 『화양국지』 「남중지(南中志)」에 기록된 영창군(永昌郡)에도 공작이 분포하고 있었다. 영창군은 동한 영원 12년, 즉 서기 69년에 설치했는데, 대체로 오늘날의 대리(大理) 백족(白族) 자치주, 보산(保山) 지역, 임창 지역, 덕홍(德宏) 태족(傣族)·경파족(景頗族) 자치주와 서쌍판납 태족(傣族) 자치주 등지에 해당한다.

「남중지」에는 촉한부터 진나라 시기까지 영창군 박남현(博南縣)의 공작에 대해 "2월에 날아와 한 달쯤 머물다 떠난다"라는 이주 습성을 기록하고 있다. 이후 당나라 시대의 망만(茫蠻) 부락(명나라 시대의 망시芒市, 현 덕홍주 인민정부 소재지)은 『만서(蠻書)』, 원나라 시대의 금치백이제로(金齒百夷諸路)는 『원조혼일방여승람(元朝混一方輿勝覽)』에서 모두 야생 공작의 활동 지역이었다는 것을 기록하고 있다.

금치백이제로는 오늘날의 운남(雲南) 보산현(保山縣) 노강구(怒江區), 망시, 진강(鎭康), 영강(永康), 덕홍주 양화현(陽和縣)과 그 서남부 지역, 덕홍주 농천현(隴川縣), 서리현(瑞麗縣) 및 노서현(潞西縣)이 속해 있는 차방구(遮放區) 등이 모두 포함된다.

명·청 시대 지방지에는 그 지역 야생 공작의 분포와 관련하여 많은 기록이 보인다. 예컨대 원강(元江), 진원(鎭沅), 경동(景東), 봉경(鳳慶), 보산(保山)의 이남 지역과 이서 지역에는 모두 야생 공작이 서식하고 있었다는 기록이 있다. 그 지역에는 오늘날에도 공작이 살고 있지만 그 활동 범위는 현저히 축소되어 가고 있는 추세이다.

양자강 악어

양자강 악어는 중국 고유의 희귀 동물로, 현재 그 수가 얼마 되지 않는다. 양자강 악어는 '저파롱(豬婆龍)', '토롱(土龍)' 등의 별명을 가지고 있는데, 북미의 미시시피 강 유역에 서식하는 미시시피 악어와는 사촌뻘이다. 과거 6,000~7,000년 동안 양자강 악어는 황하 하류와 양자강 중류 및 절강 남부의 산지와 구릉지 등 매우 넓은 지역에서 자신만의 삶을 개척해 나갔으나 지금은 안휘성, 절강성, 강소성이 맞닿아 있는 일부 지역에서 안주하고 있다.

양자강 악어는 어떻게 그들의 보금자리에서 쫓겨나 오늘날과 같은 서식지를 갖게 되었을까? 양자강 악어는 아열대 변온 동물이기 때문에 저온에 적응하는 능력이 매우 약하다. 따라서 분포 지역의 확대와 축소는 역사 시기 기후의 변화와 일치한다. 이러한 점에 착안하여 문환연은 역사 시기 양자강 악어의 활동 범위의 확대와 축소 과정을 3단계로 나누었다.

제1단계는 7,000년 이전부터 200년 경까지이다. 이 시기 중국의 기후는 대체로 온난한 편이었다. 『하소정(夏小正)』에 "양자강 악어는 2월(양력 3월)에 활동을 시작한다"는 기록이 있는데, 이는 당시 황하 유역 하류의 기후는 지금보다 따뜻했음을 의미한다. 또한 황하 하류, 산동반도 일대의 기후 환경 조건은 양자강 악어가 서식하기에 매우 적당했다. 따라서 제1단계 양자강 악어 분포의 북방 한계선은 황하 하류의 남부 지역으로 볼 수 있다. 기후가 차가워지면서 4000여 년 전에 이르러서는 그 북방 한계선이 이미 산동성 태안의 대문구(大汶口) 일대로 남하했다.

제2단계는 200년경부터 19세기 중엽까지이다. 기후가 차가워지자 강, 호수, 소택지 등이 감소했고, 또한 인구의 증가와 함께 양자강 악어의 서식지가 파괴되었다. 게다가 인간의 무분별한 포획으로 황하 하류의 양자강 악어는 멸종 위기에 놓이게 되었다. 그러나 양자강 중·하류의 넓은 지역은 양자강 악어가 생존하기에 적당했고 또 인구도 많지 않았기 때문에 양자강 악어 분포의 북방 한계선은 장강 중하류와 절강성 중부의 산지와 구릉지로 남하했다. 이러한 사실은 위진 시대에서 명·청 시대까지의 고문헌에서 그 증거를 찾을 수 있다.

제3단계는 19세기 중엽부터 현재까지이다. 19세기 중엽 이후는 제국주의 세력의 침략으로 양자강 유역에는 선박의 왕래가 빈번했을 뿐만 아니라 인간의 무분별한 포획, 연강 지역의 수리 공사, 간척 사업 등으로 양자강 악어의 서식지와 생존 환경이 파괴되었다. 그로 인해 양자강 악어의 분포 지역이 급격히 축소되고 개체 수도 급격히 감소하여 지금은 강소성, 안휘성, 절강성의 접경 지역에만 남아 있다.

야생 동물의 천국을 어떻게 보호할 것인가

중국의 야생 동물 자원은 대단히 풍부하며, 종류 또한 매우 다양하다. 지금까지 발견된 것만 보더라도 중국의 조류는 1,200여 종에 달하는데, 이는 세계 조류의 14%에 해당한다. 포유류는 40여 종으로 세계 포유류의 12%를 차지한다. 그러나 중국의 육지 면적은 전 세계 육지 총면적의 6.5%에 불과하다. 그렇다면 왜 이러한 현상이 발생한 것일까?

역사 시대 중국의 야생 동물 자원은 오늘날보다 훨씬 풍부하고 그 종류 또한 매우 다양했다. 하늘의 흰 구름은 예나 지금이나 변함이 없는데, 조수(鳥獸)와 충어(蟲魚)에게는 그동안 매우 커다란 변화가 발생했다. 왜 이러한 변화가 발생했으며, 오늘날 우리는 조수와 충어를 어떻게 보호할 것인가?

야생 동물이 다중다양한 이유

중국과 같은 위도상에 위치한 유럽이나 북미 지역 동물의 종류는 중국보다 훨씬 적다. 고생물학자들은 그 원인을 다음과 같이 설명한다. 지질시대 제4기 이래 중국과 같은 위도상의 유럽과 북미 지역은 기후가 차갑고 또 빙하가 육지를 덮고 있었기 때문에 수많은 동물들이 멸종했다. 그러나 같은 시기의 중국은 일부 고산 지대에서만 빙하를 볼 수 있었고, 또 추위의 영향력도 그리 크지 않았기 때문에 자이언트 팬더, 양자강 악어 등과 같은 몇몇 '살아 있는 화석'이 오늘날까지 남아 있게 된 것이다. 이러한 기후 차이가 중국 동물의 종류를 같은 위도상의 유럽이나 북미보다 풍부하고 다양하게 만든 주요 원인이었을 것이다.

복잡한 지리적 환경 역시 중국 야생 동물의 종류가 다양할 수 있었던 원인 가운데 하나이다. 중국은 영토가 대단히 넓어서 동서남북 각 지역의 자연 조건이 모두 다르기 때문에 지역마다 서로 다르고 또 지역적 특색이 풍부한 동물들이 살아남을 수 있었던 것이다. 동물과 밀접한 관계가 있는 식생의 유형을 보면 연해 지역에서 내륙으로 들어오면서 울창한 숲, 넓은 초원, 그리고 독특한 운치를 지닌 국경 너머의 황량한 사막이 순서대로 펼쳐진다. 마찬가지로 남쪽에서 북쪽으로 올라가면서 열대 우림에서 아한대 침엽수림까지 다양하게 형성되어 있어 삼림의 지역적 분포 상황도 매우 다르다. 식생 유형의 차이는 서로 다른 종류의 동물을 낳게 마련이고, 그에 상응하여 야생 동물은 적절한 자연환경을 찾아가 보금자리를 만들고 번식하기 마련이다.

역사적 변천의 원인

역사 시기의 자연 환경은 오늘날과 큰 차이가 있으며, 역사 시기 야생 동물의 생존과 분포 상황 역시 지금과 많이 다르다. 만일 그들 상호간의 영향 관계와 변천 규칙을 알 수만 있다면 오늘날 생물 자원의 조사, 농업 구획의 제정, 자연 자원과 환경 보호에 훌륭한 거울이 될 것이다. 최근 수십 년 동안 중국의 역사 지리학자들은 이러한 목적을 달성하기 위해 중국 역사 시기 동·식물의 지리적 분포와 변천 연구에 온 힘을 기울여왔다. 연구 결과, 대다수 동물의 지리적 분포는 북쪽에서 시작하여 점차 남하하는 추세를 보이며, 광활했던 분포 지역이 점차 축소되거나 심지어 멸종에 이르는 과정을 겪어 왔음이 밝혀졌다.

동물의 지리적 분포에서 이 같은 변천 규칙이 나타나는 주된 원인으로 문환연과 하업항은 다음과 같은 세 가지를 지적했다.

첫째 환경의 변화이다. 물고기가 물을 떠나면 살 수 없듯이 어떤 동물이든 특정한 환경을 벗어나면 생존할 수가 없다. 환경이 변하면 동물도 환경을 따라 변하기 마련이다. 안양(安陽)을 예로 들어보자. 은허에서 출토된 동물의 유물과 복사(卜辭) 기록을 통해 옛날과 오늘날 안양의 자연 환경이 매우 달랐음을 알 수 있다. 야생 코끼리, 코뿔소, 맥 등은 열대 혹은 아열대 동물이며, 야생 물소, 대나무쥐 등은 기후 환경이 따뜻한 곳에서 서식한다. 이러한 동물의 존재는 안양 일대의 기온이 은나라 시대에는 지금보다 훨씬 따뜻했음을 알려 준다. 미록을 고문헌에서는 '택수(澤獸)'라고 했는데, 소택지를 떠나면 미록은 생존할 수 없다. 마찬가지로 코끼리, 야생 물소, 코뿔소 등도 물 없이는 살아

갈 수 없다. 이러한 동물의 존재는 당시 안양 부근에 일정량의 호수와 소택지가 있었음을 의미한다. 호랑이, 표범, 곰은 숲에서 사는 동물이고, 대나무쥐는 주로 대나무 숲에서 살며, 사슴은 초원에서 사는 동물이다. 이러한 동물의 존재는 당시 안양 부근에는 삼림과 대나무 숲이 있었을 뿐만 아니라 초원도 있었음을 웅변적으로 이야기해주고 있다. 호수와 소택지, 그리고 삼림이 많이 존재했다는 사실은 당시 그곳의 기후가 오늘날보다 훨씬 습윤했음을 의미한다. 이처럼 따뜻하고 습한 기후 때문에 당시의 코끼리, 코뿔소 등과 같은 야생 동물은 황하 하류에서 자유롭게 살아갈 수 있었던 것이다. 그러나 서주 시대 이후 기온이 점차 낮아진 데다가 화북 지역의 인구가 증가함에 따라 나무는 무분별하게 잘려 나가고 호수나 소택지는 매몰되었다. 그로 인해 생활 환경이 날로 악화되자 야생 동물은 다른 곳으로 보금자리를 옮기거나 자취를 감추었다.

둘째 인간의 무분별한 남획이다. 원시 시대 수렵과 채집은 인류의 주요 생계 수단으로 야생 동물은 사람에게 육식의 기회를 제공하는 주된 공급자였다. 나중에 서각(犀角), 영양각, 녹용, 사향 등이 약재로 쓰이기 시작하면서 인류의 무절제한 수요는 야생 동물에 대한 남획을 가속화시켰다. 예컨대 당나라 시대에 사천, 귀주, 호남, 호북 등 네 개의 성이 맞닿아 있는 지역 중 서각이 나거나 서각을 공물로 바치던 15개 주(군)에서 코뿔소를 장기간 끊임없이 포획한 결과 북송 이후에 이르자 야생 코뿔소는 점차 멸종되고 말았다. 공작과 앵무새는 오늘날 모두 이름난 새이지만, 당·송 시대 영남 일대에서 공작은 소금에 절여 말렸다가 먹는 음식이었으며, 앵무새는 소금에 절인 훌륭한 안줏감이었다. 신중국 이후 야생 동물 보호 사업이 여러 차례 벌어졌으나 무분별한 남획으로 많은 야생 동물 자원이 심각하게 훼손되었다. 예컨대 청해성의 해서(海西) 몽고족 자치주에서 1959~1960년 야생 나귀를 7만여 필이나 포획한 결과, 그후 10여 년 동안 엄격한 보호를 받았음에도 야생 나귀는 1973년 현재 4,000여 필에 불과하다. 청해성의 마다현(瑪多縣)에서는 1960년 한 해 동안 야생 나귀를 6,900필이나 포획하기도 했다. 그리하여 야생 나귀가 많이 난다고 해서 얻었던 이름 '야마탄(野馬灘)'은 온 데 간 데 없고, 지금은 야생 나귀가 살지 않는 '무마탄(無馬灘)'이 되고 말았다. 이러한 인위적인 원인으로 인해 많은 야생 동물은 보금자리를 잃고 결국 멸종이라는 재난을 당해 왔던 것이다.

  셋째 자연의 선택이다. 멸종 혹은 멸종의 위기에 처한 동물은 새롭게 변화된 환경에 잘 적응하지 못하기 때문에 적자생존의 원칙에 따라 자연스럽게 도태되기도 한다. 예컨대 코뿔소처럼 몸집이 육중한 동물은 번식력은 대단히 낮고, 임신 기간은 400~500일이 넘는데다가 한 번에 새끼를 한 마리밖에 낳지 않기 때문에 설령 서식 조건이 잘 갖추어져 있다 하더라도 증가 속도는 대단히 느릴 수밖에 없다. 만일 기후가 갑작스럽게 변화한다면 자연 생존할 수 없게 되는 것이다. 자이언트 팬더의 먹이는 매우 제한적이다. 즉 전죽(箭竹)만 먹는다. 먹이의 소비량이 많고(어른 팬더 한 마리가 하루에 먹는 대나무잎의 양은 15~20kg이 넘는다), 번식력은 매우 약하다. 게다가 위아래 송곳니 등 공격성을 띠는 기관의 퇴화가 야기한 자기 보호 능력의 저하는 자이언트 팬더가 멸종 위기 동물이 되게 한 주요 원인이다.

창해가 뽕나무 밭으로 변하다

황해 깊숙한 곳에 묻혀버린 이야기

　황해는 중국 대륙 동부의 반밀폐형 대륙 연륙해로서 평균 깊이가 겨우 44m이다. 중국 대륙과 한반도 사이에 끼어 북으로는 압록강 하구에서 시작하여 남으로는 장강 하구 북쪽과 제주도 서남쪽을 잇는 면적 38만 k㎡의 작은 바다이다. 해저면의 지세는 서·북·동 삼면에서부터 중앙과 동남방을 향해 기울어져 있다. 평균 기울기는 0°01′21″이다. 황해의 해수는 황하와 장강의 영향을 받아 모래 함유량이 많고, 게다가 수위가 낮아 황색을 띠고 있어 '황해'라는 명칭을 얻었다.

　옛 황해 해반은 6,000~7,000만 년 전에 형성되었는데, 구조상 동아시아 중국 구조 계통의 침강대에 속한다. 대략의 위치는 주산군도(舟山群島)와 제주도(濟州島) 이북, 북쪽으로는 발해 동쪽, 서쪽으로는 지금의 소북(蘇北)·안휘·절강의 평원 지역에서 태행산 자락에까지 이르렀고, 그 면적은 현대의 황해 해반을 훨씬 넘어선다. 옛 황해 해반으로 수많은 하류가 유입되었고, 여기에 대량의 강수가 더해져 수심이 얕고 광활한 담수호인 '황해호'가 형성되었다. 황해호의 호수 면적은 끊임없이 변화해서 수량의 증감에 따라 확대되기도 하고 축소되기도 했다. 심지어는 완전히 메말라 육지가 되기도 했다. 그 당시의 황해호는 담수어와 갑각류가 무리를 이룬 세계였다.

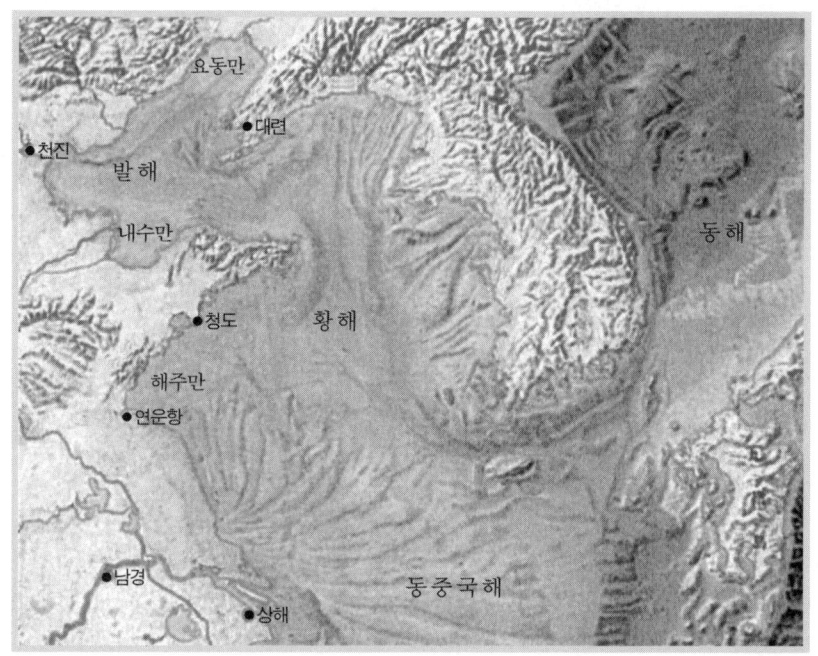

발해, 황해도

　대략 지금으로부터 10만 년 전 지구의 기후가 현저히 온난화되어 빙설이 녹자 해수면이 급속히 상승하기 시작했으며, 결국에는 동해의 해수가 황해호로 넘쳐 들어가 명실상부한 황해가 출현하게 되었다. 10만 년 동안 황해는 어떤 때는 파도가 휘몰아치고 어떤 때는 바닷물이 모두 물러가 끝을 바라볼 수 없는 대평원이 되기도 했다. 몇 번 바닷물이 들어오고 나가는 상전벽해의 변화를 수차례 겪은 것이다.
　이와 같은 중요한 해양지리 정보의 획득은 황해 깊은 곳에 매장되어 있는 일련의 중대한 지리 발견에 필요하다.

유공충 화석

유공충(有孔蟲)은 원시의 미체(微體) 고생물이다. 몸 전체가 단지 한 개의 세포로 구성되어 있다. 그러나 아주 거대한 가족을 이루고 있어서 그 구성원은 1,000여 속 4만여 종에 이른다. 유공충은 바다 속에서만 생활할 수 있는데, 그 종속 분포는 해수의 깊이·온도·염도에 따라 변하며 일단 바닷물을 벗어나면 더 이상 생존할 수 없다. 이 때문에 유공충은 해양 환경을 가리키는 전형적인 미생물이다. 해양의 경계가 어디론가 확장되면 그곳에는 바로 유공충이 대량으로 출현한다. 많은 유공충이 발견되면 그곳은 바로 해양의 세계이다.

다행인 것은 고생물학자들이 소북 남통(南通), 염성(鹽城), 연운항(連雲港) 등지의 구멍 뚫린 바위들 속에서 유공충 화석을 대량으로 발견했다는 점이다. 그들은 지표에서 20~100여 미터 깊은 곳에 매장되어 있었는데, 지금으로부터 7~10만 년 되었다. 소북에서 발견된 유공충 화석은 크기가 겨우 1mm에서 몇 mm에 불과한데, 중요한 종속(種屬)으로 나라소상구충(奈良小上口蟲), 시라덕가륜충(施羅德假輪蟲), 상립희망충(霜粒希望蟲), 결연사권전충(結緣寺卷轉蟲), 압편권전충(壓扁卷轉蟲), 봉립희망충(縫粒希望蟲), 아삼자성륜충(亞三刺星輪蟲), 필극권전충(畢克卷轉蟲) 등이 있다. 유공충들은 대부분 얕은 해양 환경에서 살기를 좋아하기 때문에 유공충 화석으로부터 명확한 고대의 해안선을 그려낼 수 있다. 고대의 해안선 안에 매장되어 있는 유공충은 다음과 같은 점을 알려 준다. 7~10만 년 전에 담수 황해호가 소멸되고 이를 대신해서 동해, 발해 내지 넓은 태평양과 함께 하나의 망망한 황해를 이루었다. 당시의 황해 해면은 현재보다 높아서 황해 서쪽 해안선은 남통-염성-연운항에까지 미쳤는데, 이 해안선 동쪽과 현대의 해안선 서쪽의

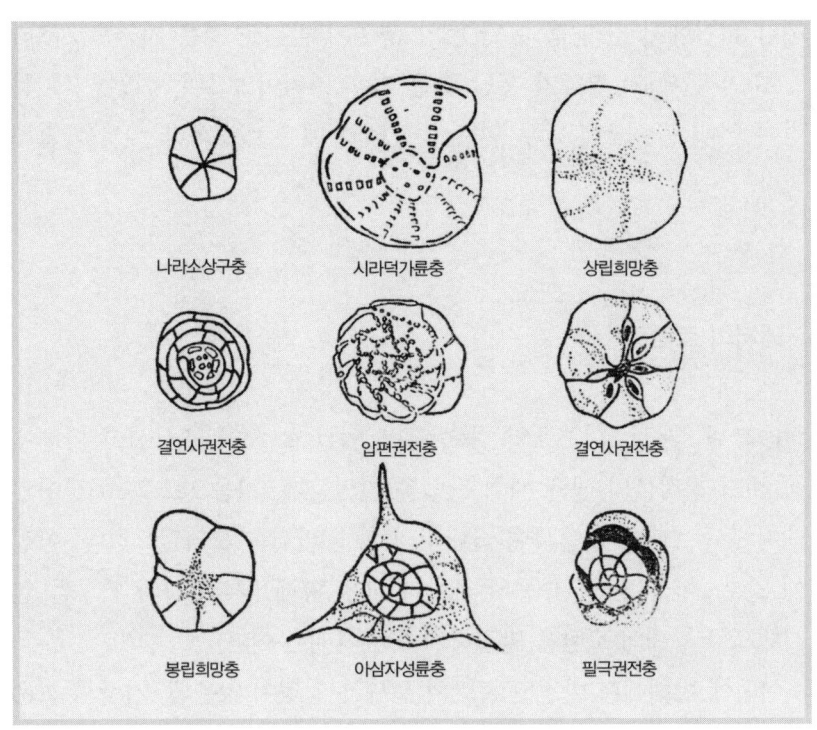

7~10만 년 전의 유공충(有孔蟲) 화석

평원 옥토는 당시에는 모두 해수에 침수되어 있는 황해의 일부분이었다. 유공충 등의 해양 생물은 담수에 사는 호박(湖泊) 생물을 대신했으며, 침적물 역시 해양 속의 진흙이 위주였다.

발해만 서안 평야에 대한 고찰에서 학자들은 다음과 같은 점을 밝혀냈다. 이곳은 7~10만 년 전에는 넓은 바다였고, 3만 년 동안 수십 미터 깊이의 진흙이 퇴적되었다. 진흙에는 많은 조개껍질이 묻혀 있는데, 특별히 사람들의 주목을 끄는 것은 골라(骨螺)·의살백리설합(依薩伯利雪蛤)·필라(筆螺)·비라(榧螺) 등이었다. 현재 따뜻한 환경을 좋아하는 이러한 해양 생물은 절강성 온주 이남의 해역에서 살고 있다. 발해만 서안에서 골라 등 온난 해양 생물이 발견된 것은 지금으로부터 7~10만 년 전의 황해가 온난 습윤 기후 지역이었으며, 해양 기후 환경이 현대 동중국해 남부 및 남중국해와 매우 비슷하다는 것을 말해준다.

해저의 토탄

1977년 '서광(曙光)'호와 '동방홍(東方紅)'호 해양 조사선이 황해에서 해저 침적물의 샘플 채취 작업을 벌였는데, 처음으로 77m 깊이의 해저에서 토탄을 발견하여 국내외의 고른 관심을 불러일으켰다. 이전에 일본·미국 및 한국 등의 국가가 모두 황해에서 조사와 연구를 실시했으나 황해의 토탄을 발견하지 못했기 때문이다.

이번에 황해에서 발견된 토탄의 두께는 일정치 않은데, 가장 두꺼운 것은 0.5m, 가장 얇은 것은 3cm로 모두 검은색이고, 불을 붙이면 즉시 연소했다. 최후에는 회백색의 재가 남았다. 토탄에는 유기물질 함량이 매우 풍부해서 보통 30~40%에 달했으며, 주로 식물의 잔해에서 만들어졌기 때문에 식물의 가지와 잎을 분명하게 분별할 수 있다. 탄소(C_{14}) 동위원소 측정을 통해 이 토탄의 연령이 3만 6,000년보다 오래되었거나 대략 4만 년으로 추정되었다.

큰 바다에 어떻게 육지의 나무에서 형성된 토탄이 출현했을까? 혹시 4만 년 전 황해가 정말로 상전벽해된 것은 아닐까? 과학자들의 연구는 이를 증명했다.

지금으로부터 4만 년 전 지구는 최후의 빙하기 전기에 진입하는데, 이 최후의 빙하기는 7만 년 전에 시작해서 4만 년 전에 끝났다. 이 3만

발해만 서안평원의 패각제(貝殼堤)

년 동안 기후는 몹시 추웠고, 강우량은 감소했으며 강설량은 증가했다. 바다로 흘러들어가는 하류는 혹한으로 인해 결빙되어 과거 바다로 흘러들던 도도한 기세는 실종되었다. 해양의 물은 증발량이 보급량을 크게 초과함에 따라 해수면은 급격히 낮아졌으며, 해역은 크게 축소되어 이전에 해수에 덮여 있던 지역이 이 시기에는 육지로 드러나게 되었다. 대륙붕에 속해 있는 황해 역시 바로 이 시기에 해수가 물러나감으로 인해 고갈되었다. 파도가 출렁이던 큰 바다가 말이 마음껏 달릴 수 있는 드넓은 황해 대평원으로 바뀐 것이다.

해수가 물러간 뒤 황해 대평원의 지하 수위는 여전히 높았기 때문에 평원 위에는 호수와 늪이 곳곳에 존재했다. 나무와 풀·꽃 등이 시들어 죽은 뒤 그 유체가 호수와 늪 안에 퇴적되기 시작했다. 낮은 온도와

물의 정체로 인해 식물의 잔해는 세균에 의해 충분히 분해될 수 없었고, 식물체의 목질소(木質素)와 섬유소는 철저하게 파괴되지 못하고 점차로 부패질·부패산으로 변해 갔다. 나중에 진흙에 덮이는 과정을 거쳐 토탄이 되었다.

황해 토탄의 발견은 지금으로부터 4~7만 년 전 황해가 육지였고 황해 대평원에는 염고(鹽蒿), 빈려(濱黎), 향포(香蒲 : 부들), 들국화, 갈대 등의 육지 식물이 가득했음을 의심할 여지가 없다.

고대 장강의 하상

1970년대 말 과학자들이 황해에서 정밀한 수심 측량을 실시할 때 놀랍게도 해저 깊이 들어가 있는 4만 년 된 고장강(古長江)의 하상(河床 : 하천 바닥)을 발견했다. 고장강 하상은 오랜 세월 동안 비록 진흙에 의해 덮이기는 했지만 하상의 형태는 희미하게 간직하고 있었다. 고장강은 남경을 지난 뒤 지금의 방향대로 동남쪽을 향해 달려 동중국해로 들어간 것이 아니라 남경으로부터 동북을 향해 흘러 지금의 소북(蘇北) 경항(京港) 부근에 이르러 황해 해분(海盆)으로 유입되었다. 고장강은 황해 해반의 중심 부위를 지나 제주도를 가로질러 마지막으로 충승해조(冲繩海槽)로 흘러든다. 고장강의 길이는 약 7,000km로 오늘날의 장강보다 600여 km 길다.

4만 년 전의 고장강은 현대의 장강보다 길이가 훨씬 긴데, 그 원인은 무엇인가? 큰 바다로 흘러드는 하류는 일반적으로 해평면 아래로 파고 들어가지 않아서 해류는 언제나 해평면보다 높다. 이렇게 되어야 모든 강이 바다로 흘러 들어갈 수 있다. 그래서 강바닥의 형태는 하류가 바다 지역으로 흘러 들어갈 때 바로 소실된다. 바꾸어 말하면 장강의 길이는 직접적으로 해안선 위치의 제약을 받는다. 4만 년 전의 고장강이 확실히 길게 변한 것은 최후의 빙하기가 임박했을 때 기후가 추워지고 해수면이 내려가서 해안선이 후퇴한 것과 밀접한 연관이 있다.

서가성(徐家聲)은 『황해 십만년(黃海十萬年)』에서 이에 대해 훌륭한 묘사를 했다. "지금으로부터 최후의 빙하기가 시작되자 황해의 해수면이 내려가고 바다가 뒤로 물러났다. 황해는 점점 얕아졌으며, 파도의 작용 역시 점차로 약해지다가 완전히 없어졌다. 고장강이 실어온 진흙은 황해의 평원에 쌓였으며, 삼각주가 신속하게 앞으로 뻗어 나갔다. 황해 해수면의 하강은 고장강의 침식 작용의 강화를 야기했다. 고장강은 활발하게 앞을 향해 뻗어 나갔다. 황해의 해안선이 어느 지점까지 물러나면 고장강은 이를 따라 그 지점까지 뻗어 갔다. 황해의 해안선이 멀리가면 갈수록 고장강은 길게 뻗어 나갔다. 황해가 완전히 드러나 해안선이 제주도 부근까지 물러났을 때, 고장강 역시 매우 빠르게 제주도 부근까지 진출했으며, 결국에는 제주도 라인을 돌파하고 제주도, 그리고 남녀군도(男女群島)를 넘어 충승해조(沖繩海槽)로 진입했다."

과거에 사람들은 항상 장강은 줄곧 동쪽으로 흘러 동중국해로 흘러 들어 간다고 생각했다. 고장강 하상의 발견은 마침내 사람들로 하여금 "장강은 줄곧 동중국해로 흘러들어 간 것이 아니다. 그것은 4만 년 전에는 황해 영역으로 흘러들어 갔으며, 한 번 방향을 꺾은 뒤에 동중국해의 수역으로 흘러들어 간 것이다"라고 확신하게 만들었다.

그로부터 4만 년 뒤 최후의 빙하기가 끝나고 기후가 다시 따뜻해지자 해수면도 얼음과 눈이 녹아내리는 것에 힘입어 끊임없이 상승했으며, 불어난 해수는 다시 한번 드러나 있는 황해 대평원을 뒤덮었다. 고장강이 개척한 600여 km의 하상은 이에 따라 다시 바다 밑으로 가라앉았다. 4만 년 동안 진흙이 계속해서 퇴적되어 황해의 고장강 하상을 덮으니, 마치 오랫동안 보수하지 않은 길처럼 그 모습이 점차 모호해지기 시작했다. 그러나 비록 그렇다손 치더라도 그것은 고장강 형태의 믿을 만한 근거이며, 바로 그것은 우리를 위해 황해가 드러나 육지가 되었던 또 다른 증거를 남겨 주었다.

황해 해저 토탄의 발견과 고장강 하상의 놀라운 발견은 다시금 인류에게 황해가 상전벽해의 커다란 변화를 겪었음을 알려 주었다. 황해는 영원한 바다가 아니라 항해의 발달 과정에서 3만 년에 달하는 긴 기간 동안 드넓은 대지였으며, 또 일찍이 토양이 비옥하고 식물이 무성했던 시절이 있었던 것이다.

100리의 구불구불한 조개껍질 제방

1977년 봄날 저녁, 어두운 그림자가 망망한 황해를 뒤덮고 있을 때 오로지 해양 조사선 '서광(曙光)' 호의 등만이 홀로 암흑 속에서 반짝이고 있었다. 조사선의 진동 피스톤 샘플 채취관은 수시로 해저 토탄의 샘플을 한통 한통씩 배 위로 올렸다. 갑자기 청회색의 원통형 토탄 샘플에서 유백색의 광택이 번쩍였다. 어찌된 일인가? 원통형 샘플을 절개해 관찰해 보니 그 샘플은 조개껍질이었으며 그 조개껍질층의 두께는 무려 30cm에 달했다! 이 발견은 그들을 흥분시켰다. 후에 산동반도 성산두(成山頭) 동쪽과 그 남쪽의 해역, 해주만(海州灣) 동쪽 등지에서 여러 차례에 걸쳐 조개껍질층이 포함된 기둥형의 물질이 발견되었다. 또 조개껍질층을 채취한 지점은 모두 수심이 70m쯤 되며, 조개껍질층이 해저에 매장되어 있는 깊이 역시 기본적으로 비슷해서 모두 해저

각종 모려(牡蠣)의 껍질

2.5m가량 깊이 들어가 있었다. 이 조개껍질들을 탄소 측정법으로 측정한 결과 지금으로부터 대략 4만 년 전의 것임을 밝혀냈다. 지금으로부터 4만 년 전의 초기, 지금의 황해의 70m 등심선(等深線) 부근에는 100리에 달하는 구불구불한 조개껍질 제방이 자라고 있었다.

조개껍질층을 이루고 있는 주요 조개껍질 종속은 십여 종으로 각종 굴, 문합(文蛤), 난합(蘭蛤), 백앵합(白櫻蛤), 능합(稜蛤), 다형핵라(多型核螺), 니감(泥蚶), 모감(毛蚶), 순라(筍螺) 등이었다. 만일 조개껍질의 수량으로 본다면 의심할 여지없이 각종 굴의 껍질이 절대 다수를 차지하고 있다. 굴껍데기는 조개껍질층의 주요 구성원이며, 조개껍질층을 형성한 연체동물군 중 최대의 가족이다. 이 가족 중 주요 구성원은 껍질이 마치 스님의 모자와 흡사한 승모모려(僧帽牡蠣)와 껍데기가 긴 타원형인 장모려(長牡蠣), 껍데기가 빼곡한 비늘로 장식되어 있는 밀린모려(密鱗牡蠣) 등이 있다.

모려(牡蠣 ; 굴)는 수심 영에서 10m 사이의 조간대(潮間帶)와 해안가에서만 서식한다. 염도가 적합하고 물의 흐름과 물의 순환이 잘 이루어져 모려가 성장하는데 필요한 공기와 식물, 석회질이 충분하기 때문이다. 해수의 깊이가 10m 이상이 되면 모려가 영양분을 섭취하거나 빛을 흡수하기가 어려워지고 염도도 눈에 띄게 증가해 그대로 폐사할 수 있다.

백리패각(百里貝殼) 제방의 발견은 지금으로부터 4만 년 전인 최후의 빙하기가 막 끝나고 지구의 기온이 다시 따뜻해지면서 해수면이 상승해 황해평원에까지 범람했고, 해안선이 계속 서쪽으로 밀려가 지금의 70m 심해선까지 이르렀다는 것을 입증해준다. 그곳은 모두 수심이 영에서 10m 정도로 바다에 가깝고 물이 얕으며 해저에 가는 모래가 많아 모려가 기어 다니고 달라붙어 구멍을 파기에 적합하기 때문에 한 때 모려가 왕성하게 번식하기도 했었다.

나중에 해수면이 지속적으로 높아지고 해수가 계속해서 서쪽으로 팽창하면서 수심 70m 지역에서 왕성하게 번식했던 모려 등의 생물은 환경 악화로 인해 대부분 사라져버렸다. 세월이 흐르면서 단단한 모려 껍데기들은 하나하나 쌓여 두터운 패각 제방을 형성했다. 백리패각 제방의 존재는 후세 사람들에게 이러한 사실을 잘 설명해준다. 4만 년 전 황해 대평원에는 해수가 유입되는 신시기가 시작되었고 얕은 곳에서 높은 곳에 이르기까지 황해의 물결이 솟구치고 조수가 요동치는 장관이 벌어졌으며 지금으로부터 7만 년에서 4만 년 사이에 출현한 평원 지역의 자연 풍경을 전혀 새롭게 변화시켰다.

지금으로부터 3~4만 년 전에는 황하의 서쪽 해안선이 지금의 소북평원(蘇北平原)의 흥화(興化), 회안(淮安), 관운(灌雲) 일대까지 밀려왔다. 이는 지금의 황하 해안선에서 100㎞ 정도 떨어진 거리이다. 이 기간에 황하가 얼마나 웅장하고 드넓었는지는 상상하기 어렵지 않다.

우리는 지구상의 모든 바닷물이 서로 통하며 그 수평면이 거의 완벽하게 일치한다는 사실을 알고 있다. 황해의 해역이 흥화-회안 일대까지 확대되었다면 전 세계의 해수면 또한 기후 변화로 인해 크게 높아졌을 것이다.

생물 화석과 예전의 해류 변동 상황에 관한 연구를 통해 분석해본 결과 황해의 온도는 지금보다 매우 낮았다. 그렇다면 지금으로부터 3~4만 년 전의 황해 수역은 지금보다 작아야 하는데 어째서 오히려 현재의 황하 해역보다 훨씬 넓은 것일까? 소북평원은 3세기 이후부터 줄곧 가라앉고 있기 때문이다. 지난 5000만 년 동안 이곳의 침강 속도는 때로 빨랐다가 때로 느려지곤 했다. 지금으로부터 3~4만 년 전에는 황해 서쪽 해안에 위치한 소북평원의 침강 속도가 상당히 빨라 평원의 높이가 황해 해수면 정도까지 낮아진 탓에 해수가 평원으로 유입되고 지세가 급격히 평탄해지면서 고저의 차가 적었던 소북평원은 세찬 파도 속으로 가라앉고 말았다.

고황하-고장강의 삼각주

현재 황하와 장강은 두 개의 완전히 독립적인 수계(水系)이다. 그러나 연구자들은 지금의 소북평원 연해에 형성된 소북 여울목, 즉 오조사(五條沙)라고 불리는 곳의 북쪽에 거대한 삼각주가 있다는 사실을 발견했다. 그리고 이 삼각주는 오늘날의 하류가 형성한 것이 아니다. 이 거대한 삼각주에서 수심을 측량한 결과 보이지 않는 깊은 해저에서 고장강과 고황하(古黃河)의 하상이 발견되었다. 두 하상은 비록 오랜 시간 동안 모래 속에 묻혀 있긴 했지만 하상의 형태는 비교적 분명하게 보존되어 있었다.

고황하 하상이 매장된 위치로 볼 때 고황하가 바다로 들어가는 위치가 지금보다 남쪽에 있었던 것이 분명하다. 다시 말해서 고황하는 산동(山東)에서 발해로 유입된 것이 아니라 소북에서 황해로 유입된 것이다. 고황하의 남천(南遷)과 고장강의 북이(北移)로 인해 고황하 삼각주와 고장강 삼각주를 서로 연결되어 하나의 통일된 수계를 이루게 되었다. 그리고 이 거대하고 복잡한 수계가 거대한 '고황하-고장강 삼각주'를 만들어낸 것이다. 이 거대한 삼각주는 현재의 해주만(海州灣)과 장강 입구를 두 변으로 한 삼각형을 이루면서 동쪽으로 수십 60m 지점까지 확장되어 있는데 그 범위는 지금의 황하와 장강 삼각주를 훨씬 넘어선다.

그렇다면 고황하-고장강 삼각주는 어떻게 형성되었을까? 과학자들의 치밀한 연구 덕분에 그 비밀이 풀렸다.

황해는 지금으로부터 1만 2천~3만 년 전에 지구상 마지막 빙하기의 극단적인 한랭 기후의 영향을 받았다. 당시 지구는 혹한의 기후로 빙하가 가득했다. 증발되는 바닷물의 양이 유입되는 양을 훨씬 웃돌았고 해수면은 큰 폭으로 낮아져 최고 150m 정도까지 내려갔다. 육지에 속하면서 천해(淺海)를 지탱하고 있던 황해는 최대 수심이 100m을 넘지 않았고, 평균 수심이 40m에 불과했기 때문에 이번 해퇴(海退) 과정에서 완전히 메말라 하늘은 춥고 땅은 광활한 대평원으로 변해버렸다. 새로운 균형에 도달하기 위해서 고황하와 고장강은 새로운 하상을 확장하는 과정에 속도를 붙이게 되었다. 지형이 평탄하고 토질이 푸석푸석한 삼각주에서 고황하와 고장강의 하상은 빠르게 하강하면서 대해로 뻗어나갔다. 이렇게 해서 새로운 삼각주가 생겨나고 새로운 물줄기가 생성되었으며, 새로운 물줄기는 삼각주의 새로운 확장에 영향을 미쳤다. 또한 삼각주가 앞으로 밀고 나가는 과정에서 끊임없이 양측으로 범위가 확대되었다. 이 과정에서 고황하와 고삼각주가 점차 가까워졌고, 결국에는 하나로 합쳐져 거대한 면적의 고황하 - 고장강 삼각주를 형성하게 된 것이다.

빙하기 시대에 황해가 알몸을 드러내면서 육지로 변하는 과정을 배경으로 형성된 통일된 고황하 - 고장강 삼각주 수계는 나중에 지구의 기온이 온난화 과정을 거치면서 다시 팽창된 해수에 잠겨 해저 깊이 매장된 수계가 되었다. 파도와 흙모래의 오랜 작용으로 통일된 수계는 점차 산산조각이 나고 하곡(河谷)의 형태도 날로 모호해졌다. 이와 동시에 거대한 고황하 - 고장강 삼각주 자체는 팽창된 해수에 잠긴 뒤에도 해류나 조수, 파도에 씻겨 변모하고 파괴되어 갔다. 조류의 작용에 의해 거대한 삼각주의 서쪽은 지금의 방사형 사주(沙洲)로 변모했으며, 각각의 모래톱들이 강항(崤港)을 중심으로 밖을 향해 뻗어 있어 해상 항로의 위험 지대가 되었다.

거대한 고황하 - 고장강 삼각주는 황해가 일찍이 혹한의 기후와 해평면의 하강으로 인해 출현한 대평원임을 웅변적으로 증명하고 있다. 오직 이 평원에서만 고황하와 고장강이 거대하고 통일적인 삼각주를 형성할 수 있었던 것이다.

주목할 만한 것은 눈과 얼음으로 뒤덮인 혹한의 세월동안 화북평원에 거주했던 고인류가 들짐승을 쫓는 과정에서 황하대평원에 이르렀고, 우연히 물이 마른 대한해협과 쓰시마해협을 넘어 일본의 규슈 지방에 이르렀다는 사실이다. 비슷한 시기에 또 한 무리의 중국 화북 원시 인류가 중국의 동북쪽에서 북상하여 물이 마른 타타르 해협을 넘고 사할린을 거쳐 다시 마찬가지로 물이 말라 바닥을 드러낸 라 페로우즈 해협을 넘어 홋카이도에 이르렀다. 중국의 화북 원시 인류는 일본의 규슈와 홋카이도에 이르는 두 갈래 길을 개척하는 동시에 중원 지역의 원시 세석기(細石器) 문화를 일본에 전파했다. 때문에 중일 문화교류의 시작은 일부 학자들이 주장하는 진한 시기로부터 적어도 1만 년 이전으로 거슬러 올라가야 하며, 이것은 문화 지리적으로도 중대한 발견이다.

현대 황해의 출현

지금으로부터 대략 1만 2천 년 전부터 제4연대 마지막 빙하기가 끝나고 지구가 빙후기에 접어들기 시작하면서 기후가 점차 온난해지고, 빙설이 녹으면서 해수면이 다시 상승하기 시작했다. 지금으로부터 약 6,000년 전 경, 해침(海侵)이 최대 규모에 달하면서 이전의 빙하기에 육지로 드러났던 황해평원이 거의 모두 해수에 잠겼으며, 빙하기에 중국과 일본 사이에 형성되었던 통로도 끊어졌다. 당시 소북평원은 북으로 공유(贛榆)부터 남으로 해주(海州)를 지나 관운(灌雲), 연수(漣水), 고우(高郵), 양중(揚中) 일대가 모두 해수가 잠기고 장강이 바다로 유입되는 입구가 양주(揚州)와 의징(儀徵) 부근까지 물러났다.

그러다가 지금으로부터 6천 년 전부터 해수면이 점차 안정되는 추세를 보이기 시작했다. 황하와 장강이 매년 거대한 양의 흙모래를 품고 황해로 흘러들어와 바다를 메우고 육지를 조성하면서 해안선 또한 점차 동쪽으로 이동하고 있다.

역사 시기로 접어들면서 황하의 맨 끝이 남북으로 동요하기 시작했다. 황하가 남으로 이동하여 소북평원에서 황해로 유입되자 소북 일대의 해안선도 빠르게 밖으로 퍼져나가 황해는 끊임없이 동쪽으로 물러났다. 1128년 황하의 한 지류가 남하하여 회하(淮河)를 거쳐 황해로 들어갔고, 1495~1855년에는 하류가 모두 바다로 유입된 이후 소북평원은 북쪽의 해주만으로부터 남쪽의 고장강 삼각주까지 전체가 흙모래의 침적 범위였고, 하구 삼각주 앞쪽은 곧장 황해 중부, 즉 지금의 해저 20m 지점까지 이어졌다. 1855년 동와상(銅瓦廂)의 둑이 크게 무너진 이후 황하는 산동성 이진(利津)에서 발해로 유입되었다. 이때부터 소북 연해에 흙모래가 급격히 줄어들고 거대한 황하 삼각주가 파도의 작용으로 파괴되었으며, 해안선은 해마다 수십 미터에서 백여 미터의 속도로 빠르게 후퇴하고 있다.

장강 입구에서는 장강이 실어온 흙모래가 끊임없이 침적되어 하구 삼각주도 끊임없이 동쪽으로 확장되고, 해안선은 끊임없이 동쪽으로 이동해 왔으며, 이런 확장과 이동은 지금도 계속되고 있다.

모든 강물의 으뜸 황하의 일생

역사 속의 황하와 담기양의 발견

'어머니의 강' 황하는 아주 먼 옛날부터 우리의 역사와 아주 밀접한 관련을 갖고 있다. 황하의 강물은 우리 모두의 피 속에 녹아 강하게 요동치는 위대한 생명체이고, 자자손손 우리를 키워내고 영혼을 빚어낼 영원한 어머니이다.

「하거서」에서 담기양까지

우리에게 강한 느낌을 주는 '황하'란 명칭은 서한 초부터 기록에 나타나기 시작했다. 한나라 고조 유방은 공신들에게 봉토를 나누어 주며 공표한 봉작사(封爵辭)에서 "황하를 계속 흐르게 하고 태산이 닳도록 국가를 영원히 보존하여 이를 후손에게 물려주리라(使黃河如帶 泰山若厲 國以永存 爰及苗裔)"라고 말했다. 이는 황하란 명칭이 처음으로 문헌에 등장한 기록이다.

역사 시기 황하의 안위는 당시의 사회·경제와 밀접하게 관련되어 있었기 때문에 옛날 사람들은 일찍부터 황하에 관심을 기울이고 연구하기 시작했다. 황하에 관한 연구는 기원전 2세기의 유명한 역사서인

감숙성 난주 황하 강변에 있는 조각상 황하모친(黃河母親 : 어머니의 강 황하)

『사기』로까지 거슬러 올라갈 수 있다. 사마천은 일찍이 한나라 무제가 호자하(瓠子河) 입구의 터진 제방을 막는 사업에 참여했다고 『사기』 「하거서(河渠書)」에 기록했다. 「하거서」의 주요 내용은 바로 황하에 관한 것이었는데, 이 책은 중국 정사(正史)에서 강물의 수리를 전문적으로 저술하는 본보기가 되었다. 또한 동한 시기에 반고가 쓴 『한서』 「구혁지(溝洫志)」에서는 주로 한나라 무제부터 서한 말기까지 황하의 범람과 수로 변경, 치수, 그리고 몇몇 하수 관리 방안에 대한 토론을 기술했다. 이후 중국 역대 왕조의 정사에서는 「구혁지」 같은 저서들이 많아졌는데, 내용도 주로 황하를 위주로 한 것이었다.

황하가 이처럼 중요했기 때문에 많은 학자들은 황하의 역사에 대해 전문적 연구를 시작하여 몇몇 전문 서적을 출간했다. 그중에서 성과가 가장 뛰어난 것으로 청나라 시대 호위(胡渭)의 『우공추지(禹貢錐指)』를 꼽을 수 있다. 이후 근대에 이르러서는 잠중면(岑仲勉)의 『황하변천사(黃河變遷史)』, 그리고 황하관리위원회의 『인민황하(人民黃河)』 등이 있다. 이런 저작들은 황하에 대한 인식을 풍부하게 하여 사람들의 사고를 계발시키고, 황하에 관련된 많은 토론을 야기했다.

현대 학자들은 보편적으로 문헌을 근거로 한 황하의 역사가 대략 3천 년 정도이며, 대체로 당나라 시대 중엽을 기준으로 전기와 후기 두 시기로 나뉜다고 보고 있다. 전기에는 황하가 말안장 모양을 띠는 변화가 있었으며, 후기에는 1940년대까지 물난리가 계속해서 갈수록 심해졌다. 후기의 황하 역사에 관해서는 의견이 분분하고 자료도 복잡하지만, 이들 자료를 자세히 살펴보고 차분히 정리해보면 자료가 풍부하기 때문에 후기 황하 역사에 별로 의문점이 없다는 것을 알 수 있다. 사람들이 궁금하게 여기는 것은 전기의 황하이다.

전기 황하에 대한 관련 자료는 그 수가 적어 다 합쳐도 『상서』「우공」, 『산해경』, 『한서』「구혁지」, 『수경주』 등 몇 가지에 지나지 않는다. 이런 책들은 고금 학자들에게 모두 익숙한 것으로, 옛 선현들의 기초 위에서 새롭게 창조하고 그들을 뛰어넘는다는 것은 깊은 안목을 가지지 않고서는 결코 쉬운 일이 아니다. 또한 전기 황하에 대한 많은 문제들에 대해 고금의 학자들이 종종 서로 의견을 나눈 적이 있는데, 결론을 내지 못했다. 여기서도 알 수 있는 것처럼 이런 문제에 대해서는 과학적이고 통일된 인식을 이루는 것이 필요하다.

그러나 도대체 누가 이런 수수께끼를 풀 수 있을 것인가? 중국의 유명한 역사 지리학자인 담기양(譚其驤)은 이런 점에서 황하 역사 연구에 중대한 공헌을 했는데, 그는 전기 황하 역사에 관한 정확한 발견의 길을 알려 주었다.
　담기양의 학술적인 공헌은 아주 광범위하다. 역사 지리 방면에서 그가 연구한 것은 과거의 지리, 즉 과거를 복원하는 작업이었지만 그의 연구는 황하와 장강, 해하(海河), 운하, 태호(太湖), 동정호, 파양호(鄱陽湖), 발해만, 상해 연해의 미래와도 관련되어 있다. 그중 황하에 관한 연구는 담기양의 큰 업적으로 꼽힌다.

황하가 동쪽으로 몇 줄기로 나뉘다

　사마천의 『사기』 「하거서」에서 청나라 시대 호위의 『우공추지』, 그리고 다시 현대 황하 역사에 관한 연구의 유명한 저서인 잠중면의 『황하 변천사』까지 모두 같은 관점을 갖고 있는데, 그것은 유사 이래 서한 때까지 황하의 하류가 형성되기 이전에는 고정된 물줄기가 하나밖에 없었다는 것이다. 이는 바로 「우공」에서 말한 대하(大河)이다. 황하의 역사를 말할 때 사람들은 모두 「우공」에서 시작하고 『산해경』에 대해서는 주의를 기울이지 않았다. 심지어 『산해경』이 황당한 이야기를 쓴 것이라고 여겨 이를 이야깃거리로만 삼았다. 때문에 『산해경』은 '대아지당(大雅之堂: 고귀한 학문의 자리)'에는 오르지 못했다. 이런 인식 때문에 『산해경』에 감추어져 있는 황하의 하류 물줄기에 관한 상당히 풍부하고 구체적인 자료에 주의를 기울이지 않았고, 자세한 연구는 더욱 말할 필요도 없었다. 1975년 담기양은 학술에 관한 그만의 민감하고 예리한 안목으로 『산해경』의 비밀을 발견했다. 그는 심도 있는 고증을 거쳐 1978년 『중화문사논총(中華文史論叢)』에 「산경 하수 하류 및 그 지류고(山經河水下游及其支流考)」라는 글을 발표하여 용감하게

황하 호구(壺口) 폭포 '천하 황하 일호수(天下黃河一壺水)'

서한 이전 대하의 옛 물줄기는 「우공」에서 말한 것뿐이었다는 천 년 동안의 믿음에 도전했다.

　이 글에서 담기양은 처음으로 선진 시대에 「우공」의 대하 외에, 아니 「우공」의 대하보다 더욱 분명한 「산경(山經)」의 대하가 있었다는 견해를 제시했다. 「산경」의 대하는 지금의 태행산(太行山) 동쪽 기슭을 지나 영정하(永定河)까지 흐르다가 선남연(扇南緣)에 부딪쳐 동쪽으로 꺾여 천진 지역까지 흘러 바다로 유입되었다. 이 발견은 역사학계와 지리학계에 큰 반향을 일으켜 추일린(鄒逸麟)은 그 가치가 천문학에서 새로운 혜성을 발견하는 것에 뒤지지 않는다고 평했다. 이러한 담기양의 견해는 2천 년 동안 선진 시기에는 「우공」의 대하만 존재했다는 정론을 동요시켜 이 시기의 황하 역사를 다시 써야 할 필요가 있다는 것을 깨닫게 했다.

『산해경』의「산경(山經)」에는 황하에 관해 "곤륜의 언덕으로 강물이 나와서 남으로 흐르며 동으로 유입된다"와 "돌이 쌓여 이루어진 산으로 그 아래에 돌문이 있는데, 강물이 이곳을 넘어 서쪽으로 흐른다"는 몇 마디밖에 없어서 강물의 옛 물줄기에 관한 구체적인 상황은 자세히 알 수가 없다. 담기양은「북산경(北山經)」에서 황하 하류로 유입되는 지류를 하나씩 고증하여 순서에 따라 배열한 뒤, 다시『한서』「지리지」와『수경(水經)』,『수경주』시대의 하북(河北) 지방 물줄기를 검증했다. 이렇게 자세히 그림을 그리자「산경」의 대하 옛 물줄기가 나타났고, 강물의 하류 지류까지 분명히 알 수 있었다. 담기양은 그의 글에서 다음과 같이 지적했다.「산경」시대 황하의 하류 물줄기는 숙서구(宿胥口) 위와『한서』「지리지」의 대하와 같고, 숙서구 아래는『한서』「지리지」의 업동(鄴東) 옛 대하를 지나는데, 이 옛 대하는 한나라 때 중간 지역이 당시의 청하수(淸河水)인 것을 제외하고는 더 이상 강물이 없었다. 지금의 곡주현(曲周縣) 동북 아래는『한서』「지리지」의 장수(漳水)로 흐르고, 지금의 거록현(巨鹿縣) 동북 아래는『한서』「지리지」에서 물이 없다는 한 곳을 건너뛰고 이어져『한서』「지리지」의 신도(信都) 옛 장하(漳河)로 흐른다. 지금의 심현(深縣)에서 여현(蠡縣)까지는『한서』「지리지」에서 물이 없다는 한 곳이고, 여현 남쪽 아래로는『한서』「지리지」의 구수(滱水)를 지나 바다로 흘러드는데, 아래 반쪽은 또한『수경』의 거마하(巨馬河)이다.

담기양의 이러한 견해는 오랜 역사를 지닌 어머니 강의 모습을 후세 사람들 앞에 펼쳐 놓아 황하에 대한 지리 발견과 인식을 실질적으로 크게 진보시켰다. 평범한 성격의 담기양은 그의『장수집(長水集)』에 쓴 「자서(自序)」에서 다음과 같이 말했다. "이것은 나의 자랑스러운 글이다. 고금의 학자들은 한나라 이전의 옛 황하를 얘기하면서 모두 「우공」에 등장한 물줄기 하나만 있다고 생각하고 다른 기록이 있다는 것은 알지 못했다. 이제 내가 「산경」에서 또 하나의 물줄기를 자세한 고증을 거쳐 찾아내 「우공」에서 말한 강물보다 더욱 자세하게 대하의 옛 물줄기를 밝혀냈으니 이 어찌 자랑스럽지 않겠는가!"

그러나 담기양은 황하에 대한 연구에서 자신의 성과에 만족하지 않고 더 나아가 "서한 이전의 황하 물줄기는 도대체 어떻게 되었을까?" 하는 또 다른 중대한 과제를 생각했다. 그는 연구를 계속하여 1980년 이 복잡한 문제에 대해 「서한 이전의 황하 하류 물줄기(西漢以前的黃河下游河道)」라는 글을 완성하여 1981년 『역사지리(歷史地理)』 창간호에 발표하였다.

'황룡(黃龍)'을 가둔 전국 시대의 대제방

청나라 시대 학자인 호위는 한 가지 견해를 수립했는데, 그는 반고의 『한서』 「구혁지」에 기재된 왕망 때 대사공(大司空)인 전왕횡(椽王橫)이 인용한 『주보(周譜)』의 "정왕(定王) 5년 강을 옮기다"는 말이 서한 이전 황하의 유일한 수로 변경이자, 동시에 황하 역사상 첫 번째 수로 변경이라고 했다. 이런 견해는 영향력이 커서 이후 지금까지 200여 년 동안 거의 정론으로 받아들여져 왔다. 그러나 담기양은 이에 대해 의문을 제기하면서 역사학이나 지리학을 막론하고 어떤 각도에서도 이런 견해는 말이 되지 않는다고 생각했다.

그는 상고 시대의 기록은 빈틈이 많아 분명 옛날에 발생한 역사 사건 중에서도 기록되지 않은 것이 많을 것이고, 설사 기록되었다 하더라도 많은 문헌이 유실되고 전해지지 않는데, 어떻게『주보』의 한 마디에 근거해서 이것이 상고 시대 황하 역사의 전체 기록이라고 단정해서 서한 이전에 황하가 단 한 차례만 수로가 변경되었다고 말할 수 있겠냐고 반박했다.

다시 말해 지리학의 입장에서 보면 황하 중·상류의 지류는 수십만 평방킬로미터의 황토고원을 지나는데, 비록 상고 시기 황토고원의 삼림이 지금보다 훨씬 더 무성하다고 해도 강물이 지나는 곳은 세계 최대의 황토 지대이기 때문에 강물의 토사 유입량은 말하지 않아도 알 수 있는 것이었다. 그렇지 않으면『좌전(左傳)』에서 인용한 "황하 물이 맑아지길 기다리려면 사람 목숨이 얼마여야 하나"라는 말을 이해할 수 없게 된다.

황회해평원(黃淮海平原)은 황하를 위주로 해서 황토고원(黃土高原)에서 발원한 하류와 공동으로 만들어진 것이다. 토사 유입량이 많은 하류가 인위적인 통제 없이 수천 년 동안 평온하게 흐르며 수로가 바뀌지 않았다는 것은 상상할 수 없는 일이다. 때문에 유사 이래 서한 초기까지 황하 하류의 수로가 주나라 정왕(定王) 5년에 단 한차례 변경되었다는 것은 사실 말이 안 되는 것이며, 이러한 담기양의 반박은 합리적이면서도 힘이 있었다.

「서한 이전의 황하 하류 물줄기」라는 총결적인 글에서 담기양은 역사 문헌 기록을 기초로 하고 고고학적 자료를 증거로 삼아 서한 이전에 황하가 변한 맥락을 분명히 그려냈다. 이 글은 주로 다음의 세 가지 구체적인 문제를 해결했다.

1) 서한 시기의 대하(『한서』「지리지」의 대하)가 서한 시기에 형성된 것이 아니라 춘추시대 전기에 이미 존재했던 대하의 하류였다는 것을

증명했다. 때문에 선진 시기에는 세 줄기의 비교적 분명한 대하, 즉 「산경」의 하(河), 「우공」의 하, 『한서』「지리지」의 하가 출현했으며, 「우공」의 하 한 줄기만 있던 것이 아니었다.

  2)황하 하류에 전면적으로 제방을 쌓았던 시간적인 문제를 해결했다. 많은 고고 자료에서 담기양은 신석기 시대부터 상주(商周)를 거쳐 춘추 시대까지 하북평원의 중간 지역에 줄곧 아주 크고 넓은 공터가 있었다는 것을 발견했다. 그곳에서는 이러한 시기의 문화 유적지가 발견되지도 않았고, 믿을 만한 역사 기록에 보이는 도시나 마을도 없었다. 전국시기에 이르러 그곳에 비로소 몇몇 도시가 나타났다. 고양(高陽 : 현동縣東), 안평(安平), 창성(昌城 : 기현冀縣 서북) 동쪽, 무성(武城 : 현서縣西), 평원(平原 : 현남縣南), 맥구(麥丘 : 상하商河 서북) 북쪽, 리(狸 : 임구任丘 동북) 남쪽, 동으로는 평서(平舒 : 대성大城), 요안(饒安 : 염산鹽山 서남) 등 십여 개의 마을이다. 비록 이런 도시들은 밀집되어 분포하지 않았지만 최소한 더 이상 공터는 아니었다.

  어째서 하북평원의 중간 지역에 춘추시기 이전부터 오랫동안 존재하던 공터가 전국시기에 이르러 사라졌을까? 담기양은 그 원인이 황하 양안 제방의 건설로 인해 홍수가 더 이상 함부로 범람하지 못하자 사람들이 그곳에서 사는 것이 어느 정도 안전하다고 생각했기 때문이라고 주장했다. 담기양은 『한서』「구혁지」에서 서한 말기 가양(賈讓)이 『치하삼책(治河三策)』에 "제방을 쌓은 것은 전국 시대에 이르러서이다"라고 기록했을 때의 '제방'은 주민을 보호하는 작은 강둑이 아니라 수백 리에 이르는 긴 제방으로 하북평원에 있는 황하 하류 동쪽 기슭의 제나라 제방과 서쪽 기슭의 조나라와 위나라의 제방이라고 했다. 그러나 가양은 전국시기 언제 제방을 쌓기 시작했는지를 자세히 언급하지 않았다. 그렇다면 도대체 언제 황하 하류에 이런 제방이 생긴 것일까? 담기양은 문헌 자료를 자세히 살펴보다가『수경』「하수주(河水注)」
에서 눈에 띄는 몇 글자를 발견했다. 「하수주」에는 기원전 358년 범람
한 물 한 줄기가 한백마현(漢白馬縣 : 활현滑縣 동남)에서 남으로 복(濮)
과 제(濟), 황구(黃溝)를 통했는데, 후에 "지금의 제방이 건설되어 옛 도
랑물이 막히게 되었다"라고 기록되어 있다. 담기양은 이에 근거해 기
원전 358년에는 아직 강둑이 없었다고 판단했다. 이어서 그는『사기』
「조세가(趙世家)」에서 기원전 322년 제나라와 위나라가 조나라를 칠
때, 조나라가 제방을 물에 잠기게 해서 제나라와 위나라가 군사를 거
두었다는 기록에 근거해 그때에는 제방이 있었다고 단정했다. 이로써
제나라·위나라·조나라 사이, 즉 하북평원의 제방 건설은 대략 전국
시대 중엽에 시작되었다는 것을 알 수 있는데, 그때가 기원전 340년대
무렵이었다.

　이 점을 분명히 하는 것은 황하의 역사 연구에 있어서 아주 중요하
다. 왜냐하면 평원 지역의 하류는 순전히 자연적인 상태에 있는데,
인공적으로 제방을 쌓으면 강의 성질이 크게 변할 수 있기 때문이다.
전국시기 중엽에 제방을 쌓은 이후 황하 하류 물줄기는 마음대로 범
람하던 것에서 퇴적되는 것 위주로 바뀌었는데, 이는 황하 성질의 큰
전환이었다. 담기양은 문헌 기록과 고고학적 자료를 완벽히 하나로
결합해 발견의 합리성을 증명하는 동시에 후대의 연구에 지대한 도
움을 주었다.

　3)담기양은 「서한 이전의 황하 하류 물줄기」라는 글에서 당나라 시
대 이전에는 '하(河)'가 황하의 전용 명칭이자 정식 이름이었다는 것
을 지적했다.『한서』「지리지」와『수경』에 기록된 하북평원에 있는 십
여 개의 '하(河)'라고 불리는 물줄기는 물줄기 전체 혹은 그 일부가 황
하나 그 지류였는데, 나중에 황하가 그 강물에서 멀어졌지만 명칭은

남아 있기 때문이라고 설명했다. 예를 들어 청하(淸河)는 원래 황하 하류의 중심 지류였으나 나중에 수로가 바뀌어 더 이상 황하 강물에 포함되지 않고 내황(內黃) 이남의 원(洹)과 탕(蕩) 등의 강물을 포함하게 되어 혼탁하던 물이 맑아져 청하라고 불리게 된 것이었다.

 글의 마지막에서 담기양은 몇 가지 중요한 결론을 내렸다. 한나라 이전 최소한 신석기 시대까지 황하 하류는 줄곧 하북평원을 거쳐 발해로 유입되었다. 황하 하류는 전국 시대에 제방을 쌓기 전에는 강물이 범람하여 수로가 바뀌는 일이 비일비재했다. 그러나 당시에는 하북평원에 사는 사람이 아주 적고 토지가 황폐하여 황하의 수로 변경이 생활에 미치는 영향도 아주 작았기 때문에 일반적으로 고대 문헌에서는 이를 기록하지 않았다. 『주보』에서 기록한 주나라 정왕 5년에 있던 '강물의 수로 변경'은 한나라 시대 이전 유일하게 문헌에 기록된 수로 변경이지만, 그렇다고 해서 실제로 한나라 시대 이전에 수로 변경이 한 번밖에 없었다고는 말할 수 없다. 황하 하류 물줄기는 선진시기 문헌 기록에 보이는 「우공」 하와 「산경」 하 두 줄기, 그리고 『한서』 「지리지」와 「구혁지」 및 『수경주』에 보이는 서한 물줄기가 있다. 그런데 서한 물줄기는 기원전 7세기 중엽에 보이기 시작했으며, 춘추전국 시대에도 오랫동안 존재한 물줄기이다. 「우공」과 『산해경』 두 하(河)는 비교적 늦게 형성되었기 때문에 현재로서는 두 하의 선후를 결정할 수 없다. 춘추전국 시대 황하 하류는 아마도 동(『한서』 「지리지」 하)과 서(「우공」 하, 「산경」 하) 두 줄기가 오랫동안 병존하다가 중심 지류로 합쳐져 동쪽 물줄기로 흐르게 되었을 것이다. 전국시기 제방을 쌓기 전에 황하 하류는 여러 차례 수로가 변경되었는데, 황하가 모든 물줄기를 지나던 정확한 시기는 알 수 없다. 대략 기원전 340년대 제나라·조나라·위나라가 각자 황하의 동서 양안에 제방을 쌓아 「우공」과 「산경」 두 하가 단절되고, 『한서』「지리지」 하만 흘러 한나라 시대까지 이어졌다.

이처럼 담기양 그 이전 학자들은 도달하지 못한 몇 가지 결론을 도출하여 당나라 시대 이전의 황하 역사에 감추어져 있던 여러 가지 수수께끼를 파헤쳐 드러내 주었다.

천 년의 근심을 없앤 황하의 치수

수천 년 동안 요동치던 황하는 자주 범람하고 수로도 자주 바뀌는 것으로 유명했다. 완전하진 않지만 한 통계에 따르면 선진 시기에서 국민당이 통치하던 민국 시기까지 3,000년 동안 황하 하류가 범람한 것만 1,593번이고, 크게 수로가 바뀐 것은 26번이었다. 강이 범람할 때마다 황하는 고삐 풀린 망아지처럼 사방으로 흘러넘쳐 통제를 벗어나 난폭한 성질을 맘껏 자랑했다. 학계에서는 이 때문에 황하를 '부친하(父親河 : 아버지 강)'이라고 빗대어 부르는 사람도 있었다. 황하의 많은 물이 넘쳐 다가올 때 "집이 무너지고 사람들은 도망쳤으며, 바람이 불면 물이 출렁거렸다." 그리고 물이 빠져 나간 뒤에는 '기와가 모래 흔적에 남아 있는 것'만 보일 뿐이었다. 범람한 황하 강물은 생계를 빼앗아가고 양안의 주민에게 근심과 공포만을 남겨 주었다.

그러나 수천 년 동안 계속해서 쉬지 않고 흐르는 황하가 설마 줄곧 이렇게 '무정' 했을까? 황하 역사를 잘 모르는 사람은 아마 이렇게 생각할 것이다. 흥미로운 것은 3,000여 년이라는 기나긴 시간 동안 황하는 두 차례 긴 휴식을 가졌다는 점이다. 먼저 전국시대 중기에서 서한 문제(文帝) 때까지 황하는 백여 년 동안 평온하게 흘렀으며, 이후 동한 명제(明帝) 때 왕경(王景)이 황하를 다스린 때부터 당나라 시대 중기까지 800여 년 동안에도 범람하지 않고 평온하게 흘렀다.

황하의 첫번째 휴식은 잠시 한쪽에 미뤄 두고, 먼저 한·당 사이 황하가 800여 년간 평온하게 흐른 것을 살펴보기로 하자. 어째서 '성질이 난폭한' 황룡이 갑자기 조용해졌고, 또 휴식 시간도 800여 년에 달할 수 있었을까? 단번에 이 문제를 해결하려고 하면 쉽지 않다. 먼저 눈을 69년에서 70년이라는 특수한 역사 시기에 고정해 보자.

『후한서』「명제기(明帝紀)」에 따르면 명제는 영평 13년(70년) 4월 조서를 내려 다음과 같이 말했다. "변거(汴渠)가 범람한 지도 60여 년이 되어 간다. 가경년(加頃年) 이래 비가 수시로 내려 변강이 동쪽으로 범람해 흐르니 나날이 심해진다…… 주장하는 사람이 다르고 남북이 서로 견해가 다르니 짐은 따를 바를 모르고 오래도록 결정하지 못하도다." 명제가 '오래도록 결정하지 못하고' 고민하던 때 누군가 '벽사공복공부(辟司空伏恭府)'이자 '치수에 능한 사람'인 왕경을 추천했다. 그리하여 명제는 왕경과 왕오(王吳)에게 명해 황하를 다스리도록 했다. 왕경은 자가 중통(仲通)으로, 조부 때에는 원래 낭야군(琅邪郡) 불기현(不其縣: 지금의 산동 즉묵(卽墨) 서남)에 살았다. 그의 조상 중 한 사람은 도술을 좋아하여 기후 현상을 잘 보는 것으로 유명했다. 이러한 가학(家學)의 영향을 받아 왕경은 어려서부터 여러 책을 두루 읽으며 천문 술수를 좋아하여 여러 기예에 깊이 마음이 쏠렸다.

왕경은 어떻게 황하를 다스렸을까? 『후한서』「왕경전」에는 다음과 같이 기록되어 있다. "영평 12년 여름에 병졸 수십만을 보내 왕경과 왕오에게 제방을 쌓게 했는데, 형양동(滎陽東)에서 천승해구(千乘海口)까지 그 길이가 천여 리에 이르렀다. 왕경은 이에 지세를 관찰하여 산과 언덕을 뚫고 돌무더기를 깨뜨려 강물이 바로 통하게 하고, 요충지를 지키고 강물이 범람하여 막힌 곳을 뚫어 트이게 했으며, 10리 되는 곳에 수문을 만들어 물이 다시 거슬러 올라 흐르게 하니 둑이 무너져 유실되는 걱정을 하지 않게 되었다." 영평 13년 여름 황하를 다스려 제방을 쌓는 이 큰 공정은 잘 마무리되었고, 왕경은 공을 인정받아 명제로부터 상을 받아 '시어사(侍御史)'가 되었다. 왕경이 치수한 뒤의 새 물길이 북위 역도원의 『수경주』와 당나라 시대 이길보의 『원화군현도지(元和郡縣圖志)』에 기재된 대하(大河)이다. 새로운 물길에서 황하 강물은 점점 평온해졌는데, '평온'이 800여 년간 지속되었다. 그리하여 황하 치수 역사에 "왕경이 황하를 다스리니 천 년 동안 근심이 없었다"는 말이 생긴 것이다.

그러나 황하가 '천 년 동안 근심이 없었던 것'이 단지 왕경의 치수 때문이었을까? 어떻게 했기에 이처럼 뛰어나게 황하를 800년 동안이나 잠재울 수 있었을까? 만일 이 문제의 해답이 긍정적인 것이라면 어째서 당나라 중기 이후에는 황하가 다시 계속 범람했을까? 만일 해답이 부정정적인 것이라면 그 비밀은 어디에 있을까? 오랫동안 이 수수께끼는 풀기 어려운 암호처럼 사람들의 마음속에 얽혀 있으면서 황하의 역사를 연구하는 학자들이 뛰어넘을 수 없는 장애물이 되었다. 이러한 수수께끼를 가지고 다시 눈을 1960년대 초라는 특수한 시대로 고정시켜 보도록 하자.

1962년 담기양은 마침내 이 수수께끼를 풀었다. 1955년 4월 9일 그는 지도출판사에서 만든 『황하와 운하의 변천(黃河與運河的變遷)』이라는 학술 보고서에서 황하 평온의 문제를 지적했다. 담기양은 황하의 유사 이래 변천을 당나라 이전과 오대(五代) 이후 두 시기로 나누었는데, 이는 위에서 이미 언급했다. 그는 황하가 전기에는 기본적으로 범람 횟수도 적었고, 범람으로 인한 이점이 해보다 많았지만 후기에는 범람 횟수가 많아지고 갈수록 규모도 커져서 이점보다 해가 더 많았다고 지적했다. 이런 변화가 생긴 원인은 전체 황하 유역 내에 있던 삼림과 초원이 점차 파괴되면서 토사가 쌓여 도랑과 지류, 강이 사라진 데 있다. 그러나 전기에 황하는 800여 년에 달하는 한 차례 주목할 만한 오랜 휴식이 있었는데, 이것이 어떻게 이루어진 것인지에 대해서는 담기양도 해답을 찾지 못했다.

과거 황하 역사를 연구하는 학자들은 습관적으로 각 시기 황하 수해의 경중 원인을 시대의 안정과 혼란, 예방 공정의 성패에 귀결시켰는데, 이는 역사적인 사실과 맞지 않는 것이다. 세상이 어지러웠다고 해서 수해가 많았던 것은 아니며, 시대가 안정되어도 종종 강물이 범람했다. 또한 수해의 원인을 수리 공정의 성패에 귀결시키는 것은 더욱 불가사의하다. 설마 몇 천 년 동안 공정 기술이 퇴보했을까? 설마 원·명·청 시기의 가로(賈魯), 반계순(潘季馴), 근보(靳輔) 등이 주도한 치수 공정이 동한의 왕경보다 못했을까? 이런 문제들이 담기양의 마음속에 얽혀 있었다.

시간은 금세 흘러 몇 년이 지났다. 그동안 담기양은 해하(海河) 수계(水系: 강의 본류와 그에 딸린 모든 지류)의 형성과 발전, 『한서』「지리지」의 가치, 상해 지역이 육지가 된 시기 등을 연구하는 한편, 계속 황하의 변천사를 탐구하며 관련 문헌 기록과 고고 자료를 광범위하게 조사·수집했다. 마침내 1960년대 초 담기양은 왕경이 치수 작업을 한 뒤 황하가 평온해진 진짜 원인을 찾아냈다. 1962년 초 그가 쓴 「어째서 황하가 동한 이후 오랫동안 평온할 수 있었는가 : 역사상 논증에서 황하 중류의 토지를 합리적으로 이용하는 것이 하류의 수재를 막는 결정적인 요인」이라는 글은 그해 두 번째 월간 『학술(學術)』에 발표되었다. 이 글에서 그는 황하가 800년간 평온했던 원인을 설명하며 '왕경이 황하를 다스리니 천 년 동안 근심이 없었다'는 천 년의 수수께끼를 풀었다고 밝혔다.

옛말에 '문이재도(文以載道 : 문학은 사상을 담아서 사회의 교화에 이바지해야 한다)'라는 말이 있는데, 담기양은 풍부한 역사적 사료를 이용해 자신의 관점을 훌륭하게 설명했다. 그는 당나라 시대 이전의 황하 역사를 은·상 시대에서 진나라 이전까지, 서한 시기, 동한 이후 세 개의 역사 시기로 나누었다.

첫 번째 천 백여 년에 이르는 시간 동안 황하의 범람과 수로 변경에 대한 기록은 아주 적은데, 그 원인은 상고 시대 기록이 부족했고 또 한편으로는 사람들이 대부분 '높은 곳에 살아서' 범람이 있었다고 해도 수해가 발생하지 않았기 때문이다. 또한 당시에는 삼림과 초원, 강이 아주 많아서 대규모의 홍수가 발생하지 않는 한 수로가 바뀌기 어려웠다.

서한 시기에 이르러 황하는 '요동치기' 시작했는데, 이 시기의 황하 범람과 수로 변경은 역사가들이 많이 기록하였다. 담기양은 역사가들이 황하를 중시한 것 자체가 이 시기 황하 범람의 심각성을 증명하는 것이라고 설명했다.

담기양이 중점을 둔 연구 시기는 동한 이후의 세번째 시기인데, 즉 동한 시기에 왕경이 황하를 다스린 때부터 당나라 시대 중엽 황하가 '평온했던' 800년간이다. 이 문제에 관한 이전 사람들이 가졌던 여러 관점을 간단히 소개한 뒤 담기양은 많은 지면을 할애하여 황하가 평온했던 근본적인 원인을 설명하고, 황하 중류 토지의 합리적인 이용이 하류의 수재를 막는 결정적인 요소였다는 결론을 내렸다. 다시 말해 '왕경이 황하를 다스리니 천 년 동안 근심이 없었던' 주요한 원인은 왕경이 아니라 사람들이 황하 중류의 토지를 합리적으로 이용한

데 있었던 것이다.

여러 상황이 복잡하게 얽혀 있던 800년 동안 황하 중류에서 생활하던 사람들은 강력한 경제력도 없고, 기술도 미약했으며, 현재 유행하는 환경 보호 의식은 더욱 없었을 것이다. 물론 800여 년간의 황하 역사를 단순히 몇 마디 말로는 모두 설명할 수 없다. 어떻게 해야 분명히 설명할 수 있을까? 증거는 또 어디에 있을까?

담기양은 다른 사람들이 생각하지도 못한 황하 중·상류 황토고원의 주민 구성과 토지 이용이 농업에서 목축으로 변한 것에서부터 연구를 시작했다. 대다수 사람은 아마도 이를 잘 이해할 수 없을 것이다. 그러나 담기양의 뛰어나고 독특한 점은 바로 여기에 있다. 담기양은 동한 이후 많은 유목 민족이 토사 유입의 가장 큰 근원인 황하 중류의 황토고원 지역에 거주하면서 원래의 농경 민족은 안쪽으로 이주했고, 황하 중류의 생산 방식도 농경에서 목축으로 변하여 많은 토지가 농경지에서 목축지로 변하여 식물 번식이 회복되어 토양 유실이 상대적으로 줄어들고, 하류에 유입되는 토사 유입량이 감소해 물줄기의 퇴적 속도가 줄어들어 범람 횟수가 필연적으로 감소했다고 생각했다. 여기에 당시 하류 물줄기에 많은 지류와 강이 존재하여 유입된 토사와 물을 분산시킬 수 있어 홍수가 났을 때는 물과 토사를 조절하는 작용을 하여 황하 중심 지류의 부담을 감소시켜 황하 하류에 장기적인 평온 국면이 출현했다.

담기양의 결론은 굳건한 것이라고 할 수 있지만, 그 시기 황하 하류 물줄기가 상대적으로 안정적이라고 해도 황하의 평온에는 아마 다른 요소도 있었을 것이다. 예를 들어 위진 남북조 시기 황하 하류 물줄기 양안의 토지는 버려진 곳이 많고 관목과 잡초가 많이 나서 제방을 단단히 하는 데 일정한 역할을 했다. 또한 하류 물줄기는 바다로 유입될 때 비교적 수직으로 흘러 물의 흐름이 빠르기 때문에 토사가 대량으로 바다로 운반되어 얼마 동안은 침식되는 토사의 양이 퇴적되는 양을 초과할 수 있었을 것이다. 또한 바다 평면이 하강하는 등의 요소 역시 일정하게 작용했을 것이다. 그러나 가장 근본적인 원인은 황하 중류 황토고원 지역의 경제 생산 방식과 주민 구성의 변화에 있다.

담기양의 글을 읽으면 황토고원의 역사를 그린 그림이 한 장씩 천천히 펼쳐지는 것 같은 느낌이 든다. 옛날에 많은 사람들이 황무지를 개간하는 시끌벅적한 장면이 들어 있기도 하고, 유목 민족의 빠른 말발굽 소리와 소나 양들이 내는 기분 좋은 울음소리가 들리기도 한다. 역사는 정말 재미있다. 당시 황토고원을 다니던 당사자들은 그들 발밑에 동쪽으로 출렁거리며 흐르는 황하가 그들 자신이나 황하 양안의 밭이나 목장과 무슨 관계가 있는지 상상도 못했을 것이다. 그리고 당시 사람들은 황하가 800년 동안 평온했던 원인이 왕경의 공적이 때문이라고 생각했기 때문에 왕경은 많은 사람들의 마음속에서 거의 우(禹) 임금과 같은 존재가 되었을 것이다.

세상을 떠난 뒤 담기양은 황하에 대한 깊은 애정을 가지고 객관적이고 치밀하게 과학적으로 '어머니 강'의 역사를 연구하여 당나라 시대 이전 황하 역사에서 몇 가지 미결된 문제를 해결했는데, 그 역사적 가치와 현실적 의미는 말하지 않아도 누구나 알 수 있을 것이다.

예를 들어 황하의 치수와 관련하여 1962년 담기양은 '황토고원 산의 수풀화, 산골짜기 냇가의 축대화, 비탈지의 계단식 논화, 농경지의 수리화'라는 '4화(四化)' 조치의 실시를 주장했다. 문화대혁명 10년 동안 그의 주장은 모택동의 '이량위강(以糧爲綱 : 식량 증산을 경제 시책의 중심에 두는 것)' 정책에 반대한다는 죄가 되었으나 역사는 결국 해답을 찾아냈다. 최근 중국 정부는 황하 중·상류에 농지를 없애고 산을 만들어 숲을 키우는 정책을 실행하고 있다. 그러나 현재의 우리가 잊지 말아야 할 것은 담기양이 얻은 구체적인 연구 성과뿐만 아니라 성과 뒤에 감추어져 있는 그의 길고 희망찬 탐색의 길이다.

입신의 경지로 빚은 장강

유사 이전 장강의 비밀을 밝히다

큰 강물 동쪽으로 흐르는데	大江東去
물결 따라	浪淘盡
천고의 인물들도 가 버렸나	千古風流人物
옛 보루의 서쪽을 두고	故壘西邊
사람들이 말하네	人道是
삼국 때 주유가 활약한 적벽이라고	三國周郎赤壁
어지러이 솟은 바위 구름을 무너뜨리고	亂石穿空
놀란 파도 강 언덕을 찢어내어	驚濤裂岸
수천 무더기의 눈 말아올린 듯하네	卷起千堆雪

송나라의 소동파가 웅장하고 장엄한 장강의 모습을 묘사한 이 작품 「염노교 적벽회고(念奴嬌 赤壁懷古 : 적벽을 회고하며)는 지금까지도 사람들의 감탄을 불러일으킨다.

장강이 구불구불 6,300여 km를 흐르는 가운데 700여 개의 크고 작은 하천들이 모여 이루어졌다. 매년 바다로 유입되는 장강의 총 수량은 약 1조㎥로 바다로 유입되는 중국 하류 총 수량의 1/3을 차지한다. 이 수치는 황하의 20배와 맞먹는다. 역사 지리학계에서는 황하를 '아버지의 강', 장강을 '어머니의 강'으로 부른다.

장강에 관해 사람들은 끊임없는 관심을 가졌고, 장강 탐사도 지금까지 이루어지고 있다. 최근 100년 동안 중국과 해외의 지리학자들은 과거 장강의 형성 문제에 관해 계속적인 연구를 펼쳤다. 장강의 신기하고 독특한 경관의 생성 원인에 대해서는 아직도 결론을 내리지 못하고 있다.

오랜 역사의 장강

과학이 발달하지 못했던 고대에는 장강의 형성 문제에 관한 해답을 낼 수 없었다. 사실 이 문제는 현대 고지리학의 과제였고, 현대 고지리학은 이미 고대 장강의 형성과 관련된 기나긴 과정을 하나하나 밝혀내고 있다.

지금으로부터 약 2억 년 전의 트라이아스기에 중국 대륙 중부의 지형은 지금과 달리 동쪽이 높고 서쪽이 낮은 '동고서저(東高西低)'의 지형이었다. 지금 장강 유역에 속하는 무협(巫峽)과 서릉협(西陵峽)의 서쪽 지역은 고지중해(古地中海) 부분이었고, 당시 광활했던 바다는 인도양, 태평양과 서로 통했다. 지금의 장강 중·하류 남부 지역도 바다였다.

지금으로부터 약 1억 8천만 년 전 인도차이나 조산(造山) 운동이 일어났을 때 곤륜산맥(崑崙山脈), 가가서리산(可可西里山), 바얀하르 산맥(巴顔喀拉山脈), 횡단산맥(橫斷山脈)이 출현했고, 진령산맥(秦嶺山脈)도 점차 높아졌다. 장강 중·하류 남반부는 융기하여 육지가 되었다. 고지중해의 해면이 서쪽으로 크게 후퇴하자 원시 상태의 운귀고원(雲貴高原)도 이때 나타났다. 그러나 횡단산맥과 진령산맥, 운귀고원 사이의 저지대 지역에는 파촉(巴蜀), 운몽(雲夢), 서창(西昌), 전(滇) 등 규모가 비교적 큰 수역(水域)이 형성되었다. 이 수역들은 지세의 고저에 따라 하나의 라인으로 연결되면서 동에서 서로 흘러가 고지중해로 유입되었다. 지금과는 완전히 상반된 서부의 고장강(古長江)으로 유입되는 최초의 모습이었다.

그로부터 4천만 년이 흘러 1억 4천만 년 전 공룡이 번성하던 쥐라기 시대로 접어들었다. 그 당시 연산(燕山) 운동이 발생하고 상유(上游)의

화가 부포석(傅抱石)의 '장강'

탕글라 산맥(唐古拉山脈)이 형성되었다. 동시에 티베트 고원이 전체적으로 완만하게 상승했다. 그리고 습곡으로 수많은 고산과 협곡이 형성되었고, 장강 중·하류의 대별산(大別山)과 천악(天鄂) 사이의 무산산맥(巫山山脈)은 융기하고 사천분지(四川盆地)는 침강하면서 고지중해는 점차 서쪽으로 밀려났다.

1억 년 전의 백악기에 사천분지가 서서히 상승하자 운몽분지와 동정분지(洞庭盆地)가 하강을 했다. 무산을 분수령으로 서부의 고장강은 사천분지의 파촉호(巴蜀湖), 동부의 고장강은 운몽분지와 동정분지의 상악호(湘鄂湖)로 유입되었다.

3,000~4,000만 년 전의 시신세에 강력한 히말라야 조산 운동이 일어났다. 인도양의 지각 판상 표층이 유라시아의 지각 판상 표층과 충돌하면서 티베트 고원은 양대 지각 판상 표층의 밀어내기로 급격하게

융기했고, 그로 인해 고지중해는 지구상에서 사라졌다. 대체로 간헐적인 상승 작용을 보였던 장강 유역의 상승 정도는 동부가 완만한 반면에 서부는 급격하였다. 호북성 서쪽에서 사천분지까지 펼쳐지는 고장강은 상류로 갈수록 침식 작용이 더욱 강해 서쪽으로 뻗어나가다 무협을 단숨에 관통했다. 그리고 지형이 이미 '서고동저'로 변하면서 세차게 동쪽으로 흐르는 거대한 하천으로 속속들이 모여들었다. 여기에 이르러 해양과 대륙의 대변화를 거치며 초기에 독립적인 발전을 이루었던 고장강의 원류들이 차츰 연결되면서 통일된 고장강의 수계가 기본적으로 형성되었다.

장강의 첫 굽이

고산과 험준한 봉우리들을 관통하며 대해를 향해 세차게 흐르던 장강은 청해성(靑海省)의 각랍단동 설산(各拉丹冬雪山)에서 발원을 했고, 눈이 녹은 물은 장강의 원류인 타타하(沱沱河)로 모여들었다.

타타하의 당곡(當曲)에서 청해성의 옥수(玉樹) 구간까지가 '통천하(通天河)'다. 통천하는 사천과 티베트의 경계 지역으로 유입되면서 '금사강(金沙江)'으로 불렸다. 금사강이 북에서 남으로 흐르다가 운남 여강(麗江)의 석고진(石鼓鎭)에 도착했을 때 의외의 결과가 발생했다. 금사강이 남쪽을 종착지로 생각하지 않고 갑자기 100도 가량 동남쪽에서 동북쪽으로 방향을 틀어 버리는 상황이 일어난 것이다.

장강이 거대하게 굽이치는 이 지역은 강변의 버드나무와 수면에 비친 산 그림자만으로 만족해야 했던 사람들에게 그야말로 가슴을 뻥 뚫어줄 정도의 시원한 풍광을 제공했다. 이 지역 명사였던 범의전(范義

田)은 그 풍광에 도취된 나머지 "산련운령기천첩 가주장강제일만(山連雲嶺幾千疊 家住長江第一灣 : 산과 골짜기 수천 겹, 장강 첫 굽이에서 살련다)"이라는 대련첩(對聯貼)을 대문에 붙이기도 했다. 범의전 덕분에 '만리장강제일만(萬里長江第一灣 : 장강의 첫 굽이)' 이라는 명칭이 중국 전역에 알려지게 되었다. 1999년 5월 2일 강택민(江澤民) 총서기도 여강의 고성을 시찰하던 자리에서 직접 친필로 '만리장강제일만' 이라고 쓰면서 장강의 첫 굽이가 장강 남북으로 그 이름을 떨치게 되었다.

장강 첫 굽이의 물굽이 지점에 위치한 석고진은 완만한 수세로 강을 건너기 편해 역대로 병법가들이 전투를 벌일 때 빠뜨리지 않고 찾던 지점이었다. 강남을 평정했던 제갈량도 5월에 노수(瀘水 ; 금사강의 옛 이름)를 건넜고, 1253년 쿠빌라이도 여기서 강을 건너 대리(大理)를 공격해 순식간에 함락시켰다.

그러나 이렇게 기묘하고 미려한 장관의 장강 풍경에 관한 기록을 고서에서 거의 찾아볼 수가 없어 유감스럽다. 더구나 장강 형성의 원리에 대한 해석은 더 말할 나위가 없다. 지금까지 전해져오는 신비한 이야기는 장강의 주민들의 입과 귀로만 전해져올 뿐인데 그 중에서도 납서족(納西族) 민간에 전해져 내려오는 전설이 사람들의 심금을 울린다.

아주 오래전에 금사강, 노강(怒江), 난창강(瀾滄江)은 세 자매였다. 그들은 함께 숭산(崇山) 준령에서 환호작약하면서 헤엄치고 놀았다. 어느 날 큰 언니와 둘째 언니는 남쪽의 큰 바다로 내달았다. 유일하게 노래와 춤에 능한 막내 금사 아가씨만 동남쪽(동중국해)으로 헤엄쳐갔다. 그녀는 갑자기 석고(石鼓)에 도착하자 방향을 틀어 동쪽으로 흘러갔다.

석고를 떠난 지 얼마 지나지 않아 옥룡(玉龍)과 합파(哈巴 : 납서족 말에서 '우매하다, 어리석다' 란 의미이다), 이 두 설산의 형제에 의해 길이 막히고 말았다. 그들은 금사 아가씨를 자신들의 발아래 멈춰 서게 한 뒤에 동쪽으로 가지 못하도록 순번으로 돌면서 감시했다. 총명한 금사 아가씨는 합파가 낮잠꾸러기인 것을 떠올려 산 노래를 한 소절 한 소절씩 불러 제꼈다. 감미로운 노래 소리는 합파의 귓가에 스며들어 그를 스르르 잠들게 했는데, 그러자 금사 아가씨는 합파의 발을 걷어 재끼고 박차고 나가 다시 세차게 흘러갔다.

현재의 호도협(虎跳峽)의 '두감(陡坎 : 울퉁불퉁한 땅)'은 바로 그때 금사 아가씨가 부른 열여덟 소절의 산 노래이다. 호도협의 끝인 꼬리여울은 금사 아가씨의 승리의 큰 웃음소리이다. 옥룡은 깨어나 합파가 금사 아가씨를 도망가게 한 것을 알고 화가 나 보검을 휘둘러 합파의 가슴 봉우리를 잘라버렸다. 그래서 지금도 합파설산에는 봉우리가 없다. 민둥민둥한 합파설산에 누운 깊은 골짜기의 물줄기는 바로 합파가 흘린 피다.

당연히 신화는 사실이 아니다. 하지만 신화는 오히려 석고에서 크게 휘어지는 금사강이 아주 옛날부터 사람들에게 큰 관심을 불러일으켰다는 것을 반영해준다. 근대에 들어와 19세기부터 외국의 적지 않은 지리학자들이 금사강의 갑작스런 방향 전환에 대해 깊은 관심이 갖고, 특별한 조사와 연구를 진행했지만 점점 더 대립적인 관점이 형성되었다.

그러나 중국 고서에서는 장강에 관한 기록을 거의 찾아볼 수 없다. 형성 원리에 과한 설명은 더 말할 필요가 없다. 1900년대 초부터 중국과 외국의 많은 지리학자들이 금사강의 갑작스런 방향 전환에 깊은 관심을 가졌고 오랜 기간 조사와 연구를 통해 점차 독립적인 관점을 형성했다.

대부분의 학자들은 이 거대한 물굽이가 강의 침습 작용(침식력이 큰 강이 인접한 다른 강의 상류를 침습해 자신의 지류로 만드는 작용)으로 이루어졌다고 보았다. 강의 침습 작용은 바로 강과 강들 사이에 존재하는 '약육강식'의 현상이다. 강이 흐를 때 강의 계속되는 침식을 따라 아래로 강바닥을 깎아내고 원류는 지속적으로 분수령을 침식시켜 결과적으로 원류는 결국 분수령 쪽으로 '올라와' 산등성이를 깎아 낮춘다. 그중 침식 작용이 비교적 강했던 수계는 분수령을 넘을 수 있지만, 침식 작용이 비교적 약했던 수계는 침습당하고 만다. 강의 침습이 일어난 지역에서 갑자기 물길이 방향을 바꾸면 이를 '습탈만(襲奪彎)'이라고 부른다. 장강의 첫 굽이야말로 전형적인 '습탈만'이다.

처음에 중외 학자들은 '상류에서의 침식'이 강의 침습 작용을 낳았다고 보았다. 1912년 드파(D. J. Depart)는 『운남의 지질(雲南的地質)』에서 금사강의 침습 문제를 다루었고, 1933년 중국학자 정문강은 『만유산기(漫遊散記)』에서 고금사강은 원래 남쪽으로 흘러 양비강(漾濞江 ; 석고에서 남쪽으로 멀지 않은 곳에서 흐르는데, 그 원류가 금사강과 아주 가깝다)을 지나 난창강(瀾滄江)에서 모였는데, 이후 지각 변동으로 상류는 원래 사천분지 서쪽 끝의 고장강에 있었지만 상류의 침식 능력이 강해지고 원류가 끊임없이 서남쪽으로 연장되면서 결국 고금사강을 침습시키며, 상류가 되었다고 지적했다. 석고진을 지난 금사강이 3,000m 깊이의 석회암 협곡을 지나는 것도 바로 침습 지형을 증명해 주는 예이다. 정문강 이후 이창욱(李昌昱)도 비슷한 관점을 내놓긴 했지만, 그는 금사강이 창산(蒼山)의 이해(洱海)를 지나 홍하(紅河)의 상류인 원강(元江)과 합류해 인도양으로 유입된다고 보았다. 1945년 독일 지리학자 미쉐(P. Misch)는 여러 근거 자료를 바탕으로 거대 하곡을 흐르는 양비강처럼 작은 지류가 이렇게 거대한 침식 작용을 일으키기는 불가능하다고 판단하고, 옥룡산(玉龍山)의 상승이 상류에서의 침식을 가속화시키면서 제4기 초 침습 작용이 발생했다고 밝혔다.

일부 지리학자들은 '강의 침습' 원인이 분수령의 이동 외에 '신구조 운동'에 있다고 주장했다. 일부 유역에서는 부분적인 신구조의 융기로 강이 막혀 원래의 흐름을 유지하지 못하자 상류가 억지로 물길을 바꿔 다른 강으로 유입되는 현상이 보였다. 1930년대 발보(G. B. Barbour)는 강 '상류에서의 침식' 외에도 사천과 운남 사이의 산봉우리가 상승하면서 고금사강의 흐름을 막았지만 물길이 바뀌지는 않았다고 지적했다. 1940년대에 접어들면서 임문영(林文英)은 '침습' 현상이 일어난 원인을 이 지역의 단층이 상승하면서 금사강을 막아 남으로 흐르는 물길의 방향을 강제로 바꾸었기 때문이라고 밝혔다. 시진량(時振量)은 석고진에서 발생한 금사강의 '침습'은 신구조 운동의 영향을 받았기 때문이라고 분명히 지적했다. 러시아 지리학자 고르시코프는 직접 석고진 부근에서 현지 조사를 벌인 뒤 "장강이 운남 여강 부근에서 방향을 급선회한 것은 구조상의 원인 때문이다"라고 밝혔다.

반면 새로운 해석을 내놓은 소수 학자들도 있었다. 1956년 이승삼(李承三)은 『장강 발육사』에서 "정문강 등은 지도만 보고 판단했을 뿐 현지 조사를 하지 않았고, 지질 구조와 빙하 지형임을 결합시키지도 못했다"라고 하면서 장강 상류의 넓은 골짜기는 강의 침습 현상이 일어나기 전의 옛 수로가 아니라 빙하의 침식 작용으로 생겨난 산물이라고 밝혔다. 그 이듬해 원복례(袁復禮) 역시 그의 저서를 통해 침습설을 설명해 줄 충분한 지질 구조 자료가 부족할 뿐만 아니라 금사강 수계를 충분히 설명해 줄 수 있는 지질(地質)과 지모(地貌)에 대한 발육 자료가 없다고 하면서 침습설을 반박했다.

유명한 지리학자 임미악(任美鍔)과 지모학자 심옥창(沈玉昌)은 장강 첫 굽이의 형성 원인에 관해 그간 수많은 선배들이 남겨 놓은 성과와

장강의 첫 굽이

자신들의 현지 조사를 결합시켜 총괄적인 결론을 내놓았다. 1959년 임미악은 운남성 석고진 부근에서 대규모 현지 조사를 벌인 후 『지리학보』에 「운남 서북부 금사강 하곡의 지모와 강의 '침습' 문제」라는 논문을 발표하면서 금사강에서 '침습 현상'이 일어났던 시대는 고(古)제4기나 신(新)제4기이고 침습 원인은 신구조 운동과 상류에서의 침식이라는 두 가지 견해를 피력했다. 즉 옥룡산이 상승해 강의 흐름을 막은 것과 신제3기에 사천 운남 간의 산지가 급격히 상승하면서 사천분지와의 상대적 높이 격차가 대대적으로 발생하자 사천분지의 서쪽 끝에서 장강 상류의 침식 작용이 더욱 강력하게 진행되었다는 것이다. 그리고 이와 동시에 동반 상승 운동으로 일련의 균열이 생기자 상류에서의 침식은 더 수월하게 진행되었고, 강의 침습도 훨씬 유리해졌다는 주장이었다. 임미악은 그의 주장을 뒷받침 해 줄 강력한 네 가지 증거로 광활하고 오래된 곡지(谷地), 확실한 계단형 지형, 일련의 저지대와 호수 및 늪지대, 강바닥의 퇴적층과 오래된 자갈을 제시했다.

  1963년 심옥창은 여강에서의 실지 조사를 통해 석고 부근에서는 어떤 하류 침습의 흔적을 찾을 수 없었고, 석고진 남쪽에서 검천(劍川)까지 완벽한 형태의 넓은 관곡(貫谷 : 협곡과 상대적 개념)도 보이지 않고, 금사강의 자갈층도 발견할 수 없었으며(자갈층이 만일 있었다면 금사강이 이곳을 지났음을 증명할 수 있다), 양비강과 홍하 상류의 예사강(禮社江) 사이에도 옛 하상의 흔적을 발견할 수 없었다. 다만 북북서와 남남동, 북북동과 서서남의 흐름의 두 단열 구조가 'V'자 형태로 석고에 모이는데, 금사강이 여기에 이르자마자 원래의 물길을 버리고 단층 방향을 따라 흘러간다는 사실을 발견했다. 그래서 그는 이러한 갑작스러운 급선회가 지질학상의 '켤레 구조' 때문이지 강의 침습으로 인한 결과는 아니라고 지적했다. 또 석고진 부근의 U자형 선회는 금사강 지류인 아롱강(雅礱江)에서도 보이기 때문에 유일하게 장강에서만 볼 수 있는 현상은 아니라고 했다. 금사강의 모든 구간에서 갑작스런 방향 전환이 여러 차례 발생하는데, 이러한 현상 또한 강의 침습 때문이 아닌 지질 구조와 암석 성질의 영향 때문이라고 지적했다.

  1980년대로 접어들면서 허중로(許仲路)와 이행건(李行健)도 심옥창의 관점에 동의하면서 대부분의 학자들이 심옥창의 관점을 인정하고 있다. 그러나 장강 첫 굽이의 형성 문제만큼은 지금까지 공통된 인식을 이끌어내지 못하고 있는데, 무엇보다 증거 불충분이 가장 큰 이유다. 더 많은 지질 발견으로 신비로운 '장강 첫 굽이'의 진정한 형성 원인을 확정지을 그날을 기대해 본다.

삼협의 변천

동으로 흐르던 장강은 사천의 의빈(宜賓)에 도착하면서 '금사강'이란 외투는 벗고 천강(川江)이란 새 옷으로 갈아입었다. 천강은 줄곧 완만한 수세에 넓은 강폭을 유지하다가 중경(重慶)의 봉절현(奉節縣)에 다다르면 강폭이 좁아지면서 그 이름도 유명한 '삼협(三峽)'으로 접어든다.

서쪽으로 중경시 봉절현 백제성(白帝城)에서 시작해 동으로 호북성 의창시(宜昌市) 남진관(南津關)에 이르는 총 길이 200여 km의 삼협은 구당협(瞿塘峽), 무협(巫峽), 서릉협(西陵峽) 세 구간의 협곡으로 이루어진다. 그중 구당협은 전체 길이가 약 8km로 삼협 가운데 가장 짧지만 지세의 험준함에 있어 최고를 자랑하고 있다. 무협은 전체 길이가 45km로 삼협 가운데 가장 길어 '대협(大峽)'이라고도 불린다. 총 길이 70km의 서릉협은 두 구간의 협곡으로 구성되어 있는데, 지적할만한 점은 서릉협이 두 구간의 협곡으로 구성되었기 때문에 사실 '사협'으로 불려야 하는 '삼협'의 전체 구간은 4개의 협곡과 3개의 관곡이 교차하면서 조성되었다는 것이다. 그중 4번째 협곡 구간인 연타진(蓮沱鎭)에서 남진관까지의 20km는 어떤 연유에선지는 몰라도 3번째 협곡과 4번째 협곡을 관곡대(寬谷帶)와 함께 '서릉협'으로 부르고 있다. 사실 이 두 협곡 간의 거리는 '구당협'과 '무협' 간의 거리보다 훨씬 더 길다.

삼협의 풍경은 바탕이 웅대, 험준, 미려하다. 『수경주』에는 옛 사람들의 말을 인용해 삼협을 이렇게 묘사했다. "삼협 700리 가운데 서쪽의 첩첩산중은 이지러지거나 끊긴 곳이 없고, 바위는 산봉우리마다 첩첩으로 쌓여 하늘을 감추고 해를 숨긴다. 한낮에 머무르지 않으면 해를 볼 수가 없고, 한밤중에 머무르지 않으면 달을 볼 수가 없다." 삼협의 십도구곡(十道九曲)에는 암초가 많아 예로부터 이곳을 배로 지나려면 조심스럽고도 천천히 운항해야만 했다.

학자들은 삼협의 협곡과 관곡이 경유하는 곳의 바위의 성질과 관련이 있다는 것을 알게 되었는데, 대부분의 석회암 지역에 분포하는 협곡은 암층이 딱딱하고 내식력이 강해 양쪽 기슭으로의 하류 침식 능력이 비교적 약하다. 그러나 수직 균열 틈 속으로 강물이 들어오면서 있는 힘껏 바닥으로 침식 작용을 일으키면 강바닥이 점차 두꺼워지면서 두 기슭의 비탈층은 균형을 잃고 수직 균열 틈을 따라 강으로 무너져 내려 가파른 절벽을 만든다. 그러나 강의 흐름이 비교적 완만하고 내식력이 부족한 사암과 혈암 지역에서는 하류가 양 기슭으로의 침식 작용을 강화해 관곡을 형성한다. 그래서 협곡 구간에서는 하류가 석회암 지역에 들어서자마자 협곡을 형성하지만 석회암 지역을 빠져나오면 하곡은 금세 관곡이 되고 마는 것이다.

장강 삼협 형성의 구체적인 과정에 관해 지질 지리학자은 다음과 같은 설명을 제시한 바 있다.

1) 선행성 하천설

1924년 유명 지질학자 이사광은 「장강 삼협 지역의 지질 및 협곡에 역점을 둔 발달사」를 발표하며, 중생대부터 제3기 초까지 황릉(黃陵) 배사(背斜: 습곡을 거친 뒤 구부러지는 암층의 상층부)는 화서(華西)와 화동(華東) 두 선행성 하천의 분수령이 되었다고 지적했다. 서쪽 강물은 귀주분지와 사천분지로 유입되었고, 동쪽 강물은 동쪽으로 흘러 동해로 유입되었다. 그후 화중(華中)과 화동 지층이 하강하고 화서 지층이 상승하자 서부 지역의 수계는 완전히 흐름이 바뀌어 황릉 배사를 관통하며 대하를 이루었다.

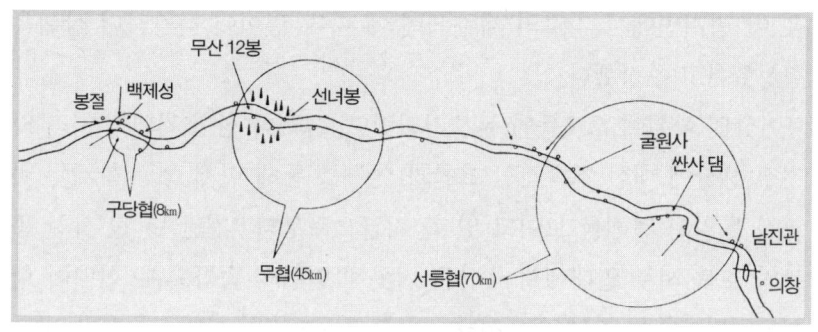

장강 삼협 시의도(長江三峽示意圖)

2) 강의 침습설

1925년 엽량보(葉良輔)와 사가영(謝家榮)은 「양자강 유역 무산 이하 지질 구조와 지리 역사」를 발표했다. 그는 황릉 배사의 동서쪽 수계의 관통은 장기간 상류에서의 침식 때문에 서로 겨루다가 결국 동쪽 기슭의 하류가 서쪽 기슭의 하류를 침습하여 동으로 흐르게 만들었고, 점차 그 사이의 분수령을 관통하면서 결국 통일된 수계를 형성한 것이라는 주장을 제기했다. 이와 동시에 삼협 일대 지각이 상승하자 강물도 이어 하락하며 삼협을 형성했다고 주장했다. 이승삼과 임미악도 그의 견해를 지지했다.

3) 선강 후삼협설

윌리스와 이춘욱이 이 설을 지지했다. 그들은 연산 운동 후 장강의 수계가 합해지고 이후 무산산맥이 융기되었지만 융기된 속도가 강물의 하강 속도에 못 미쳤기 때문에 원래의 수로를 그대로 유지할 수 있어 산과 골짜기를 관통하는 삼협이 형성되었다고 보았다.

4) 재차 하강설

발보는 연산 운동 후 삼협 일대 산지가 침식과 풍화 작용을 거치며 기복이 거의 없이 평지에 가까운 '평지면'을 형성했다고 하면서 장강은 이 평지면에서 지각의 재차 상승에 따라 연이어 하강하며 삼협을 형성했다고 주장했다.

　이상의 학설이 오랫동안 논쟁거리였다. 그러나 삼협 지역의 지리 및 지질 상황에 대한 계속적인 고찰과 연구를 통해 현재 중국 학계는 비교적 통일된 견해를 보이고 있다. 지금으로부터 7천만 년 전 사천 동부와 호북 서부 일대에서 무산을 비롯해 일련의 습곡(褶曲) 산맥이 형성되었다. 습곡 현상으로 서남 – 동북 간 흐름은 서남 – 동서로 방향을 바꾸었고, 지세는 남에서 북으로 점차 하강 곡선을 그렸다. 이 산맥들과 북쪽의 대파산(大巴山) 사이는 동서 방향의 상대적 저지대가 존재하는데, 고장강의 협곡 구간이 바로 이 저지대를 따라 동으로 흘렀다. 그러나 이 지역 지각의 계속적인 상승과 하류 하강의 격렬함으로 결국 깊고 유장한 장강 삼협이 형성되었다.

　만 리의 장강은 유사 이전부터 수많은 비밀을 품어 왔다. 그중에는 이미 밝혀진 사실도 있지만, 밝혀주기를 기다리고 있는 비밀 또한 아직도 많이 남아 있다.

바람일까? 물일까?
황토고원의 생성 원인

　황색은 중국 민족과 깊은 인연이 있다. 중국 사람들에게 황하는 '어머니의 강'이며, 황토고원은 중국 문명의 가장 중요한 발원지였다. 그리고 황해는 중국 조상이 제일 먼저 인식했던 해역이다. 중국 사람들은 땅을 황색으로 인식했고, 제왕들은 한결같이 황색으로 그 지위를 드러냈다. 중국 사람들은 "나의 집은 황토고원에 있지. 거센 바람은 고개에서 불지"란 내용의 '황토 고개'를 즐겨 불렀다. 이것만 보더라도 역사와 현실 속의 중국과, 역사와 현실 속의 황토고원은 깊은 연관 관계를 가지고 있으며, 뗄레야 뗄 수 없는 인연 속에 있다. 황토고원이 없었다면 이 모든 것도 상상할 수 없다.
　황토고원을 모르는 사람은 없지만, 그렇다고 황토고원을 제대로 알고 있는 사람도 드물다. 광활한 황토고원 저 깊숙한 황토 지층 아래에 사람들이 알지 못하는 자연의 어떤 오묘함이 숨어 있을까? 황토고원의 황토는 어디에서 와 어떻게 형성되었을까? 일반적인 질문 같지만 오랫동안 해답을 얻지 못했다.

황토고원에 대한 인식

황토고원은 중국 4대 고원 중 하나로 청해성, 감숙성, 영하회족 자치구, 몽고, 섬서성, 산서성, 하남성 일대에 분포하며 총 면적은 약 30여만 km²에 달한다. 대부분 황토로 뒤덮여 있는 고원은 그 두께가 50~100m 정도이고, 가장 두꺼운 곳은 무려 200m에 달했다. 그러므로 황토로 뒤덮인 면적과 두께만큼은 세계 최고임이 분명하다.

황토고원은 북서쪽에서 동남쪽으로 비스듬히 기울어져 있는 해발 1,000~2,000m의 고원이다. 지역 내 주요 산맥인 육반산(六盤山)과 자오령(子午嶺)은 황토고원을 세 부분으로 나눈다. 동쪽에서 서쪽으로 산서고원(山西高原), 섬감고원(陝甘高原), 농서고원(隴西高原)으로 나뉘는데, 그중 섬감고원이 황토의 분포 범위가 가장 넓고 두께가 두꺼우며, 드러난 지층의 모습이 완전하고 지모의 형태가 다양하다. 이런 점들을 종합해 볼 때 섬감고원이야말로 중국의 황토라는 자연 지리에 있어서 가장 전형적인 지역이라 할 만하다.

황토고원의 지모 구조는 세 가지 유형이다. 첫째 위치가 가장 높고 황토가 덮은 지층 위로 돌출된 암석 산지다. 둘째 위치가 가장 낮고 신생계의 퇴적을 받아들인 단함(斷陷) 분지나 지구(地溝 : 지층이 내려앉아 생긴 계곡) 곡지이다. 셋째 그 중간에 속하며 기암 위로 깊은 황토층이 덮였고 하곡을 '평지', '등성이', '구릉'으로 나눈다. 황토 평지는 사방에서 빗물로 만들어진 고랑에 잠식당한 황토고원의 지면이고, 황토 등성이와 황토 구릉은 두 쪽이 빗물 고랑 때문에 나누어진 황토 구릉으로, 전자는 긴 일자형인 반면 후자는 타원형이거나 원형을 보인다. 분포된 면적으로 볼 때 평지, 등성이, 구릉이 황토고원의 지리적 주체인 셈이다.

중국 역사에서 황토고원과 관련된 기록은 이루 헤아릴 수 없을 정도로 많은데, 책으로 출간된 것으로는 『상서』 「우공」의 연대가 가장 빠르다. "그곳의 흙은 희고 부드러워, 그 세금은 상상급에 속했다." 여기서 말한 '희고 부드러운 흙'은 당시 옹주(雍州) 지역(지금의 황토고원 대부분이 포함)의 황토를 묘사한 것으로 황토의 토질이 푸석푸석하기 때문에 제때 관개할 경우 비옥한 땅을 만들어 줘 당시로서는 최고의 토양으로 꼽혔다. 북송 심괄(沈括)의 『몽계필담』에서도 황토에 관한 언급을 찾을 수 있다. "세상의 골짜기들이 하류에 씻겨 내려간 곳에 모두 길게 선 흙기둥과 움푹 들어간 암석들이…… 성고(成皐)와 섬서의 큰 산골짜기에 우뚝 솟은 토산들은 그 높이가 백 척에 달한다." 황토고원의 일부 지형적 특징을 서술한 이 부분은 황토의 형성 원인이 물에 의한 침식이라고 분석했다.

역사서에는 '흙비' 현상에 관한 기록이 가장 많은데, 흙비란 바람이 북서쪽 사막의 모래 알갱이와 황토고원의 흙먼지를 중원이나 장강 유역의 지역까지 불어 모아 마치 비처럼 황사가 하늘을 날아다니는 현상으로 지금의 북방 지역에서 흔히 볼 수 있는 모래바람과 같다. 이 흙비에 관한 기록은 은·상 시대까지 거슬러 올라간다. 비록 고대 중국인이 황토고원에 관한 인식이 그리 깊거나 체계적이진 못했지만, 이런 기록은 현재의 연구에 귀중한 자료가 되어 강력한 근거를 제공해 준다.

융기된 고원과 퇴적된 황토

황토고원은 이름 그대로 황토로 이루어진 고원이다. 우리는 단순히

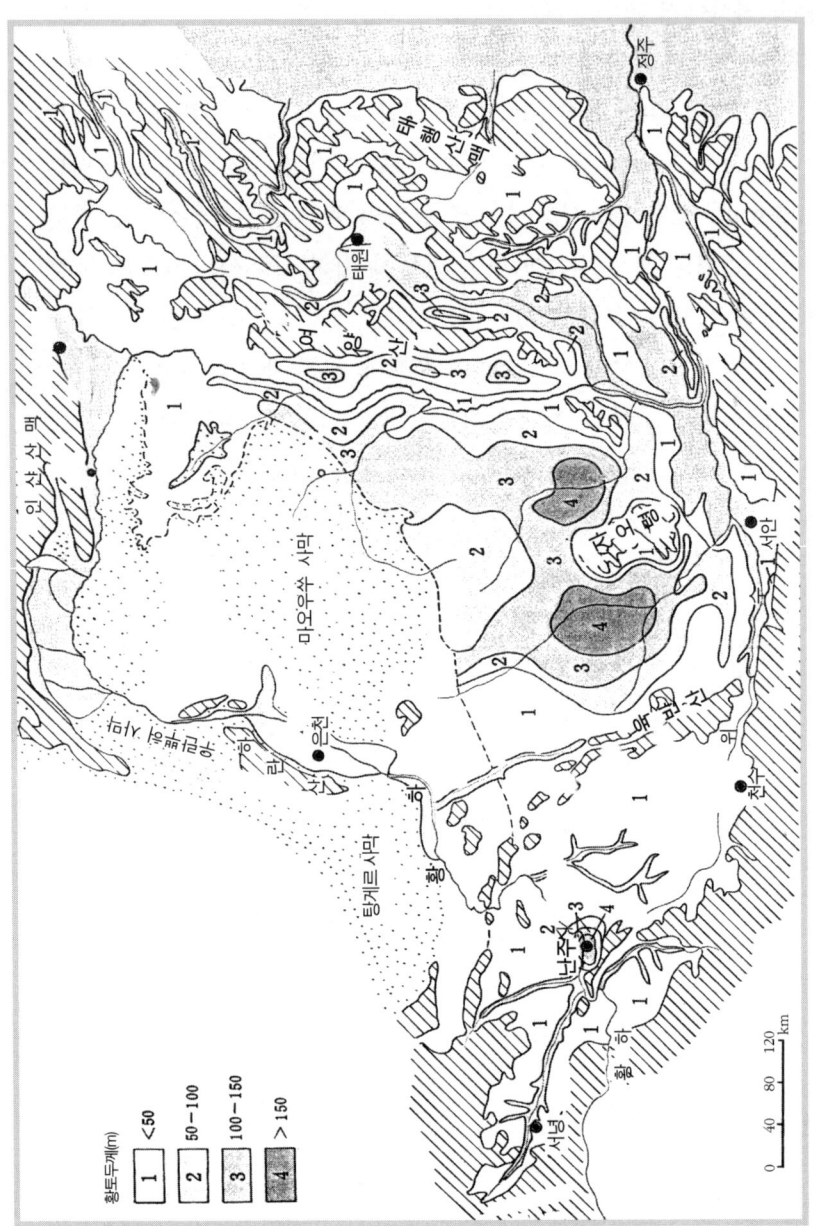

그 표면에 두껍게 퇴적되어 있는 황토층만 보지만 사실 황토층 밑에는 초기에 형성된 고원 기암(基巖)이 덮여 있다. 사람들은 황토를 황토고원의 '살', 그 아래의 기암을 황토고원의 '뼈'에 비유한다. 황토고원은 고원 기암이 형성된 뒤 황토가 퇴적되는 단계를 거치면서 형성되었다.

황토고원 지역은 지질 과정에서 홍수로 두차례 침수되었다. 첫번째는 약 4억 5천만 년 전의 고(古)고생대 때였고, 두번째는 약 3억 년 전의 신(新)고생대 석탄기 때였다. 황토고원이 융기하여 육지가 된 시기는 약 7천만 년 전의 연산 운동 시기이다. 당시 이 지역에서는 비교적 강렬한 구조 운동이 발생하면서 태행산, 육반산, 여양산(呂梁山)이 기본적으로 윤곽을 갖추었다. 이후 한참 동안 침묵기에 있던 황토고원은 히말라야 운동 시기로 접어들면서 전 지역은 계속 국부적인 상승 활동에 들어갔다. 상승폭으로 볼 때 고원의 중저 고도의 산들의 상승폭이 비교적 컸고, 황토 구릉 계곡 지역과 사막 고원 지역의 상승폭이 적었다. 그리고 백우산(白于山)과 화가령(華家嶺) 등이 위치한 북부 고원 일대는 상승폭이 컸지만, 남부 위하분지(渭河盆地)는 침강 분지가 되었다. 제4기 말기에 이르면서 고원의 기본적인 형태는 이미 완성되었지만 북부의 상승과 남부의 침강이라는 '승강 운동'은 계속되었다. 그러나 고원의 융기가 곧 황토고원의 형성을 의미하지는 않는다. 황토고원을 형성한 주요 원인은 여전히 황토의 퇴적 작용 때문이다.

중국 황토의 넓은 분포 면적과 큰 퇴적 폭, 완벽한 지층 순서는 모두 황토고원을 구성하는 주요 부분이다. 지질학자의 측정에 의하면 황토는 아래에서 위로 '오성(午城) 황토'와 '이석(離石) 황토', '마란(馬蘭) 황토' 세 층으로 나눠진다. 고갱신세(古更新世)에 형성된 '오성 황토'는 습현(隰縣)의 오성과 섬북의 낙천(洛川) 등 일부 지역에서만 보이는데, 고원을 제일 먼저 뒤덮은 황토층이다. 광활한 '평지', '등성이',

'구릉'에 분포하는 것은 중갱신세의 '이석 황토'와 신갱신세의 '마란 황토'다. 이석 황토는 약간 붉은색의 줄무늬가 있는 갈색형의 고토양층이어서 '붉은 황토'라고도 불리며, 암석과 산지의 각종 지형을 덮으며 평지와 등성이, 구릉을 구성하는 주체이다. 시기적으로는 오성 황토에 비해 늦게 형성되었다. 가장 위쪽에 위치하는 마란 황토는 검누런색에 지질은 푸석푸석하고 그리 두껍진 않지만 평지와 등성이, 구릉 전체를 뒤덮으며 간혹 일부 돌산의 등성이나 정상에도 분포한다. 형성 시기는 셋 중에 가장 늦다. 형태가 다른 황토층이 다른 지질 시기를 거치면서 차츰 쌓여 갔고 결국 지금의 황토고원을 만들었다.

그렇다면 황토는 과연 어디에서 왔을까? 또 어떻게 이 고원 위에 퇴적되었을까? 19세기부터 20세기 후반까지 국제 지리학계와 지질학계는 이 문제를 두고 백여 년에 걸쳐 논쟁을 벌였다. 논쟁의 초점은 물론 황토의 형성 원인이었다.

황토 형성을 둘러싼 논쟁

오랫동안 자료와 기술의 제한성 때문에 지질·지리학자들은 황토고원의 황토 형성 원인에 많은 논쟁거리를 제공했지만, 그중 바람으로 인해 형성되었다는 '풍성설(風成說)'과 물로 인해 형성되었다는 '수성설(水成說)'의 영향력이 가장 컸다. 물론 논쟁도 가장 격렬했다.

'황토 풍성설'을 제일 먼저 제기한 학자는 독일인 리히트호펜(李希霍芬)이었다. 그는 1877년 황토층이 바람을 타고 고원 지역으로 왔다가 점점 다져지고 두터워져 원생 황토(原生黃土: 풍력으로 운반돼 형성된 황토)가 되었고, 그후에 물을 통해 이동하면서 차생 황토(次生黃土:

지구 표면을 변형시켜 지형을 만드는 힘인 영력營力을 통해 형성된 황토)가 되었다고 주장했다. 뒤이어 러시아의 학자 아부르체프(奧布魯切夫)가 리히트호펜의 관점을 계승·발전시켜 완전한 '풍성설'을 내놓았다. 그는 사막이 황토 제조소이고 황토는 모래먼지가 회오리바람에 휘날리다가 초원에 퇴적되어 황토화하는 일련의 과정을 통해 형성되었다고 보았다. 그는 원생 황토와 차생 황토의 엄격한 구분이 필요하다고 지적하며, 원생 황토는 '황토', 차생 황토는 '황토형 암석'로 불러야 한다고 강조했다. 많은 학자들이 아부르체프의 분류를 긍정적으로 받아들였고, 차생 황토의 형성 원인에 관해서도 기본적으로 일치된 견해를 보였다. 그리하여 이후의 논쟁은 주로 원생 황토의 형성 원인을 둘러싸고 진행되었다.

1920년대 이후 중국 학자들도 황토의 형성 원인을 연구하기 시작했다. 그중 마용지(馬溶之)는 초기 '풍성설'의 대표 주자였다. 1944년 그는 「중국 황토의 생성」이란 글에서 황토고원의 각 지역 황토는 모두 다음과 같은 특징을 가진다고 지적했다. ①동일한 지역 내에 고산과 저지대가 함께 분포한다. ②충적층이 없다. ③지형의 발육과 상하 층위가 비교적 비슷하다. ④토양은 가루 같은 모래알 위주이며, 굵은 모래나 가는 자갈이 없다. ⑤광물의 성분은 대부분 석영과 장석이다. ⑥광물 입자가 원추형이다. ⑦석회 결핵을 함유하고 있지만 크기와 함량은 지역마다 다르다.

마용지가 언급한 특징은 황토고원의 황토가 같은 시기의 풍적물임을 증명해 주는 요인이다. 기타 형태적 차이는 각 지역의 황토 형성 작용이 다르기 때문이다. 이 학설은 발표 이후 많은 학자들의 지지를 얻었다. 지질학자인 양종건(楊鍾健)과 후덕봉(侯德封), 지리학자인 황병유(黃秉維)과 나래흥(羅來興), 토양학자 이연첩(李連捷)과 웅의(熊毅) 등은 각자의 영역에서 '풍성설'의 관점을 입증했다. 순식간에 풍성설이 학계를 강타하자 수성설이 풍성설에게 도전장을 내밀었다.

사실 황토의 '수성설'은 오래전부터 제기되었다. 1870년대 서양학자인 펌펠리(龐培利)가 수성설의 일종인 '호수 침적설'을 제기했지만 중국에서 이 학설은 세월이 한참 흐른 뒤에야 인정받았다. 1956년 3월에 장백성(張伯聲)은 「황토의 선(線)을 통한 황하 수로의 발전 설명」이란 글에서 '수성설'을 명확히 제기했다. 그는 이 글에서 황토선의 존재를 통해 황하 수로의 발전 과정과 황토의 생성을 설명하면서 풍성설과 수성설의 논쟁에 불을 붙였다. 장백성은 자료를 바탕으로 황토가 고도에 상관없이 모든 산천에 다 분포하는 것이 아니라 일정한 고도에서만 분포함을 입증했다. 일정 고도 이상에서는 잔적물만 남아 있지 황토는 존재하지 않고, 일정 고도 아래에서는 고도에 상관없이 황토가 분포한다는 내용이었다. 이 일정한 고도가 바로 황토선 혹은 황토 상한선인데, 황토선은 분지가 과거 하천부지(강의 양쪽 기슭에 홍수로 토사가 충적되어 생긴 경작 가능한 평지) 침적물의 가장 높은 표면이었음을 대표한다. 그는 또 황토의 분포가 하곡 양측의 단구와도 일치하는데, 이런 현상은 어쩌면 황토가 하류 충적의 산물임을 증명하는 것일지도 모른다고 밝혔다.

1958년 장백성은 「섬북분지의 황토와 산동성과 섬서성 간의 황하 수로 발전에 관한 토의」라는 글에서 '영아기의 황하(초기의 황하)'란 개념을 언급하며 그의 견해를 피력했다. 섬북분지의 황토 물질의 퇴적 과정에서 일부는 분지 주위의 고산 암석에서 풍화작용으로 형성한 실트암(Silt ; 모래와 찰흙의 중간 굵기인 흙)과 점토암의 가루가 시내로, 강으로 다시 큰 바다로 유입되었다가 분지 평원과 부딪혔다. 강(주로 황하와 그 지류들)들이 늘 범람하면서 형성된 거대한 충적선(선상지 중

경사가 완만한 것)에 끊임없이 토사가 침적했고 충적선이 어느 정도까지 높아지면 수로가 흐르기 위해 원래의 진흙 침적지는 바로 황토로 변해 버렸다. 그후 다른 지역에서 또 충적선이 형성되고 그 윗부분은 마찬가지로 범람하면서 끊임없이 새로운 황토로 바뀌었다. 그래서 황토는 이로 인해 더 두텁게 침적되어 결국 지금의 황토고원을 형성했다는 것이 그의 요지였다. 장백성의 이런 주장은 당시의 지리학계를 뒤흔들면서 순식간에 풍성설에 대한 의구심을 자아냈고 이어 많은 학자들이 그의 견해를 지지하는 논문을 속속 발표했다.

그러나 1956년 9월 양걸(楊傑)은 「중국 북방 황토 문제」라는 글에서 리히트호펜의 주장을 발전시켜 황토는 틀림없이 풍력작용에 의한 것이고, 중국에서 멀리 떨어진 지역에서 공기 중으로 날아온 것은 그야말로 불가사의한 일이라고 밝혔다. 다만 대지의 모양이나 산상(産狀), 화석의 측면에서 중국 북방 황토층이 순수하게 바람으로 형성된 침적물임을 증명할 수 없었다.

'수성설'의 도전에 직면한 유동생은 마용지의 학설을 기초로 '풍성설'을 대대적으로 발전시켰다. 1962년 그는 「중국의 황토」란 글에서 "황하 중류의 황토, 특히 마란 황토는 그 물질이 풍력으로 운반되었다는 견해를 받아들일 수 있다. 다음은 이를 뒷받침해 줄 만한 유력한 근거들이다. ①황토와 사막에 벨트 모양의 배열이 보인다. ②그 산상이 지층 지형과 무관하다. ③육생 동식물 화석을 가지고 있다. ④구조가 유사하고 성분이 일치한다. ⑤북에서 남으로의 구조가 점점 가늘어지고 두께가 점점 얇어진다."

나아가 그는 위에서 언급한 특징을 지닌 침적물의 형성이 다른 영력 작용으로 설명하기는 상당히 힘들지만, 황토고원의 북부와 서북부에서는 풍력 작용으로 먼 곳의 흙먼지를 가져와 형성했을 수 있다고 보았다. 간혹 기층의 자갈이나 반정(斑晶 : 화성암 조직에서 유리질 또는 세립 결정질의 석기石基 속에 잠재하는 큰 결정체)형의 작은 돌멩이가 황토에 섞여 있는 모습을 보게 되는데, 바로 풍력을 통해 운반된 원생 황토가 물의 작용으로 다시 퇴적되어 형성되었음을 설명해 주는 근거다. 유동생의 완벽한 논리로 황토의 형성 원인은 풍성설이 점차 유력해졌다.

1965년 왕가음(王嘉蔭)은 「역사 속의 황하 문제」에서 역대로 '흙비'와 관련된 기록이 황토의 형성 장면을 재현해 주는 동시에 풍성설에 대한 확실한 근거도 제공할 것이라 보았다. 그리고 장백성이 제기한 '황토선'의 문제에서도 황토선의 고도는 서쪽 끝이 동쪽 끝보다 높고, 서쪽 고개가 동쪽 고개보다 높으며 북쪽 고개가 남쪽 고개보다 높다고 밝혔고, 황토선 분포의 상한선 문제에서도 상한선 이상의 산비탈이나 심지어 해발 2,000m에 가까운 여양산 꼭대기에서도 편상(片狀)의 황토가 보인다고 지적했다. 이 주장은 '수성설'을 정면으로 반박했다.

개혁개방 이후 장천증(張天增)을 대표로 하는 수성설의 신진학자들이 등장해 다시금 풍성설에 대한 반박의 칼날을 세웠다. 장천증은 그의 저서 『황토고원 논강』(1993)에서 황토가 주변 지대의 사막에 분포하는 것은 대부분 황토와 강이나 호수의 토사가 충적되어 형성된 것이지, 저 멀리 떨어진 사막에서부터 바람을 타고 날아온 것이 아니라는 점과 황토 가루의 범위는 거의 북반구 전체에 퍼져 있기 때문에 황토고원에서만 거대한 황토 퇴적층을 형성한다는 것은 불가능하다고 지적했다.

풍성설과 수성설과의 논쟁이 계속되자 다른 분야의 학자들도 두 파의 관점을 융합해 '여러 요인설'을 제기했다. 그들은 황토의 형성이 두 가지 혹은 그 이상의 요소가 공동으로 작용한 결과라고 보았다.

1959년 장종호(張宗祜) 등은 '여러 요인설'을 제기하며, 황토의 형성 원인은 지질과 지리 구역의 특징에 따라 다소 다르다고 보았다. 그들은 황토의 형성 원인을 유형별로 구분할 때 황토를 구성하는 재료의 출처, 재료의 퇴적 방식 및 황토의 형성, 황토 형성 이후의 변화 3단계를 하나의 과정으로 보았다. 형성 원인의 특징을 결정하는 주요 지리적 요소와 지질 작용은 당연히 서로 다른 형성 원인의 유형을 구별하는 주요 표지가 될 수 있었다.

장종호의 뒤를 이어 1960년 증소선(曾昭璇)은 『암석 지형학』에서 '여러 근원과 다른 형태의 침적설'을 제기했다. 이 학설은 풍화 작용과 풍적 작용(내몽고의 고기압 지역에서 불어오는 기류가 가져온 모래알 포함)이 황토의 주요 출처이고, 황토는 장기간에 걸쳐 반건조 기후가 만들어 낸 산물이라고 보았다. 그러나 '여러 원인설'이 수성과 풍성의 논쟁을 해결해 주지 못했다. 사실 이 학설을 견지한 학자들 대부분이 한쪽의 주장으로 몰리면서 풍성설과 수성설의 논쟁은 계속될 수밖에 없었다.

1980년대 이후로 접어들면서 임미악은 이전 학자들의 주장을 종합하는 한편 풍성설에 몇 가지 근거를 보충 설명했다. ①황토 알갱이의 성분은 고도의 균일성을 가지는데, 이 점은 황토 물질을 운반하는 주요 영력이 상당히 단일하기 때문에 바람만이 가능하다는 점을 설명하고 있다. 황토 물질은 반드시 바람의 원거리 운반을 거쳐야만 고도의 균일성을 가질 수 있기 때문이다. ②황토의 알갱이 성분은 지역에서 명확한 방향성을 가지고 변화하는데 대부분 서북에서 동남 지역으로 가면서 점차 가늘어진다. 이런 규칙적인 변화는 황토 물질이 바람을 타고 서북쪽의 광활한 사막 지역에서 불어 왔음을 증명해준다. 왜냐하면 풍력이 서북에서 동남으로 오면서 점차 약해지기 때문에 알갱이의 성분도 이 방향을 따라 크기가 점차 작아진다. ③황토의 광물 성분은 종류의 조합이든 함유량의 분배든 모두 균일하지만 그 하복(下伏) 기암은 상당히 다양하다. 이 점도 황토 물질의 출처가 그곳이 아니라 바람을 타고 먼 곳에서 운반되어와 고도로 혼합되었음을 설명해 준다. ④황토에 함유되어 있는 초원성의 동식물 화석은 황토가 침적될 당시 황토고원이 확실히 초원이었음을 증명해 준다. ⑤황토 중 지형의 기복에 따른 다층의 고토양은 황토의 침적이 연속적으로 발생한 것이 아닌 침적이 잠시 끊길 때 고저에 상관없이 토양이 발육하고 생장했음을 나타낸다.

유동생과 임미악 등 많은 학자들의 노력으로 현재 중국 지질학계와 지리학계는 '황토의 풍성설'을 대체로 인정하는 추세이다. 특히 1990년대로 접어든 후 과학기술의 빠른 발전으로 '황토 풍성설'에 유리한 근거들이 계속해서 새로이 발견되고 있다.

여전한 수수께끼

'황토 풍성설'은 황토고원의 황토는 그 출처가 서북부의 광대한 사막 지역이고 운송 동력은 바람이며, 비록 황토의 퇴적 환경이 물의 작용에 의한 것임을 부인할 순 없지만 황토고원의 황토만큼은 주로 바람에 의해 형성되었다는 내용이다.

그러나 이것으로 모든 결론이 났다고 말하긴 이르다. 현재 중국 황토고원 연구의 권위자인 장종호는『구곡 황하 만 리에 걸친 모래』에서 다음 같이 서술하고 있다. "중국 황토는 동남아시아의 계절풍이 황토 주변의 사막, 특히 신강 타클라마칸 대사막의 모래를 운반해 형성한 것이라는 주장이 이미 거의 정설화 되었다. 그러나 일부 황토 연구자들은 거의 반세기에 걸쳐 이와 다른 견해들을 줄곧 내놓았다. 타림 분지의 석유 개발로 타클라마칸 사막의 연구가 훨씬 유리해지자, 황토 연구자들은 최근 2년간 타클라마칸 사막 내지에 서로 다른 깊이(하나는 약 640m, 하나는 약 900m)의 구멍 두 개를 시공하여 제3기 상신세(上新世)까지 계속해서 진행된 퇴적층의 비밀을 밝혀냈다. 사막 아래에 묻혀 있는 비교적 두터운 호상(湖相) 지층을 감정한 결과 약 만여 년에 걸친 호수 침적물임이 밝혀졌다. 그 속엔 고대 호수에서 살던 개충류 등 미세 동물의 화석이 보존되어 있고, 호상 지층의 아래에는 수백 미터에 달하는 점토와 점토질 모래의 혼합층이 있는데, 이 지층은 갱신세에 형성되었다. 최근의 발견으로 타클라마칸 사막의 형성 시기가 만여 년 전의 사건이었음이 설명되었다. 이전의 타림 분지에는 주로 강물, 호수, 눈이 녹아 흐르는 물 등의 퇴적물들이 전부였다. 황토고원 북쪽의 마오우쑤 사막(毛烏素沙漠)과 고포제사막(庫布齊沙漠)의 형성 시기도 황토고원보다 200만 년이 늦었다. 그러나 황토고원의 황토 침적 시기는 오히려 250만 년 전에 시작되어 황토고원의 형성이 타클라마칸 사막보다 200만 년이 더 빨랐다. 이러한 사실은 황토고원의 형성 시기가 주변 타클라마칸 사막의 형성 시기보다 훨씬 빨랐음을 설명해 주는데, 이 두 곳은 도대체 어떤 연관관계를 가질까? 그리고 중국 황토의 형성에 또 다른 원인이 있었던 것은 아닐까?"

그렇다면 중화 문화의 기초를 다진 황토고원은 어떻게 융기했을까? 황토고원의 끝없이 펼쳐진 황토는 중화 민족의 무한함을 상징하지만, 그 황토는 어디에서 왔을까? 저 멀리 사막에서 왔을까? 이것은 여전히 수수께끼로 남아 그것을 풀어 줄 사람을 기다리고 있다.

여산의 진면목, 황산으로의 여정

제4기 빙하 유적의 발견과 탐색

지질학자들은 지구가 여러 차례의 빙하기를 겪어 왔다고 알려 주었다. 시간상 지금에서 가장 가까웠던 대빙하기는 200~300만 년 전에 발생한 제4기였다. 빙하기에 주위는 온통 얼음과 눈으로 뒤덮였다가 날씨가 따뜻해지자 얼음과 눈이 녹으면서 흘러가는 빙하가 되었다. 북유럽과 북미에서는 제4기 빙하의 유적이 발견되었는데, 중국에도 제4기 빙하가 있었을까? 만일 있었다면 어디에서 그 증거를 찾을 수 있을까?

해외 지질 권위자들을 향한 도전

오랫동안 외국 학자들은 중국 제4기 빙하의 존재를 부인해 왔다. 프랑스 고생물 학자이자 중국 고대 포유동물의 권위자인 샤르댕은 중국의 제4기 포유동물은 대부분 열대성과 아열대성에 속한다는 내용의 논문을 수차례 발표했다. 영국의 고기후학자 발보도 중국 제4기의 기후는 습하고 덥거나 건조하고 시원해 빙하를 만들 수 있는 한랭한 기후 조건을 갖추지 못했다고 지적했다. 캐나다의 고인류학자인 블랙 데이비슨은 1927년 북경 주구점(周口店)의 북경원인(北京猿人) 화석을 연구한 후 북경인이 주구점에서 생활한 것은 제4기에 중국의 지리적 위치가 지금보다 적도 쪽에 훨씬 근접했었고, 원인도 온난한 환경을 좋아했기 때문에 중국으로 이주해 왔다고 발표했다. 결국 그들은 이 구동성으로 중국은 제4기 빙하가 존재하기 불가능했다고 단언했다.

과연 그랬을까? 이 문제의 해석에 대한 정확성 여부는 중국 동부 지역의 환경 변천 및 지구 환경의 변화와도 관련되고, 중국 동서부 고기후의 대조 분석과도 관련되며, 중화 민족의 형성 및 이주, 발전이라는 역사적 판단과도 관련되는 것은 물론 빙하기 기후에 대한 인류의 적응과 변화 등 중대한 이론적 문제와도 관련된다. 이에 중국의 소장 지질학자 이사광은 깜짝 놀랄 만한 발견을 내놓으며 해외 학자들의 견해를 반박했다. "중국 동부 지역 중저 고도의 산지에는 확실히 제4기에 빙하가 존재했다."

1921년 초여름 이사광(李四光)은 학생들과 함께 하북성 형대(邢臺)의 남쪽에 위치한 사하현(沙河縣)에서 지질을 연구했다. 어느 날 사하분지(沙河盆地)를 넘던 그의 눈에 저 멀리 고립된 중간 고도쯤으로 보이는 작은 산 하나가 들어왔다. 무척 매끄러워 보이는 외경을 가진 외딴 산 부근으로 달려간 이사광은 지면에서 기괴한 바위들을 발견했다. 순간 그는 마음이 답답해졌다. '이 바위들이 설마 서쪽의 태행산(太行山)에서 굴러온 것은 아니겠지? 그렇다 해도 이렇게 멀리까지 굴러올 수는 없을 텐데, 홍수로 밀려왔을까? 하지만 이렇게 거대한 바위라면 이렇게 멀리까지 물길을 따라올 수는 없겠지.'

바로 그때 이사광의 머리에 섬광이 떠올랐다. '혹시 고빙하의 유적은 아닐까?' 그는 다시 생각에 잠겼다. '과거 일부 자료들은 최근의 지질 시대에 화북 지역이 건조하고 추운 사막 지역이라고 했지만 기온이 낮고 강우량이 적었는데도 빙하가 생길 수 있었을까? 만일 빙하의 작용으로 생긴 퇴적물이라면 퇴적물 중에서 빙하의 조흔석을 찾을 수 있겠지.'

그는 자갈의 반짝이는 표면에서 희미하게나마 남아 있는 마찰의 흔적을 찾아내는 한편 땅 위로 반쯤 드러난 거대 바위의 평면에서도 각기 다른 방향의 선명한 흔적을 세 개나 발견했다. 그는 학생들과 이 외딴 산을 떠나 강을 건너 평원의 지표면 위로 우뚝 솟은 거대 원형 분구에 도달했다. 원형 분구 주위에서 이사광은 다시 거대 바위의 퇴적물을 발견했다. 이러한 발견들에서 이사광은 놀라움을 금치 못했다. 이 현상들은 다름 아닌 이 거대 바위들이 빙하 시대에 남겨졌을 가능성이 높기 때문이다.

곧이어 6, 7월경 이사광은 산서성 대동분지(大同盆地)에서 지질 조사를 벌였다. 대동분지에서 남서쪽으로 약 20km 떨어진 구천(口泉) 부근에서 그는 동서 방향으로 수 킬로미터에 달하는 골짜기를 발견했다. 골짜기 아래 부분은 넓이가 비교적 균일했고 골짜기의 횡단면은 U자형이었다. 그는 골짜기의 중간 부위에서 마찰 흔적이 남아 있는 자갈들을 적잖이 발견했다.

이사광은 사하현과 대동 구천에서 발견한 빙하 유적을 토대로 작성한 논문 「화북 지역에서 발견한 최근 빙하 작용의 유적」을 영국의 잡지 『지질』로 보내 1922년 1월에 발표했다. 논문에서 그는 일부 해외 지질학 권위자들에게 정면으로 도전장을 내밀었다. 그는 "제3기 말이나 갱신세 초기에 화북 지역이 극지방 혹한의 상황에 처하지 않았을까, 그리고 당시에 일순간 극지의 기온까지 하락했다면 충분한 강우량으로 대빙하를 형성하지 않았을까"라며 의문점을 제기했다. 지질학자들은 기존의 자료에 근거해 일반적으로 화북 지역은 최근의 지질 시기에 사막의 광범위한 분포라는 조건에만 눈을 돌려 대빙하의 존재 가 능성을 자연스럽게 부정해왔다. 그러나 이 문제는 이론상의 논쟁거리에만 머물러 결론이 쉽게 도출될 수 없었기 때문에 정확한 사실을 제시해야 할 필요가 있었다. 이사광은 이 점을 정확히 지적했다. "이 문제를 정확히 해결하기 위해서는 모든 실험은 실내가 아닌 야외에서 진행되어야 한다." 이사광의 명확한 주장은 그간 침체되었던 중국 제4기 빙하 연구를 일순간 국내외의 관심거리로 부상시켰다.

1922년 이사광은 「중국 제4기 빙하 작용의 근거」라는 제목의 학술 강연에서 태행산의 동쪽 기슭과 대동분지에서 발견된 빙하 작용의 유적을 근거로 화북 지역은 구미와 마찬가지로 틀림없이 제4기 빙하가 존재한 지역이었다고 지적했다.

그러나 이사광의 확고한 주장은 호응은 고사하고 오히려 스위스의 지질학자이자 북양(北洋) 정부의 농상부 고문이기도 했던 앤더슨의 비아냥 섞인 비난을 들어야 했기에, 그는 굳은 결심을 하지 않을 수 없었다. '남극 탐험에 참가한 경험이 있고, 또 빙하 유적이 많은 스위스 출신인 앤더슨이라면 흔적이 남겨진 빙하 표석을 보고 중국 제4기의 지리적 정보가 담겨 있다는 것을 분명히 알았겠지. 중국 제4기 빙하의 수수께끼를 완벽하게 풀기 위해선 더 확실한 증거가 필요해!'

여산의 진면목

강서성 구강(九江) 경내의 파양호(鄱陽湖)와 장강 연안에 우뚝 솟아 있는 여산(廬山)은 동부 지역 명산 중 명산으로 구름바다, 빛나는 햇빛, 신기루, 폭포수, 깎아지른 절벽 등의 자연 경관은 그야말로 탄성을 자아내게 만들었다.

  당나라 이백은 여산을 바라보며 시 「망여산폭포(望廬山瀑布 : 여산 폭포를 바라보며)」에서 다음과 같이 찬탄을 금치 못했다.

향로봉에 햇빛 비쳐 안개 어리고	日照香爐生紫煙
저 멀리 폭포 강을 매단 듯	遙看瀑布掛長川
물줄기 내리쏟아 길이 삼천 자	飛流直下三千尺
하늘에서 은하수 쏟아지는가	疑是銀河落九天

  또한 송나라 소동파도 「제서림벽(題西林壁)」에서 다음과 같이 여산의 진면목을 놓치지 않았다.

옆으로 보면 고개요, 앞에서 보면 봉우리	橫看成嶺側成峰
멀리서 가까이서, 높은 데서 낮은 데서	遠近高低各不同
여산의 참모습 알지 못함은	不識廬山眞面目
다만 내 몸 이 산 속에 있기 때문일세	只緣身在此山中

  그러나 지질 연구자들이 관심을 가졌던 것은 여산의 제4기의 빙하 유적 때문이었다.

  여산의 제4기 빙하 유적의 최초 발견자는 이사광이었다. 1931년 여름 북경대학 지질학과 교수의 신분으로 학생들과 함께 여산에서 실습 작업을 하던 이사광은 함파(含鄱) 입구에 서서 주위를 바라보았다. 그의 시선이 저 멀리 파양호에서 눈앞의 월륜산(月輪山)으로 이동하던 중 동서로 난 골짜기의 예사롭지 않은 지모가 그를 잡아끌었다. '해발 900m의 험준한 봉우리들 사이 밤낮없이 시냇물이 흐르는 저 곳은 골짜기가 어쩜 저리도 평탄한 거지?' 당장 길을 찾아가며 골짜기 아래까지 내려간 그는 담홍색의 점토 속에 섞여 있는 온갖 크기의 자갈돌들을 발견했다. 그리고 일부 자갈의 표면에서 모호하지만 약간의 흔적도 찾아냈다. '이런 평저곡(平底谷 : 곡저는 넓고 평평하며 하천의 침식이 끝난 하구 부근의 상태)은 어떻게 형성되었을까? 또 이 자갈들은 어디에서 왔지? 자갈의 표면에서 보이는 흔적들은 어떻게 만들어진 걸까?' 여러 가지 의문을 품은 채 그는 그곳을 떠났다.

이후 이사광은 그 일대 산지에서 유사한 평저곡을 대거 발견했다. 특히 고령(牯嶺) 서쪽에서 발견된 거대 바위는 이사광의 관심을 끌었다. 길이가 4.5m, 무게는 무려 50t에 달하는 이 바위는 다른 바위 위에 반듯하게 놓여 있었다. 주위 환경을 볼 때 산 위에서 떨어진 것도, 그렇다고 인력으로 옮긴 것도 아니었다. 이사광은 순간 월륜산과 왕가파(王家坡)의 평저곡이 떠올랐다. 10년 전 그가 화북의 제4기 빙하에 관해 언급했을 때 학자들은 건조한 기후를 이유로 들며 그를 반박했는데, 그곳이 북위 40°쯤이었다. 그런데 만일 여산에서 빙하가 발생했다면 위도는 남쪽으로 10°가량 더 물러난 셈이니 놀라운 결과가 아닐 수 없었다.

이듬해 여름 이사광은 지질연구소의 유덕연(喻德淵) 등과 다시 여산을 방문했다. 이사광 일행은 왕가파, 오로봉(五老峯), 칠리충(七里沖), 철선봉(鐵船峰), 노림(蘆林), 상원파(尙遠坡), 백학교(白鶴橋) 등 U자형 골짜기에서 보석을 찾듯 조심스레 확실한 증거들을 수집했다. 노림의 와지(窪地 : 오목하게 패인 웅덩이)에서 그는 동북쪽 구기봉(九奇峰)에서 만들어진 몇 개의 평저곡이 가파른 경사로 이곳 산등성마루까지 하강한 지모를 자세히 관찰했다. 산등성 마루는 평저곡에 부딪히면서 구멍이 생겨나 노림 와지에서 유일하게 물이 흘러 나왔다. 노림의 와지는 바로 4

여산 오로봉

세기경 환충(桓沖)이 강주(江州) 자사를 맡고 있을 때 면적이 수백 이랑(畝)에 달하는 호수를 보고 오도록 명했다는 기록이 전해지는데, 이사광은 어쩌면 인류 문명이 생기기 바로 몇 세기 전 이 부근의 고산에서 아래로 내려온 얼음 덩어리의 집결지였을지도 모른다고 추측했다. 철선봉 아래의 와지는 직경이 500m, 깊이는 약 60m로 서북 방향으로만 출구가 나 있고, 출구의 아래는 바로 깎아지른 절벽이었다.

만일 위에서 언급한 와지들이 빙하가 흐르며 파헤쳐진 U자형 곡지라면, 이 곡지들을 따라 내려간 산 아래에서 이와 상응하는 규모의 빙하 침적물을 발견할 수 있을 거란 생각을 품고 이사광은 곡지의 와지에서 산기슭까지 내려왔다. 왕가파의 U자형 곡지의 출구부터 파양호의 평탄 지대까지 이르는 곳, 고령의 서북쪽 상원과 U자형 곡지의 출구, 그리고 백학교 평저곡의 아래 출구에서 그는 비교적 큰 규모의 진흙 자갈층을 발견했다. 일부 지역에서는 자갈이 두 단계로 나뉜 것으로 보아 적어도 두 차례의 빙하가 발생했음을 보여 주었다. 여산 서북부에서 남쪽으로는 통원(通遠) 마을을 경계로 서쪽으로는 철로를 경계로 적갈색의 라테라이트 자갈이 퇴적되면서 반경 12km에 달하는 거대한 부채꼴 모양을 형성했다. 이 부채꼴형 범위 내 언덕과 두둑의 방사상 분포는 산악 빙산 운동의 특징을 보여 준다.

  3주에 걸친 탐사 활동을 거치면서 이사광은 여산이 제4기의 지질 시기에 최소 두 번의 빙하기를 겪었고, 세번째 빙하기도 발생했을 수 있다고 보았다. 첫 빙하기가 가장 오랜 시간 지속되었고, 이어 건조한 간빙기가 길게 진행되었다. 이어 찾아온 두번째의 빙하기와 간빙기는 첫번째보다 지속 시간이 짧았다. 마지막 빙하기는 고산의 혹한에도 겨우 소수의 빙하만이 평지로 내려오면서 어쩌면 그 진행 시기도 수천 년에 불과했을 수 있다. 그리고 그 후 다시는 빙하가 생기지 않았다. 빙하기의 종식은 지금으로부터 약 1만 3600여 년 전으로 추정된다. 이사광은 여산 등지를 관찰한 결과 중국의 제4기 빙하는 주로 산곡 빙하였고, 산곡 빙하가 자라던 지역에서만 산기슭의 산록 빙하가 만들어지는 특징을 보였다고 밝혔다. 이사광에게는 1932년 여름은 '행운의 계절'이었다. 그의 얻은 결론은 여산을 '중국 제4기 빙하의 전형적 지역'으로 꼽는 데 전혀 손색이 없었다.

여산과 관련된 논쟁

1933년 11월 12일 이사광은 중국 지질학회 제10회 연차 총회에서

「양자강 유역의 제4기 빙하기」란 제목으로 학술 발표를 가졌다. 이사광은 여산의 빙하작용을 보여 주는 지모 증거인 평저곡, U자형 골짜기, 현곡(懸谷 : 작은 빙하가 만든 U자곡이 큰 빙하가 만든 U자곡에 도달하면서 만들어진 것으로 큰 U자곡의 절벽에 걸린 것과 같은 모양의 작은 U자곡), 권곡(圈谷 : 빙하에 의해 생긴 반원상의 오목한 지형) 등의 빙하 지형과 여산의 빙산 퇴적을 소개하며 여산 빙하기의 구분과 시대 및 장강 유역과 기타 지역의 빙하 현상과 현존하는 문제에 관해 설명을 덧붙였다. 그의 발표가 끝난 뒤 중외 지질학계 학자들은 여산의 제4기 빙하 문제에 관한 심도 있는 토론을 펼쳤다. 그들 중 대부분은 중국의 제4기 빙하에 강한 의구심을 가졌다. 이사광의 논문 「양자강 유역의 제4기 빙하기」가 『중국 지질』 제13권 제1기에 발표되자 미국 록펠러 재단 산하 북경 협화(協和)병원의 해부학 과장이자 북평(北平) 지질조사 신생대 연구실의 명예 교수인 블랙 데이비슨이 이견을 제기했다. 그는 제4기 시기의 중국은 위도가 너무 낮아 열대 기후에 가까웠고, 건조한 날씨에 강우량도 적어 여산의 제4기 빙산은 사실상 불가능했다고 주장했다.

이 문제를 정확하게 하기 위해 1934년 봄, 정문강과 옹문호가 경비를 마련해 영국의 지질학자이자 연경(燕京)대학 지질학과 교수인 발보, 천진 박물관에서 근무하던 프랑스 지질학자 샤르댕, 스위스 지질학자 놀런 등의 외국학자들과 중국학자 양종건, 유덕연 등을 여산으로 초청해 제4기 빙하 유적을 고찰하는 한편 현장에서 토론도 펼쳤.

강연자로 나선 이사광은 중외 학자들을 데리고 빙하 유적을 관찰하며 자신의 견해를 설명했다. 현지 조사에서 학자들은 그곳의 특이한 지형에 놀라움을 금치 못했다. 그러나 그들의 주장만큼은 여전히 합일점을 찾지 못했다. 발보와 샤르댕은 여전히 부정적인 입장을 표했다. 그들은 빙하기 생물군 화석이 발견되지 못했기 때문에 제4기 빙하가 존재하지 않았다고 단정했다. 그러나 스위스 학자 놀런은 이사광에게 "가령 이런 현상들이 내 고향에서 나타났다면 빙하가 일으켰다고 단정 짓는 데 아무런 문제가 없었을 거요"라며 비공식적으로나마 그의 의견을 지지해 주었다. 이번 토론은 인식과 편견의 차이가 너무 커 일치된 인식을 가질 수 없었다.

토론을 좀 더 깊이 있게 진행하기 위해 이사광은 1934년 학회지 『중국 지질』에 '장강 하류 빙하 문제를 연구한 데이터'를 발표했다. 논문은 안휘성과 절강성 일대에서 새로이 발견된 제4기 빙하 유적과 관련된 많은 데이터를 제시했고, 에스커(빙하 밑을 흐르는 융빙수를 따라 쌓인 퇴적물로 구성된 제방 모양의 지형)와 드럼린(대륙 빙하에 의해 운반된 진흙과 자갈이 빙하 바닥에 퇴적되어 형성된 배바닥 모양의 구릉)를 구분하며 다음과 같은 결론을 내렸다. "갱신세기에 지구는 기온이 낮았던 것이 거의 확실하다. 이런 사실과 중국을 둘러싸고 있는 저온대의 존재가 당시 중국을 한랭 기후에 처할 수밖에 없도록 만들었다."

황산으로의 여정

1936년 5월 이사광은 황산을 탐사키로 하고, 조수와 먼저 황산 바로 아래 탕구(湯口)에 도착한 다음 해발 720m의 자광사(慈光寺)를 등반했다. 자광사에서 그는 확실한 U자형 하곡을 발견했다. 사실 고대 빙하는 산골짜기에서 아래로 흘러내릴 때 땅을 깎아내는 힘이 엄청나 늘 산골짜기를 깊은 협곡의 형태로 깎아냈다. 그래서 골짜기의 벼랑은 가파르고, 골짜기의 바닥인 곡저는 평평한 U자형 형태를 보였던 것이다. 이사광은 흥분된 표정으로 U자형 하곡으로 달려갔다. U자형 하곡

황산 명승지, 후자관해(猴子觀海)

의 서쪽은 주사봉(硃砂峰), 동쪽은 복장암(福長巖)이며 골짜기 아래로 작은 시내가 흘렀다. 이사광은 U자형 하곡의 동쪽 벼랑 아래에서 거의 100% 확실한 빙하의 침식면과 찰흙을 발견했다. 평행선의 마찰 흔적들은 깊고 선명했지만 길이는 서로 달랐다. 산곡의 아래쪽으로 조금씩 보이는 경사는 당시 빙하가 흘렀던 방향이었다. U자형 하곡을 따라 내려가다 보면 골짜기 바닥의 두꺼운 퇴적층과 만나는데, 자갈과 진흙 등이 산등성이까지 폭넓게 분포되어 있었다. 그곳이 U자형 하곡과 서로 대응하며 빙하 운동을 통해 이동해 온 완벽한 모레인(빙하에 의해 운반되어 퇴적된 모래자갈 또는 점토)이었다.

황산에서의 빙하 유적의 발견은 이사광을 흥분시키기에 족했다. 침식과 파열 작용이 강렬했던 지역이라 빙하 유적이 확실하게 보존되어 있었기 때문에 장강 하류의 일부 지역은 제4기 빙하 활동의 전형적인 증거가 되었다.

　황산에서 돌아온 이사광은 기쁨을 감추지 못하고 「안휘성 황산의 제4기 빙하 현상」이란 영문으로 작성한 논문에 8장의 사진을 덧붙여 1936년 9월 『중국 지질』에 논문을 발표했다. 당시 강의 차 중국에 있던 독일인 빙하 학자 페스만은 이사광의 논문에 고무되어 2회에 걸쳐 황산 빙하 유적 탐사를 실시했다. 탐사에서 돌아온 그는 흥분된 감정을 감추지 못했다. "보았어, 보았다고. 너무나 놀라운 발견이었어!" 그는 귀국 즉시 독일의 토양 빙하 잡지에 글을 발표해 이사광의 발견을 대단히 긍정적으로 평가했다. 그의 논문은 이사광이 중국 제4기 빙하 연구에 끼친 공헌을 공식적으로 인정한 최초의 글이었다.

제4기 빙하학의 경전

　이사광의 가족은 황산을 떠나 여산에 둥지를 틀었다. 여산의 제4기 빙하기를 더욱 심도 있게 연구하기 위해 이사광은 파양호의 백석취(白石嘴)로 갔다. 그가 그곳에서 진흙과 자갈이 석회암이 붙어 있는 표면을 발굴했을 때 석회암 표면에 선명하게 남아 있는 빙하의 흔적과 그 옆으로 요철이 딱 들어맞는 조흔석을 찾아낸 것은 놀랄 만한 발견이었다. 이사광은 이 돌들이 원래 석회암의 위에 위치해 있다가 빙하의 이동으로 인해 위아래가 상대적으로 마모되면서 조흔이 형성된 것으로 판단했다.

　이사광은 백석취와 호수를 사이에 두고 서로 마주보고 있는 혜산(鞋山)에서 사암 자갈과 함께 마찰의 흔적인 조흔을 발견했다. 이사광은 석회암으로 이루어진 혜산에 사암이 날 리 만무하지만, 여산 산등성이에 있는 오제(五帝)의 묘와 약 15km의 거리에 위치하며 중간에 호수가 가로막고 있는 환경에서 볼 때 빙하가 운반해 주지 않았다면 이곳에서 사암과 자갈이 나타났을 리 없다고 지적했다. 이 현상은 노르웨이와 스위스의 암석이 빙하를 따라 북해로 운송되었다가 영국과 웨일즈, 스코틀랜드 3국에 도달한 것과도 유사하다.

그 탐사로 이사광은 여산의 제4기 빙하 존재에 대한 새로운 증거를 얻었다. 이사광은 "이제야 중국 빙하기의 빙하 현상이 확실해졌다. 그간 중국의 빙하 현상을 의심해 왔던 해외 학자의 의구심도 완전히 풀렸을 것으로 믿는다"라고 확신에 차 있었다.

이사광의 『빙하기의 여산』은 1947년 중앙연구원 지질연구소에서 중국어와 영어로 동시에 발간되었다. 이 책은 빙하기와 빙하의 경과를 탐색하고 빙하의 형성, 발육 및 소멸의 기후 조건, 빙하 활동이 남긴 유적 특징 등을 체계적으로 설명했으며, 여산 빙하로 인해 침식된 지모와 산 위아래로 분포된 빙하 퇴적물에 관해서도 상세하게 기술했다. 파양과 대고(大姑), 여산의 빙하기와 간빙기를 구분하는 한편, 비교적 많은 부분을 할애해 알프스 산맥의 귄츠(Gunz), 민델(Mindel), 리스(Riss) 빙하기와도 비교하면서 의문점을 설명해 주었다.

『이사광 연보』에서 "『빙하기의 여산』은 장기간 제4기 빙하 유적을 조사해서 얻은 과학적 총결산으로, 중국 제4기 빙하 지질학의 이론에서 실천까지 탄탄한 기초를 닦아 준 작품이다. 제4기 빙하 지질 연구자들은 이 책을 제4기 빙하학 분야에서 가장 권위 있는 작품이라고 평가하고 있다"라고 기록했다.

황야의 신비한 호수
비밀에 싸인 롭 노르

　신장 타림 분지의 동부에 황야가 끝없이 펼쳐져 있다. 동으로는 북산(北山)까지, 서로는 타림 강 하류의 주요 강줄기 서쪽 지역까지, 남으로는 아이금산의 산등성이까지, 그리고 북으로는 고로극탑격산맥까지가 신비로운 색채가 가득한 나포박(羅布泊 : 롭 노르Lop-Nor) 지역이다. 법현은 『불국기』에서 나토박을 공포스럽게 묘사했다. "사막의 수많은 악귀와 열풍을 만나면 하나같이 모두 죽어 버리고 말았다. 하늘엔 새 한 마리 안 보이고, 땅에는 동물 한 마리 얼씬하지 않았다. 사방을 둘러봐도 아득히 펼쳐진 사막 위에서 그들은 어디쯤에 있는지 예측할 수 없었다. 그저 죽은 자들의 해골이 이정표였다."
　지금의 나포박도 한여름의 찌는 무더위와 한겨울의 혹한, 지독하게 가문 날씨, 끝없이 펼쳐진 모래 언덕과 염각(鹽殼) 평야가 존재한다. 나포박 지역은 그야말로 '수수께끼'의 세계다. 풀기 힘든 사회, 자연, 역사의 수수께끼들이 모두 이 신비로운 땅에 가득하다. 특이한 아단지모(雅丹地貌)와 사막 아래 묻혀 있는 누란(樓蘭) 문명, 복잡하게 얽혀 있는 '황하 중원' 설, 실크로드의 차단과 개통, 유명한 '거대한 귀' 형상, 풀기 힘든 팽가목(彭加木)의 실종 사건 등 갖가지 과거사들은 대부분 확인된 해답 없이 여러 설들만 난무했고, 국제 학술계에서 자그마

롭 노르 지구

치 130여 년에 걸쳐 '나포박 위치'와 관련된 문제가 계속 논의되는 것만 보더라도 세기의 수수께끼가 분명했다.

극도의 건조 지역인 롭 노르는 기이하고 독특한 내륙 호수로도 알려져 있다. 나포박은 타림 강 마지막에 위치한 호수로, 선진 시대에 이미 여러 전적에서 그 이름이 선보였다. 『산해경』에서는 '유택(泑澤)'으로, 『사기』에선 '염택(鹽澤)'으로, 『한서』에선 '포창해(蒲昌海)'란 명칭으로 쓰였고, 『수경주』에서는 '뇌란해(牢蘭海)'로 불렸다. 당나라의 『괄지지(括地志)』에서는 '임해(臨海)'와 '보일해(輔日海)' 등 다른 명칭으로 불렸다. 청의 『하원기략(河源紀略)』부터 몽고어로 '물이 많이 모인 호수'란 의미의 '롭 노르(Lop Nor)'가 사용되었다. 1863년 간행된 『대청통일여도(大淸統一輿圖)』에서는 청나라 초 '롭 노르'를 현재의 지명인 '나포박(羅布泊)'으로 인쇄하면서 그 명칭이 광범위하게 전파되었다.

나포박 이전의 수수께끼는 국제 학술계에서도 쟁점이 되는 사안이다. 전 세계에서 그 어떤 지리학 관련 문제도 100여 년 이상 이토록 광범위하고 지속적인 영향을 미치지 못했다. 세계적으로 유명한 프르제발스키와 커즐러프(러시아), 리히트호펜(독일), 스벤 헤딘(스웨덴), 헌팅턴(미국), 스테인(영국) 등 지리·지질학자, 기상학자, 역사학자, 고고학자가 계속적으로 논문을 발표하며 격렬한 논쟁을 펼쳤다. 그리고 중국 학술계에서도 50여 년간 나포박의 문제를 둘러싸고 꼼꼼한 탐사와 놀랄 만한 발견들이 계속 있었다. 중국과 국제 학술계에서 이뤄지는 논쟁의 초점은 바로 '나포박의 이동 여부'였다.

신비로운 미지의 세계

고대 중원의 한족은 나포박이 거대한 내륙 호수인 점을 알아 사적에도 반영했지만, 그들이 직접 본 것은 아니었기에 기록도 지극히 간략한데다 '나포박'을 황하의 원류로 보는 억측도 없지 않았다. 고대의 신화와 전기 소설 속에서 나포박은 서왕모가 살던 선경으로 묘사되기도 했다.

15, 6세기에 세계 문명사는 새로운 장을 열었다. 세계는 신구의 대대적인 교체와 동서양 문명의 충돌이라는 조류에 직면했고, 새로운 항로의 개척과 신대륙의 발견으로 그야말로 지리상 대발견의 시기를 맞이했다. 19세기 초 지구상 대부분의 지역은 탐험과 고찰을 통해 지리적 면모가 기본적으로 드러났다. 그러나 유독 중국 서부와 북부 지역은 유럽인에게 여전히 신비로움을 가져다주는 대상이었다.

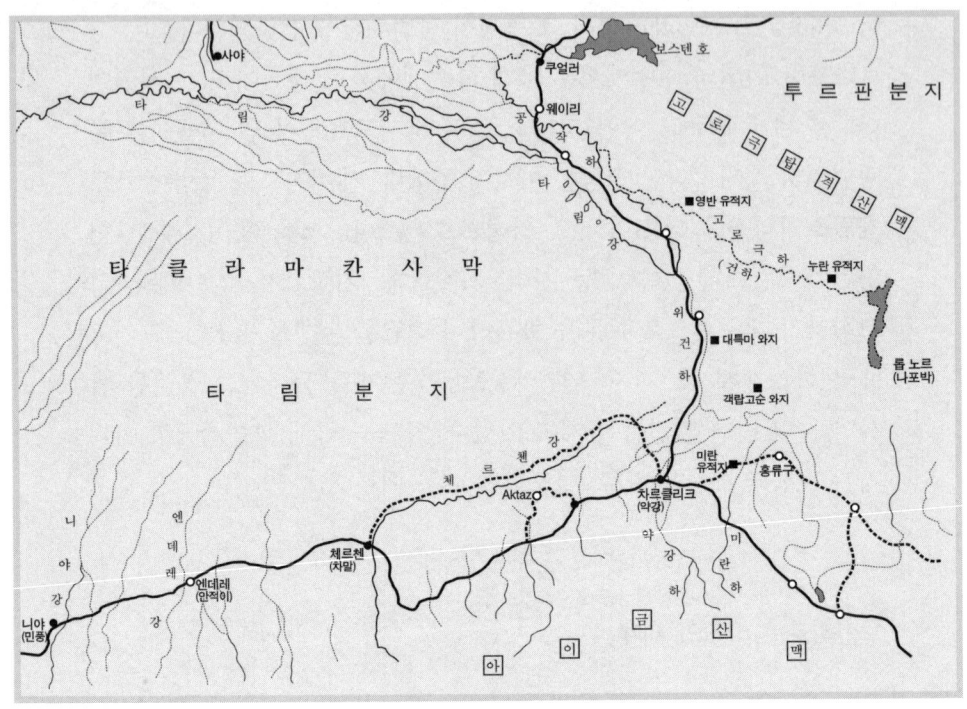

나포박과 타림 강의 수계 상관도(水系相關圖)

　그들의 지리적 관념 속에서 타림 분지, 나포박 지역과 나포박 호수는 거의 공백이나 다름없었다. 1273년 베니스의 상인 마르코 폴로는 그곳을 지나면서 나포 사막의 이름과 '괴담' 류의 이야기만 남겼고, 1603년 예수회의 베네딕트가 아시아를 여행하면서 남긴 기록도 그가 숙주(肅州)에서 병사했을 때 현지인에 의해 불태워지고 말았다. 1760년대 건륭 황제가 신강성의 남로 측량 차 예수회의 선교사들을 파견했지만 그들도 그곳과 관련된 자료를 남기지는 않았다. 일부 남아 있는 지도도 상인이나 사절단, 승려 등 여행자들이 보고 들은 것이나 소문에 따라 그린 안내도에 불과했다. 1706년 프랑스 지도학자인 릴라당이 달단족(韃靼族 : 옛날 한족의 북방 유목 민족에 대한 총칭. 명나라 시대에는 동몽고인을 가리켰는데, 지금의 내몽고와 몽골인민공화국의 동부에 거주했다)의 지도를 남겼지만, 지도 어디에도 나포박은 보이지 않았다. 1871년 영국인 쇼 로보는 기행문에서 타림 강 하류의 호수 주위에 물고기를 주식으로 하며, 나무껍질로 옷을 지어 입은 부락이 존재하고, 주위에서 영양과 야생 낙타 무리를 보았다고 기록했다. 독일의 저명한 지리학자 칼 리터는 『지리학』 제7권에서 "돌궐의 땅에서 흐르던 대수계 역시 나포박의 초원 하류에서 멈췄다. 그 물길과 맥락이 어떠했는지 우리는 그곳에 가까이 가 보지도 직접 눈으로 목격하지도 못했기 때문에 일반인이 가정해 놓은 맥락을 사실로 확인하기에는 상당히 부족하다"라고 밝혔다. 당시로서는 나포박 지역과 나포박에 관한 유럽인의 이해가 모호해 유럽인이 제작한 세계 지도 그 어디에서도 그곳의 지형과 지모는 존재하지 않았다.

그러나 신비로운 '미지'의 세계는 언제나 사람들을 유혹했다. 19세기 후반기부터 20세기 중반까지 각국의 탐험가들이 그곳으로 몰려들면서 중대 발견이 이어졌다.

프르제발스키의 '지리적 발견'과 '부동설'

제정 러시아는 원래 유럽 국가였으나 1580년대 초 그 세력을 아시아 쪽으로 신속하게 확장하여 불과 60년 만에 광활한 시베리아를 차지하며 유럽과 아시아 두 대륙을 아우르는 제국으로 발전했다. 17세기부터 제정 러시아는 중국의 변방을 노리는 동시에 청나라 정부와 군사적 충돌을 감행했다. 제2차 아편전쟁 이후 몇 년간 제정 러시아

프르제발스키

는 무력과 기타 위협 수단을 통해 청나라 정부가 불평등 조약을 맺도록 강제하는 한편, 중국 동북과 서북 지역의 100만여 km²의 영토를 강점했다.

중국 영토를 점진적으로 병합하는 한편 방대한 규모의 '지리 탐사'를 동시에 진행한 러시아는 1870년대부터 30여 년간 탐사대의 규모를 점차 확대시켰는데, 그 중 프르제발스키를 대장으로 하는 탐사대의 영향력이 가장 컸다.

군인 출신의 프르제발스키는 어려서부터 자연을 숭상하고 탐험을 좋아해 퇴역한 후에는 도서관 관리원을 하면서 지리 과목을 가르칠 정도로 열의를 가지고 있었다. 지리 탐사에 열중한 그는 시베리아로의 전근을 요구했고, 그때부터 지리 탐사의 길을 걸었다. 그는 중국 북부의 광활한 지역이 위치상 상당히 주요한 지역임에도 불구하고 유럽인의 이해가 부족하다고 판단하고, 러시아 왕실 지리학회에 중국 서북부 지역에서의 지리 탐사 활동을 진행할 자금 지원을 촉구했다. 왕실의 지원을 받게 된 프르제발스키는 다섯 차례의 '중앙아시아 탐사' 가운데 1876~1877년의 제2차 중앙아시아 탐사와 1883~1885년의 제4차 중앙아시아 탐사를 나포박 지역에서 진행했다.

1876년 8월 12일부터 1877년 7월 3일까지 프르제발스키는 신강에서 탐사 활동을 벌였다. 아이금산(阿爾金山)과 나포박 호수 지역에서만 수 개월간 자세한 조사를 진행하였다. 탐사를 통해 서에서 동으로 흐르는 타림 강이 하류에서는 방향을 바꿔 동남쪽으로 흐른다는 사실과 나포박 사막의 남쪽에 두 개의 호수가 형성되었음을 발견했다. 그중 서쪽의 호수가 객랍포랑(喀拉布郞)이고, 동쪽의 호수가 객랍고순(喀拉庫順)으로 후자는 당시 타림 강의 마지막 종착지였기 때문에 그도 '롭노르'란 명칭을 사용했다. 그는 또 호수의 중심부가 '담수'이고, 주위가 염전이었던 사실에 근거해 볼 때 중국 사서에서 기록된 소금 연못인 '염택'과는 상당한 차이가 있음을 발견했다. 그는 또한 객랍고순의 위치를 1863년 발행된 『대청일통여도』에 있는 타림 강 하류의 나포박 호수 위치와 대조 작업을 벌여 남북 두 호수의 위도가 꼭 1°씩 차이가 남을 발견하고, 그로 인해 중국의 지도가 잘못되었다고 단언했다.

프르제발스키의 발견은 국제 지리학계를 일순간 뒤흔들었다. 그도 그럴 것이 이러한 발견이 그 지역에 관한 유럽인의 지리적 공간 개념을 대대적으로 변화시켰기 때문이었다. 당시의 유럽 지도에서는 나포박에서 곤륜산까지가 끝없이 펼쳐진 바다 사막에 불과했다. 유럽인은 그제야 나포박이 아이금산의 기슭에 위치함을 알았다. 그리고 그 발견으로 티베트 고원의 범위를 북쪽으로 3° 이동시켰을 뿐 아니라 타림 분지와 고비사막의 분포 구조도 변화시켰다.

지리학자 패모소(見姆所)는 "나포박의 주위를 뒤덮고 있던 어둠이 마침내 사라졌다. 우리는 곧 이 호수의 위치가 실제 상황과 일치하는 지도를 보게 될 것이다. 이 호수의 남쪽에 거대한 산맥이 있으리라고 누가 예상이나 했을까? 우리는 이제 그간 고비사막에 대해 가지고 있던 개념을 바꿔야 한다"라고 밝혔다. 프르제발스키는 이 발견으로

'지리 탐사의 1인자' 라는 타이틀을 거머쥐며 상트 페테르부르크 과학원의 명예 회원으로 선출되는 영광을 안았고, 일반 군인에서 소장으로 승진했다.

그러나 그로부터 얼마 후 지리학자 리히트호펜은 중국 문헌의 기록을 근거로 프르제발스키의 발견에 이의를 제기했다. "프르제발스키가 탐사한 호수는 청나라의 지도상에 있던 나포박이 아니다. 진짜 나포박은 프르제발스키가 발견한 호수의 북쪽에 있어야 한다. 그러므로 중국의 지도가 틀린 것이 아니다. 프르제발스키가 발견한 호수는 위건하(渭乾河)가 동남쪽으로 흐르던 지류의 방향을 벗어나 주요 하천으로 바뀌면서 단기간 내에 형성된 호수였다. 타림 강은 건조한 지역을 지나면서 초원의 염분을 다량 함유했기 때문에 마지막에 위치한 호수는 당연히 '담수'가 아닌 '함수'이어야 한다…… 우리가 그의 나포박 탐사 활동을 얼마나 높이 평가하는 것과는 상관없이 그가 그토록 힘들게 찾아낸 답을 완전한 결론이라고 인정할 수 없다."

리히트호펜의 힐문에 프르제발스키는 신속한 답변을 제시했다. "만일 동으로 흘러가는 강과 호수가 있었다면 현지인이 당연히 그 사실을 우리에게 언급해 주었을 것이다. 우리는 타림 강의 하류를 따라가면서도 도중에 작은 지류조차 보질 못했다. 타림 강 하류에서 계속 동으로 흐르는 강이 있었다면 우리가 보지 못했을 리 없다."

1883~1885년에 다시 나포박을 찾은 프르제발스키는 갈대로 뒤덮인 객랍고순 호숫가에서 두 달간의 탐사 활동을 벌이며 호반에서 생활하는 나포박 주민을 통해 자신의 지리적 발견에 대한 자신감을 더욱 굳혔다.

프르제발스키의 사후에는 그의 충직한 조수이자 제자였던 커즐러프가 프르제발스키의 발견과 견해를 강력하게 지지하며 그를 위한 변호를 아끼지 않았다. 커즐러프는 리히트호펜의 관점에 관해 '단순히 중국 지도가 제공하는 자료를 기초로 한 이론'에 불과하다며 그 이론이 제대로 정립되지 못했음을 비난했다. 그는 또한 객랍고순이야말로 "오랜 역사 속 진정한 중국 지리학자들의 '롭 노르'이다. 이미 수천 년을 지속해 온 이 호수는 앞으로도 영원히 이와 같을 것이다"라며 주장을 굽히지 않았다. 사실상 그는 나포박의 '부동설'을 제기했다.

스벤 헤딘의 탐사와 '움직이는 호수 이론'

리히트호펜의 제자였던 스벤 헤딘은 평생 사막과 고성에 푹 빠져 살았던, 그야말로 영향력 강한 탐험가이자 지리학자였다. 『나의 탐험 생애』에서 그는 속내를 드러냈는데, "나는 늘 뒷걸음질 치고 싶지 않았다. 나는 미지로 향하는 저항할 수 없는 욕망으로 충만되어 있음을 느꼈고, 이런 욕망으로 모든 방해물을 뛰어넘었기에 세상에 불가능한 일이 있다고 인정하고 싶지 않았다." 나포박의 논쟁에 관해 그는 현지에서의 새로운 탐사로 기초 자료들을 얻어야만 나포박의 위치와 관련된 수수께끼를 풀 수 있다고 확신했다. 그는 1896년 처음으로 나포박의 탐험 길에 올랐다.

스벤 헤딘의 일행 다섯 명은 1896년 3월 31일 철간리극(鐵干里克)을 출발해 공작하(孔雀河)를 따라 동남쪽으로 가던 중 공작하가 두 갈래로 갈라지는 지점을 발견했다. 그중 한 줄기가 다른 한 줄기에 비해 물의 양이 훨씬 많은 이열극하(伊列克河)였다. 강의 왼쪽 연안을 따라 사흘 동안 걸어가던 일행은 놀랍게도 강이 협소한 호수 속으로 흘러 들어가는 장면을 목격했다. 그들은 다시 강의 오른쪽 연안을 따라 사흘을 걸어 호수 근처에서 살고 있는 현지인을 찾아갔다. 그리고 현지인이 호수의

신강성을 탐험 중인 스벤 헤딘

네 호분(湖盆)을 각각 아오로고륵(阿烏魯庫勒), 잡랍고륵(卡拉庫勒), 탑야극고륵(塔也克庫勒), 아이잡고륵(阿爾卡庫勒)으로 부르고 있음을 알았다.

스벤 헤딘은 철간리극의 동남쪽과 아랍건(阿拉乾)의 동북쪽 호수군에 위치한 그 호수야말로 중국 지도상에서 표기된 나포박이자, 리히트호펜이 프르제발스키과의 논쟁에서 언급한 바 있는 호수임을 확신했다. 그는 이 발견을 즉시 스승인 리히트호펜에게 알렸고, 리히트호펜는 자신의 주장이 정확했음을 증명해 주는 증거의 발견에 기쁨을 감추지 못했다. 스웨덴으로 돌아온 스벤 헤딘은 다년간의 탐험 성과를 담은 『아시아를 넘어』를 출판하는 동시에 과학 보고의 형식으로 나포박을 전문적으로 다룬 『1893~1897년 중앙아시아 여행에서 얻은 지리적 과학적 성과』를 저술했다. 스벤 헤딘은 자신이 거둔 성과로 학계에서의 학술적 영향력을 키웠고, 유럽의 지리학회들도 앞다투어 그에게 훈장을 수여했다.

1897년 10월 15일 스벤은 러시아 왕실지리학회의 초청으로 나포박 등지에서 거둔 탐험 연구의 성과를 강연했지만, 결과적으로는 러시아 지리학자들의 강력한 반대에 부딪혔다. 스벤 헤딘은 '논적'을 물리치기 위해 더욱 설득력 있는 자료의 필요성을 절실하게 느끼고 1899년 6월 24일 중앙아시아 중부에서 네번째 탐험을 시작했다. 20세기의 도래를 알리던 첫날, 일행은 영고륵(英高勒)의 동쪽을 출발해 고로극탑격 산맥의 남쪽 기슭과 나포 사막의 북쪽 끝을 따라가며 새로운 지리적 탐험을 진행했다.

스벤의 네번째 탐험은 말라 버린 강바닥을 따라 진행되었다. 1893년 커즐러프의 탐사 때 발견된 '건하(乾河)'에 스벤 헤딘은 상당한 가치를 부여했다. 당시 그는 선진의 측량 기구를 이용해 '고로극하(庫魯克河)'라고 불리는 이 건하가 넓이 90m, 깊이가 3.7~4.6m의 강임을 밝혀냈다. 그들은 강바닥의 양 기슭에서 개각류 껍질, 도자기 조각, 돌도끼를 수없이 찾아냈고, 바싹 시들어 버린 호양나무(사막에 사는 백양나무의 일종) 숲도 직접 보았다. 그만한 규모를 가진 건하라면 옛 타림강의 수로이며, 근처에 사람들이 생활했을 가능성이 높을 것으로 판단했다. 3월 28일 스벤 헤딘의 조수는 길을 잃고 헤매다가 운 좋게 누란의 고성으로 들어갔지만, 당장 이틀간 마실 물밖에 없었던 그는 이듬해 다시 그 일대에서의 발굴을 기약할 수밖에 없었다.

이듬해 나포 황원을 다시 찾은 스벤 헤딘은 자신의 학술 저작인 『1899~1902년 중앙아시아 탐사 성과』 제2권 「롭 노르」에서 나포 황원에서 느낀 자신의 감흥을 묘사했다. "쥐죽은 듯 조용해 마치 달나라 같다. 낙엽 한 떨기, 동물 한 마리 얼씬하지 않는 이곳엔 아직 사람의 발길이 미치지 못한 듯이 보인다." 그러나 이 쥐죽은 듯 고요한 황원

누란의 고대 왕국 유적, 오랜동안의 가뭄과 모래 바람으로 폐허가 됨

에서 인류는 누란 문명을 창조했다. 그가 다시금 황원을 찾은 것은 지난 해 발견만 한 채 제대로 탐사하지 못한 누란 고성을 찾기 위해서였다. 스벤 헤딘이 그곳에서 발굴한 다량의 문서와 유물은 어쩌면 330년에 누란 고성이 남긴 마지막 유물일 지도 모를 일이다. 발굴한 문서의 마지막 장에 기록된 연대가 바로 동진 성제(成帝) 함화(咸和) 5년, 바로 330년이었다.

유물 발굴에 고무된 스벤 헤딘은 그 지역에 관한 인식에서도 질적 변화를 가져왔다. 그는 자신이 철간리극의 동남쪽에서 발견한 아랍건 호수군이 청나라 지도상의 '나포박'이라는 생각을 수정해 유명한 '움직이는 호수 이론'을 제시했다.

'움직이는 호수 이론'의 주요 내용은 다음과 같다. 330년 이전 타림강은 줄곧 동쪽으로 흐르면서 누란 남쪽의 '고(古)나포박', 즉 중국 지도상의 '롭 노르'로 유입되었고, 타림 강의 물길이 바뀌자 다시 동남쪽으로 흐르면서 객랍고순 지역의 호수로 흘러들었다. 나포박은 타림 강에 매달아 놓은 시계추처럼 남북으로의 이동을 반복했다. 왕복 이동주기는 약 1,500년이 걸렸다. 나포박이 남북으로 이동하는 이유는 호수로 유입되는 호수물이 다량의 진흙을 가져와 분지에 퇴적되면 그로 인해 호수 바닥이 상승하면서 호수물이 다시 저지대로 이동했기 때문이다. 어느 정도 세월이 흐른 뒤 진흙이 높이 쌓여 상승했던 호수 바닥이 다시 바람의 풍식작용을 받아 낮아지면 호수 물은 다시 원래의 호수로 흘러들었다.

'움직이는 호수' 이론을 검증이라도 하기 위해서였는지, 1921년 타림 강은 자연적·인위적 이유로 물길이 바뀌어 고로극탑격산맥 남쪽 기슭의 고로극하(건하)를 지나 동쪽으로 흘러 나포박 와지의 오래된 호수 바닥으로 유입되었다. 20세기 초 스벤 헤딘은 러시아 지리학자와 나포박의 위치를 두고 논쟁하던 과정에서 현지 조사를 근거로 예언을 한 대목이 있었다. "강물은 어느 순간에 고로극하의 강바닥으로 되돌아 갈 것이다." 놀랍게도 그 예언은 그대로 적중했다. 그로부터 '움직이는 호수' 이론과 신비로운 나포박은 상상을 초월할 정도로 지리학계에서 광범위한 영향력을 미쳤다.

헌팅턴의 탐사와 '영휴론'

'움직이는 호수' 이론이 점차 지지를 받을 즈음 지리환경 결정론자이자 미국 인문지리학자인 헌팅턴은 1905~1906년까지 배럿 탐험대에 참가해 신강에서의 탐사 활동을 벌였다. 나포박 지역에서의 탐사에서 그는 체르첸, 차르클리크와 객랍고순을 탐사한 다음 동으로 가 나포박 와지에 도착했다. 1906년 1월 헌팅턴은 처음으로 그곳에서 서북 방향으로 나포박 와지의 마른 호수를 횡단하는 험난한 여정을 달성해 냈고, 다시 누란을 지나 서쪽으로 이동한 끝에 철간리극에 도착했다.

헌팅턴은 탐사 중이던 사막에서 버려진 고대 유적들을 발견했다. 고로극하 근처의 영반 고성(營盤古城)과 누란 고성은 모두 건조한 날씨와 짧아진 강으로 인해 폐허가 되었고, 일부 옛 수로는 유입량이 턱없이 부족해 역사 속으로 사라졌다. 타림 분지 근처에 사는 더위에 강하다는 붉은 버드나무도 말라 죽어 있었다. 나포박의 호수 면적은 유량 감소로 줄어들 수밖에 없었는데, 헌팅턴은 3천여 년 동안 나포박 지역의 기후가 점차 건조해지다가 결국 영휴(盈虧 ; 차고 이지러지는 일) 변화가 일어난 것으로 단정 지었다. 2천여 년 전 나포박은 광대한 호수 면적을 자랑했지만, 이후 기후가 건조해지면서 호수 면적은 자연 축소되어 누란 일대의 고대 '나포박' 지역만을 차지했고, 지금은 그나마 더 적어져 겨우 객랍고순 일대에 불과했다.

헌팅턴의 영휴론은 나포박의 이동 과정을 단순히 기후의 건습과 관련지어 설명했다. 본질적으로 호수 면적이 점차 축소되는 과정에서는 러시아 프르제발스키가 주장한 객랍고순 일대에서의 '부동설'을 부정했고, 호수의 이동이라는 메커니즘에서는 스벤 헤딘의 '움직이는 호수' 이론과 완전히 상반되었다.

신강 종합 탐사대의 과학 탐사와 '미이동설'

1956년에서 1960년까지 중국과학원이 조직한 신강 종합 탐사대에는 수십 개 단체에서 약 250여 명의 사람들이 참여했다. 신강 종합 탐사대는 나포박 지역의 지모, 수문(水文), 토양, 식물, 풍사 현상 등 분야에서 다양한 탐사를 진행했다. 1959년 9월 17일에서 10월 9일까지 종합 탐사대의 지모 팀은 고로극탑격을 통과해 나포박 북단에 도착한 뒤 다시 공작하 하류와 나포박 북부를 조사했다. 탐사대가 고무 보트를 타고 짙은 안개가 자욱한 나포박의 북부 호수 지역에 도착해 호수 분지의 단면을 실측한 다음 『갈순사막(噶順戈壁)과 나포박 탐사 보고』를 저술해 당시 나포박의 자연 특징, 기후, 호수가 된 분지의 특징, 호반의 지형, 공작하의 삼각주, 아단 지모와 이동의 문제에 관한 연구와 분석을 가했다.

　1980년에서 1981년까지 중국과학원의 신강 분원은 세 차례에 걸쳐 나포박 종합 과학 탐사대를 조직했다. 1980년 5월 9일 팽가목은 신강 분원의 나포박 탐사대를 이끌고 호수 지역으로 입성했다. 7인으로 구성된 지형 조사팀은 북에서 남으로 나포 와지를 세로로 종단하며 객랍고순을 지나 미란(米蘭)에 도착한 다음 다시 동쪽의 고목고도극(庫木庫都克)으로 발걸음을 옮겼다. 이 탐사 과정 중에 팽가목의 실종이라는 불행한 사건이 발생했다. 그해 11월 1일 탐사대는 돈황을 출발, 동에서 서로 흐르는 소륵하(疏勒河)의 옛 길을 따라 나포 와지로 들어가 팽가목의 시체를 찾는 동시에 제2차 나포박 탐사를 진행했다. 그리고 이듬해 5월 10일에 3차 탐사를 시작했다. 그들은 마란(馬蘭)을 출발해 호분을 통과, 남으로 홍류구(紅柳溝)를 지나서 미란에 도착했다. 차르클리크을 돌아 북쪽으로 대특마(台特馬) 호수까지 올라간 다음 다시 타림강을 따라 6월 16일 마란으로 돌아왔다. 신강 분원에서 조직한 나포박 종합 과학 탐사대의 여정 행로는 거리상으로 5,000여 km에 탐사 면적만도 2만여 km²에 달해 중화인민공화국 건국 이래 최대 규모의 종합 과학 탐사 활동이었다.

1950년대 후반과 80년대 초반에 중국 과학원이 체계적으로 조직했던 나포박 종합 탐사대는 풍부한 성과를 거두었다. 그러나 일부 과학자들은 1970년대 NASA의 지구 자원 위성 발사로 얻은 나포박의 위성 영상을 바탕으로 스벤 헤딘의 '움직이는 호수'론을 부정하고 나포박은 늘 나포 와지에 위치했다는 '미이동설'을 제기했다.

1978년 주정유(周廷儒)는 『북경사범대학 학보』(자연과학판, 제2기) 에 「나포박의 이동을 논하며」를 발표했다. 그는 논문에서 나포 와지는 타림 분지의 물과 소금이 가장 마지막까지 쌓여 있던 지점으로, 나포박은 지금껏 다른 곳으로 이동한 적이 없기 때문에 '움직이는 호수'가 아니라고 주장했다. 1978년 주정유가 주축이 되어 출판한 『신강 지모』는 항공 촬영 사진을 분석해 나포박에 남아 있는 호수 제방 8개 중 6개가 거의 완전하게 보존되어 있음을 지적하고, 객랍고순의 하류가 동북으로 흘러 나포박으로 유입된 것으로 보아 객랍고순의 물은 살아 있다고 밝혔다. 19세기 후반에서 20세기 초까지 객랍고순의 물이 살아 있었을 때는 나포박도 함께 살아 있었다. 호수의 크기만 변했을 뿐, 나포 와지는 언제까지는 나포박의 '고향'이었다.

1983년 8월 26일부터 9월 2일까지 중국과학원의 신강 분원은 우루무치에서 '나포박 과학 탐사 학술 토론회'를 개최했다. 신강 분원의 나포박 탐사대는 「나포박의 이동 여부에 관한 문제」를 발표하며, 나포박의 이동설에 대해 반대하는 일련의 논거를 제시했다.

1)타림 강과 공작하의 하류에서 호수로 유입되는 입구에는 진흙이 비교적 적어 단기간 내에 다량의 진흙 퇴적물로 호수 바닥을 위로 높일 수 없자 호수 물은 비교적 저지대로 흘렀다. 게다가 이미 말라 버린 호수 바닥은 모두 딱딱한 염각이 되어 당목으로 내리쳐도 깨지지 않을

만큼 단단했고, 바람의 풍식작용이 쉽게 일어날 수 없어 호수 바닥은 다시 낮아졌다.

2) 나포 와지는 해발고도가 가장 낮은데, 물은 저지대를 향해 흘러 타림 분지의 물은 늘 종착지의 분지로 모여들었다. 객랍고순 중 최저 지점은 해발 788m고 나포박의 최저 지점은 778m이므로 나포박이 객랍고순으로 역류하는 현상은 일어날 수 없었다.

3) 객랍고순 지역에서 발견된 고둥 껍질은 담수 고둥 껍질이었다. 이를 통해 객랍고순이 담수호임이 밝혀졌다.

4) 나포박의 마른 호수 분지에서 시추해 낸 견본은 와지에서 2만여 년 동안 퇴적 속도가 거의 비슷했음을 설명해 주는 증거이고, 침적물이 서로 다른 침적층 중에 수생 식물인 향포와 사초 등의 포자 화분이 발견된 점은 나포박이 지금껏 물에 잠겨 침적되었다는 점과 호수 물이 지금껏 단 한 번도 나포박을 벗어난 적이 없었음을 설명해 준다.

5) 탄소(C_{14}) 동위원소 측정 결과 호수 아래의 침적물은 그 깊이가 1.5m로 약 3,600년 동안 침적되어 있었다. 이 사실은 3,600년 동안 호수의 침적 작용이 줄곧 진행되었음을 설명해 주는 사실로, 스벤 헤딘의 추측처럼 1,500여 년 동안 10m 이상의 최적물이 형성되지는 않았다.

6) 나포박의 위성 영상은 나포박의 변천 과정을 기록했는데, 위성 영상 속의 '고리형' 모습은 호수의 변천 과정에서 어느 한 곳에 정체되어 있는 시간의 길이가 일정하지 않아 두께가 다르고 색깔이 다른 염각이 형성된 것이지 과거 호수가 변천하는 과정에서 보이는 호수 제방은 아니다.

'미이동설'의 제기는 전 학술계에서 엄청난 반향을 불러일으키며, 순식간에 학술 저서와 잡지 논문, 교과서, 과학물 등에 대대적으로 실리는 기현상이 벌어졌다. 사람들은 '나포박' 하면 이구동성으로 '이동하지 않은 호수'라고 말해 스벤 헤딘의 '이동하는 호수' 론을 다시 한 번 부정했다.

새로운 발견 : 나포박의 '이동설'

나포박은 정말 '이동' 한 적이 없었을까?
나포박 연구 전문가인 해국금(奚國金)은 수십 년에 걸친 자신의 연구 성과를 근거로 부정적인 답안을 내놓았다. 대학원생 시절부터 해국금은 중국 서부 환경에서 굉장히 상징적 의미를 지니는 나포박의 '이동 미스터리'를 풀어 보고 싶었다. 그의 석사 학위 논문인 「나포박 이동 과정에서의 주요 호수군의 발견과 그 관련 문제」에서 나포박의 지리적 특징에 대해 새로운 학설을 제시했다. '미이동설'의 온갖 근거들에 대해 그는 냉정하게 과학적 질의를 제기했다.

1)타림 강 하류의 거대 삼각주 앞에 나포 와지, 객랍고순 와지, 대특마 와지 등 몇 군데 와지가 있다. 나포 와지가 가장 낮긴 하지만, 나머지 와지들도 모두 저수지의 성질을 가지고 있고, 타림 강 하류에 형성된 호수는 하나같이 수위가 너무 낮아 어느 시기마다 종착지 호수로 만들어질 수 있었다. 1952년 이후에 형성된 종착지 호수인 대특마 호수는 나포박 와지는 물론 객랍고순 지역으로도 흘러간 적이 없다.

2)담수는 타림 강이 호수 지역으로 유입되면서 형성된 특수한 현상이지만, 객랍고순은 원래 함수호였다. 이는 커즐러프와 스벤 헤딘의 현지 탐사에서 이미 실증된 사실이다. 그들은 모두 객랍고순의 동쪽 호수 분지의 물은 이미 낙타도 입을 못 대고 갈대도 자라지 못할 정도

로 짜다고 지적했다. 이 말라 버린 호수 분지 지대나 이 지역 호숫가도 모두 소금 천지여서 이곳은 틀림없는 함수호이자 종착지 호수라는 결론을 얻을 수 있었다. 담수의 고둥 껍질은 타림 강이 흐르면서 호수로 가져 온 것으로, 나포 저지대의 나포박에서도 담수호의 고둥 껍질이 발견되었지만 나포 저지대의 호수가 담수호라고 말한 사람은 없었다.

3) 나포 와지 침적물의 포자와 화분을 분석하기 위해 샘플 18개를 감정한 결과, 포자와 화분이 모두 4,779개라는 통계가 나왔다. 그중 관목인 마황과 초목인 쑥의 화분 함량이 가장 높아 포자와 화분 총수의 98.9%에 달했는데, 가문 지역과 염분이 많은 지역에서 사는 식물이 대부분을 차지했다. 그래서 포자와 화분의 분석이 호수의 침적 과정에서 지금껏 호수 분지를 떠난 적이 없었음을 설명할 수 없지만, 나포 와지가 지금껏 장기간 말라 있었다는 사실은 증명해 주었다.

4) 나포박의 위성 영상은 나포박의 변천 과정에 대한 기록도 무슨 호수 제방을 보여 주는 것도 아닌, 1950년대 후반 홍수가 저지대로 유입되면서 조성된 모습이었다.

'미이동설'을 부정한 해국금은 더 나아가 세계의 가물고 건조한 지역에서는 일부 호수가 이동하는 특징을 보이는데, 그런 의미에서 나포박은 가문 지역의 전형적인 이동 특징을 가진 사막의 호수라고 지적했다. 또한 하류의 이동이 호수 이동을 가져오는데, 호수의 이동은 하류 이동의 결과물이고 타림 강 하류의 수로 이동은 나포박 이동의 근본적인 원인이 되었음을 밝혔다. 그는 나포박의 이동 과정을 구체적으로 복원시켰다. 한·진(漢晉) 시기 타림 강은 하류 지역으로 진입해 고로극탑격산맥 남쪽 기슭의 고모하(庫姆河)를 따라 동쪽으로 나포 와지의 고대 나포박(고대 전적에 기록된 유택, 염택, 포창해)으로 스며들었다. 고모하와 고대 나포박의 존재가 찬란했던 누란 고대 문명을 배양해 냈다.

이후 고모하는 물길을 바꿔 나포 사막 서쪽의 '작은 강'을 지나 둔성(屯城: 지금의 미란) 북쪽의 호수로 유입되는데, 바로 『수경주』에서 언급한 뇌란해(牢蘭海)다. 고모하가 물길을 바꾼 후 누란 고성은 아무런 낌새도 없이 사막에 버려졌고, 실크로드의 북쪽 길도 함께 버려졌다. 당나라 말부터 오대(五代) 시기까지 타림 강의 하류 수계는 다시 거대 변화를 일으키며 물길을 바꾸었고, 호수는 영소(英蘇)와 아랍건 일대에 고여 있다가 청나라 시대에 '롭 노르'로 불렸다.

18세기 후반경 '롭 노르'가 영소와 아랍건 일대에서 객랍고순 일대로 이동하자 1870년 이후 해외 탐험가들이 이 호수를 구경하기 위해 타림 강 하류로 몰려들었다. 1921년 타림 강이 대대적으로 물길을 바꿔 공작하로 한꺼번에 유입되었다가 취약한 강기슭을 그대로 뚫고서 동쪽의 나포 와지로 유입하여 현대사의 나포박을 형성했다.

1952년 위리현(尉犂縣)이 타림 강 중류에 댐을 건설하자 타림 강은 다시 옛 수로를 찾아 돌아가면서 대특마(台特馬) 호수가 종착지 호수가 되었다. 1950년대 후반부터 1960년대 초반까지 타림 강은 풍부한 호수 물을 자랑했다. 홍수가 여러 차례 하류로 대거 유입되면서 대특마 호수 지역을 뚫고 나가 나포 와지에 수심이 얕은 거대 호수가 만들어졌다. 호수의 작용으로 나포박의 마른 호수 분지인 '거대한 귀'의 위성 영상이 만들어진 순간이었다. 이 기간에 타림 강의 하류에 댐이 여러 개씩 건설되었고, 공작하에는 연속으로 6개의 댐이 세워지면서 나포 와지로 유입되던 물이 점차 말라 1960년대 중반기에 접어들면서 거대 규모를 자랑하던 나포박도 결국 나포 와지에서 사라져 버리고 타림 강은 대서해자(大西海子) 댐에 종착지 호수를 형성했다.

역사 속에서 나포박의 이동 상황을 보면 스벤 헤딘이 말한 시계추처

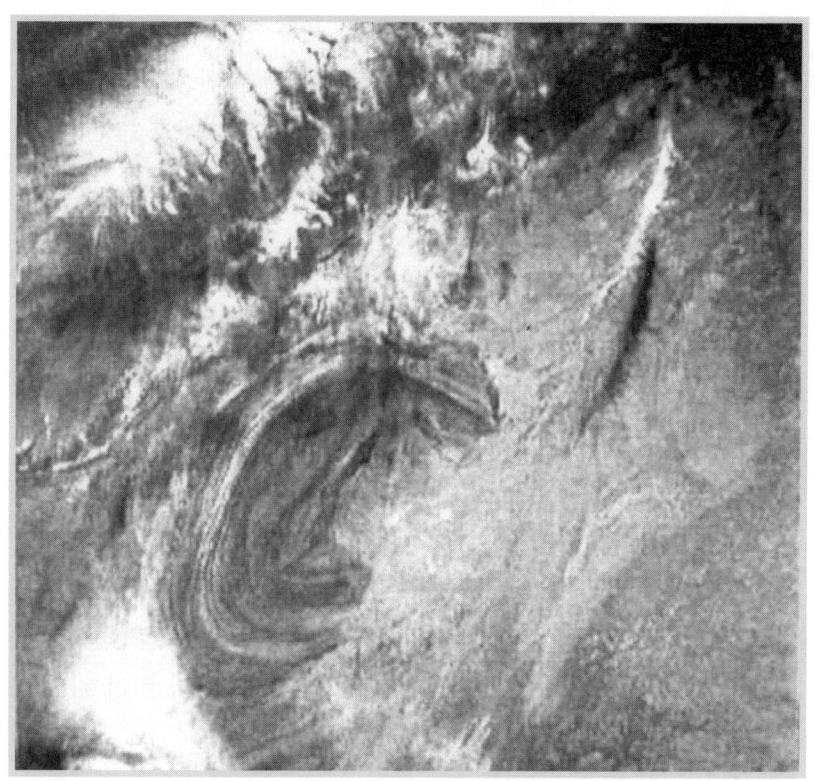

나포박 '거대한 귀' 위성 사진

럼 누란의 남쪽 '고나포박'과 객랍고순 사이를 오가지도, 더군다나 1,500년에 한 번씩 그 사이를 왕복하지도 않았다. 나포박의 이동은 대단히 복잡한 중간 과정이 있었고, 이동의 메커니즘과 원동력까지도 스벤 헤딘이 말한 것과는 사뭇 달랐다.

해국금은 유명한 '거대한 귀'의 위성 영상에 관해 설명을 덧붙였다. 1972년 미국이 발사한 첫 지구 자원 위성을 통해 나포박의 위성 영상이 소개되었는데, 완전히 막히진 않은 동그라미 모양에 줄무늬가 있는 그 모습이 마치 어마어마한 크기의 '귀'와 꼭 닮아보였다. 이 예사롭지 않은 지리적 정보는 나포박의 이동 문제 연구에 상당한 중요한 정보였다. 북경사범대학의 주정유도 상당히 빠른 반응을 보였다. 그는 영상에서 보이는 고리 모양의 줄무늬가 고리 모양의 호숫가 제방이라고 판독했고, 일본 학자들도 그의 의견에 동조했다.

해국금도 나포박 마른 호수의 위성 영상을 깊이 연구했다. 그는 항공 측량 자료를 이용해 1/500,000로 제작된 지도로 호숫가의 윤곽선을 그리고, 그것을 1/500,000로 찍힌 나포박 영상 지도 위에 덮었더니 위성 영상의 고리 모양 구조가 1950년대 후반에서 1960년대 초반까지 홍수로 형성된 거대 호수 그림 안으로 쏙 들어갔다. '거대한 귀'는 과거의 역사 속에서 형성된 것이 아니라 1950년대에 형성되었고, 호수 하나가 계속 이동하면서 생긴 제방이 아니라 1950년대 후반에서 1960년대 초반까지 호수 바닥이 거센 흐름의 작용에 의해 생겨난 산물이었다. 그래서 '거대한 귀'의 형성 시기는 상당히 최근이며, 형성된 후에도 나포박은 다시 순식간에 물의 유입이 끊기면서 말라 버려 위성 영상에서는 대단히 완전하게 보존된 것으로 보였다.

해국금은 또한 역사적 시기에 고나포박은 지속적이면서 안정된 수축이 불가능했고, 지속적으로 이동하는 호수의 제방 형성도 불가능했다고 지적했다. 이 지역은 강렬한 풍식 지역으로, 역사적으로 초기에 형성되었다면 틀림없이 풍력 작용에 의해 파괴되었지, 이렇게 뚜렷하고 완벽한 영상일 수 없다고 보았다. 1921년 타림 강이 수로를 바꾼 이후 나포박는 가장 뚜렷한 영상을 보이고 있다. 그러나 1930년대와 1940년대에 실지 측량을 통해서 나포박의 위치는 정확히 알고 있었지만, '거대한 귀'와 하나로 합쳐진 고리 모양의 위성 영상을 보지 못했다.

해국금의 일련의 새로운 발견은 많은 학자들의 지지를 받았고, 그의 과학적 연구는 '나포박 위치 이동 문제에 있어서 놀랄 만한 새로운 해석을 내렸다'는 평가를 얻었다.

　나포박은 수수께끼의 세계이다. 나포박의 이동 문제는 수수께끼 중의 수수께끼다. 시대마다 뜻있는 자들은 나포박에 숨겨진 수천 년의 수수께끼를 풀기 위해 험난한 탐사 활동을 마다하지 않았고, 그 과정에서 팽가목은 목숨을 잃었다. 그러나 사람들은 그 노력을 결코 멈추려 하지 않았다. 현재 그들은 나포박의 이동 문제를 덮고 있는 베일을 벗겨 내는 중이다. 현대 과학 기술은 언젠가 나포박의 이동에 관련된 진상을 알려 주며, 철저하게 가려진 이 수수께끼를 풀어 주리라 믿어 의심치 않는다.

사막의 선율
'우는 모래'의 수수께끼

'우는 모래'는 신기한 자연 현상이다. 끝없이 펼쳐진 사막을 걷다보면 비행기가 창공을 가르며 내는 듯한 요란한 울음소리를 듣게 된다. 그 울음소리는 바람 때문이기도 하지만, 바람의 영향 없이 혼자서 내기도 한다. 중국에는 유명한 '우는 모래'들이 대단히 많다. 감숙성 돈황 부근의 명사산(鳴沙山), 영하 회족자치구 내의 사파두(沙坡頭), 내몽고의 달랍특기(達拉特旗) 부근의 은긍(銀肯) 모래 언덕이 유명하고, 그 중에서도 내몽고 서부의 바다인자란(巴丹吉林) 사막은 그야말로 거대한 규모의 '우는 모래 지역'이다.

신기한 '우는 모래'

돈황의 우는 모래 산, 명사산
돈황은 고대 실크로드의 요충지로, 중국과 서역을 이어 주는 교통의 관문이어서 한나라 시대에 이미 현이 설치될 정도였다. 돈황에서 동남쪽으로 25km 떨어진 거리에 유명한 막고굴(莫高窟)이 있다. 이곳에는 4세기부터 14세기까지의 벽화와 조소 등 진귀한 예술 작품들이 보

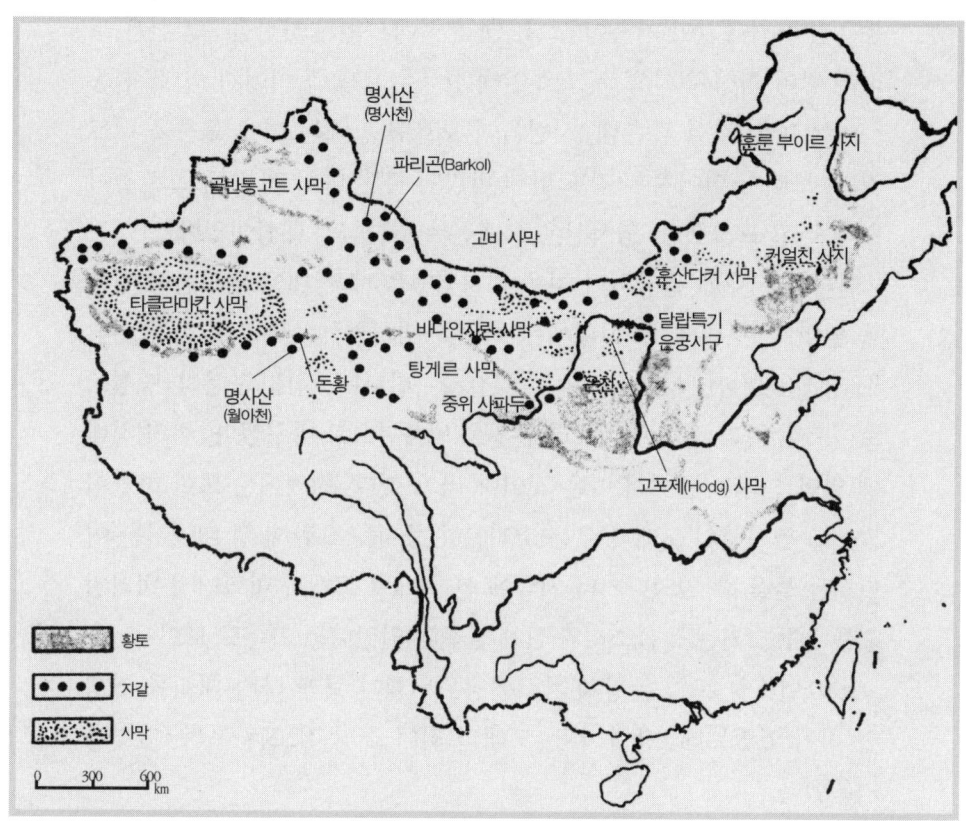

중국 북방의 사막, 황토와 과벽(戈壁 : 자갈) 분포도

존되어 있고, 돈황 서북쪽으로 유명한 옥문관(玉門關)이 있으며, 돈황의 정남쪽에는 명사산과 월아천(月牙泉) 등 많은 명승지들이 자리 잡고 있다.

고대 '신사산(神沙山)'과 '사각산(沙角山)'으로도 불렸던 명사산은 돈황성에서 불과 5km 떨어진 곳에 위치한다. 동서로 길이가 약 40km에 남북으로 넓이가 20km에 달하는 이 산의 높이는 약 90m 정도이다. 황량한 사막에 위치한 명사산은 완전히 모래가 쌓여 형성된 산으로 모래

봉우리가 하나같이 기복이 크다. 옛 전적에서는 명사산을 "그 산은 모래가 쌓여 형성된 산으로 그로 인해 산봉우리가 쭉 이어져 있다. 산등성이는 마치 칼날 같은데, 사람들이 오르면 모래는 이내 울음을 터트렸다. 모래가 떨어져 내려도 밤새 바람이 불면 다시 옛 모습으로 돌아왔다"라고 묘사했다. 명사산은 오래전부터 관심의 대상이었다.

한나라 시대에 돈황현이 처음 설치되었을 때 경내에 명사산이 있음을 알았고, 북주(北周) 시대에는 이름을 명사현(鳴沙縣)으로 바꾸었다. 『구당서(舊唐書)』「지리지」에는 "돈황은 한나라 시대 군현의 명칭으로…… 주나라 시대에 이르러 돈황을 명사현으로 바꾸었다. 현의 경내에 있던 산의 이름에서 따온 것이다"라고 했다. 전적에는 또한 하늘이 맑으면 명사산의 모래가 우는 소리는 천둥치듯 요란해 성 내에서는 어디서든 들을 수 있었다거나 저녁에 산 위에서 모래가 미끄러져 내리면 귀를 진동시키는 울음소리와 함께 불꽃이 일었다는 기록도 보인다.

1991년 5월 28일 돈황시 체육운동위원회가 모래 타기 대회를 거행한 적이 있었는데, 당시 우는 모래의 최대 소리 강도는 무려 67dB을 기록했다.

중위현의 사파두

사파두는 영하 회족자치구 중위현(中衛縣)에서 서남쪽으로 20km 떨어진 곳에 위치한다. '변방의 강남(江南)'이란 미칭을 가지고 있는 영하 은천 평원(銀川平原)이 사파두에서 시작하는데, 그보다는 '우는 모래' 지역이란 점과 사파두 자연 보호구가 건설되어 있다는 점에서 더욱 유명하다.

사파두의 아래로 황하가 흐르고 내몽고와 영하 및 감숙 세 성을 잇는 포란(包蘭) 철도가 관통하고 있다. 서북쪽에 유명한 탕게르(騰格里)

사막이 있고, 사막의 동남쪽에 위치한 초승달 모양의 사구들은 높이가 거의 100m 정도이다. 고대의 사파두는 푸른 산과 푸른 물이 있던 아름다운 지역이었지만 서하(西夏) 시기에 그곳에 유동 사구(流動砂丘)가 출현했다. 명나라 시대에는 도저히 사람들이 거주하지 못할 정도로 사구의 크기가 상당히 커져 중위에서 난주, 양주(凉州)로 통하는 옛 역로가 가로막혔고, 민국 시기에 접어들면서 옛 역로는 완전히 폐쇄되었다.

구소련의 지리학자 피트로프는 1950년대에 직접 사파두에서 현지조사를 한 다음 "탕게르 사막은 북서풍의 영향을 받아 하안(河岸)에서 조금씩 앞으로 다가오며 거대한 모래 비탈(길이는 약 150m, 경사도는 32°)을 형성해 벼랑 위에서 황하 쪽으로 쏟아져 내렸다. 모래 비탈은 남북으로 위치하며 경사면의 중간이 약간 움푹 들어갔다. 모래 비탈에 생긴 샘에서 샘물이 밖으로 흘러 나와 초승달 모양의 모래 언덕 속으로 스며들었다"라고 소개했다. 운 좋은 사람들은 모래 미끄럼을 타다가 종소리 같은 음악소리도 들을 수 있어 '모래를 타고 내려오면 종소리가 들린다'는 말까지 생겨났다.

달랍특기의 은긍 모래 언덕

황하는 중위현의 사파두에서 은천평원을 흘러 석취산(石嘴山)을 나와 내몽고 자치구로 들어간다. 등구(磴口)와 오원(五原) 부근에서 황하는 원래의 남북 방향으로 흐르던 물길을 바꿔 동서로 흐르면서 내몽고 자치구 남쪽 끝의 오르도스 지역으로 유입된다. 동서로 흐르는 황하의 남쪽 언덕에 서쪽으로는 황하의 맞은편 기슭인 등구에서 동쪽으로는 달랍특기에 이르기까지 동서 길이만 400km인 고포제사막이 분포한다. 그리고 고포제사막의 동쪽 끝이자 달랍특기 이남 25km 지점에 넓이 60m, 높이 40m의 은긍 사구가 있다. '은긍(銀肯)'은 몽고어로 '영원(永遠)'이란 의미다.

은긍 모래 언덕은 포두(包頭)에서 50km 떨어진 곳으로 상하로 흐르는 한태천(罕台川) 위에 자리 잡고 있다. 한대천의 하상은 기암(基巖) 약 100m까지 파고들어 그 넓이가 약 200m이다. 하곡에는 단구가 부족하고, 높이 솟아 있는 초승달 모양의 모래 언덕은 좌측 기암 위에 위치한다. 북서 계절풍이 하상 쪽으로 모래 언덕을 밀어내는 동시에 바람이 모래 언덕을 하상 쪽으로 밀어 넣으면서 결과적으로 기다란 모래 언덕 비탈을 만들어 냈다. 길이 120m에 경사도는 31°, 경사면은 중간이 움푹 패였지만 서쪽 비탈은 맞바람을 받고 오히려 평평하다. 비교적 소규모의 샘들이 모래 언덕 비탈 아래에서 솟아 나오지만 그리 멀리까지 흐르지 못하고 한대천의 가는 자갈 속으로 사라진다. 그래서 그곳도 소리 내는 사막이란 의미의 '향사만(響沙灣)'으로 불린다.

은긍 사구 위에서 미끄러져 내려오면 '웅웅' 거리는 소리가 메아리가 되어 모래를 타고 내려오는 사람들의 주위를 빙빙 돈다. 처음에는 기계음 같은 저음으로 들리다가 이어 우렁차고 힘찬 소리가 나고 마지막에는 제트기가 머리위로 날아가는 착각이 들 정도로 요란한 소리가 나 겁이 덜컥 나기도 하지만 신기함도 배가 된다.

바다인자란 사막의 '우는 모래'

내몽골 고원의 서쪽에 위치한 광활한 바다인자란(巴丹吉林) 사막은 그 면적이 4만여 km²로 타클라마칸 사막 다음가는 제2의 사막이다. 바다인자란 사막에는 초승달 모양과 피라미드 모양의 모래 언덕 및 다양하고 복잡한 형태의 모래 산이 셀 수 없을 정도로 많이 분포한다. 그 높이는 대개 200m 전후이지만 가장 높은 것은 500m를 훨씬 넘는다.

1996년 초 중국과학원의 난주(蘭州) 사막 연구소의 전문가들은 연구 과정에서 바다인자란 사막이 거대한 '우는 모래' 지역임을 발견했다. 사막으로 걸어 들어갔을 때 비행기가 상공을 나는 듯 거의 모든 지역에서 우렁찬 모래울림 소리를 들을 수 있었다. 명사산, 사파두, 은궁 사구의 '우는 모래'도 유명했지만, 바다인자란 사막처럼 면적이 거대한 '우는 모래 지역'은 거의 존재하지 않았기 때문에 전 세계 많은 전문가들의 관심이 집중되었다.

사실 중국 대륙에 존재하는 '우는 모래'는 위에서 언급한 것이 전부가 아니다. 신강 위구르 자치구 동부의 파리곤(巴里坤) 부근에는 우는 모래 산인 명사산과 우는 샘인 명사천(鳴沙泉)이 있다. 파리곤의 명사산은 파리곤 성에서 동쪽으로 60km 떨어진 곳에 있으며 주위는 온통 풀밭이다. 남쪽은 천산의 주 줄기인 파이고(巴爾庫) 산맥이고, 북쪽은 천산의 지류인 흑산(黑山)이며, 동쪽은 백석두산(白石頭山)인데, 명사산은 바로 이 세 산이 둘러싼 분지의 중간에 위치한다. 명사천은 대략 수 평방미터의 면적에 깊이가 수 척에 달하는데도 샘물이 맑아 바닥까지 훤하게 보인다. 주위에 모래 산들이 둘러싸고 있지만 아직까지도 모래로 메워지지 않은 것이야말로 수수께끼다.

모래는 원래 소리가 없는데, 도대체 어떻게 소리가 나게 된 걸까?

풀린 수수께끼 : 알고 보니 그렇다

시적인 의미를 담아 '우는 모래'를 '노래하는 모래'라고 말하는 사람도 있다. 모래는 어떻게 노래를 부를까? 오랫동안 전해오는 전설을 소개해 볼까 한다.

아주 오래전 명사만 일대에 대소묘(大昭廟)가 있었다. 어느 날 500명의 라마가 사당에서 음악을 연주하며 제사를 올리던 중에 갑자기 세찬 바람이 불어와 사당 전체가 모래 바다에 파묻히고 말았다. 그 후로 사람들은 종종 모래 저 깊숙이에서 들려오는 울음소리를 들을 수 있었다. 바로 라마들의 죽지 않은 영혼이 읽는 경전 낭송 소리와 음악 연주 소리였다.

또 다른 전설도 있다. 옛날 은긍 사구에 두 라마가 살았다. 성격이 익살맞은 두 라마는 종종 다투기도 하고 장난도 치면서 하루하루를 보냈다. 그러나 일단 그 모래땅을 지나거나 몰래 모래를 파 가는 자가 있으면 그들은 길길이 화를 내며 크게 고함을 질렀다. 1870년대 한 러시아 탐험가가 고포제를 지나며 다음과 같은 기록을 남겼다. "몽고인은 미신과 공포의 심정으로 우리에게 말했다. 아직도 고포제사막을 지나면 설령 대낮이라 해도 고함소리, 흥얼거리는 소리, 죽은 영혼의 부르짖음을 들을 수 있다고!"

지금껏 많은 지리학자들과 지질학자들이 사막으로 들어가 '우는 모래' 땅을 답사하며 과학적 답안을 찾고자 노력했다. 러시아의 프르제발스키는 고포제사막의 서쪽에서 통과했고, 피트로프는 고포제사막의 동쪽에서 통과했다. 중국의 저명한 과학자이자 중국과학원 부원장을 역임했던 축가정(築可楨)은 1959년 직접 사파두로 들어가 '우는 모래' 현상을 연구했고, 과학적 조사 덕분에 명사 현상의 비밀이 점차 벗겨졌다. 학자들은 각지에 분포해 있는 명사산의 상황이 완전히 일치하진 않지만 동일한 점들이 많다는 사실을 발견했다. 바꿔 말해 '우는 모래' 현상은 다음과 같은 조건을 가지고 있어야만 가능하다.

첫째 모래가 반드시 이동해야 한다. 바람이 모래의 이동을 추진하거나 모래가 기계적 작용의 영향을 받아야 한다. 예를 들어 모래 언덕의 일부분이 아래로 미끄러질 때 사람이 모래 언덕의 정상에서 아래로 내려가면, 모래의 미끄러짐 운동으로 모래가 운다. "모래의 울음 현상은 바람이 불 때 생긴다. 그때는 모래가 주기적으로 언덕을 타고 미끄러져 내려온다. 날씨가 평온하면 모래는 아무런 소리도 내지 않는다. 하지만 모래를 울리는 것도 사실은 아주 수월하다. 모래 언덕의 제일 윗부분으로 올라가 앉아 언덕을 따라 미끄러져 내려오면 된다. 이때 모래는 바로 몸의 운동을 따라서 낮은 고함소리를 낸다. 나는 모래의 울음소리를 더 깊이 이해하기 위해서 언덕을 따라 아래로 손을 모래에 대고 문질러 보았다. 모래는 내 두 손의 운동을 따라 낮게 으르렁댔다. 주머니 안에 담긴 모래 샘플도 흔들릴 때마다 끊겼다 이어지는 소리를 내기도 했다. 내가 숙소로 돌아갈 때까지 모래는 여러 시간을 울어댔다. 그러나 다음 날 새벽 모래 주머니를 흔들지 않았더니 모래도 입을 다물고 아무런 소리도 내지 않았다. 모래 샘플도 이미 기진맥진한 상태였다." 모래는 바람의 움직임이나 인위적인 운동으로 마찰을 일으켜 소리를 낸다. 간단히 말해 모래는 운동할 경우에만 '노래'를 부른다.

둘째 모래는 반드시 뜨겁고 건조해야 한다. 모래는 태양광선의 복사를 받으면 다량의 태양에너지 때문에 온도가 점차 높아지는데, 이때 바람의 작용으로 모래가 이동하게 되면 독특한 선율을 낸다. 그래서 모래의 울음소리는 일반적으로 건조하고 무더위가 계속되면서 바람이 세게 불 때 들을 수 있다. 태양에너지는 '우는 모래의' 열에너지원이며, 모래 언덕 비탈은 대부분 태양쪽을 향한다. 태양쪽의 모래는 표면 온도가 65℃에서 70℃까지 이른다는 관측 결과도 나왔다. 이런 건조하고 뜨거운 상황 속에서 모래는 바람의 작용을 받아 모래 표면은 물론 수십 센티미터의 깊은 곳에서도 소리를 낸다.

셋째 우는 모래는 늘 물과 관련이 깊다. 혹자는 거대한 울음소리를 내려면 반드시 물이 필요하다고 지적했다. 학자들은 독특한 현상을 발견했다. 바로 우는 모래의 모래 산이나 모래 언덕 부근에는 모두 물이 있다는 사실이었다. 감숙성 돈황의 명사산 북측에 있는 월아천은 물이 맑아 철배어(鐵背魚)와 칠리초(七里草)가 자란다. 옛 서적에서는 "샘물은 달고 향기로우며, 그 깊이를 예측할 수 없다"거나 "사방에 이동하는 모래 언덕이 있는데도 샘물은 맑고 깨끗한 걸 보면 바람에 날린 모래가 닿지 않았다"라는 기록을 찾을 수 있다. 사파두는 황하의 기슭에서 가깝고, 내몽고의 향사만(響沙灣)은 한대천 마른 하곡의 기암 위에 위치한다. 그리고 신강 파리곤의 명사산 부근에 바로 명사천이 있다.

혹자는 건조한 사막에 어떻게 샘이 있을 수 있는지, 그리고 매년 마르지 않을 수 있는지? 혹시 근처의 모래 산과 모래 언덕에서 흘러내린 모래가 저 작은 샘을 메우지 않을지에 관해 의문을 가질지도 모른다.

하지만 설명하기 어려운 수수께끼는 이미 풀렸다. 돈황의 명사산 북측에 위치한 월아천(月牙泉)은 원래 소륵하(疏勒河)의 지류인 당하(黨河)가 남긴 하만(河灣)으로, 강이 굽이도는 하만의 바닥은 분사암(粉沙岩)이고 그 수원은 수분 함유 층위가 비교적 높은 지하의 지류에서 흘러나와 강물을 끊임없이 보급해 주었다. 그래서 월아천의 수면은 비록 크지 않아도 밑바닥의 수로가 막힘없이 잘 통해 수천 년 동안 마르지 않는 원인이 되었다. 그 외에 명사산은 피라미드형 사구에 속하는데, 사막의 모래는 아래쪽에서 위쪽으로 모래를 이동하는 규칙이 있어 흘러내린 모래는 곧 바람을 타고 사구 위쪽으로 옮겨지기 때문에 사막의 모래는 샘을 메울 수 없었다. 이것이 바로 월아천이 마르지 않은 또 다른 주요한 원인이었다.

사막 전문가는 월아천과 남북의 모래 산에 관한 다년간의 관찰을 통해 명사산과 월아천의 관계를 좀 더 심도 있게 밝혔다. 원래 월아천은 남북의 모래 산 중간에 낀 상태인데, 모래 산의 상대 고도는 모두 100m 이상이다. 남북의 모래산은 월아천의 한쪽 면을 마주하지만 그 모습은 완전히 상반된다. 남쪽 모래 산의 북쪽 비탈은 툭 튀어나왔지만 북쪽 모래 산의 남쪽 비탈은 움푹 들어갔고, 두 모래 산이 맞닿는 곳은 지세가 비교적 낮아 실제로는 산간의 험하고 좁은 애구(隘口)를 형성했다. 모래 산 밖의 기류는 애구에서 월아천으로 들어간 후 특수한 지형과 월아천 지역 기류(氣流)의 영향을 받아 그 기류가 동·남·북 세 방향으로 나뉘는 한편, 모래 산의 표면을 따라 원심형의 톱스핀 운동(上旋運動)이 발생해 산비탈 아래의 사막 모래를 산 정상으로 불어 올렸다가 모래 산의 뒤쪽으로 떨어뜨렸다. 고대 서적에서 "모래가 떨어져 내려도 밤새 바람이 불면 다시 옛 모습으로 돌아왔다"라고 지적한 것도 이 점을 언급한 것이다. 이 기류가 바로 월아천이 사막 모래에 파묻히지 않았던 가장 근본적인 이유이다.

파리곤의 명사천은 모래 산이 둘러싸고 있는 광활한 지역에 위치한다. 바람은 산의 입구에서 산을 에워싸고 있는 저지대로 들어간다. 공기 역학의 원리 때문에 모래는 바람을 타고 휩쓸려 올라갔다가 미끄러져 내려오지 않고 '모래는 강을 범하지 않고, 강도 모래를 범하지 않는' 장관이 눈앞에 펼쳐진다. 이로 인해 모래 바다 중간에 위치해 있어도 샘은 메워지지 않는다.

모래 울음의 크기와 높낮이는 건조한 표층의 두께로 결정된다. 건조한 모래의 표층이 두꺼울수록 울음소리는 낮다. 명사산 부근의 샘은 건조한 모래의 두께가 얇아졌기 때문에 그로 인해 모래 울음이 커졌다.

돈황 명사산(鳴沙山)의 월아천(月牙泉)

넷째 '우는 모래'는 반드시 다량의 석영(石英)을 함유하고 있어야 하고, 중간 모래와 가는 모래는 메커니즘이 동일해야 하며 먼지가 없어야 한다. 피트로프는 사파두와 은긍 사구 부근의 한대천 하곡에서 모래 성분의 토질인 사질(沙質)을 골라 용량 분석을 한 결과 경질(經質) 광물의 대부분은 석영이라는 결론을 얻었다. 사파두에서는 석영이 52%를 차지했고, 달랍특기는 더 높은 62%를 차지했다. 그 다음 광물은 장석으로, 사파두에서는 24%, 달랍특기에서는 8%를 차지했다. 장석은 산성의 사장석과 알갱이가 균일한 사장석으로 나뉘는데, 전부가 풍화된 모래알이다. 중질(重質) 광물은 주로 세 광물로 이뤄진다. 먼저 큰 알갱이로 풍화된 녹렴석을 함유하고 있는데, 사파두가 56.5%, 달랍특기는 36%를 차지한다. 티탄 철광과 강철광은 대표적인 금속 광물로 사파두가 20%, 달랍특기가 26.5%를 차지한다. 마지막으로 각섬석은 사파두가 19%, 달랍특기가 20%를 차지한다. 두 곳의 우는 모래는 모두 가는 모래류에 속하는데, 직경은 0.25~0.1㎜ 사이의 모래가 대부분을 차지했다. 그 비율이 사파두가 95.2%, 달랍특기는 91.2%에 달했다.

앞에서 언급한 네 가지 조건을 갖추면 '소리 없는 모래'도 '우는 모래'와 '소리 나는 모래'로 바뀔 수 있다. 1959년 우는 모래를 연구한 축가정이 형성 조건에 대한 정확한 결론을 내놓았다. "모래 언덕이 크고, 비탈이 가파르며, 아래에서 샘이 솟아나오고, 가는 모래 위주며, 광물의 성분이 대부분 석영이고, 표층이 건조하며, 태양이 내리쬐고 마찰이 일어난다면, 충분히 소리가 날 수 있다."

그렇다면 우는 모래는 도대체 어떻게 소리를 내는 것일까?

로츠코프는 실험을 통해 모래가 우는 '명사(鳴砂) 현상'은 서로 다른 에너지의 변환 때문이라는 결론을 얻었다. 모래알은 석영의 압전(壓電) 성질을 빌려 복잡한 활선 과정이 일어나고 전기에너지를 따라 다시 탄성에너지로 전환되며, 압전 결정체의 수축과 팽창이 음향 에너지를 만든다. 압전은 전류의 영향을 받아 음파의 근원은 물론 초음파의 근원이 된다.

쉽게 말해 서로 다른 방향으로 부는 바람이 모래를 장기간에 걸쳐 반복적으로 이동시키면서 모래알은 크기가 균일하게 되고, 불순물이 극히 적어지고 깨끗해지며, 벌집 같은 구멍이 생긴다. 특별한 조건에서 이런 가는 모래는 모래 언덕과 모래 산으로 높이 쌓이면서 일정한 경사도를 만든다. 강풍이 모래를 날려 보내거나 인위적으로 모래 위에서 미끄러질 때 모래의 상호 마찰을 일으켜 독특한 표면 구조를 가지고 있는 모래알 간의 마찰과 공진으로 정전기와 소리가 발생한다. 모래 언덕 아래 샘물의 수증기와 활 모양의 모래 담이 공명 상자의 역할을 하면서 모래알의 소리를 몇 배 더 크게 만들어 외부로 전한다. 그래서 신기한 '우는 모래' 현상이 나타나는 것이다.

| 4장 |

누가 첫번째 발견자인가?

서복은 왜 동쪽으로 갔는가?
아메리카를 발견하다

서복은 왜 동쪽으로 갔는가?
서복, 일본을 발견하다

　서복(徐福)이 동쪽으로 건너갔다는 것은 중국과 한국과 일본에서 인구에 회자되고 있는 유명한 고사이다. 전국 시기부터 중국과 일본은 왕래를 시작했다. 역사적으로 일본의 경제와 문화 각 분야는 모두 중국의 영향을 받았다. 서복이 동쪽으로 건너간 전설은 이러한 역사적 배경에서 생겨난 것이다.
　중국의 역사서는 서복이 동쪽으로 건너간 것을 명확하게 기록하고 있고, 이와 관련 있는 중국과 외국의 사적과 유물도 많이 볼 수 있다. 특히 현재의 일본 문화 속에는 중국 초기 문화의 흔적이 농후하다. 그리고 중국 역사서 중에서 그 무엇과도 비길 수 없는 최고의 위치를 차지하고 있는 『사기』에서 사마천 역시 서복과 그의 사적에 대해 의심치 않았으며, 더욱이 '일언구정(一言九鼎 ; 일언천금)'이라는 저울추를 더해 놓았다. 이 때문에 모든 것이 다음과 같이 결정되어 있는 듯하다. 즉 '서복이 동쪽으로가 정착한 게 진실'이라는 것이다.
　그러나 실제적으로는 역사상의 실존 인물로 규정하기에는 서복과 관련된 자료가 너무 부족해서 전체 사건의 전모를 규명하기에는 많은 어려움이 있다. 특히 후기의 기록은 사실에 어긋나는 것이 많아서 아무리 흥미진진해도 전설의 범주에 넣을 수밖에 없다. 그래서 서복이라는 사람이 실존했느냐의 여부, 서복이 동쪽의 어느 지역으로 갔는가, 서복이 동쪽으로 간 목적, 서복이 동쪽으로 간 루트·기착지·상륙지, 서복의 고향이 어디인가 등등 세부 항목에 대해 학계는 여전히 의견이 분분하여 어떠한 정해진 의견이 없는 듯하다. 어떤 문제는 찬성하는 설과 반대하는 설이 팽팽히 균형을 이루고 있어 각기 나름대로 일리가 있다. 그러나 모두 결정적이지는 못해 상대방을 설득하기 어렵다. 이 때문에 서복이 동쪽으로 건너간 일은 수수께끼 투성이의 이야기를 만들어 내었다.

서복은 왜 동쪽으로 갔는가?

기원전 221년, 진왕(秦王) 영정(嬴政)이 전국시대의 군웅할거 국면을 종결하고 중국을 통일했다. 천하가 막 통일된 상황에서 진시황은 '강성함을 보임으로써 국내를 평안히 하고' 전국을 통일한 공덕을 널리 알리기 위해 네 차례에 걸쳐 전국을 순행했다. 뿐만 아니라 수차에 걸쳐 방사(方士) 서복을 멀리 파견하여 바다를 건너 동쪽으로 가도록 했다.

걸출한 정치적 인물인 진시황은 귀신을 완전히 믿지 않았을 뿐만 아니라 영원한 삶을 완전히 믿지 않았다. 그러나 약물의 힘을 빌려 건강하게 장수하고자 하는 바람이 제왕의 마음속에 깊이 뿌리박고 있어, 영주(瀛洲)·봉래(蓬萊)·방장(方丈)의 '삼신산(三神山)'은 그의 마음을 뒤흔들었다. 전하는 바에 의하면 서복이 동쪽으로 떠난 것은 진시황이 마음속에 품고 있는 삼신산을 찾아 수명을 연장하는 영물을 가져오기 위해서였다. 그러나 서복은 '감감 무소식'이었으며, 한 시대를 풍미한 군주도 서복이 동쪽에 있는 삼신산에서 돌아왔다는 희소식을 접하지 못한 채 세상을 뜨고 말았다.

역대 군왕의 능은 모두 '북쪽에 앉아 남쪽을 향함'으로써 상서로움을 도모한다. 그러나 오직 진시황의 무덤만이 홀로 '서쪽에 앉아 동쪽을 향하고 있으니' 무슨 이유에서인가? 아마도 동쪽으로 건너가서 돌아오지 않은 서복을 간절히 기다리고 있는 것이 아니겠는가? 그는 죽어서도 마음이 편치 않을 것이다!

서복이 동쪽으로 건너갔다는 오래된 수수께끼는 역대로 사람들의 상상력을 자극했다.

봉래선도도(蓬萊仙島圖)

사람들은 일개 방사가 왜 큰 바다를 건너 멀리 다른 고장까지 가야했는가 하는 의문을 금할 수 없었다. 수수께끼는 이미 제시되어 있기 때문에 누구나 그 답을 알고 싶어 한다.

서복은 기원전 255년에 태어났다. 이름은 의(議), 자는 군방(君房)이며, 제(齊) 지방의 낭야(琅邪) 사람이다. 기원전 219년 서복은 36세 때, 3천 명의 동남동녀(童男童女)를 데리고 장생불사약을 구하러 동쪽 바다로 나갔다. 그러나 세상에 신선이 사는 산이 어디 있겠는가? 그래서 서복은 빈손으로 돌아올 수밖에 없었다. 기원전 212년 '분서갱유(焚書坑儒)'로 400여 명의 유생과 방사들이 살육되었다. 서복은 화를 면하기는 했으나 엄중한 경고를 받았다. 사서에는 "서복 등은 수많은 거금을 쓰고도 결국에는 선약을 구하지 못했다"는 내용이 실려 있다.

비록 서복이 해외로 나가 공을 세우지 못해 견책당하기는 했지만 그가 진시황을 설득해서 대규모의 원양 선단을 조직할 수 있었고, 또 수천 명이 배를 타고 나가는 것을 지휘할 수 있었다는 것은 말주변이 있고 총명함과 교활함을 가지고 있었기 때문이라고 한다. 그렇지 않다면 그는 죽음을 면하기 어려웠을 것이다. 해외로 나가도 선약을 구하지 못할 것을 알았다면 그것은 군왕을 속인 죄이며 목이 잘려 죽을 일이다.

다행히 서복은 머리가 좋았다. 그는 군왕 앞에서 다시 한 번 "바다로 나가 선약을 구하고자 하나, 몇 년의 시간으로는 부족하다"는 구실을 댔다. 결국 진시황은 "봉래에 가면 선약을 구할 수 있으나 항상 커다란 상어가 출몰하여 접근할 수 없으니, 원컨대 활을 잘 쏘는 사람들을 함께 보내주시면 보이는 대로 활로 쏴 잡을 수 있겠다"는 서복의 말을 믿고서 남녀 3천 명과 많은 직인들을 딸려 보냈다. 서복은 마침내 몸을 피할 구실을 찾아내서 다시 바다를 건널 수 있게 되었다. 결과적으로 그는 "넓은 평원과 호수를 얻어, 왕이 오지 못하는 곳에서 정착했으니" 한 번 떠나자 다시는 돌아오지 않은 것이다.

서복이 도착한 '넓은 평원과 호수'는 도대체 어디에 있기에 그가 멈추어 돌아오지 않았는가? 이것은 역사의 수수께끼가 되었다.

사마천의 『사기』는 가장 오래되고 또 가장 상세하게 서복이 동쪽 바다로 나간 사실을 기록하고 있는 역사서이다. 앞에서 인용한 두 구절 역시 『사기』에서 나온 것이다. 그러나 일세를 풍미한 역사가 사마천도

서복의 일을 기록한 것이 천고의 수수께끼를 만들어 내고 후인의 풍부한 상상력과 깊은 사고를 불러일으키리라고는 미처 생각하지 못했다. 그 뒤 수많은 역사서와 지방지에서 이를 인용하여 기록하는 일이 끊이지 않았으니, 『한서』「교사지(郊祀誌)」와 「오피전(伍被傳)」, 『삼국지』「오지(吳志)」와 「손권전(孫權傳)」, 『후한서』「동이열전」, 『삼제기(三齊記)』, 『괄지지』, 『태평어람(太平禦覽)』, 『태평환우기(太平寰宇記)』, 『산동통지(山東通誌)』, 『청주부지(青州府誌)』 등이 그러하다. 비록 참고 자료나 방증 자료로서 가치가 없지는 않지만 기재 내용은 대부분 『사기』에서 비롯되었으며 대동소이하다. 더욱 심한 것은 거기에 이것저것 보태어 그 내용이 신화와 전설의 성격을 띠게 되었으니, 서복이 동쪽으로 항해한 것은 더욱 신비하고 황당한 색채를 띠게 되었다.

　일본에도 7~8세기 이후 서복을 기술하고 있는 문헌이 매우 많다. 『신황정통기(神皇正統記)』, 『나문산집(羅文山集)』, 『이칭일본전(異稱日本傳)』, 『동문통고(同文通考)』, 『기이속풍토기(紀伊續風土紀)』, 『화가산현사적명소지(和歌山縣史迹名所誌)』, 『일본명승지지(日本名勝地誌)』 등이다. 이밖에도 『서복(徐福)』, 『서복래일역사사적(徐福來日歷史事迹)』, 『서복동래전설고(徐福東來傳說考)』 등 서복을 연구한 전문서가 있는데, 각기 다른 방향에서 서복과 일본의 뗄레야 뗄 수 없는 밀접한 관계를 다루고 있다.

　근현대에 이르러 서복과 관련된 연구가 어떤 때는 활발하고 어떤 때는 활발하지 못하고, 어떤 때는 각광을 받고 어떤 때는 그렇지 못하기도 했다. 그러나 전체적인 추세는 날로 깊어졌다. 탐색과 논쟁 중에 새로운 성과가 나오기도 하고 서복이 동쪽 바다로 나간 것에 대해 공정한 평가가 나오기도 했으며, 서복이 동쪽으로 나가 일본으로 왔을 것이란 가능성을 인정하기도 했다. 또한 중국과 일본 양국은 아주 가까운 거리에 있고 한반도는 그 사이에 있어 한반도 북부와 남부를 각각 거쳐 동쪽으로 항해하는 사람들이 많았다.

서복 등은 바다를 항해하며 삼신산을 찾았으니, 바로 당시 산동 연해 지방 일대의 상인이 전국시대에 해양 상업 활동을 시작한 것이다. 그리고 바다에서 신선을 구하는 이론이 서복에게서 시작은 된 것은 결코 아니니,『사기』「봉선서(封禪書)」에 "제(齊)나라 위(威)왕과 선(宣)왕, 연(燕)나라 소(昭)왕 이래로 사람들을 시켜 바다로 나가 봉래·방장·영주를 찾도록 했다"는 기록이 있다. 이로부터 서복 이전에 아마도 '세 섬'에 도착한 사람이 있었을 것이고, 그래서 서복 등이 비로소 바다 밖에 삼신산이 있다는 것을 알게 됐으며 이로 말미암아 성지를 찾으려는 열망을 불러일으키게 되었다는 것을 추론할 수 있다. 진나라 때가 되자, 이 환상적이고 매력이 넘치는 바다 밖의 세계는 동방에 있는 천국을 찾으려는 사람들의 갈망을 더욱더 불러일으키게 되었다. 그래서 진시황의 도움으로 서복 등은 해양 탐험대를 이끌고 동쪽으로 항해를 떠날 수 있었던 것이다.

서복이 동쪽으로 항해하게 된 동기에 대해 현재 학술계에서는 다음과 같은 몇 가지 주장이 있다. 첫째 서복이 화를 피하기 위한 것이라는 설이다. 그는 진시황의 폭정을 피하기 위해 교묘하게 '백공(百工 : 온갖 기술자)'과 '오곡(五穀)' 그리고 동남동녀를 요구하며 '왕이 오지 못하는 곳에서 정착하기' 위한 준비를 했다. 둘째 진시황의 가혹한 정치에 반대했다는 설이다. 진시황의 폭정에 대한 반항은 두 갈래로 나뉘는데, 하나는 농민 봉기이고 다른 하나는 해외 이주였다. 소위 바다에 있는 신선산(神仙山)이란 바로 진나라에서 피신할 수 있는 이상적인 '세상 밖의 무릉도원'이었다. 서복이 동쪽 바다로 나간 것은 바로 후자에 속한다. 셋째 신선과 선약(仙藥)을 찾기 위한 것이라는 설이다. 신선과 선약(仙藥)을 찾는 것은 불로장생하기 위한 것이다. 넷째 재물을 얻기 위해 사기를 쳤다는 설이다. 그는 선약을 얻어 불로장생하려는 진시황의 간절한 마음을 이용해서 진시황을 속여 거금을 얻어냈다. 다섯째 진시황이 해외를 개발하려 했다는 설이다. 진시황은 중국의 변방을 개발하는 것에 대해 거대한 계획이 있었는데, 동·남·북의 각 방향에 대해 각기 다른 대책을 가지고 있었다. 여섯째 서복이 해외를 개척했다는 설이다. 당시 중국 연해의 상인은 일본의 여러 섬과 교역로를 개척하려 했는데, 바로 이런 계획에 호응해서 서복 역시 해외를 개척하려는 계획을 가지고 있었다는 것이다.

마지막으로 일곱째 '외월(外越)'설이다. 상고 시기에 지리적인 변화에 의해 당시 영소평원(寧紹平原 : 절강성 영파와 소흥 일대)에 거주하던 월(越)의 선조들이 대규모로 이주했다. 그중 일부가 바다로 나가 연해 도서 지역과 해외로 이주했는데, 그들은 지금의 주산군도(舟山群島), 대만, 팽호열도 및 일본열도에 분포했다. 초나라가 월나라를 멸망시킨 후 월나라 사람들이 다시 대규모로 이주했다. '외월' 인은 항해에 뛰어나고 수전에 능했기 때문에 강대한 해상 세력으로 성장했다. 일찍이 춘추시대 때 그들은 해상에서의 우세한 실력을 이용해서 월나라와 함께 오나라를 괴롭혔다. 그러나 지금은 진나라가 그들과 같은 풍속과 뿌리를 가진 '내월(內越)'의 형제를 정복하고 박해를 가하니, 자연히 '내월'과 함께 진나라의 적이 되어 바다에서 상륙하여 진나라를 끊임없이 괴롭혔다. 이 때문에 진시황이 군대를 파견하여 '외월'을 정벌했으며, 서복이 동쪽으로 항해하면서 내건 명목은 선약을 구한다는 것이었으나 실제로는 군사적으로 '외월'에 대적하기 위한 것이었다.

'동쪽으로 건너갔다'는 몇 가지 설은 듣기에 따라 모두 나름대로 일리가 있다. 그러나 '증거'가 부족해서 서복이 동쪽으로 건너간 원인을 분석해 내기가 어렵다. 하지만 서복이 첫번째 '동쪽으로의 항해'에서 돌아온 뒤 한 '거짓된 변명'으로부터 몇 가지 주목할 만한 내용을 분석해 낼 수 있다. 즉 서복이 말하길 바다의 신이 '동남동녀와 각 분야의 기술자'를 요구했다는 것이다. 이것은 참으로 이해하기 어렵다. 뛰어난 술법을 가지고 있고 장생불사하는 신선이 동남동녀를 요구한 것은 이해할 수 있다.

그런데 오곡의 씨앗과 갖가지 기술을 가진 직인들은 왜 필요한가? 설마 신선이 음식을 불로 익혀먹는 것은 아닐 것이다. 이러한 분석으로부터 실마리를 찾을 수 있을 것 같다. 그가 넓은 평원과 호수에 정착해서 돌아오지 않은 것은 일찌감치 계획에 있었던 것이다! 속담에 "군주를 가까이 하는 것은 호랑이를 가까이 하는 것과 같다"라는 말이 있다. 서복이 비록 겁을 먹고 도망가기는 했지만 그가 '두 번의 재난'을 피할 수 있을 것이라고 누가 보장할 수 있겠는가? 이 점에 대해서는 서복이 알 수 없었을 것이다. 현실에 마주하여 죽기만 기다리기보다는 '36계, 즉 달아나는 것이 최상이며' 다른 지역으로 아주 멀리 도망가야지만 진시황의 손아귀에서 벗어나는 길이다.

비록 서복이 동쪽으로 건너간 것이 여러 가지 원인에 의해 촉발되었다 하더라도 서복의 행동, 특히 오곡의 종자와 많은 직인들을 데리고 바다로 나간 것을 볼 때 그 목적은 분명하다. 즉 다른 지역으로 멀리 도망가 편안히 살고자 한 것이며, 진시황으로부터 죽임을 당하는 것을 두려워한 것이다. 결국 그가 처음 선약을 구해오지 못한 것에서부터 이미 불안의 씨앗을 잉태하고 있었던 셈이다. 진나라 법률이 호랑이처럼 무섭고 진시황은 형벌의 엄격함으로써 권위를 세웠다. 또 장생불로의 약을 찾을 수 없다는 것은 세상 모든 사람들이 다 아는 바였으니, 죄를 물어 죽임을 당하는 것은 조만간에 닥칠 일이었다. 그래서 서복은 동쪽으로 건너갈 때 불사약을 구한다는 명분으로 자신의 사적인 일을 처리하는 '두 마음'을 가지고 있었던 게 확실하다. 만일 이런 일이 진실로 성립된다면 서복 역시 일대 호걸이라 칭할 수 있을 것이다. 천하를 호령하던 진시황마저 멋지게 속여 넘겼으니 말이다. 물론 이것은 반드시 앞으로 더 연구하여 증거를 찾아야 할 일이다.

서복은 일본의 개국 천황인가

서복이 동쪽의 일본으로 건너갔다는 것과 관련하여 20세기 초 중국과 일본의 학자들이 진나라와 한나라의 역사·해상 교역사 등에 대해 폭넓은 연구를 실시했다. 학자들은 발굴 문화재와 고고학 자료를 근거로 서복이 일본에 갔는가의 여부에 대해 대체로 긍정적인 입장을 견지하고 있다. 그러나 서복이 일본에 갔다는 설을 부정하는 사람들도 있다. 이들은 서복이 동쪽으로 간 방향에 대해 한나라와 당나라 때의 역사서에도 분명하게 언급되어 있지 않음에도 불구하고 왜 한참이 지난 지금 사람들이 도리어 일본으로 갔다는 것을 인정하는가라고 회의한다. 뿐만 아니라 가면 갈수록 더욱더 구체적이 돼서 그 상상력이 앞 사람들을 뛰어넘으니 이러한 점도 의심을 갖기에 충분한 부분이라고 생각한다.

1950년대에 이르면 이 문제에 대한 중국 학자들의 연구는 이미 서복이 동쪽으로 갔다는 것에 그치지 않고 심도를 더해 갔다. 홍콩의 위정생(衛挺生)이 쓴 『서복의 일본 건국에 대한 고찰(徐福入日本建國考)』는 중국의 역사서, 문화재, 옛 돈, 일본에서의 서복 행적 등을 근거로

서복 궁(와카야마현)

지리·시대 등을 검토한 결과 '중국의 서복이 바로 일본을 개국한 제1대 진무(神武)천황' 임을 증명했다. 그가 밝힌 일본의 개국과 서복의 건국 사적이 '일치' 하는 점은 다음과 같다.

1) 지리적으로 부합된다. 서복의 왕국에 '평평한 들'과 '넓은 호수' 가 있다고 했는데, 동해의 여러 섬 중에서 평평한 들과 넓은 호수를 가지고 있는 곳은 일본의 혼슈(本州)뿐이다.

2) 시대적으로 부합된다. 서복은 진한(秦漢) 때의 인물이고, 진무 천황이 남긴 유물인 삼신기(三神器 : 진대의 거울과 한나라 시대의 칼)로 보아 진무 천황 역시 진한 시대의 사람임을 알 수가 있다.

3) 항해사(航海師)가 부합된다. 진무 천황이 동쪽으로 정벌 나갈 때

항해사를 이용했는데, 이 역시 서복이 진시황으로부터 징발령을 얻어 바다를 건널 선단의 항해사를 징발한 것과 일치한다.

4) 동남동녀가 부합된다. 서복은 징발령을 근거로 수천 명의 동남동녀를 징발하여 항해에 나섰다. 그리고 진무 천황은 동쪽으로 정벌 나갈 때 남녀 병사를 거느리고 있었다.

5) 오곡과 수많은 직인이 부합된다. 진무 천황이 동쪽을 정벌하던 도중에 수년간 군대를 주둔시켰는데, 이는 병기와 선박을 제조하고 식량을 비축하기 위해서였다. 그런데 그것은 서복이 오곡의 종자, 온갖 직인과 도구 등을 가져왔기 때문에 성공할 수 있었던 것이다.

6) 정치 사상이 부합된다. 서복은 진나라가 전국을 통일하기 이전의 제나라에서 태어났다. 진나라가 제나라를 멸망시키고 군현을 설치한 뒤 그가 대륙에서 생활한 기간은 1년이 채 못 된다. 따라서 그의 정치 사상 역시 진한의 군현제가 아니며 선대의 봉건 제도였다. 진무 천황이 건국 후 실행한 정치 제도 역시 봉건 제도였다.

7) 우민 정책과 부합된다. 진시황이 실시한 분서갱유는 백성의 사상을 통제하기 위한 우민 정책이었다. 진무 천황은 진한 시대의 거울과 검을 신기(神器)로 삼고, 진한 시대 이전의 정치 제도와 제사 제도를 채용했다. 또 중국의 문자와 언어를 사용하지 않았는데, 이는 분명히 『시경』과 『서경』 및 제자백가서를 금지하는 수단이었으니, 이 역시 우민 정책이라 할 수 있다.

8) 신화와 부합된다. 제나라 제전(祭典)에는 각국의 제후가 함께 받든 '사직오사(社稷五祀)' 이외에 특별한 '팔신(八神)'이 있다. 즉 ①천주(天主)로서 천제(天齊)를 제사지낸다. ②지주(地主)로서 태산(泰山)의 양보(梁父)를 제사지낸다. ③병주(兵主)로서 치우(蚩尤)를 제사지낸다. ④음주(陰主)로서 삼산(三山)을 제사지낸다. ⑤양주(陽主)로서 지부(芝罘)를

제사지낸다. ⑥월주(月主)로서 내산(萊山)을 제사지낸다. ⑦일주(日主)로서 성산(成山)을 제사지낸다. ⑧사시주(四時主)로서 낭야(瑯邪)를 제사지낸다. 그런데 일본 신화에 의하면 금신(金神)이 일향(日向 ; 현 규슈 미야자키현宮岐縣)에 강림하여 지주신(地主神)인 대산저신(大山祗神)의 딸을 아내로 맞이하여 아들 넷을 낳았으니, 바로 화명명(火明命), 화진명(火進命), 화절명(火折命), 언화화출현존(彦火火出見尊)이다. 이것이 바로 1년 사계절의 주신이며, 낭야가 제사지내는 1년 사계절의 주신과 같다. 여기에서 유의해야 할 것은 서복이 바로 낭야 사람이라는 점이다.

진무 천황의 아버지는 이름이 언파염무(彦波瀲武)로서 서복의 아버지 맹(猛)과 이름이 같다. 뿐만 아니라 그 할아버지는 서복의 고향 낭야산에서 제사지내던 신과 부합된다. 이런 공교로움은 결코 우연일 수가 없다.

9)연대가 부합된다.『진무본기(神武本紀)』에 의하면 제8년 정월 대화(大和) 강원신궁(僵原神宮)에서 왕위에 올랐으니, 그 즉위 원년은 기원전 203년이다.

10)지하에서 발굴된 유적과 부합된다. 일본 고고학자들은 일본의 고대 문화를 확연히 다른 두 가지 계통으로 분류한다. 하나는 섬 고유의 문화로 '죠몬 문화(繩紋式文化)'라고 불리며, 다른 하나는 외부에서 유입된 '야요이 문화(彌生式文化)'이다. 야요이 문화는 중국 대륙의 진한 시기의 문화와 완전히 일치하며, 죠몬 문화에 비해 앞서는데, 이는 서복이 일본 열도로 이주할 때 가지고 간 것으로 땅 속에 있는 유물로써 그 증거를 삼을 수 있다.

미처 생각하지 못한 것은 위정생의 책이 일본에 전해진 뒤 비록 일부 일본 학자들의 반발을 사기는 했으나 일부에서는 지지를 표시했다는 점이다. 쇼와(昭和) 천황의 동생인 미카사노미야(三笠宮) 같은 왕실의 구성원은 이 책을 일본어로 번역하여 출판할 것이라고 말하기도 했다. 몇 년 뒤 미카사노미야는 일본의 고대사가 '신뢰가 부족하다'고 비판하면서 서복이 바로 진무천황임을 굳게 믿었으며, 아울러 이에 대해 장기적인 조사와 연구를 실시했다. 그는 1975년 5월 '홍콩 서복회' 창립 대회의 축사를 통해 1950년 이후의 조사는 이미 '서복이 일본인의 국부라는 결론'에 도달했다고 했다. 이 주장의 영향이 확산됨에 따라 마침내 1977년 일본어로 번역·출판되었는데, 책 이름을

서복의 묘

『진무 천황 : 서복 전설의 수수께끼(神武天皇 : 徐福傳說之謎)』로 바꾸었다.

대만의 팽쌍송(彭雙鬆) 역시 서복 연구에 탁월한 업적을 남겨 선구자가 되었다. 그는 두 가지 분야에서 노력을 기울였는데, 하나는 『고사기』, 『일본서기』 등의 일본 고서 및 고고학, 인류학, 언어학, 고대 항해술, 문화, 역사 등과 관련된 저작을 수집하고 연구함과 동시에 중국의 고서를 참고한 것이며, 다른 하나는 1975년부터 1981년까지 8차례에 걸쳐 일본으로 건너가 서복의 자취와 전설이 남아 있는 지

역을 직접 방문하고 조사하여 매우 풍부한 일차 자료를 획득한 것이다. 1982년 그는 『서복즉신무천황고(徐福卽神武天皇考)』를 발표하여 과감하게 '서복이 바로 진무 천황'이라는 주장을 폈다.

팽쌍송은 서복이 2,200년 전 분명히 일본에 왔다고 단정했다. 그는 일본 규슈 '이마리(伊萬里)'라는 곳에 상륙했는데, 그곳은 지금까지도 '진나라 나루(秦津)'라는 지명을 가지고 있다. 또 치쿠시(筑紫) 평야로 들어오던 중 다케오(武雄) 근처의 구로카미산(黑髮山)에 올랐는데, 1966년 구로카미 산기슭에서 '아방궁조연(阿房宮朝硯)'을 발견한 것이 그 증거이다. 서복은 그 지역의 중심지에서 9년을 머물다가 다시 규슈를 돌아 휴가(日向) 다카치호(高千穗)의 땅에 이르렀으니, 그곳에는 '서복암'이라는 유적이 있다. 그 뒤에는 지금의 와카야마현(和歌山縣) 신구우(新宮)에 3년 동안 머물렀기 때문에 그곳에 서복 궁과 서복 묘가 있다. 그 뒤 서복은 '이세만(伊勢灣)'으로 갔다가 내륙의 '가시하라(僵原 ; 나라奈良 소재)'로 진입했다. 서복이 삶을 마친 곳은 후지산 기슭인데, 일본의 『궁하고문서(宮下古文書)』에는 후지산 기슭에 있는 서복묘의 안내도가 있다.

팽쌍송은 서복이 진무 천황이라는 이유를 아홉 가지로 들었다. 1)서복과 진무 천황 두 사람이 동쪽으로 원정을 나간 것은 많은 공통점을 가지고 있다. 2)진무 천황이 동쪽으로 정벌나간 노선에서 유명도화(有名刀貨 : 진나라 통일 이전에 연나라와 조나라에서 유행하던 화폐)와 안양화폐(安陽布貨 : 진시황 11년부터 26년까지 통용된 진나라 화폐)가 출토되었다. 3)긴류신사(金立神社)의 『유서기(由緖記)』에 이 신사는 "진무 천황 때 창립되었다"는 기록이 있다. 이는 서복을 모시는 긴류신사가 2,200년 전에 세워졌음을 설명하는 것이다. 서복이 2,200년 전 바다를 건너 일본 땅에 왔고 이 신사가 서복을 모시는 곳이니, '진무'가 바로 '서복'이 아니란 말인가?

4)일본 고서에 진무 천황이 '일향지국(日向之國 ; 미야자키현)'에서 출발하여 동쪽으로 원정했다는 기록이 있고, 서복도 '일향지국'에 머문 연후에 그곳에서부터 동쪽으로 원정을 했기 때문에 그곳에 '서복암'이 남아있다. 서복이 진무일 가능성이 지극히 높음을 나타낸다. 5)진무 천황이 일찍이 3년간 머물렀던 '온가쿠가와 오카노미나토(遠賀川崗水門)'에서 발견된 도기와 동검 등은 서복이 대륙에서 가져간 것이라고 전해진다. 당시 일본에는 아직까지 금속이 존재하지 않았다. 6)진무 천황이 동정할 때 큰 화살을 사용했는데, 서복은 일찍이 진시황에게 큰 활을 요구했다. 7)서복이 평원광택(平原廣澤)을 얻어 왕이 됐는데, 산동 동쪽에 있는 섬 중에 평원광택이 있는 곳은 일본이 유일하다. 8)일본의 인류학자 가나세키 다케오(金關丈夫)는 기타큐슈(北九州) 일대의 '죠몬인' 및 '야요이인' 유골에 대한 연구에서 죠몬 시기부터 야요이 전기로 진입할 때 신장이 갑자기 커졌다가 그 뒤로 서서히 작아져서 다시 죠몬인의 신장으로 회복되었다고 밝혔다. 현재 일본에서 평균 신장이 가장 큰 곳이 기나이(畿內) 지역인데, 기나이인의 신장과 전기 야요이인의 신장은 매우 비슷하며, 심지어는 같을 정도이다. 서복은 규슈에서 9년을 살다가 군대를 이끌고 동정에 나서 기나이로 와서는 그 지역에서 왕이라 칭했다. 서복 일행이 도착하자 기타큐슈 죠몬인의 신장이 갑자가 커졌으나, 후에 그들이 기나이 지방으로 옮겨가자 기나이인의 신장이 곧 다시 원상으로 회복되었다. 그러나 서복 일행이 계속 머물렀던 기나이에서는 신장의 우세가 계속 유지되어 현재에 이르고 있다. 9)일본의 개국 신화와 제나라의 여러 신화가 많은 부분에서 아주 흡사하다.

팽쌍송은 서복이 일본 각지에 56곳의 유적을 남겼는데, 전설에 32

서복의 상륙지

개가 있고, 고서에 기재되어 있는 것이 46개가 있다고 했다. 일본 황실에서 비밀리에 소장하고 있는 개국의 신묘한 기물이 3개가 있는데, 모두 일본 고유의 것이 아니라 진나라에서 가져간 것이다. 진시황이 군사를 보내 토벌할까 두려워 서복은 일본에서 건국하면서 비밀스러운 방식을 취했기 때문에 자연히 진나라의 의관이나 문자를 사용할 수 없었으며, 부득이 새로운 신화를 만들어 낼 수밖에 없었다. 그러나 일본『고사기』및 『일본서기』의 작자는 진무 천황이 건국한 시기를 450년 앞당겨 의도적으로 서복이 일본으로 건너온 시기와 시차를 두었으니, 이는 일본의 고대 역사를 더욱더 복잡하고 알 수 없게 만들었다.

1984년 펑쌍송은『서복 연구』라는 책을 출판했다. 이 책은 2,200년 전 규슈 서북부에서 발생한 벼농사, 금속 문화, 신식 토기의 제작 등을 특징으로 하는 '야요이 문화'가 서복이 일본 민족에게 가져다준 진귀한 선물일 가능성이 지극히 높다고 강조했다. 그는 한 발 더 나아가서 서복이 동쪽으로 옮긴 것과 진무 천황이 동쪽을 정벌한 것은 37개 부분에서 같거나 유사하며, 2,000여 년전 일본에서 동시에 발생한 '양대 사건'이 사실은 한 사람에 의한 것임을 증명하는 것이라고 추론했다.

중국의 송·원 시대에 일본 구마노(熊野)에는 서복 사당과 서복 묘가 생겼다. 남송 말기, 즉 1279년 중국의 조원(祖元) 선사가 일본으로 건너가 서복묘에 "선생께서 선약을 구하러 갔다 돌아오지 않는 동안 고국의 산하는 수없이 변했네. 오늘 향 한 줄기 피워 멀리서 마음 기탁하니, 노승 역시 진나라를 피해 왔노라"라고 시를 지어 바쳤다.

서복이 동쪽으로 건너간 것에 관련된 문제는 일본에서는 여전히 금기시되는 화제이다. 중요한 것은 "서복이 바로 진무 천황이다"라는 역사적인 사실이 성립되느냐 그렇지 않느냐는 것, 바꿔 말하자면 이 사실을 인정하지 않고서는 일본 개국 신화의 문제점을 해결할 수 없을 것 같다는 데 있다. 일본은 우다(宇多) 천황부터 가메야마(龜山) 천황에 이르기까지 9명의 왕이 서복의 제사를 88차례 주관했으며, 메이지유신(明治維新) 이후에 이르러서야 중단되었다. 때문에 '서복이 조공하러 왔다'는 것은 거짓이다.

홍콩과 대만의 학자들은 서복에 관한 연구 중에서 서복의 동도에 대해 매우 적극적으로 연구했는데, 이는 받아들일 만하다. 그러나 위에서 언급한 두 학자는 관련 역사 서적을 근거로 서복이 일본에 온 뒤에 그곳을 통치하는 왕이 되었다는 것을 인정하고, 심지어는 서복과 진무 천황을 동일인으로 간주했다. 이런 가설은 매우 현묘하고 또 대담하기까지 하다. 그러나 우리는 과감한 착상이 필요하기는 하나 조심스럽게 증거를 찾아야 한다. 물론 위에서 말한 논점 중 억측스러운 부분이 비교적 많고 어떤 것들은 견강부회하기도 해서 많은 학자들의 비난을 받기도 했다. 그 주요 내용은 다음과 같다.

1) 당시의 일본은 씨족 사회에서 계급 사회로 향하는 단계에 있었고, 일본 열도에는 통일 정권이 출현하지 않았다. 비록 각 지역마다 작은 나라가 생겨났지만 여전히 부족 연맹 단계를 벗어나지 못했다. 일본

에서 전국을 통일한 정권이 출현한 것은 대략 4세기 말경이다. 서한 초기 이전에 일본에는 지역성을 갖는 국가 정권이 출현하지 않았으며, 더욱이 천하를 통일한 국가 정권이 출현하지 않았음은 너무도 확실하다. 이런 상황에서 무슨 국왕이 있을 수 있겠는가. 2)진무 천황에 관한 전설을 담고 있는 첫 번째 기록은 8세기 초에 지어진 『고사기』와 『일본서기』인데, 이 두 책에서 초기 일본 천황에 대한 기록은 신빙성이 거의 없어 역사 연구의 증거로 삼을 수 없다. 이 때문에 서복과 진무 천황을 하나로 섞어 말하는 것은 서복 문제를 심도 있게 연구하는 데 불리할 뿐만 아니라 은연중에 서복의 형상에 허무적인 색채를 더하게 된다. 전설 중의 진무 천황을 서복에게 억지로 갖다 붙이고, 더 나아가서 서복(진무 천황)을 일본을 통일한 영웅으로 찬양하면 이것은 역사적인 사실과 서로 어긋나는 것이다. 전설에는 역사의 그림자가 남아 있지만, 절대 역사는 아니다.

일본에서 서복과 그의 사적에 대해 최초로 인정한 것은 『신황정통기(神皇正統記)』인데, 그중 고레이(孝靈) 천황 조목을 보면 "45년 묘년(卯年)에 진시황이 즉위했다. 진시황은 신선을 좋아하여 일본에서 장생불사약을 구하려 했다. 일본이 중국의 삼황오제의 서적을 얻고자 하자, 진시황이 곧 이것들을 모두 보냈다. 35년 뒤 진시황이 분서갱유를 일으키자 공자의 전적들이 일본에만 고스란히 남게 되었다"라는 기록이 있다. 이 책은 출판된 뒤에 일본에 큰 영향을 끼쳐 서복의 사적에 대한 고증과 연구가 붐을 이루었다. 서복이라는 이름은 많은 일본인에게 전혀 낯설지 않으며, 일본 열도 남쪽 끝에서 북쪽 끝까지 서복의 유적지가 100곳이 넘는다. 와카야마현의 서복 묘와 서복 사당, 규슈 사가현(佐賀縣)에 있는 서복을 모시는 긴류신사와 서복 상륙 유적지, 서복비, 서복 언덕, 서복 바위 등이 있으며, 아울러 사람을 감동시키는 수많은 전설과 풍속이 전해져 내려오고 있다.

홍콩·대만 및 일본 학자들이 서복 연구에서 거둔 탁월한 성과에 대해 신중국 성립 이후 대륙 학자들은 도리어 침묵으로 일관해 왔다. 그 원인을 찾아보면 첫째는 서복에 관한 이야기를 사료적인 근거가 전혀 없는 '민간 전설'이어서 연구해 봐야 생색도 안 난다는 것이며, 둘째는 서복이 일개 방사에 불과해서 선약을 구하러 바다로 나간 것은 황당한 이야기일 뿐 학술 연구로서의 가치가 없다는 것이고, 셋째는 역사서의 기록이 상세하지 못할 뿐만 아니라 '신선 사상'으로 포장되어 있어서 역사적인 허구라고 인식하고 있는 것이다.

서복에 대한 연구는 거의 공백에 가깝다. 실제로 2,000여 년 전의 진한 시대에 경제·문화적으로 낙후되어 있는 상황에서 이런 진귀한 이야기가 사마천의 『사기』에 명확하게 기록되어 있는 것은 그 자체로도 귀중한 것이다. 바로 이와 같은 이유로 중일 관계사 전문가인 왕향영(汪向榮)이 "만일 우리가 중일 관계사와 일본 고대 역사의 발전 과정으로부터 자세히 관찰하고 검토한다면 이 전설이 쉽게 부정될 수 있는 것이 아님을 알게 될 것이다", "서복이 일본으로 건너가서 돌아오지 않았다는 전설은 분명히 근거가 있는 것이다"라고 말한 것이다.

물론 서복에 관한 연구가 전혀 없는 것은 아니다. 1904년 양계초가 발표한 『조국 대항해가 정화전(祖國大航海家鄭和傳)』에는 서복이 동쪽으로 건너간 일이 언급되어 있다. 그 후 1916년 도아민(陶亞民)이 잡지 『지리』에 발표한 「서복사고(徐福事考)」는 서복 연구의 선구가 되었다. 유감스럽게도 이 문서는 약간의 자료를 인증한 것 외에는 작가 자신의 새로운 관점이 거의 없을 뿐만 아니라 매우 간략하게 씌어졌다. 1934년 월간 『사대(師大)』에 발표된 왕집오(王輯五)의 「서복과 해류」에 이르러서야 비로소 상세한 서복에 대한 전문 저서가 나왔다고 할 수 있다. 이 책은 방대한 증거와 자료를 인용하고 그 속에 작자의 지혜로운 관점을 섞어 넣음으로써 사람들의 이목을 새롭게 했다. 이 밖에 몇몇 진·한 시대 역사 전문가들이 그들의 전문 저작 속에서 서복과 서복이 동쪽으로 간 일에 대해 공정하게 서술하고 있다. 예를 들면 저명한 진·한 시대 역사 연구자인 마비백(馬非百)은 『진집사(秦集史)』에서 완전한 '서복전'을 만들어 냈다. 저명한 역사학자 전백찬(翦伯贊)의 『진한사(秦漢史)』와 저명한 역사학자 범문란(范文蘭)의 『중국통사간편(中國通史簡編)』 역시 모두 서복에 대해 소개하고 있다.

어디서 이렇게 많은 소년 소녀들이 왔을까

1980년대 이래로 이 분야에 대한 중국 학자들의 연구가 흥성하기 시작해서 서복이 일본으로 건너갔다는 발표가 계속되었으며, 이런 성과들로 서복 연구는 새로운 단계로 들어섰다.

역사상 서복이라는 사람이 있었다면 분명히 태어난 땅도 있을 것이다. 그러나 서복을 연구하려는 뜻을 가진 사람들이 역사적인 기록을 뒤져 보아도 그 출생지에 대한 기록을 찾을 수 없다. 이는 사람들로 하여금 역사적으로 서복이라는 사람이 있었는가에 대한 회의를 가져오게 했다. 이렇게 답답하던 차에 1982년 강소성에서 실시된 지명 찾기 작업 중에 강소성 공유현(贛榆縣) 금산향(金山鄕)에서 서부촌(徐阜村)이라 불리는 마을이 발견되었다. 다방면의 고증을 거쳐 그곳이 바로 서복의 고향임이 밝혀졌다. 역사는 장구히 흘러가고 세상은 수없이 바뀌어 가는 중에 안개 속에 가려져 있던 2,000여 년 전의 중요한 역사 인물의 유적지가 마침내 발견되었다. 서복도 마침내 '신(神)에서 인간

(人間)'이 된 것이다.

이것은 중국이 발견한 서복에 관련된 최초의 역사 유적이며, 또한 중일 관계사에서도 중요한 발견이다. 1984년 4월 18일 『광명일보』 사학판(史學版)에는 나기상(羅其湘)과 왕승공(汪承恭)의 「진나라 시대 일본으로 건너간 서복의 유적 발굴과 고증」이라는 글이 게재되었다. 글이 게재되자마자 국내외 학자들의 큰 관심을 끌었다. 만일 1930년대의 왕집오, 1950년대 홍콩의 위정생과 대만의 팽쌍송을 서복 연구에서 연구 영역의 제1차와 제2차 확대라고 한다면 서복 고향의 발견은 곧 제3차 확대라 할 수 있으며, 이 글의 발표는 이 확대의 표지가 되는 셈이다. 충분한 배양과 준비를 거쳐 1986년에 제1차 강소성 서복연구학술토론회가 서복의 고향 공유현에서 거행되었다. 이번 학술 토론회에서는 서복의 동도 가능성에 대한 견해에는 의견이 일치되었으며 2,000여 년 전 중국에는 이미 큰 바다를 항해할 수 있는 조건을 갖추었으니 동쪽으로 건너간 것은 황당한 이야기가 아님을 인정했다.

다음 해 제1차 전국 서복학술토론회가 서주(徐州)에서 개막되었으며, 토론회에서는 다양한 분야에서 서복 연구의 최신 성과가 발표되었다. 토론회가 끝난 뒤 중국에서 최초로 출판된 서복 학술 논문집이 세상에 모습을 드러내게 되었다. 이는 중국에서의 서복 학술 연구의 수준을 향상시키고 국내외의 학술 교류를 촉진시키는 데 중요한 역할을 했다. 제3차 확대는 지금까지 최대의 확대였으며, 이전에는 없던 깊이와 넓이 그리고 열기를 가지고 있다.

물론 서복의 고향에 대해 이론의 여지가 없는 것은 아니며 여러 가지 다양한 설이 있다. 특히 동부 연해의 몇몇 성에서는 '서복 연구 붐'이 몇 차례 일어났으며, 몇 곳에서는 이 역사적인 인물을 차지하기 위해 모두들 서복을 자기 지역 출신이라고 하고 있다. 이 때문에 서복의 출생지는 원래의 신선계에서 몇 곳으로 바뀌게 되었다. 서복이 제나라 사람이라고 한 사마천의 말 한마디 때문에 지금 사람들은 서복의 고향을 쟁취하기 위해 치열하게 다투고 있다.

앞에서 말한 공유현 이외에 다음과 같은 몇 가지 설이 있다.

첫째는 낭야설이다. 그 근거는 진나라 낭야군이 지금의 산동성 교남(胶南) 낭야진(琅邪鎭)을 다스렸다는 것이다.『사해』와『중국 인명 대사전』등은 서복에 관련된 항목에서 모두 "서복은 낭야인이다"라고 하고 있다. 서복이 전후 두 차례 진시황을 알현한 것 역시 낭야에서였는데, 만일 그가 낭야 사람이 아니라면 여기에서 진시황을 만날 수 없었을 것이다. 낭야 근처에는 서복의 전설과 관련된 유적지가 매우 많다.

둘째는 산동 평도(平度)설이다.『평도주지(平度州志)』,『내주부지(萊州府志)』, 타이완에서 펴낸『평도현지(平度縣志)』등에는 모두 서복사(徐福祠), 서복향 등의 명칭이 기록되어 있다. 지금 서복의 고향이라고 전해지는 곳은 지금 산동 평도시 향점향(香店鄕) 동남쪽에 있다. 이 마을 옆쪽에는 진시황이 동순할 때 닦은 치도(馳道) 유적지가 있다.

셋째는 산동 황현(黃縣 : 용구시龍口市) 서향(徐鄕)설이다. 그 근거는『한서』「지리지」에 서향이라는 기록이 있고,『제승(齊乘)』에 서향은 '모두 서복이 선약을 구함으로써 얻어진 이름'이라고 말하고 있다. 서향은 원래 이름이 사향(土鄕)인데, 서복이 선약을 구함으로 인해 서향이라고 이름을 고쳤다. 황현성(黃縣城) 동문(東門)은 등영문(登瀛門)이라고 하고 성 동쪽에는 등영촌이 있는데, 전설에 의하면 서복이 영주(일본)로 건너갈 때 그곳에서 동남동녀들을 모아 항해를 시작했다고 한다.

서복은 방사로서 그 효험이 증명되지 않은 신선도를 업으로 삼았으니 행위를 예측할 수 없고, 주거도 일정치 않았기 때문에 사마천조차도 당시에 그 국적만을 알 수 있었을 뿐 자세한 출생지는 알 수 없었던 것이다. 비록 역사서가 있어 그 근거로 삼을 수는 있으나 후대 사람들에게 많은 번거로움을 가져다주고 있다. 이는 학자들로 하여금 억측하게 하고 오판하게 했으며, 심지어는 지역주의와 역사적 배경 등의 원인으로 인해 역사의 참모습에서 멀어져 가게 된 것이다.

서복이 몸이 두 개가 아닌 이상 그의 출생지는 하나일 수밖에 없다. 여기에서 우리는 서복의 고향이 공유라는 설을 선택하여 이를 위주로 설명하려 한다. 이 설이 국내외 사학자들에게 비교적 보편적으로 인정되고 있기 때문이다.

서부촌은 공유현 북쪽 금산향 남쪽 1km 지점에 있으며, 원명은 서복촌이다. 지금은 두 개의 자연 부락으로 나뉘어져 있는데, 북쪽은 후서복촌(後徐福村), 남쪽은 전서복촌(前徐福村)이다. 서복촌 전체에는 서씨 성을 가진 사람이 드문데, 전해지는 바에 의하면 서복이 일본으로 건너간 후 서복이 약을 구해 오지 못하면 화를 당할까 두려워 서씨들이 친척집으로 뿔뿔이 흩어져 도망했으며, 아울러 위(韋), 왕(王), 유(劉) 등으로 성을 바꾸었다고 한다. 그래서 지금 이 일대에는 '위씨·왕씨·유씨는 일가족'이라는 설이 널리 유전되고 있으며, '위씨·왕씨·유씨·서씨'는 서로 결혼하지 못한다. 서복촌 남쪽 2.5km 지점에 있는 큰 항구는 바로 전설 속에서 서복이 출항했다는 곳인데, 일찍이 커다란 닻과 진나라 때의 유물이 출토된 적이 있으며, 춘추시대의 배와 화폐가 발견되기도 했다.

서복촌이 발견된 후 관련 분야 연구자들이 잇달아서 문헌·유물 등으로 서복촌이 바로 진나라 서복의 고향인지 아닌지에 대해 논증을 실시해서 서복촌이 서복의 고향임을 인정했는데, 그 근거 자료는 다음의 몇 가지로 요약할 수 있다.

첫째 지역의 역사이다. 서복은 진나라가 통일하기 이전의 중국에서 태어나 전국시대와 진나라, 두 시대를 겪었다. 서복은 고향은 어디인가? 『사기』에 의하면 서복은 제나라 사람이다. 그러면 진나라 이전의 공유현은 제나라 땅에 속하는가 그렇지 않은가? 또 진나라 이후에는 낭야군에 속했는가 그렇지 않은가? 곽말약이 편찬한 『중국사고 지도집(中國史稿地圖集)』과 담기양이 편찬한 『중국 역사 지도집(中國歷史地圖集)』에는 모두 명확한 답이 있다. 즉 전국 시기에 공유는 제나라 땅에 속했고, 진나라 때는 낭야군에 속했다. 이처럼 서복의 고향은 공유현이라는 것과 『사기』에 기록된 바대로 서복은 제나라 사람이고 낭야에서 주로 활동했다는 것이 서로 일치한다. 비록 『한서』 「지리지」의 기록에 의하면 공유현이 최초로 만들어진 것은 진나라 시기가 아니라 서한 시기이지만, 근래에 섬서성 진시황릉 서쪽에서 출토된 진나라 공유 형도묘(刑徒墓)의 와당(瓦當) 중 '공유거(贛榆距)'·'공유득(贛榆得)' 등의 글자가 있으니, 이는 공유현이 최초로 역사에 등장한 것이 바로 진나라 때임을 증명하는 것이다.

서복촌과 그 부근에서 출토되고 발견된 유물은 그곳이 일찍이 진나라 때의 촌락이었음을 증명한다. 또 공유현 고성 염창성(鹽倉城) 유적지, 묘태자 문화(廟台子文化) 유적, 대태자 문화(大台子文化) 유적, 대온장 목곽묘장군(大溫庄木槨墓葬群) 등 서복촌에서 발견된 고문화 유적지에서 출토된 유물들의 시간적 하한선은 한나라 때까지이다.

서복이 일본으로 건너간 것과 관련된 특이한 전설들이 모두 서복의 고향에 모아져 있다. 이러한 특유의 전설은 역사가 아니지만 역사의 가장 좋은 주석이다. 예를 들면, 서복이 북쪽의 하가구(下駕泃)에서 진시황에게 선약을 바쳤다는 전설이 있으며, 또 서복촌에서 느릅나무를 바쳤다는 전설도 있다. 이 밖에 서복이 백토장(白兎莊)에서 배를 만들었고 대항두(大港頭)에서 배를 띄웠으며, 서복이 바다로 출항하기 전과 일본에 도착한 후 남겨둔 십자 모양의 돌, 서복 사당과 서복 팔무지(八畝地) 등의 전설이 있어 일일이 열거할 수 없을 정도이다.

지방지나 개인의 족보는 정사 자료에서 쉽게 얻을 수 없는 중요한 보충 자료이다. 명·청 양시대에 걸쳐 편찬된 공유와 관련 있는 지방지 중에서도 서복촌·서복사 등의 기록을 찾을 수 있다. 즉 가경(嘉慶) 원년의 『공유현지(贛楡縣志)』, 가경 16년의 『해주직예주지(海州直隸州志)』, 광서 14년의 『공유현지(贛楡縣志)』 등이 그것이다. 그리고 청나라 건륭 14년에 편찬된 『장씨가보(張氏家譜)』, 건륭 42년에 지은 『왕씨보(王氏譜)』, 건륭 49년에 편찬된 『일기당(壹紀堂)·후서복(后徐福)·위씨지보(韋氏支譜)』 등에는 '서복촌'·'후서복'·'서복사'·'서복하(徐福河)' 등의 관련 지명이 10여 곳에 달하는데, 이것들은 모두 서복촌을 고증하는 중요한 문헌 자료들이다.

서복촌의 변화를 여기에서 설명할 필요가 있다. 서복의 고향은 처음에는 서복촌으로 불리다가 한나라 때가 되면 서복의 일가 친척은 거의 한 사람도 남지 않게 된다. 그 뒤에는 모두 외지에서 그곳으로 옮겨온 서씨들로서 그들은 서복을 기념하기 위해 다시 서복촌이라는 이름을 사용했다. 청나라 때 공유현의 진사 주췌원(周萃元)이 『공유현지(贛楡縣志)』를 다시 편찬하면서 '서복촌'을 '서부촌'으로 바꾸었다. 원래 당시 다른 곳에 본적을 둔 주췌원 형제가 북경으로 과거를 보러 갈 때는 가난한 선비로서 현지의 서씨 일가들이 비교적 경제력이 풍부했을 뿐만 아니라 권세도 있었다. 그중에서 주왕촌(朱汪村)에 서씨 성을 가진 무관이 있었는데 그 지역에서는 행세깨나 하고 있었다. 그는 주씨 형제가 북경으로 과거를 보러 간다는 말을 듣고서 일부러 방해를 했다. 그러나 뜻밖에도 주씨 형제가 모두 과거에 급제하고 그 길로 벼슬길에 들어서게 되었다. 그 뒤 주췌원은 병으로 인해 관직에서 물러나 고향으로 돌아왔으며, 귀향 후 그는 『공유현지』를 새로 쓴 된 것이다. 그는 당시 그 서씨 성을 가진 무관의 무도한 행위가 생각나 괘씸한 마음에 '서복촌'을 '서부촌'으로 바꾸었으며, 동시에 공유현의 지도에서 그것을 표시하지 못하도록 했다. 이렇게 해서 '서복촌'은 역사에서 사라져 버렸으나, 사람들의 기억 속에서는 여전히 남아 있는 것이다.

역사의 기록은 객관적으로 존재한다. 민간 전설은 일마다 그 원인이 있다. 지방지와 족보는 서복촌이라는 이름의 진귀한 기록을 구체적으로 남겨 놓고 있다. 이 3자의 내용이 여기에서 '통일'을 이루고 있다.

실마리를 찾다

서복이 일본으로 건너갔다는 것은 수많은 수수께끼를 만들어 냈다. 역사서의 기록이 상세하지 않기 때문에 갖가지 설이 다양하다. 서복의 고향을 찾는 것에서부터 항해를 시작한 지점, 동남동녀의 숫자와 위치 등등. 물론 그의 고향을 따라 하나하나씩 순서대로 실마리를 찾아나가는 수 밖에 없다.

낭야산은 황해의 해변에 있는데 낭야대(琅邪臺)가 산 위에 있다. 『월절서(越絶書)』와 『오월춘추(吳越春秋)』의 기록에 의하면 기원전 473년 월왕 구천이 오나라를 공격해 멸망시킨 후에 오나라의 통치 지위를 대신하기 이해 당시의 제나라 땅인 낭야로 왔다. 새로운 패권 기지를 건립하기 위해 그는 낭야산 위에 낭야대를 세웠다.

진시황이 중국을 통일한 뒤 다섯 차례에 걸쳐 전국을 순수하는데, 그중 두 번이나 공유 지역에 왔으며, 낭야에는 세 번 왔다. 뿐만 아니라 진시황은 구천이 쌓은 낭야대 위에 다시 새로운 대를 쌓았다. 진시황이 즐거워하며 돌아가는 것을 잊고 있던 바로 그때 "제나라 사람 서복 등이 글을 올려 바다에 삼신산이 있는데 그 이름을 각각 봉래·방장·영주라고 하며 신선이 살고 있다. 청컨대 몸을 경건히 하여 동남동녀와 함께 그것을 구해오겠다. 이에 서복을 보내 동남동녀 수천명과 바다로 나가 선인을 구해오도록 했다." 기원전 210년, 즉 진시황 37년 세번째로 낭야에 왔을 때, 서복이 다시 말하기를 "봉래산의 선약은 구할 수 있으나…… 원컨대 활을 잘 쏘는 사람과 함께 가도록 해 주소서"라고 했다. 그래서 서복이 동쪽으로 항해해 나간 것은 진시황이 동쪽으로 군현을 돌아본 것의 직접적인 결과이다. 진시황은 그곳에 수많은 유적을 남겨 놓았는데, 이름의 출처를 찾아보면 모두 근거가 있다. 확실하게 말할 수 있는 것은 진시황이 전국을 순수하면서 연해 지역에 대해 유독 관심을 가지고 있었다는 것이다. 이는 천하를 얻은 군주가 마지막으로 필요한 것이 바로 '장생불로'이었기 때문이다. 신선을 구하고 불사약을 만드는 방사인 서복은 진시황의 이런 염원을 만족시키는 것을 기회로 삼아 마침내 해외로 몸을 빼내게 된 것이다.

서복이 바다로 나간 것은 이미 거의 정설이 되었다. 그러나 도대체 어디로 그렇게 많은 동남동녀를 보내고 또 정착시켰을까? 아쉽게도 사료의 기록이 자세하지 못해 그 증거를 구하는데 자못 어려움이 있다. 다행히도 몇몇 지방지들에 한 가닥 실마리가 남아 있다.

발해만의 하북성 창주(滄州)지구 황화현(黃驊縣)에는 진나라 고성(古城)인 관혜성(卝兮城)이 있다. 민국 5년 『염산신지(鹽山新志)』에는 "높은 성 동북쪽에 관혜성이 있다. 진시황이 서복을 보내 동남동녀 천 명을 뽑아 바다로 나가 봉래산에 이르도록 했다. 이 때문에 이 성을 쌓고 남녀를 머물게 했으니, 관혜성이라고 한다"는 기록이 있다. 이 지역에서는 또 옛 '천동현(千童縣)'이 발견되었는데, 옛날에는 제나라 땅이었던 서한 시대에 세워진 옛 성이다. 마찬가지로 『염산신지(鹽山新志)』에는 "한나라 고조 5년(기원전 202년)에 진나라의 서복이 동남동녀 천명을 이끌고 이 곳에 건너와 이곳에 천동현을 설치했다"라는 기록이 있다. 당나라의 『원화군현도지(元和君縣圖志)』에는 "한나라 천동현은 바로 진나라 천동공성으로, 진시황이 서복을 보내 남녀 천명을 바다로 보내 봉래산의 신선을 구해오도록 했으나 이 성에 이르러 거주함으로써 그 이름을 얻었다"라는 기록이 있다.

한나라 고조 5년에 천동현이 세워진 것과 진나라 때의 방사 서복이 마지막으로 바다로 나간 시기와는 겨우 9년밖에 차이가 나지 않는다. 그리고 천동성은 서복이 천명의 동남동녀를 이끌고 동쪽 바다로 나갈 준비를 한 것에서 그 이름을 얻은 것이다. 진나라가 망하고 한나라가 들어선 뒤, 만일 서복이 동쪽 바다로 나가지 않았다면 당연히 천동현의 설치도 없었을 것이다. 이밖에도 해안에는 유현(柳縣)을 설치해서 '의복과 식량, 배와 노 등을 갖추게 하고' 천 명의 동남동녀로 하여금 '외국에 거주하도록 기다리게' 했으며, '그런 뒤에 바다로 나갔다.'

서복이 데리고 간 동남동녀의 숫자에 대해서는 옛날부터 기록이 있었다. 사마천의 『사기』와 서한 동방삭(東方朔)이 지은 『십주기(十洲記)』, 오대(五代) 후주(後周)의 의초화상(義楚和尙)이 지은 『의초육첩(義楚六帖)』, 당나라의 대부(戴孚)가 지은 『광이기(廣異記)』, 송나라 시대의 『태평광기(太平廣記)』 등이 그 예이다. 그러나 각기 서로 달라서 대략 동남동녀 각 500명, 각 1천명, 각 1,500명, 각 3천 명 및 수천 명 등의 설이 있다. 이는 어떻게 해석해야 할까? 후대에 와전된 내용이 비교적 많으나 시기가 비교적 이른 기록은 믿을 만하다. 『사기』 「진시황본기」에서 말한 것은 첫번째 출항의 숫자로 수천 명의 동남동녀를 말한다. 그리고 『사기』 「회남형산열전(淮南衡山列傳)」에서 말한 것은 두 번째 출항의 숫자로 3천 명의 동남동녀라고 했다. 종합적으로 보면 전후 두 번에 걸쳐 모두 5,000~6,000명이나 되는 것이다.

서복이 어느 곳에서 출항했는가? 바로 서산(徐山)이다. 서산은 산세가 완만한 작은 산으로 해발 30여 m에 불과하다. 왜 서복의 출항 지점으로 서산을 선택했을까? 서산은 출항하기 위해 유리한 많은 조건을 갖추고 있기 때문이다. 우선 그곳은 교주만(膠州灣)의 서쪽 해안에 자리잡고 있으며, 지세가 평탄하고 교통이 편리하다. 또 뒤로는 소주산(小珠山)에 기대어 있고 앞으로는 설가도(薛家島)가 병풍처럼 둘러져 있어 풍랑의 위험이 없다. 다음으로 산의 북쪽 기슭의 지세가 확 트여 배를 만들고 사람들을 모으는 데 매우 편리하다. 또 서산의 남쪽에는 옛 이름을 안릉(安陵)이라 하는 영산위(靈山衛)가 있는데, 이는 전국 시기 제나라의 해상 교통 요지로서 풍부한 항해 경험을 가지고 있다.

서복이 진시황에게 글을 올리며 "청컨대 몸을 경건히 하여 동남동녀와 함께 신선을 구하겠나이다"라고 했다는 설이 있다. 그렇다면 이 말은 그런 일이 있었다는 것인가 아닌가? 또 어디에서 몸을 경건히 했다는 것인가? 자세히 찾아보면 낭야만에 작은 섬이 두 개 있는데 하나는 재당도(齋堂島)로서 원명은 계룡산(鷄龍山)이며, 진시황이 서복을 보내 동남동녀를 데리고 바다로 나가 신선을 구하도록 하자 동남동녀가 여기에서 재계한 것에서 이름을 얻었다. 다른 하나는 목관도(沐涫島)로, 알려진 바에 의하면 서복이 동남동녀를 이끌고 이 섬에 왔을 때가 초여름이었는데 바닷물이 뜨거웠으며 바로 끓는 바닷물로 목욕한 데서 이름을 얻었다. 이밖에 청도(青島) 노산현(崂山縣)에는 서복도(徐福島)가 있으며, 섬에는 등영촌(登瀛村)이 있다. 전하는 바에 의하면 당시 서복이 바로 이곳에서 동남동녀를 모아 배에 태워 영주(瀛州)로 향했기 때문에 등영촌이라 한 것이다.

앞에서 말한 서복이 남긴 없어질 수 없는 흔적으로부터 그가 동쪽으로 항해한 발자국을 찾을 수 있다. 즉 서복은 서복촌에서 출발한 뒤 낭야산에 이르렀고, 산 위에서 요행히도 진시황을 만나 글을 올릴 기회를 가졌으며, 아울러 명을 받들어 동남동녀를 구해 바다로 나가 신선을 구하게 된 것이다. 이에 그는 하북성 창주 부근의 발해만 일대에서 수천 명의 동남동녀를 모아 관혜성(卅兮城)에 거주한다. 조금 뒤에 서복은 청도 부근 교주만(膠州灣)에서 '서산(徐山)'을 찾아낸다. 이곳은 해변에 가까워 동남동녀를 거주시키기에 알맞았다. 그들은 한편으로는 해양 생활에 익숙해져 감과 동시에 다른 한편으로는 뱃일을 훈련했다. 동쪽으로 항해하기 전에 서복은 다시 동남동녀를 조금씩 나눠서 배를 이용해 낭야만(琅邪灣)의 목관도(沐盬島)로 실어 날라 목욕시키고 옷을 갈아 입혔으며, 아울러 재당도(齋堂島)로 가서 며칠 동안 재계했다. 이어서 동남동녀와 직인 약 3,000명을 데리고 서산을 떠나 서복도에 잠시 머물며 출발을 기다렸으며, 마침내 등영촌을 떠나 영주로 향하는 험난한 길에 오른 것이다.

이와 같은 동쪽으로 항해해 나간 서복의 출발점은 비교적 합리적인 추론이다. 그러나 이것은 한사람의 주장일 뿐 결코 모든 사람들이 다 여기에 동의하는 것은 아니다. 이 문제에 대해 지금까지도 다양한 주장이 있다. 광동 연해설은 서복이 동쪽으로 항해를 떠난 출발지는 광동 연해이며, 그 주된 근거는 광동어에 탁음이 많은데 일본의 규슈와 비슷하다는 것이다. 이밖에 진황도(秦皇島)설(나기상 등), 영파(寧波) 혹은 보타산(普陀山)설(양가빈), 교주반도(膠州半島)의 성산두(成山島)설(전계민 등), 낭야대(琅邪臺) 서산(徐山)설(나기상 등), 서복의 고향에서 멀지 않은 고락차하(古駱車河 ; 용옥하) 입구설(나기상 등), 진동문(秦東門)의 공망산(孔望山)설 등이 있다.

  그러나 연구자들이 현지 답사를 거친 결과 서복이 두 차례에 걸쳐 동쪽 바다로 나간 출발점은 모두 낭야 연해 일대로서, 하나는 교주만의 서산이고 다른 하나는 해주만(海州灣)의 강산두(崗山頭)에서부터 진동문(秦東門)에 이르는 일대이다. 서산에 관해서는 앞에서 언급했지만, 해주만도 훌륭한 출항 조건을 갖추고 있는데, 서복의 고향 공유현은 강산두·공망산과는 불과 수십 킬로미터밖에 떨어져 있지 않아서 서복이 진동문의 지형과 항해 조건에 대해서는 분명히 잘 알고 있었기 때문에 강산두에서 진동문에 이르는 지역을 출항지로 선택했음은 매우 합리적인 일이다. 문제는 그곳을 서복이 동쪽으로 출항한 구체적인 출항지라고 판정할 수 있느냐의 여부이다.

  최신 자료에 의하면 마침내 결론이 났다. 고대에 유수(游水)라고 불리던 기장성(紀鄣城)이 지금의 공유현 왕구(汪口) 동북쪽 바닷가에 있었는데, 그곳이 바로 출항지이다. 기장성은 공유현 동북쪽에 있으며, 서복촌과 함께 유수 북쪽 해안에 있다. 당시 유수는 이미 오월(吳越) 지역에서 지금의 산동과 하북으로 연결되던 요충지였다. 이 때문에 서복촌 일대를 준비 지역으로 삼고 유수 지역을 출항지로 삼은 것은 매우 가능성이 있는 일이다. 최근에 필자는 서복이 동쪽으로 항해를 떠난 출항지가 바로 '해서(海西)', 즉 지금의 하북성 염산현 부근이라는 새로운 주장을 입수했다.

  서복이 동쪽으로 출항하기 위해서는 수많은 선원과 막대한 양의 목재가 필요했다. 그런데 유수 부근, 옛 기장성 서북쪽 1.5km 지점에 있는 공유현 마참향(馬站鄕) 대왕방촌(大王坊村)의 지하에서 수천 개나 되는 고대의 목재가 출토되었는데, 어떤 것은 이미 톱질이 되어 있고 어떤 것은 온전한 상태였다. 비록 이러한 현상이 자못 신기하기는 하지만 역시 더 합리적인 해석을 하기가 매우 어렵다. 그러나 서복이 출항을 준비하다가 남긴 것인지의 여부를 확정짓기는 매우 어렵다. 그러나 유수의 수심이 출항하기에 알맞고 강 하구가 넓어서 선단이 바람을 기다리기에 매우 편리했다. 또한 상류에 수많은 큰 도시들이 있어서 물자 공급을 충족시킬 수 있었다. 동시에 이곳은 서복촌에서도 멀지 않아 왕래하기도 역시 편리했다.

앞에서 서복의 고향에 대해 여러 가지 설을 제기했지만, 만일 상술한 내용을 모두 고찰해 보면 당시의 저명한 방사인 서복이 신선술과 장생불로술을 선전하기 위해 활동한 지역이 매우 넓어 연(燕)과 제(齊) 연해 일대를 두루 돌아다녔다는 걸 어렵지 않게 알 수 있다. 그래서 그가 생활하고 거주했던 지역이 분명히 많았을 것이며, 상술한 몇몇 지역 역시 아마도 그 때문에 많은 전설과 흔적이 남아 있을 것이다. 이는 매우 자연스러운 일이다. 하지만 서복의 고향은 분명히 단 한 곳이며, 다른 지역들은 모두 서복의 족적이 남아 있는 지역이다. 이것은 한 사람의 본적지와 출생지, 오랫동안 거주한 지역, 무덤과 의관묘 등의 관계와 마찬가지로 형식적인 면에서 보면 자못 비슷한 면이 있으나 그 성격은 완전히 다른 것이다. 물론 다른 몇몇 지역 중 어떤 곳은 서복이 동쪽으로 출항하는 과정에서 중요한 역할을 했고 그 의의 역시 가히 낮추어 볼 것은 아니다.

이제 서복이 동쪽으로 항해한 노선과 도착지에 대해 알아보자. 일반적으로 고대에 중국 대륙에서 일본으로 가는 데는 두 가지 노선이 있었다. 하나는 대륙과 한반도 근해를 따라 항해하여 일본으로 가는 것이고, 다른 하나는 황해를 횡단하여 일본으로 바로 가는 것이다. 서복이 동쪽으로 항해한 노선인 '제3의 노선'은 아닐 것으로 예상된다. 북로는 낭야 연해에서 동쪽으로 출발해서 교주반도 성산두 – 한

반도 서해안 남단 – 대마해협 – 일본 규슈를 거쳐 점차 일본 혼슈를 향해 항해하는 것이고, 남로는 낭야 연해에서 남쪽을 향해 강소성 북쪽 연안을 따라 일직선으로 남하해서 북위 32도를 전후해서 동쪽으로 방향을 바꿔 대마해협의 난류를 타고 북상하여 일본 큐슈에 도착하는 노선이다. 지리적인 위치로 볼 때 중국과 일본 사이에 있는 한반도는 중국과 일본 사이에서 교량 역할을 했으며, 배 만드는 기술과 항해술이 발달하지 못했던 고대에는 대부분 해류의 흐름을 이용해 바다를 건넜다.

서복이 일본으로 건너간 노선이 전자인지 후자인지 어떻게 판정해야 하는가?「서복의 동도 제일 지점 제주도(濟州島是徐福東渡的第一站)」을 쓴 나기상은 후자의 관점을 제기했다. 그 근거는 다음과 같다. 첫째 고증에 의하면 사마천이『사기』에서 말한 바다 위의 삼신산(봉래·방장·영주) 중 방장산이 바로 한국의 제주도이다. 둘째 서복 선단이 제주도 북부 조천포(朝天浦)에 상륙할 때 바위에 '조천석(朝天石)'이라는 세 글자를 크게 새겼다. 그 뒤 서복이 다시 섬 해안을 따라 항해한 뒤 남부 서귀포 해안의 절벽에 '서불이 여기를 지나다(徐市過此)' 는 항해 표지를 새겼다. 셋째 제주도에는 '진시황의 사절이 낙오되었다' 는 전설이 전해지고 있다는 것이다. 넷째 제주도에서 도민들이 신을 제사 지내기 위해 만든 제단과 오곡 등의 제수품이 산동 낭야 연해 일대의 제사 의식과 비슷하다. 물론 이 항로는 도해도(途海島)를 따라 마주하고 있어서 바람을 피하고 식수를 보급 받을 수 있다. 매우 안전한 항로인 셈이다. 이런 이유로 옛날 중국 선박들이 이 항로를 많이 택했다. 서복 역시 당연히 그 항로를 택했을 것이며, 결코 '느낌에 따라 항로를 택하지는' 않았을 것이다.

서복이 동쪽 바다를 건너 어디로 갔는가에 대해서 사마천은 단지 서복이 바다로 나간 일만을 간략히 언급했을 뿐 그가 동쪽 바다로 나간 방향과 도착한 곳에 대해서는 도리어 상세한 언급이 없다. 이에 수천 명의 중국인이 서복을 따라 길을 나섰다가 모두 실종된 것이다. 상상력에 의존하지 않고 논리적인 사유에 의거하여 그 흔적을 유추해 보면 그들의 종착지는 다음의 몇 가지 설로 압축할 수 있다.

1) 일본에 정착했다는 설이다. 『사기』는 중국 역사서 중에서 서복이 바다를 건너 도착한 곳에 대해 처음으로 언급하고 있기는 하지만 그곳에 어디인지는 분명히 밝히고 있지 않다. 그 뒤 중국 역사서나 한국·일본의 학자가 편찬한 저서를 막론하고 모두 서복이 일본에 상륙했다고 단언하고 있다. 사료에서 언급하고 있는 것은 평원광택에서 단주(亶洲)·이주(夷洲)에 이르기까지 비록 그 명칭은 다르기는 하지만 실제로는 모두 일본 열도를 가리키는 것이다.

2) 일본에 정착했다고 단언하기 어렵다는 설이다. 중·일 관계사 분야의 저명한 학자 왕향영(汪向榮)은 "『사기』 등 사서 저자가 역사를 다루는 태도의 신중함과 실제적인 자료에 근거하는 자세 등으로 미루어 볼 때 서복이라는 사람과 그의 사적에 대해 의심할 바는 없다. 그러나 원시 자료라 할 수 있는 『사기』·『한서』·『후한서』 등의 기록에는 서복이 바다로 나간 일을 당시 '왜(倭)'라고 불렸던 일본 열도와 함께 연관시킨 것이 없다. 서복과 그의 사적에 관한 것은 하나의 사실이고, 그 일행이 일본 열도에 왔는가의 여부는 또 다른 사실로 결코 서로 혼동해서는 안 된다. 전자는 의심할 여지가 없지만, 후자에 대해서는 더욱더 신중한 검토가 필요하며 결정적인 증거를 찾을 때까지는 결론을 내려서는 안 된다"라고 했다.

3) 출항하지 않고 중국 연해와 그 주변의 섬에 머물렀다는 설이다. 나원정(羅元貞)은 1987년 9월 29일 『심천특구보(深圳特區報)』에 발표한

「서복은 일본에 도착했는가」라는 글에서 "서복이 인솔한 동남동녀 수천 명이 일찍이 바다로 나가 신선과 선약을 구했으나 십 년째 되던 해 서복은 여전히 육지에 있었으며, 또한 진시황 앞에 나타나 삼신산에는 이르지 못했다고 말했다. 이때 나라에 변고가 있어 진시황은 서복을 다시 출항시킬 수 없었다. 수천 명의 동남동녀는 출항할 수 없게 되자 중국 해안과 각지의 항구 및 연해 도서에 머무를 수밖에 없었으며 점차 내륙을 향해 이주하게 되었다"라고 주장했다.

4)한국에 머물렀다는 설이다. 한상규(韓尚奎)는 1987년에 발표한 글에서 서복의 선단이 "산동의 지부(芝罘)로부터 바다의 동쪽을 향해 항해했다"는 사마천 『사기』의 기록을 근거로 서복이 이끄는 선단이 한국에 도착했으며 아울러 그곳에 정착했을 가능성이 높다고 주장했다. 왜냐하면 지리적인 위치로 볼 때 일본은 동북부에 있으며, 오히려 한국이 산동 지부 연해의 서북부에 있기 때문이다. 동시에 진나라 때의 과학 기술은 아직 미미한 수준이었고, 조선업도 발달되지 않아서 서복 등이 중국과 일본 양국 사이를 자유롭게 오갈 수 있는 상황은 아니었다.

5)아메리카 대륙으로 갔다는 설이다. 이성림(李成林)은 1983년 8월 27일 『북경일보』에 게재된 「서복은 어디로 갔는가」라는 글에서 『삼국지』, 「오서」 및 「오주전(吳主傳)」의 내용을 분석해서 다음과 같은 결론을 얻었다고 밝혔다. 즉 서복 등의 수천 명이 도착해서 '수만 세대'로 번성한 '평원광택'은 의심할 여지없이 동해(옛날에는 태평양을 동해라고 했다)의 '인적이 없는 먼 곳'이며, 결코 일본이 아니다. 왜국(일본)을 최초로 기술하고 있는 『후한서』 역시 단주와 일본을 구분하고 있다. 한자에서 '주(洲)'는 '주(州)'보다 더 큰 것으로 일반적인 섬을 가리키는 것이 아니라 '대륙' 또는 '큰 섬'의 의미를 가지고 있다. 이 때문에

그는 단주가 큰 바다 건너편의 아메리카 대륙을 가리키는 것이라고 생각했다. 그러면 당시에는 왜 바다 건너편의 대륙을 단주라고 불렀을까? 이것은 아메리카 대륙의 모습이 '단(亶)' 자와 비슷하기 때문에 그 형상에 따라 이름을 지은 것이다.

서복의 동쪽 노선과 종착지

　서복이 동쪽으로 출항한 것에는 특수한 역사적인 배경과 여러 가지 조건의 제약이 있기 때문에 과거부터 지금까지 그 출항지와 도착지에 대해 많은 이설들이 제기되었으며, 현재도 오리무중에 빠져 있다. 때문에 사마천이 『사기』에서 서복의 동쪽 항해와 관련하여 언급한 지역이 도대체 어디인가 하는 문제는 매우 중요하다.
　1) '삼신산' 이 어디인가이다. 서복이 불로초를 구한다는 명목으로 바다로 나간 것은 가혹한 정치를 피해서 멀리 이민 가려 했다면 '삼신산' 이 지금의 발해만 지역에 있을 가능성은 배제해야 한다. 당시 진나라가 통치하던 영역은 이미 한반도 북부까지 미치고 있었다. 그래서 서복 선단의 종착지는 발해 해협의 섬이나 발해만 일대를 막론하고 모두 오류에 빠질 우려가 있다. 이로부터 '삼신산' 이 지금의 황해에 있을 가능성을 추론할 수 있다. 물론 '삼신산' 과 관련된 전설이 없는 것은 아니다. 『열자』 「탕문」, 『한서』 「교사기」, 『사기』 「한무제 본기」, 『산해경』 「해내북경」 등에 삼신산 관련 기록이 있으나 각기 다르다. 최근에 우연히 『성왕조업(聖王肇業)』이라는 책을 보았는데, 이 책의 저자 왕정(王珵)은 '선산(仙山)' 의 특징에 대한 분석을 통해 서복이 찾던 '선산' 은 북극해에 표류하는 거대한 빙산이라고 밝혔다. 봄이 되어 얼음

이 녹은 뒤 한류의 남하에 따라 표류한다는 것이다. 즉 '삼신산'은 육지도 아니고 섬도 아닌, 바로 녹지 않은 빙산이라는 것이다.

2) '평원광택(平原廣澤)'이 어디냐이다. 당시 동부 해안의 도서 중 면적이 커서 '평원광택'이라고 불릴 만한 것은 지금의 필리핀 군도, 대만, 일본 열도 세 곳밖에 없다. 필리핀 군도와 대만이 모두 황해 수역 밖에 있는 점을 감안하면 남는 것은 오직 일본뿐이다.

3) '단주(亶洲)'이다. 비록 그 위치에 대한 판단이 일치하지는 않지만 여송도(呂宋島), 해남도, 일본 열도로 보는 견해가 있다. 하지만 관련 사료의 기록에 근거하여 분석하면 단주는 여송도와 해남도일 가능성은 그리 크지 않으며, 남는 것은 일본 열도뿐이다. 그리고 『성왕조업』의 저자는 "그것이 가리키는 것은 일본 열도 혼슈의 중부 지방인 듯하며, 그곳은 전설 중의 서복사당과 묘가 있는 곳이다"라고 명확하게 지적하고 있다.

게다가 일본에서는 출토된 유물이나 관련 유적과 전설을 막론하고 모두 서복을 일본과 매우 긴밀하게 연결시키고 있다. 갖가지 역사의 흔적이 서복이 일본에 정착했다는 설이 비교적 믿을 만한 것임을 나타내 주고 있다.

결론적으로 말해 서복이 동쪽으로 출항한 뒤에 일본 사회가 죠몬 문화에서 야요이 문화, 혈거 시대에서 집과 무덤이 있는 시대, 채집 수렵의 석기시대에서 농업에 종사하고 금속을 사용하는 시대, 모계 제도에서 부계 제도로 바뀐 사실에 주목해야 한다. 이런 변화는 일본 사회의 발전으로 말하자면 '하늘과 땅이 뒤집힐', '전대미문의', '한 시대의 획을 긋는' 등의 말로 형용할 만한 것이었다. 그 과정에서 외래의 영향은 매우 크고 깊었다. 일본 학자의 견해에 의거하면 일본 열도가 개화된 내적인 요인은 부수적이며, 외래의 영향, 즉 중국 문명의 영향이 절대적이었다. 추론컨대 서복이 동쪽으로 항해해 나간 것과 인과 관계에 있음을 결코 배제할 수 없으며, 심지어는 '이것 아니면 또 다른 원인이 있겠는가' 라는 관점을 가질 수 있다. 바꿔 말하면 서복이 동쪽으로 나간 것은 황하 유역을 중심으로 하는 중국 문화가 밖으로 전파되고 알려진 첫번째 시도이며, 그것이 의도적이든 비의도적이든 자신도 모르는 사이에 성공한 것이다. 일본의 역사, 문화, 언어, 종교, 풍속, 신화 등에서 이런 점을 분명하게 볼 수 있으니, 이것이 바로 중국 문화의 불빛을 밝게 빛나게 하고 문화의 전통을 계승하는 것이다.

지금까지 서술한 것을 종합하면 다음과 같은 결론을 얻을 수 있다. 서복이 일본으로 갔기 때문에 일본에 중대한 사회·역사적인 발전의 계기를 마련해 줄 수 있었다. 만일 이것이 아니었다면 '해 뜨는 나라'의 지금은 어찌 되었을까? 감히 상상할 수도 없다. 만일 정말 그렇다면 서복이 일본으로 간 의미는 더욱더 심원해진다. 그것은 특수한 지리적인 대발견일 뿐만 아니라 한 지역의 대변혁인 것이다.

그러나 우리 역시 헛되이 자만에 빠지면 안 된다. 다시 머리를 맑게 하고 현실을 직시해야만 한다. 우리는 이 사실에 관해 결론을 내릴 시기는 요원하며, 최후의 역사 답안은 더욱 치밀한 고증과 탐사가 이루어진 다음에야 가능하다고 말할 수 있을 뿐이다.

오랜 세월 동안 서복은 역사서나 민간 전설에서 신비적인 인물로 간주되어 왔다. 서복의 목적이 어떠했는지를 막론하고 그가 개척한 전에 없이 광대한 규모의 항해는 중국 역사상 최초의 조직적인 '해외 이민' 활동이었으며, 객관적으로 중국 문화를 전파하는 역할을 하여 중국이 대륙으로부터 대양으로 나가고 세계로 나가는 선례를 만들었다.

서복이 일본으로 건너간 시기가 오래되었고, 중국과 외국의 역사적인 기록과 전해지는 말들이 뒤섞여 분명치 않은 까닭에 그 견해가 하나로 통일되지 못하고 논쟁이 끊이지 않고 있다. 하지만 그러한 수수께끼들이 풀리고 있지 않더라도 과거와 지금의 연구자들이 깊이 연구해서 후대들이 새로운 길을 내는 데 빛을 비춰줄 수 있을 것이다. 연구의 깊이가 더해져 감에 따라 서복이 동쪽으로 항해한 진상은 반드시 명확하게 밝혀지리라 믿는다.

아메리카를 발견하다

법현이 태평양을 건넌 까닭

　무릇 '세계의 수수께끼'라 불리는 문제들은 연구자나 독자에게는 언제나 매력적인 대상이다. 중국인이 아메리카 대륙을 발견했다는 문제 역시 마찬가지이다. 이 문제는 다루기 조심스러운 부분이 있다. 왜냐하면 아메리카 대륙의 발견자에 대해 모든 책에는 추호의 여지도 없이 이탈리아 항해가이자 탐험가인 콜럼버스의 이름을 올려놓고 있다. 그가 1492년 신대륙을 발견했으며, 신대륙은 바로 아메리카를 가리킨다고 씌어 있기 때문이다.

　그러므로 만약 중국인이 정말로 아메리카 대륙을 발견했다면 적어도 시간적으로 전자를 부정한다는 것을 의미하며, 역사도 마땅히 새롭게 고쳐져야 한다. 이것이 진실이라면 대단한 사건으로 중국인이 또 당당히 인류를 위해 큰 이바지를 한 것이 된다. 중국인은 자기 민족이 아메리카 대륙을 발견했다는 것에 대해 한없이 기뻐하고 자랑스럽게 여길 것이고, 유럽인은 아마도 그리 달갑게 받아들이지 않을 것이지만 어쨌든 이는 시대의 획을 긋는 영예로운 일이다. 지리적 대발견은 유럽의 번영을 가져왔을 뿐만 아니라 인류 전체가 새로운 시대로 진입할 수 있게 했다. 그러므로 이러한 문제 제기는 매우 심각한 것이며, 조금이라도 낭만주의적 상상력이 개입되어서는 안 될 것이다. 신뢰할 만한 확증이 없다면 어떻게 중국인이 아메리카 대륙을 발견했다는 것을 증명할 수 있겠는가?

다른 한편으로 보면 이 문제는 가벼운 화젯거리라고도 볼 수 있다. 가벼운 화제라고 말하는 까닭은 역사는 우리에게 많은 여러 가지 풀기 힘든 수수께끼를 남기고 있는데, 종종 답은 없고 추측만이 무성하게 되어 진실이라고도 거짓이라고도 볼 수 있는 경우가 있기 때문이다. 결국 역사의 바다를 노닐면서 수수께끼 풀 듯 사유의 즐거움을 갖는 것 또한 부담 없이 즐길 수 있는 재미인 것이다.

하지만 심각하든지 가볍든지 간에 실제로 발견한 것인지, 아니면 고증을 통해 증명되어야 할 '발견'인지는 주목할 만한 문제임에 틀림없다. 다행스러운 것은 이 문제를 최초로 제기한 사람이 중국인이 아니라 프랑스 학자라는 점이다. 1761년 프랑스 학자인 드 지니에는 프랑스 문사학원에 제출한 『아메리카 대륙 해안을 따라 항해한 중국인과 극동 아시아에 거주한 몇몇 민족에 관한 연구』라는 보고서에서 "중국인이 최초로 아메리카 대륙을 발견했다"라는 설을 제시했다. 그 덕에 중국인은 별 부담감 없이 편안한 마음을 가질 수 있게 되었다.

20세기 초부터 중국 학자들은 '고대 중국인의 아메리카 대륙 도착설' 논쟁에 뛰어들었으며, 시간이 흐름에 따라 새로운 사료와 새로운 물증이 발견되면서 논쟁은 갈수록 뜨거워졌다. 찬성파와 반대파 쌍방은 극명한 견해 차이를 가지고 있었다.

제1차 논쟁은 1900년대 초에 시작되어 1930~1940년대에 활발히 진행되었고 신중국이 수립되면서 일단락을 지었다. 이 시기에는 긍정설이 성행했다. 청나라 말의 지리학자인 정겸(丁謙)은 사료 분석을 통해 서방 학자들이 깊이 고증하지 않고 전해지는 말에 근거해 함부로 결론을 내렸다고 간접적으로 문제를 제기했다. 민국 초 대학자인 장태염(章

진(晉)나라 고승 법현의 서행도(西行圖)

太炎)은 '중국인 아메리카 대륙 발견설'에 흥미를 가지고 중국 사적에 근거해 자신만의 새로운 설을 제시했다. 그것은 혜심(慧深 ; 법현보다 먼저 아메리카에 도착했다는 양나라 스님) 이전에 법현이라는 승려가 서반구를 발견했다는 것이다. 1941년 주겸지(朱謙之)는 『부상국고증(扶桑國考證)』이라는 책을 통해 중국 승려가 아메리카 대륙을 발견했다는 것은 의심의 여지가 없다고 논증했다. 그때에 이르러 이 문제에 대한 중국학계의 논쟁은 잠시 잠잠해지는 모습을 띄게 되었고, '중국인의 아메리카 대륙 발견설'은 이미 정론으로 굳어진 듯했다.

제2차 논쟁은 1960년대에 시작되었는데, 이 시기에는 반대설이 우세를 점했다. 1961년 9월 「북경만보」에 마남촌(馬南邨 : 『인민일보』 전 편집국장을 지냈던 등척鄧拓의 필명)은 「누가 최초로 아메리카 대륙을 발견했나?」 등 세 편의 글을 발표하여, 옛 중국인이 일컫던 '부상(扶桑)'은 멕시코를 지칭하는 것이라고 지적했다. 이를 근거로 중국인과 아메리카의 여러 나라 사람들이 옛날부터 우의를 다져왔다고 설명했다. 그의 몇 편의 글이 발표되자 즉각 학계에 반향을 일으켰다. 북경대학 철학과 교수인 주겸지는 재차 「콜럼버스에 천 년 앞서 중국 승려가 아메리카 대륙을 발견했음을 고증함」이라는 글을 통해 다시 한 번 자신의 관점을 제시했다. 이 글이 발표된 이후 많은 사학자들이 이 문제에 관심을 가지고 깊이 있는 연구를 진행했고, 많은 문제점이 발견되면서 이 학설은 신빙성을 얻기 어렵게 되었다.

이러한 분위기 속에서 반대파의 글들이 출현하기 시작했는데, 대표적인 것이 바로 북경대학 역사학과 나영거(羅榮渠)의 「중국인의 아메리카 대륙 발견설에 대해 논함」이라는 글이다. 그는 중국 정사(正史)에 자주 등장하는 '부상국(扶桑國)'을 지리적 위치, 물산, 사회 조직과 풍속, 불교와 혜심, 고고학과 인류학적 자료 등 다섯 가지 각도에서 고찰한 끝에 국제 학술계의 오랜 논쟁거리를 전면적으로 부정했다.

제3차 논쟁은 1980년대에 시작되었는데, 두 가지 설이 병존하는 가운데 팽팽하게 대립했다. 1983년 나영거는 재차 「부상국에 대한 추측과 아메리카 대륙의 발견—문화의 전파 문제를 겸해서 논함」이라는 글을 발표했는데, 새로운 방법과 자료를 사용하여 자신이 1960년대에 했던 논증을 보완했다. 그는 이 글을 통해 '중국판 콜럼버스'의 존재 가능성을 철저히 부정했다.

1990년대 들어 학자들의 연구 시야가 확대되고 아메리카 대륙의 신문물이 발견됨에 따라 '중국인의 아메리카 대륙 최초 도착설'이 다시금 성행하였다. 긍정론을 지지하는 사람들은 '혜심'과 '부상국'이라는 장애물을 피해 연구의 중점을 다시 전이시켜 두 가지의 대표적인 학설을 제시했다. 바로 '은나라 사람의 아메리카 대륙 발견설'과 '법현의 아메리카 대륙 항해설'이다.

1992년 『인민일보』 기자인 연운산(連雲山)은 자신이 수년간 심혈을 기울여 온 『누가 아메리카 대륙에 먼저 도착했는가』라는 책을 출판했다. 그는 이 책에서 동진의 고승인 법현이 아메리카 대륙을 항해하여 멕시코까지 도착했다는 학설을 상세히 논증하면서, 최초로 아메리카 대륙을 발견한 사람이 콜럼버스가 아니라 그보다 1천여 년이나 앞선 중국인 승려 법현임을 천명했다. 이 주장이 나오자 『중국청년보』 등 여러 신문과 잡지들이 앞다투어 「누가 아메리카 대륙에 먼저 도착했었는가」라는 제목으로 집중 보도를 하는 등 일시에 사람들의 이목을 집중시켰다. 그로 인해 많은 사람들은 역사적으로 아메리카 대륙을 발견한 사람이 콜럼버스가 아니라 중국인 법현이라고 믿게 되었다.

사람들이 법현의 아메리카 대륙 발견설에 심취하고 이에 대해 자부심을 느낄 무렵 사천연합대학의 장전(張箭)은 잇달아 글을 발표하여 연운산이 제시한 법현의 아메리카 대륙 항해설에 대해 대담하게 이의 제기하면서 비판했다. 그는 '법현의 아메리카 대륙 발견설'은 근거가 부족한 허무맹랑한 주장이며, 아메리카 대륙에서 고대 문명이 발전한 것과 고대 중국 대륙에서 문명이 발전하고 전파된 것은 전혀 관계가 없다고 반박했다.

이 논쟁은 여전히 진행 중이며 진실은 아직까지 밝혀지지 않고 있다. 그러므로 법현이 아메리카 대륙에 도착했었는지의 여부에 관계없이 시간의 흐름을 따라 천오백여 년 전에 일어났던 족적을 찾아보려 한다.

'서천취경'이 만들어 낸 천 년의 수수께끼

법현은 337년에 태어나 422년에 세상을 떠났다. 산서 양원(襄垣) 사람으로으로 일설에는 임분(臨汾)에서 태어났다고도 한다. 속세의 성은 공(龔)씨였으며, 어린 나이에 출가하여 승려가 되었다. 법현이 살았던 시기는 동진 시대인데, 그 시기는 인도 불교가 중국에 전래되어 성행하던 때였다. 하지만 전래 초기에는 불경이 완비되어 있지 않았고,

승려들이 활동하거나 포교하는 데 따를 만한 규율이 없어 제각각이었다. 게다가 인도 불교는 기본적으로 문자로 된 경전 없이 구술에 의지해 전승되어 왔기 때문에 중국에 전래되었을 무렵에는 이미 본래의 모습을 상당히 잃고 와전된 모습을 띠고 있었다. "스님마다 읽는 불경이 다르다"라는 말은 당시 불교계의 상황을 비교적 정확히 표현한 것이다.

중국의 고승이었던 법현은 당시의 이러한 혼란스러운 현실에 당연히 불만을 느꼈고, 이를 해결하기 위해서는 반드시 근본부터 치유하는 방법이 필요하다고 생각했다. 진짜 경전을 구해 이를 한문으로 직역해야 신뢰성을 확보할 수 있고, 불교가 발전할 수 있을 것이라고 판단했다.

법현은 거의 60세에 이르렀지만 천축에 가서 진경(眞經)을 구해 오기로 결심했다. 399년 법현은 일행 10명과 함께 장안을 출발해 사막을 건너고 곤륜산을 넘어 중앙아시아에 도착했으며, 그후 다시 동남쪽으로 서역과 중앙아시아 30개국을 경유한 끝에 출발한 지 4년 만인 402년 4월 인도에 도착했다.

법현은 북인도에 도착한 후에야 불교의 발원지인 인도에 천여 년이라는 긴 세월 동안 서면 문자로 된 경문이 없었으며, '대대로 구전으로 전해졌음'을 알게 되었다. 그는 하는 수 없이 다시 중인도와 동인도로 가서 불경을 수소문한 끝에 마침내 오류가 비교적 적은 몇 부의 불경을 얻을 수 있었다. 그리고 그는 천축국 사람이 구술한 내용을 범문으로 기록하고 이를 다시 다듬었다.

인도에 온 지 8년 만에 법현은 중국에 없는 약 백만 구절에 이르는 6부의 중요한 불경을 얻게 되었다. 그는 노쇠해지는 것에 아랑곳하지 않고 수년에 걸쳐 그것을 하나하나씩 베껴 완성한 것이다. 410년 그는 캘커타에서 배를 타고 스리랑카로 향했는데, 스리랑카는 당시에 중국과 로마제국의 해상 무역 중개항으로 중국 배가 오가면서 반드시 거쳐가는 곳이었다. 그러므로 법현은 그곳에서 귀국하는 배를 타고 광주로 갈 계획을 한 것이다.

법현은 스리랑카에서 2년을 체류한 끝에 412년 9월 로마제국에서 중국으로 돌아가는 배에 몸을 실을 수 있었다. 이 시기는 인도양과 태평양의 계절풍이 서남풍과 서풍으로 바뀌는 때인데, 스리랑카에서 광주로 항해하기 딱 좋은 풍향이었다. 만약 이 전통적이고 익숙한 항로를 따라 갈 경우 말라카 해협을 지난 후 바로 싱가포르에 이를 것이며, 그후 북쪽으로 방향을 돌려 약간 동쪽으로 올라간 후 남중국해를 따라 가면 며칠 안에 광주에 도착할 수 있을 것이다.

하지만 이게 어찌된 일인가! 배가 항해를 시작한 뒤 이틀 만에 폭풍으로 인해 배에 물이 차기 시작하는 것이었다. 배 위의 사람들은 당황하여 어찌할 바를 몰랐고, 법현도 초조하고 불안했다. 그는 천신만고 끝에 구한 6부의 불경을 지니고 있었던 것이다. 그는 다급한 상황에서 불경을 읽기 시작했고, 자비로운 부처님께 무사할 수 있도록 기도했다. 그런데 그가 정말 하늘을 감동시킨 것인지 배에 난 구멍들이 점차 막히면서 작은 배는 평온을 되찾았다. 그들의 배는 다시 돛을 올리고 10여 일을 항해했고, 어느 작은 섬에 정박하여 배의 상태를 살펴본 후 다시 동쪽으로 계속 항해하기 시작했다.

하지만 뜻밖의 비구름이 일었고, 방위를 잘못 선택했었는지 아니면 다른 원인이 있었는지는 알 수 없지만 배는 정상적인 노선을 따라 항해할 수 없게 되었다. 이후 그들은 배를 정박할 섬을 전혀 발견하지 못한 채 계속해서 90일을 항해한 끝에 '야파제(耶婆提)'라고 불리는 나라에 도착했다. '야파제'에서 법현 일행은 5개월을 체류했고, 이듬해 봄에야 배를 타고 중국으로 돌아올 수 있었다. 4개월간을 항해하여 413년 9월 17일 산동성 청도 노산에 안전히 도착했다.

문제는 이것이 뜻밖의 재난이었는지가, 아니면 의식적인 행동이었는가라는 것인데 후세 사람들이 풀기 힘든 수수께끼였다. 오랫동안 많은 사람들이 이 문제를 풀기 위해 노력했지만 아직까지는 최종적인 결론을 얻지 못하고 있다.

폭풍우에 만 리를 떠밀려 도착한 '야파제'

'야파제'는 어느 나라인가? 이는 중요하다. 왜냐하면 그것이 동방의 중국인이 아메리카 대륙을 발견했는가의 여부를 판단하는 핵심이자 수수께끼를 푸는 열쇠이기 때문이다. 거의 100년 가까이 외국인의 오판이든, 중국인의 실수이든 결국 이 문제로 인해 생겨난 여러 가지 추측들만 난무하는 상황이기 때문이다.

야파제는 어디에 있었던 것일까? 이에 대해서는 설이 분분하여 '자바'라는 사람도 있고, '수마트라'라는 사람도 있고, '칼리만탄'이라는 사람도 있다. 비록 세 지역이 서로 다르기는 하지만 이 세 지역 이외의 다른 지역을 주장하는 경우는 없다. 이 세 가지 설 가운데 '자바' 설이 가장 주류를 이루는데, 중국 고문(古文)인 『법현전(法顯傳)』을 영문으로 번역한 영국 학자 새뮤얼 빌이 이 학설의 원류라고 할 수 있으며, 이후 여러 중국이나 외국 논저들이 이 설을 따르고 있다.

빌은 고고학에서 자주 이용되는 '소리 재구성법(擬音法)'이나 '소리 대조법(對音法)'을 사용했다. 그는 우선 인도 범문에서 야파제의 중국어 발음과 비슷한 '아와타파(雅窪打帕)'이라는 지명을 찾아낸 후, 법현

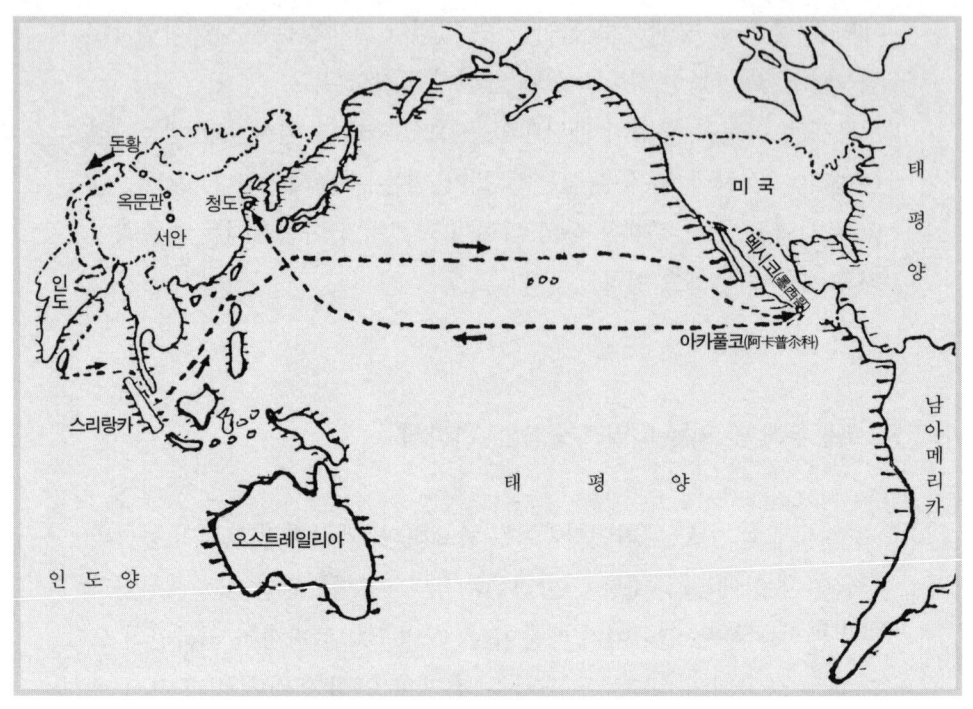

법현의 태평양 왕복도

이 귀국하면서 경유했던 지역 중 이와 발음이 비슷한 지역을 찾아냈다. 그는 이러한 방법을 통해 '자바'가 바로 '야파제'라는 설을 제시했다.

물론 '소리 재구성법'이나 '소리 대조법'을 사용한 점은 중요한 의의를 지니지만, 이것이 다른 여러 요소들과 함께 종합적으로 고려될 때에만 역사적 진실에 가까워질 수 있는 것이다. 항해 중에는 일어날 수 있는 가변 요소가 다양하고 복잡하기 때문에 여러 요소를 종합적으로 고찰해야만 최대한 역사적 진실에 가까운 결론을 얻을 수 있다. 빌은 확실히 이 점을 소홀히 했다. 그는 법현의 항해와 관련된 여러 사실을 깊이 있게 연구하고 고증하지 않은 채 단지 '소리 대조법'에만 의

존하여 야파제가 자바라고 추정했는데, 이는 견강부회가 아닐 수 없으며 동시에 '자바' 설의 한계이기도 하다. 빌의 '자바' 설은 후대에 많은 영향을 끼쳐 많은 후대인이 그의 학설을 그대로 계승했고, 정론으로 둔갑하게 되었다. '거짓말도 천 번 하면 진실이 된다' 라는 의구심을 떨치기 어렵다.

18세기 중엽 서방의 역사학자들은 세계사와 초기 아메리카 역사를 연구하면서 콜럼버스 이전에 중국인이 아메리카 대륙에 도착했었다는 것을 인정했다. 지각 변동설이나 인류학 등의 고고 자료에서 이러한 역사적 사실이 존재했었음을 드러내 주고 있기 때문이었다. 그들은 이러한 사실에 주의를 기울이고 중국 사서에서 근거를 찾아 자신의 관점을 보다 명확하게 증명하려 했다. 이것은 비단 중국인뿐만 아니라 인류 문명 발전사에서도 일대 사건이기 때문이다.

비록 중국과 서방의 교류가 오랜 역사를 가지고 있기는 했지만 언어와 문자의 교류에서는 여전히 큰 어려움이 있었다. 서방의 역사학자 대부분이 중국어를 이해하지 못했기 때문에 그저 서양 언어로 번역된 몇몇 중국 서적을 통해서만 흐릿한 실마리를 찾아야 했다. 마침 『이십사사(二十四史)』 중 「양서(梁書)」 제3권 상에서 '혜심이 부상에 도착했었다' 라는 내용을 발견하자 그들은 마치 답을 찾는 듯했다. 문제는 중국인이 콜럼버스 이전에 아메리카 대륙을 발견했는가가 아니라 혜심이 도착했던 곳, 즉 부상이 아메리카 대륙인가라는 것이었다.

이 문제에 대해 일시에 중론이 분분해졌고 이것이 바로 100여 년간 진행된 대논쟁의 발단이 되었다. 언어적 문제는 당시 청나라 시대의 중국 역사학자들에게도 마찬가지였다. 그들은 서방 언어를 알지 못했기 때문에 외부 세계에서 발생한 논쟁에 참여할 수 있는 절호의 기회를 잃고 말았다. 서방에서 100여 년이 넘도록 논쟁이 지속되었음에도 이 문제는 여전히 해결의 가닥을 잡지 못했고, 결국 아메리카 대륙 최초 발견자라는 월계관은 콜럼버스가 줄곧 쓰고 있었다.

1863년 프랑스와 영국의 학자들이 『법현전』을 각각 자국의 언어로 번역했는데, 이는 서방 학자들이 법현에 대해 깊게 이해하고 인식하는 좋은 기회가 되었다. 이후 1900년을 전후해 프랑스 학계에서 법현이 콜럼버스에 앞서 아메리카 대륙 발견했다는 설이 제기되었다. 당시 중국 근대 시기의 저명한 학자인 장태염은 서방 학자들의 연구 성과에 주목하고는 이 학설에 찬성하는 글을 발표했다.

하지만 불행하게도 이러한 연구 성과는 큰 반향을 일으키지 못한 채 곧 사그라지고 말았다. 그 원인을 살펴보면 근대 중국의 쇠락과 관련 있다. 중국이 열강에 의해 제멋대로 유린되고 멸시받던 그 시기에 중국인 법현이 콜럼버스보다 먼저 아메리카 대륙을 발견했다는 세상을 깜짝 놀라게 할 만한 학설은 중국인의 기상을 드높였다. 이는 확실히 시대와 박자가 맞지 않는 것이었다. 누가 그 학설이 일세를 '풍미' 하도록 놔 두겠는가? 물론 이러한 연구 성과는 그 자체의 결함도 가지고 있었다. 논거나 주장에 오류가 있어서 법현이 '최초'로 아메리카 대륙을 발견했는지에 대해 과학적이고 합리적인 해석을 할 수 없었다. 이 역시 원인의 하나이다.

앞에서 언급했듯이 '자바' 설은 큰 영향력을 지니고 있었지만 충분한 이론적 근거가 결여되어 있었다. 법현이 아메리카 대륙을 발견했는지 여부에 관계없이 그의 여정 기간을 볼 때 야파제는 결코 자바가 아니다. 항해 경로를 보면 사자국(獅子國 : 스리랑카)의 콜롬보에서 광주까지의 전체 경로는 3,070해리가 된다. 법현이 당시에 탔던 배의 항속을 고려할 때 편도에만 약 30일, 길게는 50일이 걸린다. 이는 법현이 배에 50일분의 식량을 싣고 있었다는 점에서 증명된다. 스리랑카의 콜롬보에서 자바의 거리는 1,800해리로 정상적인 상황이라면 15일 정도면 도착할 수 있으며, 길게 잡아도 20일을 넘지 않는다. 하지만 법현이 탄 배는 꼬박 105일을 항해한 후에야 야파제에 도착했다. 105일이라는 기간 중 15일째 되는 날 작은 섬에 정박하여 배를 점검한 하루를 제외하면 104일을 모두 바다 위에서 항해한 셈이 된다. 그러므로 단순히 기간만을 놓고 볼 때 배는 출발지에서 맴돈 것이 아니라 105일을 계속해서 항해한 것이 되며, 자바나 칼리만탄이라고 한다면 설명한 방법이 없게 된다.

그뿐 아니라 지리적 위치를 통해 볼 때 자바가 위치한 해역은 여러 섬들이 이웃한 곳으로 만약 배가 이 항로를 항해했다면 도중에 여러 섬들을 발견했을 것이고, 식량을 보충하기 위해 분명히 정박했을 것이다. 하지만 법현이 탄 배는 길고 긴 항해 중에 정박할 만한 섬을 찾지 못하고 계속해서 망망대해를 가고 있었다. 시종일관 의지할 만한 어떤 곳도 없었던 것이다.

이외에 사서를 통해서도 알 수 있는 것이 있다. 기원전 3세기에 인도의 아소카 왕은 무력으로 인도네시아를 침범한 후 인도네시아 사회를 변화시켰다. 아소카 왕은 불교를 국교로 했을 뿐만 아니라 대외적인 세력 확장을 통해 불교를 보급하는 동화정책을 실시했는데, 그후 인도의 여러 왕조들은 모두 과거의 정책을 따랐다. 그러므로 기원전 3세기 아소카 왕 시대에서 법현이 야파제에 갔던 5세기에 불교는 이미 이 '섬의 나라'에서 700여 년간 성행하고 있었던 것이다. 하지만 법현이 야파제에서 경험한 사실은 이러한 모습과는 딴판이었다. "그 나라는 사교인 브라만교가 흥성하여 불법과 관련해서는 말할 바가 없었다." 그는 그곳에서 5개월 남짓 체류했지만 불교의 흔적은 전혀 찾아볼 수 없었다.

이상의 몇 가지 각도에서 살펴볼 때 야파제가 인도네시아의 자바 섬이라는 주장은 설득력이 없다. 지리적 특징이나 기상, 해양적 특징 및 항로와 사회적 상황 등 어떤 면에서도 합리적으로 해석할 수 없는데, 바꾸어 말하면 법현이 이르렀던 야파제가 자바나 칼리만탄이 결코 아니라는 것이다.

법현, 멕시코에 도착하다

야파제가 아시아의 어느 섬이 아니라면 과연 어디일까? 만일 법현이 도착했던 곳이 아메리카 대륙이라면 야파제가 어디인지가 명확해지며 이것은 문제를 푸는 열쇠가 될 것이다.

어떤 이는 법현이 야파제를 떠나면서 '동북쪽으로 광주를 향해 간다'라고 방향에 대해 기록한 점을 들어 야파제가 광주 서남쪽에 위치했을 것이라고 추측한다. 즉 야파제는 자바나 다른 지역이 아니며, 아메리카 대륙도 아닐 수 있는 것이다. 만약 그곳이 아메리카 대륙이라면 법현은 태평양을 건너야했을 것인데, 이를 증명할 만한 근거가 있느냐라는 것이다.

이러한 문제제기는 시의적절하다고 할 수 있는데, 만일 정말 그러하다면 야파제는 자바가 아닐 뿐 더러 아메리카 대륙의 어떤 나라라고도 할 수 없는 것이다. 그러므로 우리는 법현이 기록했던 실제 사실에서 출발해서 판단하고 과학적인 결론을 도출해야 한다. 법현의 기록은 객관성과 진실성을 갖추고 있다. 왜냐하면 그는 자신의 기록이 어떤 변화를 가져올지 알지 못했으며, 천고(千古)의 수수께끼가 될 줄은 더더욱 몰랐을 것이기 때문이다. 그는 실제 여정에 따라 충실히 기록했을 뿐이기 때문에 결코 글장난을 했을 가능성은 없다. 그러므로 그가 기록한 항해 시간, 기상, 해상 일정, 위급 상황의 발생 및 처리 등의 내용은 진실로 믿을 수 있는 것이다. 그의 기록을 노래 CD에 비유한다면 '복제본'이 아닌 바로 '오리지널'인 셈이다. 법현의 기록을 분석하면 그의 서행길에 대한 윤곽이 드러날 것이며, 그 속에서 내용의 신빙성을 판단할 수 있을 것이다.

편의를 위해 여기서는 법현의 기록 내용 중 중요한 부분들을 인용부호를 사용해 제시할 것인데, 이 기록들은 법현이 아메리카 대륙에 도착했었는지를 판단할 중요한 자료가 될 것이다.

섬에서 정박하여 점검한 후 배는 계속해서 동쪽으로 항해했다. 이후 계속해서 경험해 보지 못했던 상황들이 나타났다. 법현은 이에 대해 다음과 같이 묘사하고 있다.

"바다는 끝없이 펼쳐져 있었고 동쪽과 서쪽을 식별하지 못한 채 그저 하늘의 해와 달, 별을 보고 나아갈 뿐이었다." 이 기록을 통해 보면 본래는 사방이나 어떤 한 방향의 육지나 섬 등의 식별물을 볼 수 있었으나 지금은 아무것도 볼 수 없게 되었음을 알 수 있다. 이는 분명 태평양의 심해를 항해하게 되었음을 나타내는 것이다.

"밤이 되어 캄캄해졌고 큰 파도가 서로 부딪히며 불꽃이 이리저리 번쩍였다." 이것은 심해를 항해할 때만 볼 수 있는 해상의 모습으로 큰 파도가 서로 부딪히며 빛을 발산하는 해양의 물리적 현상 중 하나이다. 이 또한 심해를 항해하고 있었다는 증거라 할 수 있다. 이어 항해 중에 '큰 자라와 악어 같이 생긴 기이한 바다 생물'을 보았다고 기록하고 있는데, 근해나 낮은 바다에서는 잘 볼 수 없는 고래, 상어, 돌고래 등의 심해 동물을 보았다는 것으로 보인다. 이 바다동물들은 배 근처에서 헤엄치거나 배를 쫓아오기도 한다.

"상인들은 당황하고 두려워했고, 어느 곳으로 향하고 있는지 몰랐다." "바다 속은 바닥을 알 수 없을 만큼 깊어 닻을 내릴 수 있는 곳도 없었다." 배가 끊임없이 앞으로 나아갈수록 상인들은 더욱 당황하고 두려워했고, 배가 지금 어디에 있는 것인지 어디로 가는 것인지도 알 수 없었다. 그래서 돌로 된 닻을 던져서 배를 멈추고 상황을 파악해 보려 하지만 닻을 다 내려 보아도 바다 밑에 닿지를 않는다. 바다가 깊었기 때문이다.

항해 방향에 대해서 법현은 매우 명확하게 기록하고 있다. "날이 개자 동서를 알 수 있었고 다시 똑바로 전진했다." 이 말은 어디로 향해서 갔다는 말인가? 이는 비교적 명확한 문제이다. 남쪽일 수도 없으며, 북쪽일 수도 없으며, 서쪽으로 되돌아오기는 더더욱 불가능했다. 풍향이 허락하지 않았기 때문이다. 동쪽이나 동북쪽일 수밖에 없었으며, 북위의 '쿠로시오 해류(黑潮海流 : kuroshio belt, 한반도를 거쳐 북쪽으로 올라가는 난류)'로 가는 방향이 유일하게 갈 수 있는 길이었다.

"어느 나라에 이르렀는데, 야파제라고 했다." 여기는 어느 곳일까? 법현이 탔던 배의 항해 방향, 풍향, 풍속, 해상 상황, 항로 및 섬 하나도 발견하지 못한 것 등의 여러 상황, 그 중에서도 특히 100여 일이나 되는 항해 시간에 근거해 볼 때 도착한 곳은 지구의 한쪽 끝이 될 것이다. 구체적인 위치는 대략 멕시코 남부에서 로스앤젤레스까지의 범위 이내가 될 것이다. 특히 멕시코 해안의 아카풀코일 가능성이 가장 크다. 이곳은 해류가 완만해서 상륙하기가 비교적 쉽기 때문에 고대의 중국 선박과 명·청 시대의 중국 선박이 모두 그곳에서 상륙했다.

중남미 여러 나라의 지명은 대부분 15세기 스페인이 침입한 후 스페인어로 명명되었는데, 멕시코는 유독 아직까지도 인디언 지명이 가장 많이 보존되어 있다. 고대 인디언의 독음으로 읽으면 아카풀코는 '야카폴'이 되는데 법현이 기록한 '야파제'가 바로 '야카폴'의 전사음일 가능성이 매우 크다. 당시의 전사음은 규범성이 약해서 동일한 지역이 다른 명칭으로 불리는 경우가 흔했다. 그러므로 하나의 지역이 여러 이름으로 불리는 현상은 전혀 새로울 것이 없는 것이다.

물론 아메리카 대륙에의 도착 여부는 항해 여정을 통해서도 증명되어야 한다. 세계 교통 지도에서 보면 스리랑카의 콜롬보에서 멕시코의 아카풀코까지는 약 1만여 해리이다. 법현이 스리랑카에서 야파제까지 가는 데 걸린 시간은 105일인데, 당시의 범선이 순풍 속에서 하루에 100해리 정도를 간다고 계산을 하게 되면 전체 항해 거리는 10,000~11,000해리가 된다. 그러므로 거리상으로 볼 때 대체로 일치한다. 이상의 내용을 종합해 보면 항로나 계절풍, 상륙지의 지명에서 볼 때도 법현이 도착했던 야파제가 멕시코 아카풀코일 가능성이 매우 크다.

법현, 최초로 아메리카를 발견하다

여기서 반드시 지적해야 할 부분은 1,500년 전 세계에 대한 중국인의 생각이 현대의 우리와는 사뭇 달랐다는 점이다. 당시의 중국인은 세계가 북으로는 위청(衛靑)과 곽거병(霍去病)이 정벌한 흉노의 사막과 소무(蘇武)가 추방당했던 북해(바이칼 호)까지, 동으로는 왜국, 서로는 감영(甘英)이 이르려고 했던 로마제국, 서남으로 인도와 스리랑카, 정남쪽 동편은 도파국(闍婆國 : 자바와 수마트라)까지라고 생각했다. 이것이 그들이 아는 전 세계였고 세계는 그만큼 클 뿐이었다.

당시 중국인은 광주가 스리랑카 동북쪽에 있으며 광주로 가려면 반드시 동북으로 가야 한다는 것을 알고 있었다. 따라서 법현이 탄 배는 기존의 지리 개념을 따를 수밖에 없었음은 더 이상 말할 필요가 없을 것이다.

콜럼버스가 아메리카를 발견한 사실을 통해 볼 때 그때 사람들도 지리 개념이 부족했음을 알 수 있다. 1492년 8월 3일 콜럼버스가 선원 87명을 인솔하여 스페인의 발렌시아 항구를 출발하여 스페인 국왕이 중국 황제에게 보내는 국서를 지니고 중국으로 향했다. 두 달 남짓 서쪽으로 항해하여 10월 12일에 바하마 군도에 도착했다. 그후 그는 세 차례나 도미니카, 푸에르토리코 등 중미와 남미 연해안을 고찰했다. 콜럼버스 자신이 서인도 제도라고 부르던 중남미를 방문한 횟수와 머문 시간을 볼 때 법현은 비교도 되지 못한다.

하지만 콜럼버스는 처음부터 끝까지 자신이 도착한 곳이 신대륙이라는 사실을 몰랐고, 그곳이 바로 인도이고 현지 토착민은 곧 인도인이라는 생각을 고집했다. 매번 국왕에게 보고서를 올릴 때든, 사회에 발표할 때든 그는 자신이 인도에 갔었다고 했다. 왜냐하면 콜럼버스의 머릿속에는 아메리카가 신대륙이라는 생각이 전혀 없었기 때문이다. 그는 단지 서쪽으로 항해하면 곧 자신이 알고 있는 인도와 중국이라고만 생각했고, 죽을 때까지도 자신이 아메리카를 발견했다는 것을 알지 못했다.

아메리카라는 지리 개념과 지명은 콜럼버스 생전에는 전혀 없었기 때문에 콜럼버스뿐만 아니라 전 세계 사람들 역시 몰랐다. 아메리카라는 지리 개념과 지명은 훗날 아메리고 베스푸치라는 이탈리아 탐험가에 의해 만들어졌다. 그는 1499~1502년 사이에 스페인 사람들의 아메리카 '탐험' 활동에 세 번이나 참가했는데, 유럽에 돌아온 후 지도를 만들어 1503년 『신세계』라는 해상 여행 이야기 모음집을 출간했다. 그는 그곳이 인도가 아닌 미지의 처녀지라고 단정했다. 하지만 아쉬운 것은 그 당시에는 누구도 그의 판단을 믿지 않았다. 5년 뒤인 1508년 독일의 지리학자 마르틴 발트제뮐러가 처음으로 이 사실을 인정했다. 신대륙의 명칭이 없어 불편했기 때문에 아메리고 베스푸치의 이름을 딴 후 이를 '아메리카'라고 줄여서 명명했다. 그 후로 40여 년이 지난 후에야 유럽 사람들에게 이 지명이 받아들여졌다. 그런데 그 역시 남미에만 제한되었고, 10여 년이 더 지난 후에야 남북 아메리카를 합쳐서 아메리카라고 부르게 되었는데, 그때야 비로소 아메리카라는 지리 개념과 명사가 생겨난 것이다.

콜럼버스는 13년 동안 아메리카에 네 번 갔었으나 죽을 때까지도 자신이 도착한 곳이 신대륙이라는 사실을 몰랐다. 따라서 5개월밖에 머물지 않은 법현이 자신이 도착한 곳이 신대륙이라는 것을 몰랐다는 사실도 그럴 만해 보인다. 비록 법현이 "동북으로 가면 광주(廣州)에 가까워진다"고 기록했지만 이는 단지 계획일 뿐 실제 항해 기록은 아니다. 옛말에 "하늘의 풍운은 예측 불허하다"라고 했듯이 바다 항해는 날씨와 파도 등의 영향을 크게 받는다. 게다가 고대의 과학 기술이 상대적으로 낙후하고 해상에서의 방향은 완전히 천문에 의지하여 낮에는 해가 지는 것을 보고 동서 방향을 가리고, 밤에는 별자리를 관찰하여 남북을 가렸다. 나침판이 중국에서 발명되었지만 그 당시에는 육지에서만 사용되었고, 항해에 사용된 것은 송나라 시대 이후의 일이다. 따라서 법현이 살았던 5세기에 항해할 경우 여전히 하늘을 보며 방향을 정했기 때문에 항해 노선의 정확성을 보장하기 어려웠고, 항해 노선에서 이탈하는 경우 또한 종종 있었다. 게다가 항해에 필요한 일부 과학적 지식, 예컨대 대기 환류학, 해양 기상학 등에 대해 무지한 상태였기 때문에 실수는 피할 길이 없었다. 만약 배가 해상에서 항해

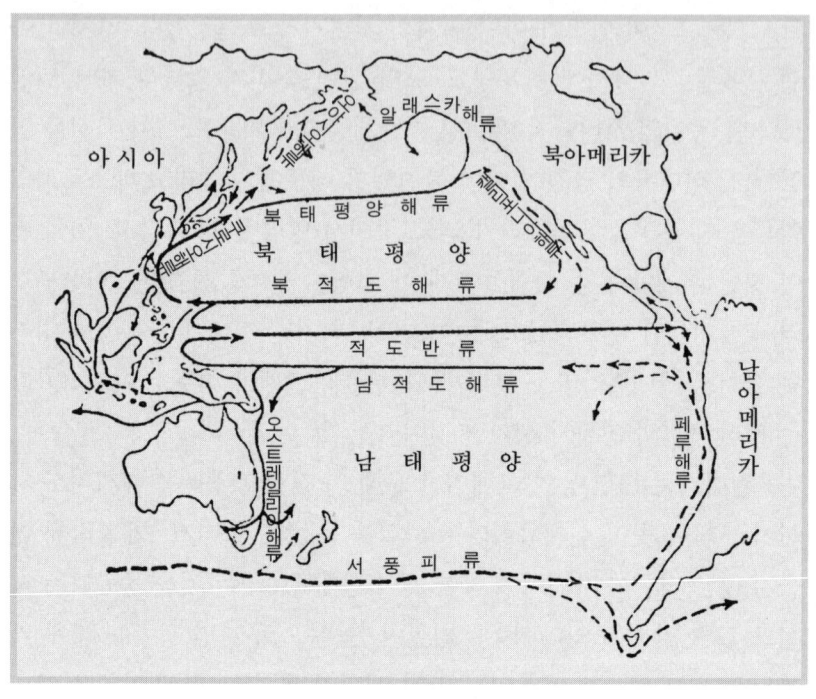

태평양의 해류 순환

할 때 폭풍우를 만나거나 며칠 동안 연속 날이 흐리고 비가 오며 안개가 끼는 등의 여러 원인으로 인해 해와 달, 그리고 별 모두를 볼 수 없게 되면 방향은 종잡을 수가 없게 된다. 끝이 보이지 않는 망망대해에서 동서를 구분하기란 더욱 어렵다. 이런 상황에서는 그저 바람에 배를 맡길 수밖에 없다.

바로 이러한 이유로 법현 일행은 스리랑카를 떠난 후 말라카 해협을 지나 싱가포르에서 동북 방향으로 항해하는 오래된 노선을 따라 항해했을 것이다. 하지만 배가 남해 바링탕(Balingtang)해협에 들어섰을 때 갑자기 발생한 풍랑과 서에서 동으로 흐르는 해류의 영향 때문에 어쩔 수 없이 방향이 바뀌어 태평양의 심해로 향하게 된 것이다. 이로 인해

105일이라는 이해하기 어려운 '장거리 여정'이 생겨난 것이다.

앞에서 언급했듯이 중국인이 아메리카에 도착한 것은 5세기 초 동진의 법현에서 시작된 것은 결코 아니다. 그전에 벌써 중국인이 아메리카에 건너갔었고 법현 이후에는 그 수가 훨씬 많아졌다. 다만 차이점이 있다면 법현은 중국인이 아메리카에 도착했다가 귀항한 비교적 완벽한 항해 기록과 아메리카 사회 및 경제 현황에 대한 일부 정보를 기록으로 남겼다는 것이며, 이런 점에서 그는 '최초'인 셈이다.

결코 '맹인의 코끼리 만지기'가 아니다

진실은 동전과 같아서 한 면에만 의지한다면 불완전하게 되고 심지어는 한쪽에 치우쳐 진실성을 잃게 된다. 지금까지 살펴본 것은 부분적인 고찰에 불과하다. 법현이 아메리카에 도착한 것이 충분히 가능한 일이었음을 보다 확실하게 증명하기 위해서는 자연과 인문 지리에 근거하여 태평양의 해양과 대기 기류에 대해 과학적으로 접근해야 하며, 아메리카와 중국의 고고학적 연구를 통해 발견된 일부 사실을 방증 자료로 삼아 폭넓게 고찰해야 한다.

아메리카에 대한 고고학적 연구를 통해 인디언이 토박이가 아닌 다른 지역에서 아메리카 대륙으로 이주해 왔다는 것이 밝혀졌다. 각국의 여러 학자들은 장기적인 연구를 통해 인디언이 몽고 인종, 즉 황색 인종이라는 데 의견의 일치를 보였다. 그들의 조상들은 1만 5천년 내지 2만 년 전에 아시아 동북부에서 베링 해협을 거쳐 지속적으로 이주해 온 것이다. 하지만 그것이 아메리카로 이주한 유일한 경로가 아니며, 그들은 주로 바다를 건너 이주했다. 아시아 동부 연안에서 나무배를 타고 쿠릴 열도, 알류산 열도, 알래스카 반도를 거쳐 반원을 그리며 항해하여 아메리카 대륙에 도착한 것이다. 이 섬들은 목걸이 모양이며 섬 사이의 거리가 그리 멀리 떨어져 있지 않아 섬을 따른 표류가 비교적 용이했다. 이렇게 해안선을 따라 이주해 온 끝에 중남미의 따뜻한 지역에 이른 것이다. 섬을 따른 이러한 원시적인 표류 방식은 타당성이 상당히 크다.

아시아 동부와 동북부는 어떤 지역이었을까? 이 지역은 지금의 중국 동부와 동북 지역이다. 19세기 중엽 산동성 장구와 태안(泰安) 일대에 대한 고고학 발굴 작업 중 6천 년 전에 인류가 거주했던 흔적을 발견했는데, 이것이 곧 유명한 용산(龍山) 문화와 대문구 문화(大汶口文化) 유적이다. 출토된 물품 중 일부 생산 도구와 생활 도구는 요동반도, 흑룡강 유역, 한반도, 일본과 북미에서도 발견되었다. 고고학자들은 이처럼 정교한 도구와 도자기는 세계 각지에서 동시에 제작될 가능성은 없고 일반적으로 한 곳에서만 제작되며, 생산지 사람들이 다른 곳으로 이주하면서 전파된 것이라고 본다. 이는 태평양 중부 항해 노선이 존재했다는 것을 보여주면서 아시아 동부인이 아메리카로 이주한 증거이다. 그들은 북태평양을 따라 서북풍을 등지고 서에서 동으로 흐르는 해류를 따라 항해한 것이다.

마찬가지로 절강 여요 하모도에서 발견된 6천 년 전의 인류 유적지에서 출토된 도구와 도자기는 남태평양 폴리네시아, 하와이와 페루, 에콰도르에서도 발견되었다. 이를 통해 또 다른 태평양 남부 항해 노선이 있었고, 그들 역시 적도난류와 역류를 타고 태평양을 건너 아메리카로 이주했다는 것을 알 수 있다. 이는 아시아 동부인이 아메리카로 이주한 또 다른 증거이다.

이상에서 자연과 인문 지리의 관점에서 법현이 아메리카에 도착할

인디언의 도기(왼쪽)와 중국 황하 유역에서 출토된 도기의 모습. 무늬가 대단히 유사하다

수 있는 충분한 가능성을 제시했다. 이제부터는 라틴아메리카에 대한 현지 고찰을 통해 상세한 설명을 하고자 한다.

1962년 아메리카 고고학자이자 역사학자인 베네수엘라의 안토니오는 연구 보고서에서 인디언이 아메리카에 정착한 것은 기원전 1400년과 기원전 700년으로 두 차례에 걸쳐 아시아 동부인이 아메리카에 이주했다고 밝혔다. 그들은 선진 문화를 가져왔고, 아메리카 문화의 발전에 중요한 원동력이 되었다. 그 결과 중남미의 올멕(Olmec) 문화를 발전시켰고, 고대 마야 문명의 발전에 매우 큰 영향을 주었다. 일찍이 은·상 시대, 당나라 시기 중국인이 태평양을 건너 아메리카에 도착할 수 있었다면 법현이 아메리카에 도착했다는 것은 전혀 이상할 것도 없다. 옛날 사람들의 행적이 있으니 훗날 사람들이 그 뒤를 이을 법하다. 물론 선조의 행적이 없었다 치더라도 법현이 기적을 창조할 수 있지 않은가? 인류 문명 발전사를 보면 '최초'를 창조한 사람들이 있지 않은가? 법현은 바로 그런 사람들 가운데 한 명이 될 수 있는 것이다.

흥미롭게도 1981년 10월 12일 미국 『워싱턴 포스트』는 제이 메튜의 다음과 같은 글을 소개하고 있다. "캘리포니아 바다에 대한 고고학 발견을 통해 콜럼버스 이전에 중국 항해가가 아메리카에 도착했었다는 사실이 증명되었다." 이 신문은 또 이 때문에 교과서 내용이 재편집될 수도 있을 것이라고 덧붙였다.

미국은 매년 10월 12일을 '콜럼버스 기념일'로 정해 지방마다 각종 행사를 통해 '신대륙을 발견한' 콜럼버스를 기념하고 있다. 그러나 이후 미국은 더 이상 이 행사를 진행하지 않았고, 오랫동안 전해져오던 기념일마저도 취소했다. 이는 단순한 결정이 아니라 법현의 서쪽 항해가 갖는 특별한 의의를 어느 정도 반영하고 있다는 점은 분명하다.

만약 아메리카 연해안에서 발견된, 중국 배에만 사용되는 돌로 만든 닻이 실물 자료라면 다음과 같은 문물과 문자들은 중요한 방증 자료가 될 것이며, 중요한 의의를 가질 것이다. 페루에서 발굴된 '무당산(武當山)' 세 글자가 새겨진 금속제 신상(神像), 멕시코에서 발굴된 중국의 비석과 동전 및 조각, 볼리비아에서 발굴된 사람 형상의 석상에 새겨진 한자와 유사한 고대 문자, 파나마의 한 고대 비석에 새겨진 고대 한자와 같은 '쌀기마이(薩基摩爾)', 캐나다 서해안에서 발견된 중국 전문(篆文)으로 새겨진 돌기둥 등등이다.

이것들은 중국 고대 문화가 아주 일찍 아메리카 대륙에 침투되었음을 보여 주는데, 시간적으로 보면 콜럼버스가 아메리카에 도착한 시기보다 훨씬 오래전으로 2~3천 년의 역사를 가진다.

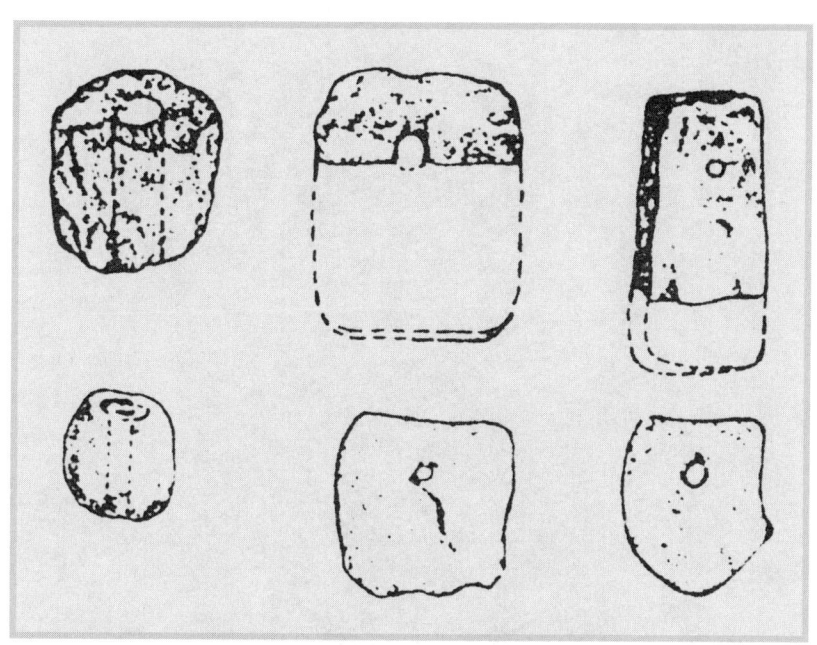

아메리카 대륙에서 발견된 돌닻(아래)과 고대 중국의 돌닻(石錨)

물론 태평양을 가로지른다는 것은 결코 쉬운 일은 아니다. 폭풍우와 큰 파도에 견딜 수 있는 배가 없다면 근본적으로 불가능한 일이다. 오랫동안 서양 학자들 사이에서 정론처럼 인식된 관점이 하나 있다. 역사적으로 볼 때 중국은 항해 국가가 아닌 농업 국가로 고대로부터 토지 경작만 했을 뿐, 선박 제조나 항해에 능하지 못했기 때문에 반도에 위치하여 항해업에 종사하던 유럽 국가와는 근본적인 차이가 있다는 것이다. 이러한 차이 때문에 중국의 원양 항해는 3세기에야 시작되었고, 13세기가 되어서야 발전하기 시작했다고 간주한다. 이는 서양에서는 아주 보편적인 견해로 인정받고 있다.

하지만 그들은 기원전 1세기 한 무제 시대에 중국의 원양 선박이 남태평양, 스리랑카, 인도 남부 항구 및 인도의 서해안 지역을 빈번하게

『내셔널 지오그래픽』은 1991년 10월 문화 특집호 「인디언」에서 콜롬버스 시대 아메리카 대륙과 관련한 몇 장의 헌원 황제족(軒轅黃帝族) 역사 유물을 게재해, 5,000년 전에 중국인들 중에 일부가 아메리카 대륙으로 이주했다는 것을 증명했다.

사진은 헌원 황제족 부족장이 하늘에 제사를 지내는 모습을 그린 「헌원황제족유장례천기년도(軒轅黃帝族酉長禮天祈年圖)」.

왕래했다는 사실을 미처 알지 못했다. 반고의 『한서』 「지리지」에는 중국 번우(番禺 : 廣州), 서문(徐聞), 합포항(合浦港)에서 출발하여 중국 남해와 말레이시아 반도를 거쳐 수마트라와 말라카 해협을 통과한 후, 스리랑카를 지나 인도 남부에 도착하는 과정의 여러 지역 명칭, 민속과 거리 등이 상세하게 기록되어 있다.

중국이 대륙 국가인 것은 사실이지만 동시에 남북으로 길고도 구불구불한 해안선도 있다. 중국의 인문 지리와 사회 풍습을 고찰해 볼 때 예로부터 대부분의 중국 사람은 태평양 연해 지역과 바다로 통하는 큰 강 유역에 살고 있었다. 이러한 모습은 『한서』와 『월절서(越絕書)』에서도 찾아볼 수 있다. 이러한 기록은 중국이 항해 국가였고, 중국인은 항해 민족이었음을 말해준다. 상고 시기에는 농업이 발달하지 않았기 때문에 중국 대륙에 거주하던 사람들은 주로 바다에서 고기잡이를 업으로 삼은, 즉 해상 활동을 위주로 생활했던 것이다. 중국의 조선 기술은 오랜 역사를 가지고 있고, 선진적인 설계로 적재량이 크고 견고했으며, 항해 기술 또한 뛰어났다. 명나라 말기와 청나라 초기의 조선 기술과 항해 기술은 세계적 수준이었다. 이러한 사실은 바다가 중국인에게 친숙한 친구였고, 중국인이 선박 제조에 능했다는 것을 증명하기에 충분하다.

중국의 가장 오래된 지리서로서 풍부한 고대 정보를 담고 있는 『산해경』은 '중화 제일의 기서(奇書)'라고 불린다. 이 책의 「오장산경(五藏山經)」 중 남산경(南山經), 분산경(北山經), 서산경(西山經), 중산경(中山經)은 중국 전역의 산과 하천과 호수에 대해 기록하고 있는데, 산맥과 물줄기의 방향, 명칭, 광산물과 동식물을 중국 대륙에서 모두 찾아낼 수 있다. 오직 '동산경(東山經)'에 실린 내용만 중국에서 아무런 증거도 찾을 수가 없다. 이러한 이유로 청나라 유명한 학자인 필원(畢沅)의

『산해경 신교증(山海經新校證)』에서는 '동산경'의 많은 부분에 주석이 빠져 있는데, 그는 이에 대해 "'동산경'에 나온 산천을 고증할 길이 없다"고 밝히고 있다.

흥미로운 것은 미국인인 모츠가 『산해경』의 기록을 해독했다는 사실이다. 모츠는 변호사로 여러 어려운 문제를 끝까지 풀어내기를 좋아했다. 『산해경』을 열심히 읽고 나서 그녀는 기발하게도 지구의 다른 한 끝인 아메리카에서 기존의 자료에 근거하여 하나씩 고찰·증명·분석했다. 그 결과 미국 중부와 서부의 몇 줄기 산맥이 『산해경』에 기록된 산천의 모습, 지리 풍속과 물산 그리고 습관 등이 부합된다는 것을 발견했다. 이는 정말로 흥미롭다. 중국인이 천리안을 갖고 있어서 만 리 밖에 있는 아메리카 대륙을 한눈에 다 넣을 수 있었다는 말인가? 아니면 중국인에게 특이한 기능이 있어서 모든 것을 통찰하고 타 지역 산천의 모습을 감지할 수 있다는 말인가? 사실상 이는 불가능한 것이다.

현지 고찰을 하지 않고 정확하게 측량하지 않았다면 관련된 수치는 어떻게 얻었단 말인가. 이에 대한 합리적인 해석을 하기 어렵다. 『산해경』에 비록 견강부회한 부분이 섞여 있을 수 있지만 그 안에는 오히려 역사적인 진실을 담고 있다. 그러므로 『산해경』을 '전부 황당무계한 것'이라고 볼 수 없다. 바로 이런 이유에서 『퇴색을 거듭한 기록』의 저자인 모츠는 『산해경』을 아주 높이 평가하며, "4,000년 전에 백설이 뒤덮인 산봉우리를 지도에 그려 넣은 두려움 없는 중국인 앞에 무릎을 꿇을 수밖에 없다"라고 했다. 그녀는 "오랫동안 우리가 아리송해하던 일부 문제는 이러한 오래된 중국의 문헌에서 그 답안을 찾을 수 있다"고 믿었으며, 또 "중국인은 적어도 기원전 2,200년의 어느 시기에 아메리카에 왔으며, 5세기까지 정기적으로 건너왔다"고 보았다. 만약 중국인의 조상이 아메리카를 개척한 경력이 있다면 5세기에 법현이 아메리카에 도착했다는 것은 이상할 것도 없는 일이 된다.

이상에서 열거한 많은 사실은 조선·항해 기술과 경험, 그리고 기상 재해를 예측하고 대비하는 등 여러 면에서 보더라도 법현이 살았던 시대에 중국의 배가 아메리카에 도착한 후 다시 중국으로 회항하는 데 큰 어려움이 없었음을 설명해 준다. 하나의 증명 사례를 더 들자면 '마닐라의 중국 돛단배 무역'을 얘기할 수 있다. 이는 명나라 만력(萬曆) 초 중국 상선과 필리핀을 점령한 스페인, 그리고 유럽 여러 나라의 상인들 사이에서 진행된 무역 활동을 말한다. 이 무역에 대한 구체적인 내용을 여기서 언급할 필요는 없겠지만 그 일부는 상당히 주목할 만하다. 바로 무역에서 거래가 성사된 후 일반적으로 물건을 다른 배에 옮겨 싣지 않고 원래 배에 물건을 그대로 싣고 태평양을 건너 멕시코(그 당시에는 신스페인)의 아카풀코에서 판 다음 중국 산동 등지로 회항했다는 점이다. 해마다 중국 배는 세 지역을 하나로 이으면서 끊임없이 항해했는데, 그 기간이 전후 300년이나 지속되었다. 이는 고대의 중국 배가 아메리카에 가는 것이 이미 아주 일반적인 일이었고, 별다른 어려움이 없었다는 것을 말해 준다.

거짓말의 진지함

앞서 언급한 '정론'에 대해 반대 의견을 갖는 사람 또한 적지 않다. 그들은 중국과 라틴아메리카 사이에 바다가 가로놓여 있고, 두 곳의 거리가 멀며 콜럼버스가 아메리카를 발견하기까지의 문헌 기록을 통해 볼 때 아직까지 직접 왕래했다는 기록은 발견하지 못했다고 지적한다. 이 두 지역 간의 접촉과 연락은 근대 유럽 식민주의 발전의 산물이며, 아메리카가 역사 지리적 개념으로 중국 문헌에 나타난 것은 명·청시대 이후의 일로, 명나라 말, 청나라 초에 서양 전도사들이 중국에 들어와서야 중국 학자들은 머나먼 바다 건너에 존재하는 또 다른 대륙에 대해 간접적으로 알게 되었다고 한다.

여기서 주의 깊게 보아야 할 것은 그들이 말하는 직접적인 왕래는 일정한 규모를 갖춘 조직적인 활동, 크게는 정부 차원의 활동이라고 보아야 한다. 법현과 같은 우연한 상황은 직접적인 왕래의 예로 간주되지 않았을 것이며, 따라서 이 범위 내에 포함되지 않은 것이다. 그러므로 이를 중국인 법현이 아메리카에 도착하지 않았다는 근거로 볼 수 없는 것이다.

결국 법현이 아메리카에 도착했다는 사실을 확실하게 증명할 '물증'들을 찾아내야만 모든 것이 분명해질 것이다. 이러한 작업이 향후에 가능할지에 대해서는 장담할 수 없지만, 적어도 지금은 어려운 상황임에는 틀림이 없다. 이는 법현이 아메리카에 도착했다는 사실에 대한 신뢰도에 어느 정도 영향을 줄 것이다. 물론 '법현의 아메리카 도착설'에는 가끔 주관적인 면도 있고, 심지어 가설로 논증하려는 경향도 있지만 어쨌든 증거를 찾으려 하는 것일 뿐이다. 법현의 아메리카 도착설을 증명하게 된다면 이는 크게는 역사를 다시 쓰는 것이며, 작게는 한 개인이 이룩한 큰 공헌이 된다. 이러한 성과는 영화계의 아카데미상, 과학계의 노벨상 그 이상의 가치를 지니는 것이다. 바로 이러한 이유 때문에 때로는 논증 과정에 견강부회한 측면이 나타나게 된다.

이 때문에 일부는 법현의 아메리카 도착설에 대해 회의를 품는다. 사천 연합대학 사학과 장전(張箭)이 그런 사람들 가운데 한 사람인데, 그가 발표한 일련의 관련 글들은 모두 주목할 만한 내용들을 담고 있다. 그는 『세계 역사』(1997년 2기)에 발표한 「'법현의 아메리카설'을 논함」이라는 글에서 법현이 항해하여 아메리카에 도착했다는 것은 순전히 거짓된 사실이라고 주장했다. 왜냐하면 그 결론이 과학적이지 않고 주관적인 억측이 너무 많기 때문이다. 그는 우선 이러한 문제가 주로 문장을 끊어 읽을 때의 오류에서 연유하고 있다고 했다. 예를 들면 법현의 기록 중 '9일 내지 10일(如是九 十日許)'를 '90일(如是九十日許)'로 잘못 해석하면서 결국 법현의 항해 일정이 훨씬 길어지는 결과를 낳았다. 이렇게 되면 법현이 도착한 곳이 적어도 거리적으로 볼 때 바다 건너에 있는 어느 곳이 되어야만 한다. 그래야만 이같이 긴 항해 시간이 필요하기 때문이다.

다음으로 항해 방향과 항로에 관한 것인데, 이 역시 법현의 기록에 대한 이해의 차이에서 비롯되고 있다. 과연 무엇에 근거하여 법현 일행이 싱가포르를 거쳐 동북 방향으로 항해하다가 다시 남중국해를 따라 북상했다고 단정할 수 있는가? 법현의 기록으로 볼 때 야파제에 도착하기 전 동북 또는 북쪽으로 항해할 의도는 전혀 없었다. 그러므로 무명도(無名島)에 정박하여 배를 점검한 후 '우시복전(于是復前)' 했다고 표현한 것을 계속 동쪽으로 항해했다라기보다 오히려 '계속 나아갔다'는 뜻으로 해석할 수 있다. '지천청이 내지동서 환복 망정이진(至天晴已 乃知東西 還復望正而進)'이라는 기록의 경우도 '정상적인 방향을 찾아 나아갔다'라고 본다면 남쪽이나 북쪽이 될 수도 있다. 왜 꼭 왜 이것을 "동쪽으로 나아갔다"라고만 보아야 하는가? 정말 그랬다면 법현이 바로 다음에 언급한 '약치복석 즉무활로(若值伏石, 則無活路)'이라는 말은 또 어떻게 해석해야 하는가? 태평양의 심해 지역은 암초가 거의 없고 여울도 거의 없는 반면 동남아 바다에는 많은 장애물이 있다라는 것인가.

법현이 탄 배가 어쩔 수 없는 상황에서 바람에 의해 동쪽으로 떠밀리면서 일반적인 행해 노선을 벗어나 아메리카로 표류했다는 것도 인정하기 어렵다. 사실 그 당시 중국의 범선은 이미 돛대를 수시로 자유롭게 조절할 수 있었기 때문에 돛대를 기울여 가며 바람의 힘을 이용하고, 적절히 타륜(키)을 조정하면 동풍의 힘을 극복하고 예정된 항행 노선에 따라 나아갈 수 있었다.

마지막으로 항해 속도가 논리에 맞지 않는다. 만약 법현 일행이 필리핀 북쪽 바부얀 군도에 임시 정박한 후에 동쪽으로 태평양을 건너 아메리카에 도착했다면 스리랑카에서 필리핀까지 15일밖에 걸리지 않은 것이 된다. 스리랑카의 콜롬보에서 필리핀 마닐라까지의 실지 거리는 3,200해리이기 때문에 하루 평균 213해리로 항해한 것이 된다. 하지만 이 속도는 상당히 빠른 것으로 적어도 그 당시에는 불가능한 것이었다. 게다가 이후 90일 동안 단지 7,060해리만을 항해한 것이니, 같은 배로 같은 선원들이 동일한 바람을 등지고 항해한 전후 두 과정의 속도 차이가 거의 세 배인 셈인데, 이 또한 적절한 해석이 어렵다.

베일에 싸여 있는 야파제라는 곳은 또 어디일까? 이는 법현의 아메리카 도착설이라는 문제를 푸는 중요한 열쇠이다. 법현은 자신이 5개월이나 머물었던 야파제에 대해 단지 22자로만 기록하고 있기 때문에 문제 해결이 만만치 않다. 그러므로 여러 문헌 기록, 지리 현황, 항해 역사와 풍습 등을 종합적으로 고려하여 야파제의 방위와 지리적 위치를 확정지어야 한다. 많은 외국 학자들은 야파제를 인도네시아의 자바로 보는데, 그 근거로 기원 전후에 만들어진 인도의 서사시 『마하바라다(羅摩衍那)』 제4편 「후국편(猴國篇)」을 든다. 여기에는 동방에 금이 많이 나는 섬이 있는데 이곳을 '아왜덕유파(雅哇德維帕)'라고 불렀다는 기록이 있다. 이 이름은 후에 '조왜덕유파(爪哇德維帕)'로 불리다가 약칭으로 '조왜(爪哇, 자바)'가 되었다. 알렉산드라의 프톨레마이오스는 자신의 저서인 『지리학 도론』에서 이곳에 대해 언급한 적이 있으며, 중국의 『후한서』 「안제본기(安帝本紀)」와 「서남이전(西南夷傳)」 등에 이에 대한 기록이 있다. 따라서 야파제는 '아왜덕유파'의 약칭으로 보아야 할 것이다.

장전 등의 학자들 또한 긍정설 지지자들이 법현 일행이 필리핀 동쪽의 태평양 심해를 항해했다는 유력한 증거로 내놓은 네 가지 주장에 대해 반론을 펼치고 있다. 그들은 법현이 탄 배의 크기로 볼 때 관찰자의 최대 가시거리는 17.65km라는 결론을 내렸다. 따라서 배를 기준하여 이 거리를 반경으로 할 때 섬이나 해안이 보이지 않는다면, 바로 법현이 말한 "바다 끝이 보이지 않는" 상황이 된다. 이러한 상황은 태평양 심해뿐만 아니라 인도양에서도 마찬가지로 발생할 수 있다. 그러므로 이를 법현의 배가 태평양 심해에서 항해했다는 근거로 삼아서는 안 된다.

또 심해에서 바닷물이 파도를 치며 빛을 내는 현상은 태평양 심해에만 있는 특유한 현상이 아니라 북인도양, 동남아 바다에서도 일어나는 보편적인 현상이다. 게다가 바닷물이 빛을 발하는 원인은 파도뿐만이 아니라 빛을 발하는 바다 속 물체나 세균, 물고기비늘 또는 해초와 같은 것에 의할 수도 있는데, 이는 열대 지방 바다에서 보편적으로 일어나는 일이며 그 빛 또한 매우 강렬하다.

'괴이지물(怪異之物)'에 대해서 법현은 해양 생물학자도 아니고 항해가도 아니었기 때문에 무엇인지 알 수 없었다. 하지만 그것을 태평양 바다 속의 동물이라고만 볼 수는 없다. 예를 들어 고래는 황해나 발해만 등의 천해(淺海)나 근해에도 출현하는 것으로 태평양 심해에만 있는 것은 아니다. '해심무저(海深無底)'는 얼마나 깊은 것을 나타낸 것일까? 추론에 따르면 법현이 탄 배의 닻사슬은 150m 정도가 된다. 태평양의 심해뿐만 아니라 인도양의 심해도 깊이가 1,000m 이상 되며, 얕은 곳이라도 해도 최소한 200m는 된다. 그러므로 그만한 길이의 닻사슬로 측량할 경우 어디라도 바다 밑에 닿지 않기는 마찬가지이다. 따라서 유력한 증거로 제시된 네 가지 모두 법현 일행이 태평양 깊은 수심에서 항해했다는 설을 뒷받침하기에는 부족하다.

장전, 축주선(祝注先), 설가교(薛家翹) 등 일부 부정설 지지자들은 긍정설 지지자들이 논증한 105일간의 항해 일정, 기상 특징, 장시간 섬을 만나지 못한 점, 현지의 종교 상황에 부합하지 않는 점 등의 네 가지 이유 또한 근거가 부족하다고 주장했다. 이러한 문제는 주로 문장을 잘못 끊어서 해석한 오류로 보았다. 실제로 항해 시간이 105일이 아니라 24일이나 25일, 또는 34일이라면 결론은 전혀 달라진다. 24일이나 25일, 또는 34일간의 항해 중에 '밤낮 13일(晝夜十三日)' 간의 폭풍을 만났다는 것은 이 지역 해역의 기상 특징과 잘 부합하는 것이다. 섬 하나도 만나지 못했다는 것은 섬에 정박하지 않았다고 이해할 수 있는데, 그 이유는 남은 9일이나 10일 또는 19일간의 항해 중 또다시 정박할 필요가 없었기 때문이다. 종교 문제의 경우 당시 인도네시아 자바에 유행하던 종교가 바로 브라만교, 즉 인도의 종교였다. 현지에서 발견한 4세기 돌비석에 기록된 내용에서 확인할 수 있다. 불교는 법현이 여행한 이후에야 자바에 전파되었고, 이후 인도네시아에 영향을 주었다.

긍정설을 주장하는 사람들은 법현이 아메리카에 도착했을 뿐만 아니라 '야파제'가 바로 멕시코의 아카풀코라고 확신하고 있다. 세 가지 이유를 제시한다. 첫째 '아카풀코'는 고대 인디언 지명이며, 고대 인디언어의 독음으로는 '야카폴'이었다. 그러므로 '야파제'가 '야카폴'

의 전사음일 가능성이 크다. 둘째 105일간의 항해 시간과 1만여 해리의 항해 노정이 서로 부합된다. 셋째 법현이 "브라만교가 흥성했다"라고 한 것은 브라만교와 그 교인들을 말하는 것이 아니라 브라만 카스트, 즉 상류 계층을 가리키는 것으로 족장제 부락 사회를 뜻한다.

이에 대해 부정설을 주장하는 사람들은 조목조목 비판을 가하면서 조금만 분석하면 적지 않은 문제점을 발견할 수 있다고 보았다. 그중 두 가지 문제가 특히 중요한데, 첫째는 '야파제', '야카폴', '아카풀코'의 세 고유 명사의 발음이 서로 다르고, 공통된 점이 없어 음역이 전이되거나 표기상 이형화(異形化)가 될 근거나 가능성이 없다. 둘째 '아카풀코'는 1531년에야 비로소 스페인 사람들에 의해 발견되어 1550년부터 사람들이 정착하여 살기 시작한 곳으로 16세기 이전에는 아직 개간되지 않은 처녀지였다. 또 '브라만'은 당연히 브라만교를 가리키는 것이기 때문에 '야파제'는 결코 아메리카에 위치할 수 없다. 그러므로 멕시코의 아카풀코라는 설은 견강부회이며 억측에 불과하다.

이러한 이유에서 장전은 「법현의 아메리카 대륙 도착설」의 이론과 방법을 논함」이라는 글에서 '법현의 아메리카 도착설'의 이론과 방법적 결점과 오류로 다음의 두 가지를 지적했다.

첫째 '문화 전파론'의 영향을 받고 있다. 북미에서 발견된 상고시대 일부 석기와 도자기를 세계 여러 곳에서 동시에 제작될 수 없으며, 한 곳에서 생산되어 그 생산지에서 살던 사람들이 다른 곳으로 이주하면서 갖고 간 물건으로 파악하는데, 이에 더 나아가 약 6천여 년 전부터 중국과 아메리카가 밀접한 해상 연계를 유지하고 있었다고 본다. 이럴 경우 법현의 아메리카 도착설은 설득력을 얻을 수 있다. 그러나 지구의 동반구에 있는 4대 문명의 발생지에서 문명을 독자적으로 창조하고 발전시킬 수 있었다면 서반구에 있는 사람들이 못해낼 이유 또한 없지 않은가? 실제로 학계에서는 이미 과학의 동일성 현상이 일반적으로 전파의 결과로 이루어질 수 없음을 증명했으며, 적어도 그 당시 상황에서 보았을 때 전파의 결과일 가능성은 매우 희박하다. 사회 발전사의 역사라는 관점에서 볼 때 인류 사회의 역사는 아주 복잡하고 많은 모순을 지니고 있지만, 결국은 일정한 규칙이 있는 통일 과정이다. 따라서 아메리카 고대 문명의 발생·발전과 고대 중국 대륙 여러 문명의 문화 전파는 아무런 관계가 없는 것이다.

둘째 '방법론'이 그다지 엄격하지 않아 흔히들 실용주의적 방법을 취하는데, 부정설을 주장하는 사람들에 대해서는 일률적으로 배척하고 긍정설을 주장하는 사람들에 대해서는 계속해서 증거를 만들어 법현의 아메리카 도착설을 지지한다.

장전은 「법현 시대의 인도네시아 자바섬 종교」, 「법현이 탔던 배의 국적과 수량, 승선 인원, 그리고 항해한 해역」이라는 두 편의 글에서 여러 가지 근거를 들어 긍정설이 잘못되었음을 주장했다. 우선 아소카 왕이 불교를 믿은 것은 사실이지만, 비문에 따르면 그는 불교에 귀의한 후에도 당시의 모든 인도 종교를 동일하게 취급했으며, 불교만을 존귀한 위치에 놓지 않았었다. 둘째 인도네시아 불교의 전성기는 8, 9세기였다. 셋째 '태평양 심해를 항해했다'는 '유력한 증거'가 인도양에도 적용될 수 있다. 넷째 긍정설 지지자들은 자기 자신이 법현에게 항해 노선을 만들어주었다. 즉 섬이나 육지가 없는 곳에서는 줄곧 동쪽으로 항해하고, 섬이나 육지가 있는 곳은 피하여 목표 지점을 아메리카로 만든 것이다.

이와 같은 여러 사례들을 다른 관점에서 보면 전혀 다른 답안을 발견하게 된다. 즉 '법현의 아메리카 도착설'이 사랑 중에서도 가장 고통스럽고 불행한 사랑인 '짝사랑', '일방적 감정'일 가능성이 크다는 것이다. 또 '법현의 아메리카 발견설'이 허황된 한 편의 동화 같다는 생각도 문득 들게 된다.

물론 '법현이 아메리카에 도착했다는 것'과 '아메리카를 발견했다'는 것은 별개의 사실이지만 '중국인 법현이 처음으로 아메리카 대륙을 발견했다'와 콜럼버스가 '신대륙을 발견했다'의 의미는 전혀 다르다. 콜럼버스가 아메리카에 갔던 것은 정부 차원의 행위인데, 의도적인 탐험과 재원을 마련하기 위한 새 항로의 개척이라는 성격이 강하다. 하지만 법현의 경우는 의도하지 않은 개인의 우연적 경험일 뿐이다. 콜럼버스의 신대륙 '발견'은 새로운 항해 시대의 막을 열었고, 유럽은 이로 인해 발전하기 시작했으며, 세계 전체를 변화시켰다. 그러나 법현이 아메리카에 도착한 것은 중국인의 관심을 그다지 끌지도 못했고, 중국이 바다로 진출하는 계기도 되지 못했다. 중국처럼 전통적인 국가에서는 여러 가지 원인으로 인해 법현이 아메리카에 도착했다는 사실이 그다지 중요한 사건으로 받아들여지지 않았을 것이며, 이는 그에게 다음과 같은 하나의 사실만을 받아들이게 했을 것이다. "별다른 선구자적 업적도 아니며, 시대의 획을 그을 만한 일은 더더욱 아니다. 그저 아메리카 대륙을 갔다 왔을 뿐이다. 그것이 전부다."

이러한 이유에서 법현이 아메리카에 도착한 사실은 유럽인 콜럼버스가 아메리카에 도착했다는 사실과 양립할 수 없는 대립적인 것이 아니다. 오히려 이는 인류 문명사에서 인류가 자연을 발견하고 정복하는 위대한 여정을 입체적으로 보여 주는 것이며, 인류 문명의 발전에 동양과 서양이 각각 공헌을 해 왔다는 구체적인 예증이 될 것이다.

어느 철학자가 "과학이 멈춘 곳에는 상상력이 몰래 사라진다"라고 이야기한 적이 있는데, 역사와 악수할 때 과학도 가끔은 속수무책인 경우가 있다. 그러므로 이 세상에 그렇게 많은 풀지 못한 수수께끼들이 남아 있는 것이다. 법현이 아메리카에 도착했는지의 여부는 여전히 진실을 가리기 어려운 문제이지만, 대학에서 역사를 공부하는 학생에게는 사고를 훈련할 수 있는 좋은 과제이다. 또 많은 독자들이 꽤나 호기심을 품는 '뉴스' 거리이며, 상상력이 풍부한 사람들에게는 사유 능력을 계발할 아주 좋은 명제임에 틀림없다.

"중국인이 아메리카를 발견했다"는 문제에 대한 논쟁은 여기에서 일단락 짓고자 한다. 새로운 사료, 새로운 물증이 발견됨에 따라 다시금 관심이 생길 것이고, 역사의 진실은 파도처럼 꼬리에 꼬리를 무는 논쟁을 통해 점차 분명해질 것이다. 물론 영원한 수수께끼로 남아 있을 수도 있다. 그 답안이 법현과 함께 1,500여 년 전의 역사 속에 파묻혔을 수 있기 때문이다.

찾아보기 [지명]

[ㄱ]

가가서리(可可西里) 265
가가서리산(可可西里山) 368
가릉강(嘉陵江) 214
가마루파(迦摩縷波) 65
가비라위국(迦毘羅衛國) 48
가산성(可傘城) 81
가시국(迦尸國) 55
가욕관(嘉峪關) 17
가이륵(加異勒) 113
가일곡(卡日曲) 198
가필시국(迦畢試國) 64
각랍단동 설산(各拉丹冬雪山) 230, 370
갈로락가성(曷勞落迦城) 238
갈리사 제국(曷利沙帝國) 66
갈상나국(羯霜那國) 64
갈약국도국(羯若鞠闍國) 66
감리현(監利縣) 155
감파리(甘巴里) 113
강거(康居) 23
강국(康國) 64
강근적여 빙하(姜根迪如氷河) 230
강릉현(江陵縣) 155
강수(江水) 16
강우(江右) 186
강음(江陰) 160
강포아성(江布兒城) 96
개리박(蓋里泊) 84
객랍고순 호수(喀拉庫順湖) 413
객랍목륜산(喀拉木倫山) 261
객랍포랑 호수(喀拉布郞湖) 413
객비오란목륜하(喀匕烏蘭木倫河) 228
거서산(居胥山) 41
거연(居延) 41
거용(居庸) 78
건타라국(乾陀羅國) 60
건타위국(犍陀衛國) 54
건하(乾河) 417
검중군(黔中郡) 28, 216
겁포달나국(劫布咀那國) 64
경남(瓊南) 132
경애(瓊崖) 135
경주(瓊州) 45, 135
고동탄(古董灘) 18
고로극탑격산맥(庫魯克塔格山脈) 234, 407
고로극하(庫魯克河) 417
고모하(庫姆河) 425
고묵(姑墨) 237
고부(高附) 38
고비사막(瀚海) 41
고사(姑師) 23
고이반색이마(古爾班索爾馬) 207
고창국(高昌國) 63, 237
고포제(庫布齊)사막 393
곡녀성(曲女城) 66
곤륜산(崑崙山) 15, 192, 240, 368
공(邛) 28
공유현(贛榆縣) 155, 464
공작하(孔雀河) 415
과주(瓜州) 61

찾아보기 521

교과리(喬戈里) 봉 257
교주(膠州) 129
교지(交趾) 44
구당협(瞿塘峽) 377
구로카미산(黑髮山) 458
구미(拘彌) 38
구섬미국(拘睒彌國) 55
구씨현(緱氏縣) 61
구유라주(九乳螺州) 135
구자(龜玆) 20, 236
구진(九眞) 44
굴상이가국(屈霜你迦國) 64
굴지국(屈支國) 63
극간산(克干山) 80
극륵호(克勒湖) 85
금사강(金沙江) 215, 371
금산(金山) 53, 90
급란단(急蘭丹) 115
긍가강(兢迦江) 66
긍특산(肯特山) 41
기련산(祁連山) 257
기주(沂州) 155
긴류신사(金立神社) 458

[ㄴ]

나란타 사원(那爛陀寺院) 61
나목비도오란목륜하(那木匕圖烏蘭木倫河) 228
나평(羅平) 165
나포박(羅布泊) 193, 240, 407
나흐세프(Nakhscheb) 81
난창강(瀾倉江) 261, 371
남녀군도(男女群島) 339
남량(南涼) 53

남발리(南浡里) 109
남지성(藍氏城) 21
낭야(琅邪) 155, 447
내주(萊州) 84, 183
노강(怒江) 371
노산(崂山) 56
노수(瀘水) 222, 371
농산(隴山) 53
농서고원(隴西高原) 382
농서군(隴西郡) 20
농우(隴右) 73
뇌산(牢山) 56
뇌주(雷州) 45
누란(樓蘭) 23, 236, 407
능산(凌山) 63
니야(尼雅) 243
니야 강(尼雅江) 251
니파라(泥婆羅) 72, 283

[ㄷ]

다마리 제국(多摩梨帝國) 55
단단오리극(丹丹烏里克) 243
달라비도(達羅毗荼) 65
달랍특기(達拉特旗) 430
달리낙이(達里諾爾) 85
달친국(達嚫國) 55
담이군(儋耳郡) 43
당곡(當曲) 228, 370
당명(堂明) 130
당비마성(唐媲摩城) 239
대도수(大渡水) 222
대동(大同) 78
대동분지(大同盆地) 396
대리(大理) 178, 371

대사타(大沙陀) 85
대설산(大雪山) 64
대완(大宛) 20
대월지국(大月氏國) 17
대적(大磧) 78
대주(大州) 43
대진(大秦) 36
대청지(大淸池) 63
대통하(大通河) 53
대특마(臺特馬) 호수 424
대하(大夏) 21
대흥현(大興縣) 103
덕약(德若) 38
도원국(都元國) 44
도주(道州) 165
도파르(祖法兒) 116
도화라(覩貨邏) 64
도화라국(睹貨邏國) 238
독룡강(獨龍江) 178
독저(獨猪) 135
돈황산(敦薨山) 193
동고(銅鼓) 135
동곡(冬曲) 228
동리(東離) 38
동야(東冶) 47
동완현(東莞縣) 133
동정분지(洞庭盆地) 369
동차미(東且彌) 38
둔문산(屯門山) 135
등월주(騰越州) 163
등주(登州) 83, 183
등충현(騰衝縣) 170

[ㄹ]
라싸(拉薩) 261
랄살(剌撒) 117
롭 노르 24, 415

[ㅁ]
마갈제국(摩竭提國) 55
마게타국(摩揭陀國) 64
마곡(瑪曲) 211
마르키트(麥蓋提) 241
마린(麻林) 118
마사강(磨些江) 225
마안산(馬鞍山) 175
마오우쑤 사막(毛烏素沙漠) 393
마찰탑격산(瑪察塔格山) 249
마헤습벌라보라국(摩醯濕伐羅補羅國) 65
막북(漠北) 42
말라카 109
말필력적파산(沫必力赤巴山) 226
메카(天方) 101
면전(緬甸) 178
명사산(鳴沙山) 430
명주(明州) 99
명창계(明昌界) 85
모가디슈(木骨都束) 118
모사탑격산(慕士塔格山) 261
모천산(帽天山) 295
목로오소하(木魯烏蘇河) 228
목소이령(木素爾嶺) 238
몰디브 117
몰속로만회흘(沒速魯蠻回紇) 83
무산산맥(巫山山脈) 369
무위(武威) 32, 61
무주(撫州) 84

무천(武川) 78
무협(巫峽) 368
묵탈(墨脫) 178, 266
미국(米國) 64
미낭산(媚娘山) 169
미말하국(弭秣賀國) 64
미식아(米息兒) 116
민강(岷江) 214
민강(閩江) 106
민마려산(悶摩黎山) 200
민산(岷山) 213

[ㅂ]

바다인자란 사막(巴丹吉林沙漠) 430
바얀하르 산(巴顔喀拉山) 198, 368
바이칼 호(北海) 41, 85
발니국(渤泥國) 116
발록가국(跋錄迦國) 63
발벌다(鉢伐多) 66
발하슈 호 19
발화국(鉢和國) 60
방(駹) 28
배도하(拜都河) 228
배인(培因) 239
백골전(白骨甸) 89
백악산(白岳山) 163
백제성(白帝城) 377
범연나(梵衍那) 64
변거(卞渠) 146
변량(卞梁) 78
변하(卞河) 145
별사마대성(繁思馬大城) 89
별질리산(別迭里山) 63
부감도로국(夫甘都盧國) 45

부남(扶南) 130
부풍안릉(扶風安陵) 35
부하라 성 81
북(僰) 28
북도(僰道) 221
북량(北凉) 53
북자도(北子島) 134
북정(北庭) 73
북지군(北地郡) 155
북초(北礁) 134
불랄성(不剌城) 80
불루사국(弗樓沙國) 54
브라바(不剌哇) 118
비석성(碻石城) 91

[ㅅ]

사(徙) 28, 118
사가마르타 286
사가현(左賀縣) 462
사국(史國) 64
사독(四瀆) 191
사리만니 118
사마르칸트 71
사무드라 109
사빈국(斯賓國) 36
사수진(汜水鎭) 147
사영해(查靈海) 207
사자국(獅子國) 55
사정(沙井) 92
사주(泗州) 146
사차(莎車) 23, 235
사천분지(四川盆地) 369
사파두(沙坡頭) 430
사하(沙河) 54

사하분지(沙河盆地) 395
사현(沙縣) 155
삭방군(朔方郡) 40
산서고원(山西高原) 382
살윈 강(薩爾溫江) 44
삼불제(三佛齊) 107, 185
삼협(三峽) 377
삽말건국(颯秣建國) 64
상간(桑干) 144
상림(象林) 45
상수현(商水縣) 155
상악호(湘鄂湖) 369
새리목 호수(賽里木湖) 80
서릉협(西陵峽) 368
서문현(西聞縣) 43
서사하(西沙河) 85
서야(西夜) 38
서하(西夏) 82
서하관(栖霞觀) 92
석고진(石鼓鎭) 221, 370
석국(石國) 64
선덕(宣德) 78
선선(鄯善) 23, 54
섬감고원(陝甘高原) 382
성고(城固) 18
성고(成皐) 147
성수천(星宿川) 197
성수해(星宿海) 198
소갈란(小葛蘭) 108
소륵(疏勒) 20, 38, 235
소사타(小沙陀) 85
소설산(小雪山) 55
소엽수성(素葉水城) 63
소이곡(尔爾曲) 228
소흡여강 설산(尔恰如崗雪山) 232

손수(孫水) 222
숙가다국(宿呵多國) 54
스리비자야 74
승수(繩水) 221
시가체(日客則) 261
시르다리야 강(錫爾河) 21, 81, 96
시샤팡마 봉(希夏邦馬峰) 263
시암(暹羅) 109
신강성 나포박 24
 - 야르칸트 23
 - 차르클리크 23
 - 카슈가르 20
 - 쿠처 20
 - 하미 35
 - 호탄 23
신독(身毒) 27
신주(神州) 58
신주항(神州港) 106
신진중(新秦中) 40
심려(瀋黎) 29, 220
심리국(諶離國) 45

[ㅇ]
아극달목하(阿克達木河) 228
아극색흠(阿克塞欽) 261
아기니국(阿耆尼國) 63
아니마경산(阿尼瑪傾山) 193
아덴(阿丹) 116
아랄 해(鹹海) 21, 82
아로(阿魯) 108
아롱강(雅礱江) 222, 376
아륵단곽륵(阿勒坦郭勒) 207
아리마성(阿里馬城) 80
아리사하(阿里斯河) 79

찾아보기 525

아만국(阿蠻國) 36
아무다리야 강(阿姆河) 21
아발파단(阿撥巴丹) 113
아이금산(阿爾金山) 240, 407
아이탄필납(阿爾坦必拉) 206
아적이하(阿迪爾河) 238
아커쑤(阿克蘇) 63, 238
악돈타랍(鄂敦他拉) 206
악릉호(鄂陵湖) 205
안국(安國) 64
안서(安西) 73
안식(安息) 23
안탕산(雁蕩山) 146, 176
알타이 산맥 79
압아간(鴨兒看) 239
애북호(艾北湖) 80
애주(崖州) 137
야랑(夜郞) 28, 218
야르칸트(沙車) 235
야파제(耶婆提) 56, 491
야호령(野狐嶺) 78
약고종렬곡(約古宗列曲) 207
약수(若水) 222
얄룽창포 강(雅魯藏布江) 263
양관(陽關) 18
양루산(養樓山) 53
양주(凉州) 59
어아락(魚兒濼) 85
언기(焉耆) 38
언사현(偃師縣) 61
언이국(焉夷國) 54
엄국(嚴國) 38
엄수(淹水) 222
엄채(奄蔡) 23
엔데레(安迪爾) 243

엔데레 강(安迪爾河) 251
여강(麗江) 370
여산(廬山) 176, 394
역열강(亦列江) 81
연기(燕冀) 161
연타진(蓮沱鎭) 377
열와극(熱瓦克) 243
염청당고랍산맥(念靑唐古拉山脈) 269
염택(鹽澤) 24, 195
영고륵(英高勒) 417
영반 고성(營盤古城) 420
영안(永安) 78
영주(永州) 135
영창군(永昌郡) 45
영천(潁川) 50
영파(寧波) 99
영흥도(永興島) 131
예사강(禮社江) 376
오과산리(烏戈山離) 38
오도연나국(鄔闍衍那國) 66
오령후수(五領侯數) 38
오르도스(鄂爾多斯) 433
오르혼 골 강 41
오손(烏孫) 23
오저(烏猪) 135
오트라르 79
오트라르 성 81
오호문(五虎門) 106
오호수(烏湖水) 64
옥룡설산(玉龍雪山) 371
옥문관(玉門關) 18, 63, 431
옥수(玉水) 370
옥초산(沃焦山) 215
올림(兀林) 94
옹구(雍丘) 145

와리타(窩里朶) 87
와이리아납투 산(外伊梨阿拉套山) 96
와카야마현(和歌山縣) 458
와한곡(瓦罕谷) 60
완거국(宛渠國) 18
왕길강(汪吉江) 92
요지(瑤池) 15
용골하(龍骨河) 94
우루무치 89
우미(扜穼) 23
우산(羽山) 144
우수산(牛首山) 122
우전(于闐) 23, 194
우현(禹縣) 50
운귀고원(雲貴高原) 368
운양산(雲陽山) 166
운중(雲中) 78
울룬쿠르 강(烏倫古江) 92
원강(沅江) 218
월아천(月牙泉) 431
월휴(越巂) 29, 220
위건하(渭乾河) 414
위하(渭河) 15, 61, 309
유가항(劉家港) 106
유리제회흘(遺里諸回紇) 83
유주(幽州) 43
유택(洍澤) 193
유현(攸縣) 177
육국하(陸局河) 85
육반산(六盤山) 382
윤대현(輪臺縣) 80
윤파랍분지(倫坡拉盆地) 262
율과(栗戈) 38
은긍(銀肯) 430
음산(陰山) 42, 80

읍로몰국(邑盧沒國) 44
이건(犛鞬) 38
이라와디 강(伊洛瓦底江) 45
이리하(伊犁江) 81
이십제극(伊什提克) 236
이열극하(伊列克河) 415
이오(伊吾) 63, 237
이오로(伊吾盧) 35
이우하(犂牛河) 225
이정불국(已程不國) 45
이지(移支) 38
익주(益州) 29
인도회흘(印都回紇) 83
일남(日南) 44
임둔(臨屯) 46
임분(臨汾) 52
임읍(林邑) 130
임조(臨洮) 20

[ㅈ]

자석국(赭石國) 64
자오령(子午嶺) 382
자합(子閤) 38
작(柞) 28
장가구(張家口) 84
장광군(長廣郡) 56
장락현(長樂縣) 106
장림현(長林縣) 155
장북경(張北境) 84
장송령(長松嶺) 87
장수(漳水) 144
장액(張掖) 32
저랑(抵狼) 41
적곡성(赤谷城) 236

찾아보기 527

적도산(赤堵山) 96
적석산(積石山) 28
전산(前山) 91
전안산(闐顔山) 41
전월(滇越) 29
전지(滇池) 216
절동(浙東) 186
절서(浙西) 186
점성국(占城國) 106
정양군(定襄郡) 40
정일현(定日縣) 262
정주(淨州) 92
정촌패(鄭村壩) 103
제남(濟南) 74
제주(齊州) 74
조국(曹國) 64
조신성(趙新城) 41
주강(珠江) 127
주산군도(舟山群島) 161, 322
주애군(珠崖郡) 43, 135
주천(酒泉) 32
죽보(竹步) 122
준계산(浚稽山) 41
중가르 분지(準可爾盆地) 92
중건도(中建島) 135
중도성(中都城) 78
직곡(直曲) 213
진랍(眞臘) 109, 185
진령산맥(秦嶺山脈) 368
진류(陳留) 51
진번(眞番) 46
진주(秦州) 61, 155
진하촌(陳河村) 61
진해성(鎭海城) 87
징강현(澄江縣) 295

[ㅊ]

차교(茶蕎) 45
차란(且蘭) 218
차르클리크(若羌) 239, 420
차마고도(茶馬古道) 266
차사(車師) 20
차사전부(車師前部) 38
차사후부(車師后部) 38
차이담 분지(紫達木盆地) 23
차이성(車爾成) 239
찰곡(紮曲) 207
찰릉호(紮陵湖) 198
찰백한하(察伯罕河) 94
창팔랄(昌八剌) 90
천강(川江) 377
천방(天方) 118
천산(天山) 60
천산산맥(天山山脈) 234
천수시(天水市) 61
천주(泉州) 99
천지해(天地海) 92
철간리극(鐵干里克) 415
철륵(鐵勒) 135
철문(鐵門) 64, 91
철표령(鐵豹嶺) 215
청화(淸化) 44
체르첸(且末) 239, 420
초마이하(楚瑪爾河) 228
초모룽마(珠穆朗瑪) 257
초하(楚河) 89
축찰시라국(竺刹尸羅國) 54
취병구(翠屛口) 84
치무르(赤木兒) 성 95
치저리바스(乞則里八寺) 94
침켄트 96

[ㅋ]

카라코람 산 257
카라키타이(西遼) 79
카르길리크(葉城) 240
카불 강 71
카슈가르(喀什) 243
카슈미르 261
카스(喀什) 243
캘리컷(코지코드) 108
케룰렌 강 79
케리야 강(克里雅河) 251
K2 봉 257
케일라스 산맥 269
코친국 109
쿠르크타크(庫魯克塔格) 234
쿠얼러(庫爾勒) 240
쿠잔드 성 81
쿠처(庫車) 63, 236

[ㅌ]

타강(陀江) 213
타력국(陀曆國) 54
타리한(塔里寒) 92
타림 강(塔里木河) 20, 236, 251, 413
타림 분지(塔里木盆地) 23, 234, 407
타브리즈 93
타슈켄트 96
탁극탁내오란목륜하(托克托乃烏蘭木倫河) 228
탁목이봉(托木爾峰) 238
탈라스 강(塔拉斯河) 89
탐마리저국(耽摩梨底國) 74
탑륵기(塔勒奇) 95
탑유이곡(塔維爾谷) 240

탑자사성(塔刺思城) 96
탕게르 사막(騰格里沙漠) 432
탕글라 산맥(唐古拉山脈) 269, 369
태원(太原) 148
태창(太倉) 99
태평도(太平島) 133
태행산(太行山) 144, 395
태호(太湖) 160
태화산(太華山) 161
테무르찬차(鐵木爾懺察) 95
토번(吐蕃) 72
토욕혼(吐谷渾) 197
토화라(吐火羅) 64
통천하(通天河) 213, 370
투라 강 41
투루판 80, 237
투루판 분지 20
투카라(大夏 일대) 71

[ㅍ]

파동산(巴冬山) 232
파라내성(波羅奈城) 55
파람성(芭欖城) 81
파랍소(帕拉蘇) 132
파련불읍(巴連弗邑) 55
파륜국(波侖國) 59
파리곤(巴里坤) 435
파미르 고원(葱領) 19, 234
파수산(巴遂山) 221
파양호(鄱陽湖) 397
파이합포산(巴爾哈布山) 207
파촉호(巴蜀湖) 369
파총산(嶓冢山) 214
팔렘방(舊港) 107

찾아보기 529

팔보성(八普城) 81
패라성(孛羅城) 95
평양(平陽) 52
포갈국(捕喝國) 64
포곡(布曲) 228
포류(蒲類) 38
포창해(蒲昌海) 196
포화성(蒲華城) 82
풍주(豊州) 92
피산국(皮山國) 238
피종(皮宗) 45

[ㅎ]
하국(何國) 64
하서(河西) 73
하서4군(河西四郡) 32
하서주랑(河西走廊) 17, 257
하왕강(下王崗) 312
하투(河套) 40
한반타(漢盤陀) 60
한수(漢水) 16
한해군(瀚海軍) 80
합라답이한산(哈喇答爾罕山) 206
합파설산(哈巴雪山) 371
합포군(合浦郡) 43
항산(恒山) 177
항애산(杭愛山) 41, 87
해서국(海西國) 38
허즈어르치스 강(哈喇額爾齊斯河) 94
현토(玄菟) 46
형양(滎陽) 147
형주(荊州) 56, 155
호륜호(呼倫湖) 86
호르무즈(忽魯謀斯) 115

호사와로타(虎司窩魯朶) 81
호주(毫州) 155
호천관(昊天觀) 84
호탄(和田) 80, 236
호탄 강(和田河) 238
혼슈(本州) 454
홀장하(忽章河) 96
화돈뇌이(火敦腦爾) 204
화랄자모(花剌子模) 90
화리습미가국(貨利習彌伽國) 64
화림(和林) 92
화북평원(華北平原) 143
화씨성(華氏城) 55
화주(和州) 80
황도(黃渡) 99
황산(黃山) 164, 403
황지국(黃支國) 45
황토고원(黃土高原) 381
회계군(會稽郡) 47
회골성(回鶻城) 80
회수(淮水) 16
회하천(澮河川) 78
횡단산맥(橫斷山脈) 257, 368
힌두쿠시 산(大雪山) 64

찾아보기 [인명]

[ㄱ]

가메야마 천황(龜山天皇) 461
가탐(賈耽) 123, 200
감영(甘英) 36
감진(鑒眞) 76
계일왕(戒日王) 66
계현대사(戒賢大師) 61
고레이 천황(孝靈天皇) 462
고힐강(顧頡剛) 158
곤막(昆莫) 30
곽거병(霍去病) 40
곽박(郭樸) 214
구처기(丘處機) 83
국문태(麴文泰) 63
금성공주(金城公主) 72

[ㄴ]

난목점파(蘭木占巴) 205, 283

[ㄷ]

담기양(譚其驤) 157, 468
담무갈(曇無竭) 59, 239
담연거사(湛然居士) 91
당몽(唐蒙) 28, 219
당읍보(堂邑父) 17
도선(道宣) 283
도숭(道嵩) 59
도실(都實) 201

도연(道衍) 103
도정(道整) 53

[ㄹ]

리히트호펜 34, 409

[ㅁ]

마크 스테인 243
마환(馬歡) 69
명 선종(宣宗) 120
명 성조(成祖) 99
명 인종(仁宗) 119
주 목왕(周穆王) 15
목화여(木華黎) 79
몽염(蒙恬) 40
몽케칸(蒙哥汗) 77
무라차(無羅叉) 51
문성공주(文成公主) 72, 199
문환연(文煥然) 310

[ㅂ]

반고(班固) 158, 349
반뢰(潘耒) 164
반소(班昭) 35
반용(班勇) 35, 236
반초(班超) 35, 196
반표(班彪) 35

법현(法顯) 48, 484
불타발타라(佛馱拔陀羅) 56

[ㅅ]
사마상여(司馬相如) 28, 220
사점춘(史占春) 290
상거(常璩) 215
상덕(常德) 77
상알(常頞) 28, 219
서복(徐福) 47, 445
서왕모(西王母) 15
서하객(徐霞客) 158, 226
소동파(蘇東坡) 367, 398
소무(蘇武) 42
송 신종(神宗) 146
송운(宋雲) 48, 239
송찬간포(松贊干布) 72, 199
쇼와 천황(昭和天皇) 456
수 양제(煬帝) 199
스벤 헤딘 240, 415
승주(勝住) 205, 283
시아풍(施雅風) 263
심괄(沈括) 143, 383

[ㅇ]
아미달(阿彌達) 207
야율초재(耶律楚材) 77, 158
양기(楊基) 212
역도원(酈道元) 158, 222
연 소왕(昭王) 450
엽호가한(葉護可汗) 63
오고손중단(烏古孫仲端:) 82
오타니(大谷) 245

왕경(王景) 360
왕경홍(王景弘) 105
왕망(王莽) 34, 354
왕사성(王士性) 158, 190
외우아 왕(畏牛兒王) 89
우다 천황(宇多天皇) 461
우상(虞常) 41
위정생(衛挺生) 453
위징(魏徵) 259
위청(衛靑) 40
의정(義淨) 48
이길보(李吉甫) 158
이도종(李道宗) 197
이백(李白) 192, 398
이사광(李四光) 158, 395
이지상(李志常) 84, 158

[ㅈ]
잠중면(岑仲勉) 195, 350
장교(莊蹻) 28, 216
정문강(丁文江) 158, 402
제 선왕(宣王) 450
제 위왕(威王) 450
제소남(齊召南) 158, 228
조셉 니덤 100
종륵(宗泐) 204
주거비(周去非) 130
주사본(朱思本) 158
주사행(朱士行) 50, 239
주윤문(朱允炆) 102
주창(周敞) 134
주체(朱棣) 99
지맹(智猛) 59, 239
진무천황(神武天皇) 454

[ㅊ]
척대주단(尺帶珠丹) 72
천비(天妃) 121
초 위왕(威王) 28
초이심장포(楚爾沁藏布) 205
축가정(築可楨) 158
축법조(竺法調) 50
축숙란(竺叔蘭) 51

[ㅋ]
카일 240
커즐러프 409
쿠빌라이칸 94

[ㅍ]
테무거 옷치긴(斡辰大王) 85
팽쌍송(彭雙鬆) 457
프르제발스키 240, 409
피트로프 436

[ㅎ]
하업항(何業恒) 310
한 명제(明帝) 35, 236
한 선제(宣帝) 32
한 소제(昭帝) 42
한 영제(靈帝) 48
한 원제(元帝) 42
한 환제(桓帝) 48
한 화제(和帝) 36
해국금(奚國金) 424
현장(玄奘) 48, 234
현조(玄照) 72

혜간(慧簡) 53
혜경(慧景) 53
혜생(慧生) 60
혜심(慧深) 493
혜외(慧嵬) 53
혜응(慧應) 53
호도정(胡道靜) 146
호위(胡渭) 158
후군집(侯君集) 197
후선광(侯先光) 296
훌라구칸(旭烈兀汗) 94

찾아보기 533

중국 지리 오디세이

2007년 10월 30일 초판 1쇄 인쇄
2007년 11월 10일 초판 1쇄 발행

지은이 | 호아상 · 팽안옥
옮긴이 | 이익희

펴낸이 | 이성우
편집주간 | 손일수
편집장 | 노만수
책임편집 | 금기원
편   집 | 이수경 · 홍지연

펴낸곳 | 도서출판 일빛
등록번호 | 제10-1424호(1990년 4월 6일)
주소 | 121-837 서울시 마포구 서교동 339-4 가나빌딩 2층
전화 | 02) 3142-1703~5
팩스 | 02) 3142-1706
E-mail ilbit@naver.com

값 20,000원
ISBN 978-89-5645-123-7 (03450)

◆ 잘못된 책은 바꾸어 드립니다.